金榜時代®
GLISTIME 明德·弘毅·惟精
金榜时代考研数学系列

金榜时代考研数学系列 | V研客及全国各大考研培训学校指定用书

农学门类联考数学复习全书

主编◎李永乐 王式安

编委◎李永乐 王式安 申亚男 武忠祥 刘喜波 宋浩 姜晓千 陈默

中国农业出版社
CHINA AGRICULTURE PRESS
·北京·

图书在版编目(CIP)数据

农学门类联考数学复习全书 / 李永乐,王式安主编
.—北京:中国农业出版社,2021.5(2023.3 重印)
ISBN 978-7-109-28089-2

Ⅰ.①农… Ⅱ.①李… ②王… Ⅲ.①高等数学—研究生—入学考试—习题集 ②高等数学—研究生—入学考试—习题集 Ⅳ.①S3-44 ②O13-44

中国版本图书馆 CIP 数据核字(2021)第 057827 号

编委:李永乐 王式安 申亚男 武忠祥
刘喜波 宋 浩 姜晓千 陈 默

中国农业出版社出版
地址:北京市朝阳区麦子店街 18 号楼
邮编:100125
责任编辑:吕 睿
责任校对:吴丽婷
印刷:河北正德印务有限公司
版次:2021 年 5 月第 1 版
印次:2023 年 3 月河北第 3 次印刷
发行:新华书店北京发行所
开本:787mm×1092mm 1/16
印张:19.5
字数:286 千字
定价:69.80 元

为了帮助参加农学门类联考的考生在较短的时间内准确理解和熟练掌握考试大纲知识点，全面提高解题能力和应试水平，编写团队依据十五年的命题与阅卷经验，并结合二十多年的考研辅导和研究精华，精心编写了本书，务求切实帮助同学们提高综合分析和综合解题的能力。

一、本书的编排结构

本书是根据全新版的农学门类专业硕士学位联考综合能力考试大纲编写的，全书分两大部分，编排如下：

第一部分：知识讲解及练习题

设置本部分的目的是使考生明白考试内容和考试要求，从而在复习时有明确的目标和重点。本部分对考试大纲所要求的知识点进行全面阐述，并对考试重点、难点以及常考知识点进行深度剖析。

只有适量的练习才能巩固所学的知识，数学复习离不开做题。为了使考生更好地巩固所学知识、提高实际解题能力，本书作者精心设计了一定数量的练习题，供考生练习，以使考生在熟练掌握基本知识的基础上，达到轻松解答真题的水平。

第二部分：历年真题及解析

本部分对历年真题的题型进行归纳分类，总结各种题型的解题方法。这些解法均来自各位专家多年教学实践总结和长期命题阅卷经验。针对以往考生在解题过程中普遍存在的问题及常犯的错误，给出相应的注意事项，基本每一道真题都给出解题思路，以便考生真正地理解和掌握解题方法。

二、本书的主要特色

1. 权威打造　由命题专家和阅卷专家联袂打造，站在命题专家的角度命题，站在阅卷专家的角度解题，为考生提供最权威的复习指导。

2. 综合提升　与其他同类图书相比，本书加强了考查知识点交叉出题的综合性，真正帮助考生提高综合分析和综合解题的能力。

3. 分析透彻　本书既从宏观上把握考研对知识的要求，又从微观层面对重要知识点进行深入细致的剖析，让考生思路清晰、顺畅。

4. 一题多解　对于常考热点题型均给出巧妙、新颖、简便的几种解法，拓展考生思维，锻炼考生知识应用的灵活性。这些解法均来自各位专家多年教学实践总结和长期命题阅卷经验。

建议考生在使用本书时不要就题论题，而是要多动脑，通过对题目的练习、比较、思考，总结并发现题目设置和解答的规律性，真正掌握应试解题的金钥匙，从而迅速提高知识水平和应试能力，取得理想分数。

另外，为了更好地帮助同学们进行复习，“清华李永乐考研数学”特在新浪微博上开设答疑专区，同学们在考研数学复习中，如遇到任何问题，均可在线留言，团队老师将尽心为你解答。

希望本书能对同学们的复习备考带来更大的帮助。对书中的不足和疏漏之处，恳请读者批评指正。

祝同学们复习顺利，心想事成，考研成功！

编者

2023 年 3 月

图书中的疏漏之处会即时更正
微信扫码查看

第一部分 知识讲解及练习题

第一篇 高等数学

第二篇　线性代数

第三篇 概率论与数理统计

第二部分　历年真题及解析

知识讲解及练习题

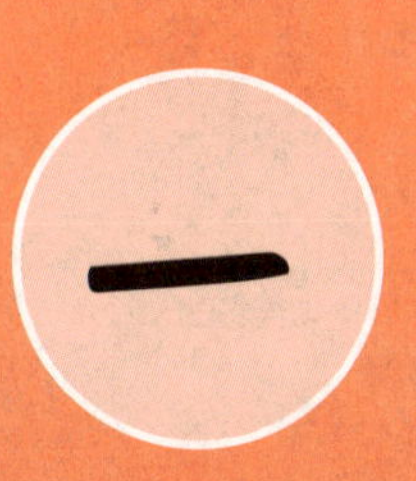

第一部分

第一篇　高等数学

第一章　函数　极限　连续

一、函数

1. 函数的定义

记 $\mathbf{R}$ 为实数集合.

定义:设集合 $I \subset \mathbf{R}$,若一个对应法则满足:对于任意的数 $x \in I$,存在唯一的数值 $y \in \mathbf{R}$ 与之对应,则我们将这个对应法则称为一个**一元函数**,记作 f,

$$x \mapsto f(x), x \in I$$

或

$$y = f(x), x \in I$$

其中 $x \in I$ 为**自变量**,$y \in \mathbf{R}$ 为**因变量**,I 为 f 的**定义域**,集合 $\{y \mid 存在 x \in I, 使 y = f(x)\}$ 为 f 的**值域**.

函数的两大要素 $\begin{cases} 定义域; \\ 对应法则. \end{cases}$

两个函数 f 与 g 相等指的是它们的定义域相同,对应法则也相同.例如:$f(x) = x$, $g(x) = \dfrac{x^2}{x}$ 为一元函数,它们是不同的函数,因为它们的定义域不同.

2. 函数的表示

函数有三种表示法:解析法、列表法和图像法.

(1) 函数的解析法表示

函数的解析法又分为显函数和隐函数两种表示法,例如:

$y = \sqrt{1 - x^2}$ 是函数 $y = y(x)$ 的显函数表示(因变量 y 明显地表示成自变量 x 的函数),称为显函数;

$x^2 + y^2 = 1$ 是函数 $y = y(x)$ 的隐函数表示(函数关系 $y = y(x)$ 是隐藏在方程中的.简单的方程,可以用初等函数将 $y = y(x)$ 表示出来,在本例中,在 $y \geqslant 0$ 的额外条件下,可以解出显函数 $y = \sqrt{1 - x^2}$;若方程复杂一点,例如方程 $x^2 + y^2 + \sin y = 1$,要用初等函数将 $y = y(x)$

表示出来是不可能的)，这样的函数 $y=y(x)$ 称为由方程确定的隐函数.

反函数也是函数的一种.例如：$y=\sin x$ 的反函数是 $y=\arcsin x, x\in[-1,1]$.更复杂的函数的反函数就不一定能用初等函数表示出来了，例如函数 $y=\sin x+x$ 的反函数 $x=x(y)$ 就不能用初等函数表示出来.

注意：高等数学中的自变量可以用 x 表示，也可以用 y 表示，同样因变量也可以用不同的字母表示.在反函数的表达式中，没有必要将反函数 $x=\arcsin y, y\in[-1,1]$ 人为地改写成 $y=\arcsin x, x\in[-1,1]$.要不然在求反函数的导数时会遇到不必要的困难.

在函数显函数表示法中，有一种特殊的函数：分段函数.例如

$$y=\begin{cases}\dfrac{\sin x}{x}, & x<0,\\ 1, & x=0,\\ x, & x>0.\end{cases}$$

就是分段函数.分段函数就是将初等函数分段定义，这是比初等函数稍难的函数.

(2) 函数的列表法表示

下列表格就表示一个函数 $y=y(x)$.

x	1	2	3	4	5	6	7	8
y	1.2	2.2	1.5	3.7	3.1	4.2	1.4	8.9

(3) 函数的图像法表示

在 xOy 平面上，有时一条曲线也表示一个函数，例如下图中的左图.

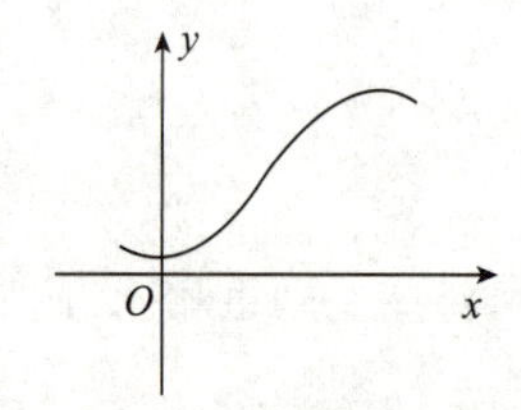

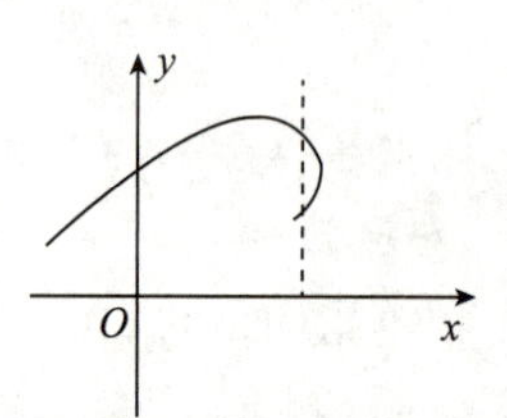

上图中的右图不是一个函数，因为有的 x 值在图中的曲线上对应两个 y 值.

3. 函数的性质

(1) **增减性(单调性)：**设一元函数 $y=f(x)$ 定义域为 $I\subset\mathbf{R}$，若对于任意的 $x_1, x_2\in I$，当 $x_1<x_2$ 时都有 $f(x_1)\leqslant f(x_2)$，则称 $y=f(x)$ 在 I 上为**单调增函数**(非严格)；

若对于任意的 $x_1, x_2\in I$，当 $x_1<x_2$ 时都有 $f(x_1)<f(x_2)$，则称 $y=f(x)$ 在 I 上为**严格单调增函数**.

类似可给出**单调减函数**的定义.

设一元函数 $y=f(x)$ 定义域为 $I\subset\mathbf{R}$，若对于任意的 $x_1, x_2\in I$，当 $x_1<x_2$ 时都有 $f(x_1)\geqslant f(x_2)$，则称 $y=f(x)$ 在 I 上为**单调减函数**(非严格)；

若对于任意的 $x_1, x_2\in I$，当 $x_1<x_2$ 时都有 $f(x_1)>f(x_2)$，则称 $y=f(x)$ 在 I 上为**严**

格单调减函数.

函数的单调性有下列等价表述：对于任意 $x_1, x_2 \in I, x_1 \neq x_2$，则

$$f(x)\text{ 是单调增函数} \Leftrightarrow (x_1 - x_2)[f(x_1) - f(x_2)] \geqslant 0$$

$$f(x)\text{ 是单调减函数} \Leftrightarrow (x_1 - x_2)[f(x_1) - f(x_2)] \leqslant 0$$

$$f(x)\text{ 是严格单调增函数} \Leftrightarrow (x_1 - x_2)[f(x_1) - f(x_2)] > 0$$

$$f(x)\text{ 是严格单调减函数} \Leftrightarrow (x_1 - x_2)[f(x_1) - f(x_2)] < 0$$

(2) **奇偶性**：函数 $y = f(x)$ 的定义域 I 关于原点左右对称，且对于任意的 $x \in I$，都有 $f(-x) = f(x)$，则称 $y = f(x)$ 为**偶函数**；

函数 $y = f(x)$ 的定义域 I 关于原点左右对称，且对于任意的 $x \in I$，都有 $f(-x) = -f(x)$，则称 $y = f(x)$ 为**奇函数**.

(3) **周期性**：若存在一个正数 T，使函数 $y = f(x)$ 在定义域内满足对于任意的 $x \in I$，$f(x+T) = f(x)$，则称 $y = f(x)$ 为**周期函数**. 这里的正数 T 对一个周期函数来说不是唯一的(事实上有无穷多)，一般情况下，称其中最小正数为**周期**.

并不是所有周期函数都有周期. 例如 Dirichlet 函数

$$D(x) = \begin{cases} 1, & x\text{ 为有理数}, \\ 0, & x\text{ 为无理数}. \end{cases}$$

任意正实数都是周期，但不存在最小正实数，所以这个函数没有周期.

(4) **有界性**：设函数 $y = f(x)$ 在 I 上有定义，若存在一个正数 M 使得对于任意的 $x \in I$ 有 $|f(x)| \leqslant M$，则称函数 $y = f(x)$ 在 I 上有界.

有界函数的否定就是无界函数：设函数 $y = f(x)$ 在 I 上有定义，若对于任意的正数 M，存在 $x_0 \in I$，使得 $|f(x_0)| > M$，则称函数 $y = f(x)$ 在 I 上无界.

4. 函数的运算

(1) 函数的四则运算

有公共定义域的两个函数可以定义**四则运算**.

设 $f(x), g(x)$ 均为定义域 I 上的函数，则可以定义新的函数 $f \pm g, \lambda f, fg, \dfrac{f}{g}$：

加减法 $f \pm g: x \mapsto f(x) \pm g(x)$，即 $(f \pm g)(x) = f(x) \pm g(x)$；

数乘 $\lambda f: x \mapsto \lambda f(x)$，即 $(\lambda f)(x) = \lambda f(x)$；

乘法 $fg: x \mapsto f(x)g(x)$，即 $(fg)(x) = f(x)g(x)$；

除法 $\dfrac{f}{g}: x \mapsto \dfrac{f(x)}{g(x)}$，即 $\left(\dfrac{f}{g}\right)(x) = \dfrac{f(x)}{g(x)}\ (g(x) \neq 0)$.

(2) 函数的复合运算

函数除了上述加、减、数乘、乘、除运算之外，还有**复合运算**.

例如：$y = \mathrm{e}^{\sin x}$ 就是 $y = \mathrm{e}^u$ 与 $u = \sin x$ 的复合；

$y = \ln(x^2 + |\sin x|)$ 就是 $y = \ln(u + v)$ 与 $\begin{cases} u = x^2 \\ v = |\sin x| \end{cases}$ 的复合.

一般的两个函数 $y=f(u),u=g(x)$ 的复合函数为 $y=f(g(x))$.

5. **基本初等函数、初等函数、函数关系的建立**

基本初等函数为

幂函数：$y=x^{\mu}$，根据指数 μ 的不同，定义域也不同，函数的单调性也不同.

指数函数：$y=a^{x}(a>0,a\neq 1),y=\mathrm{e}^{x}$.

对数函数：$y=\log_{a}x(a>0,a\neq 1)$，以 e 为底的对数函数为 $y=\ln x$.

三角函数：$y=\sin x,y=\cos x,y=\tan x=\dfrac{\sin x}{\cos x},y=\cot x=\dfrac{1}{\tan x}$,

$$y=\sec x=\frac{1}{\cos x},y=\csc x=\frac{1}{\sin x}.$$

三角函数满足一些恒等式：

$$\sin^2 x+\cos^2 x=1;$$
$$\sec^2 x=\tan^2 x+1;$$
$$\csc^2 x=\cot^2 x+1;$$
$$\sin 2x=2\sin x\cos x;$$
$$\cos 2x=\cos^2 x-\sin^2 x=2\cos^2 x-1=1-2\sin^2 x.$$

反三角函数：

$y=\arcsin x$，定义域：$[-1,1]$，值域：$\left[-\dfrac{\pi}{2},\dfrac{\pi}{2}\right]$；

$y=\arccos x$，定义域：$[-1,1]$，值域：$[0,\pi]$；

$y=\arctan x$，定义域：$(-\infty,\infty)$，值域：$\left(-\dfrac{\pi}{2},\dfrac{\pi}{2}\right)$.

初等函数：由基本初等函数的有限次四则运算和复合而成的函数.

二、极限

1. **数列极限与函数极限的定义**

(1) 数列及数列的极限

数列：一列数的有序排列称为数列. 记作 $\{x_n\}_{n=1}^{+\infty}$，经常简记作 $\{x_n\}$.

数列的极限定义：数列 $\{x_n\}$，若存在某个常数 A，使得对于任意的 $\varepsilon>0$，存在 $N\in\mathbf{N}^{+}$，使得任意的 $n>N$，都有 $|x_n-A|<\varepsilon$，则称数列 $\{x_n\}$ 当 n 趋于无穷大时的**极限**为 A，或**收敛**于 A. 记为 $\lim\limits_{n\to\infty}x_n=A$.

函数在一点处的极限定义：设函数 $y=f(x)$ 在 x_0 的某个去心邻域

$$U^{\circ}(x_0,r)=\{x\mid 0<|x-x_0|<r,r>0\}$$

内有定义，若存在某个常数 A，使得对于任意的 $\varepsilon>0$，存在 $\delta>0(\delta<r)$，使得任意的 x：$0<|x-x_0|<\delta$，恒有 $|f(x)-A|<\varepsilon$，则称函数 $y=f(x)$ 当 x 趋于 x_0 时的极限为 A，或函数

$y=f(x)$ 当 x 趋于 x_0 时**收敛**于 A. 记作 $\lim\limits_{x\to x_0}f(x)=A$.

(2) 两种特别的极限

① **无穷大**:设函数 $y=f(x)$ 在 x_0 的某个去心邻域

$$U^{\circ}(x_0,r)=\{x\,|\,0<|x-x_0|<r,r>0\}$$

内有定义,若对于任意的 $M>0$,存在 $\delta>0(\delta<r)$,使得任意的 x:$0<|x-x_0|<\delta$,恒有 $|f(x)|>M$,则记作 $\lim\limits_{x\to x_0}f(x)=\infty$. 此时我们称函数 $y=f(x)$ 当 x 趋于 x_0 时为无穷大.

②x 趋于无穷时函数的极限

x 趋于无穷时函数的极限有两种:

(Ⅰ) 设函数 $f(x)$ 在集合 $I=\{x\,|\,|x|>r\}(r>0)$ 内有定义,$A\in\mathbf{R}$,若对于任意的 $\varepsilon>0$,存在 $L>0\ (L>r)$,使得任意的 x:$|x|>L$,恒有 $|f(x)-A|<\varepsilon$,则记作 $\lim\limits_{x\to\infty}f(x)=A$.

(Ⅱ) 设函数 $f(x)$ 在集合 $I=\{x\,|\,|x|>r\}(r>0)$ 内有定义,若对于任意的 $M>0$,存在 $L>0(L>r)$,使得任意的 x:$|x|>L$,恒有 $|f(x)|>M$,则记作 $\lim\limits_{x\to\infty}f(x)=\infty$.

除此之外,还有 x 趋于正无穷($\lim\limits_{x\to+\infty}f(x)$)、$x$ 趋于负无穷($\lim\limits_{x\to-\infty}f(x)$)等极限形式.

2. 函数的左极限与右极限

(1) 函数的左极限

函数在一点处的左极限:设函数 $y=f(x)$ 在某个区间 $(x_0-r,x_0)(r>0)$ 内有定义,若存在某个常数 A 使得对于任意的 $\varepsilon>0$,存在 $\delta>0(\delta<r)$,对于任意的 x:$-\delta<x-x_0<0$,恒有 $|f(x)-A|<\varepsilon$,则称 $f(x)$ 当 x 趋于 x_0 时的左极限为 A,记作 $\lim\limits_{x\to x_0^-}f(x)=A$.

(2) 函数的右极限

函数在一点处的右极限:设函数 $y=f(x)$ 在某个区间 $(x_0,x_0+r)(r>0)$ 内有定义,若存在某个常数 A 使得对于任意的 $\varepsilon>0$,存在 $\delta>0(\delta<r)$,对于任意的 x:$0<x-x_0<\delta$,恒有 $|f(x)-A|<\varepsilon$,则称 $f(x)$ 当 x 趋于 x_0 时的右极限为 A,记作 $\lim\limits_{x\to x_0^+}f(x)=A$.

关于极限、左极限和右极限,我们有

$$\lim_{x\to x_0}f(x)=A\Leftrightarrow\lim_{x\to x_0^-}f(x)=A\text{ 且 }\lim_{x\to x_0^+}f(x)=A$$

3. 极限的性质

下面以 $x\to x_0$ 函数 $f(x)$ 的极限为例,其他极限($x\to x_0^-$,$x\to x_0^+$,$x\to\infty$,$x\to+\infty$,$x\to-\infty$ 以及数列的极限)的结论完全类似.

(1) 运算性质

① 若 $\lim\limits_{x\to x_0}f(x)=A$,$C$ 为实常数,则 $\lim\limits_{x\to x_0}(Cf(x))=CA$;

② 若 $\lim\limits_{x\to x_0}f(x)=A$,$\lim\limits_{x\to x_0}g(x)=B$,则 $\lim\limits_{x\to x_0}(f(x)\pm g(x))=A\pm B$;

③ 若 $\lim\limits_{x\to x_0}f(x)=A$,$\lim\limits_{x\to x_0}g(x)=B$,则 $\lim\limits_{x\to x_0}(f(x)\cdot g(x))=AB$;

④ 若$\lim\limits_{x\to x_0}f(x)=A,g(x)\neq 0,\lim\limits_{x\to x_0}g(x)=B\neq 0$,则$\lim\limits_{x\to x_0}\dfrac{f(x)}{g(x)}=\dfrac{A}{B}$;

⑤ 若$\lim\limits_{x\to x_0}f(x)=\infty,f(x)\neq 0$,则$\lim\limits_{x\to x_0}\dfrac{1}{f(x)}=0$.

(2) 其他性质

① 极限的保序性(保号性)

若$\lim\limits_{x\to x_0}f(x)=A>0$,则在 x_0 的附近(除去 x_0)某区间内必然有 $f(x)>0$.换言之,若$\lim\limits_{x\to x_0}f(x)=A>0$,则存在 x_0 的去心邻域

$$U^\circ(x_0,\delta)=\{x\mid 0<|x-x_0|<\delta,\delta>0\}$$

使当 $x\in U^\circ(x_0,\delta)$ 时,必然有 $f(x)>0$.

若$\lim\limits_{x\to x_0}f(x)=A<0$,则在 x_0 的附近(除去 x_0)某区间内必然有 $f(x)<0$.

② 极限的保序性

若 $\exists\delta>0$,使得对于任意的 $x\in U^\circ(x_0,\delta),f(x)\geqslant 0$,且极限$\lim\limits_{x\to x_0}f(x)$ 存在,则

$$\lim_{x\to x_0}f(x)=A\geqslant 0$$

若 $\exists\delta>0$,使得对于任意的 $x\in U^\circ(x_0,\delta),f(x)\leqslant 0$,且极限$\lim\limits_{x\to x_0}f(x)$ 存在,则

$$\lim_{x\to x_0}f(x)=A\leqslant 0$$

③ 有界性

若极限$\lim\limits_{x\to x_0}f(x)$存在,则 $f(x)$ 在 x_0 的附近(除去 x_0)某区间内有界.换言之,若$\lim\limits_{x\to x_0}f(x)=A$ 存在,则存在 x_0 的去心邻域

$$U^\circ(x_0,\delta)=\{x\mid 0<|x-x_0|<\delta,\delta>0\}$$

以及 $M>0$,使当 $x\in U^\circ(x_0,\delta)$ 时,必然有 $|f(x)|\leqslant M$.

4. 无穷小和无穷大

若$\lim\limits_{x\to x_0}f(x)=0$,则称 $f(x)$ 为当 $x\to x_0$ 时**无穷小**(函数);

若$\lim\limits_{x\to x_0}f(x)=\infty$,则称 $f(x)$ 为当 $x\to x_0$ 时**无穷大**(函数).

无穷大的倒数为无穷小,反之不成立.例如函数 $f(x)=x\sin\dfrac{1}{x}$ 当 $x\to 0$ 时为无穷小,但是其倒数函数 $g(x)=\dfrac{1}{x\sin\dfrac{1}{x}}$ 当 $x\to 0$ 时不是无穷大,因为在 $x_n=\dfrac{1}{n\pi}$ 处,$g(x)$ 无定义.

设 $f(x),g(x)$ 均为无穷小($x\to x_0$),其中存在 x_0 的某个去心邻域,使得 $g(x)$ 在该去心邻域内不等于 0.若$\lim\limits_{x\to x_0}\dfrac{f(x)}{g(x)}=L$ 存在,则根据 L 的不同,可以比较 $f(x),g(x)$ 的大小.

(1) 若 $L=1$,称两个无穷小 $f(x),g(x)$ **等价**,记作 $f(x)\sim g(x),x\to x_0$.

两个等价无穷小是“差不多”大小的无穷小;

(2) 若 $L\neq 0$,称两个无穷小 $f(x),g(x)$ **同阶无穷小**.此时

$$f(x)\sim Lg(x),x\to x_0$$

两个同阶无穷小几乎只是差常数倍，也是“差不多”大小的无穷小.

我们将与$\{(x-x_0)^\lambda\}(\lambda>0)$同阶的无穷小称为λ**阶无穷小**(若考虑$x\to\infty$时的无穷小，我们一般用$\left\{\frac{1}{x^\lambda}\right\}(\lambda>0)$作为尺度衡量无穷小). 这样我们就可以用“**阶**”来刻画无穷小的大小. 显然一个二阶无穷小“远小于”一阶无穷小.

例如：当$x\to 0$时，函数$2x^2+x^3$为二阶无穷小，这是因为

$$\lim_{x\to 0}\frac{2x^2+x^3}{x^2}=\lim_{x\to 0}\frac{2x^2}{x^2}+\lim_{x\to 0}\frac{x^3}{x^2}=2+0=2\neq 0$$

事实上，当$x\to 0$时，$2x^2+x^3\sim 2x^2$.

(3) 若$L=0$，称$f(x)$为$g(x)$的**高阶无穷小**，记作$f(x)=o(g(x))$，$x\to x_0$.

例如，当$x\to 0$时$x^3=o(x^2)$，所以当x接近0时，x^3“远小于”x^2.

显然，若$f(x)$为$g(x)$的高阶无穷小，则当x接近x_0时，$f(x)$“远小于”$g(x)$.

例如，当$x\to 0$时$x^3=o(x^2)$，所以当x接近0时，x^3“远小于”x^2.

(4) 等价无穷小(大)替换.

乘除法的极限可用**等价无穷小(大)替换**的方法求：

若$f(x)\sim g(x)$，$x\to x_0$为等价无穷小(大)，$\lim\limits_{x\to x_0}\frac{h(x)}{g(x)}$存在(或为无穷)，则

$$\lim_{x\to x_0}\frac{h(x)}{f(x)}=\lim_{x\to x_0}\frac{h(x)}{g(x)}$$

也存在(或为无穷).

注意：等价无穷小(大)替换的方法只能用于函数的乘除法，而不能用于其他运算(例如加减法).

常见的等价无穷小公式：当$x\to 0$时

$x\sim\sin x\sim\tan x\sim\ln(1+x)$；$1-\cos x\sim\frac{1}{2}x^2$；$a^x-1\sim x\ln a(a>0)$；$\mathrm{e}^x-1\sim x$；$(x+1)^\lambda-1\sim\lambda x(\lambda\in\mathbf{R})$；$\sin x-x\sim-\frac{1}{6}x^3$.

5. 函数有极限的证明方法

(1) 单调有界准则

$y=f(x)$在$(x_0,x_0+\delta)(\delta>0)$单调有界，右极限$\lim\limits_{x\to x_0^+}f(x)=A$存在.

$y=f(x)$在$(x_0-\delta,x_0)(\delta>0)$单调有界，左极限$\lim\limits_{x\to x_0^-}f(x)=A$存在.

(2) 夹逼准则

设函数$y=f(x)$与$g(x)$，$h(x)$在区间$(x_0-\delta,x_0+\delta)(\delta>0)$内有定义且满足

$$h(x)\leqslant f(x)\leqslant g(x)$$

若$\lim\limits_{x\to x_0}g(x)=\lim\limits_{x\to x_0}h(x)=A$存在，则$\lim\limits_{x\to x_0}f(x)=A$存在.

作为夹逼准则的特例，若$|f(x)|\leqslant g(x)$，而$\lim\limits_{x\to x_0}g(x)=0$，则$\lim\limits_{x\to x_0}f(x)=0$.

例如：$\lim\limits_{x\to 0}x\sin\frac{1}{x}=0$. 这是因为$\left|x\sin\frac{1}{x}\right|\leqslant|x|$，而显然$\lim\limits_{x\to 0}|x|=0$.

6. **两个常见极限**

$$\lim_{x\to 0}\frac{\sin x}{x}=1,\lim_{x\to 0}(1+x)^{\frac{1}{x}}=\mathrm{e}$$

作为特列，第二个极限还有常见的变形$\lim\limits_{x\to\infty}\left(1+\dfrac{1}{x}\right)^{x}=\mathrm{e}$.

三、函数的连续

1. **函数在一点连续的概念**

定义：设函数 $y=f(x)$ 在 x_0 的某邻域 $U(x_0,\delta)=\{x\,|\,|x-x_0|<\delta,\delta>0\}$ 内有定义，且

$$\lim_{x\to x_0}f(x)=f(x_0)$$

则称函数 $y=f(x)$ 在点 x_0 处**连续**.

一元函数的**左连续**：$\lim\limits_{x\to x_0^-}f(x)=f(x_0)$；

一元函数的**右连续**：$\lim\limits_{x\to x_0^+}f(x)=f(x_0)$；

一元函数 $y=f(x)$ 在点 x_0 处连续 $\Leftrightarrow y=f(x)$ 在点 x_0 处左连续且右连续.

2. **连续函数的运算**

(1) 连续函数的四则运算均为连续函数(除数不为零)；

(2) 连续函数的复合为连续函数；

(3) 连续函数的反函数为连续函数；

(4) 初等函数在其定义域内部的任意区间内都是连续的.

3. **间断**

一元函数 $y=f(x)$ 不连续的点，称之为 $f(x)$ 的**间断点**.

(1) 当间断点 x_0 单边极限 $\lim\limits_{x\to x_0^+}f(x)$ 与 $\lim\limits_{x\to x_0^-}f(x)$ 都存在，称 x_0 为**第一类间断点**. 其中：

满足 $\lim\limits_{x\to x_0^+}f(x)=\lim\limits_{x\to x_0^-}f(x)\neq f(x_0)$ 的间断点，称之为**可去型间断点**；

满足 $\lim\limits_{x\to x_0^+}f(x)\neq\lim\limits_{x\to x_0^-}f(x)$ 的间断点，称之为**跳跃型间断点**.

(2) 除去第一类间断点以外的所有间断点统称为**第二类间断点**.

左右极限有一个为 ∞，则该间断点称为**无穷间断点**.

4. **一元函数在一个区间上的连续**

若 $y=f(x)$ 在$[a,b]$上的任意一点处都连续(在 a 点指的是右连续，在 b 点指的是左连续)，则称函数 $y=f(x)$ 在有界闭区间$[a,b]$上**连续**.

若 $y=f(x)$ 在(a,b)内的任意一点处都连续，则称函数 $y=f(x)$ 在(a,b)内连续.

5. 有界闭区间上一元连续函数的性质

(1) 有界性

若函数 $y=f(x)$ 在有界闭区间$[a,b]$上连续，则 $f(x)$ 在$[a,b]$上有界，即存在$M>0$，使对于任意的 $x\in[a,b]$，都有$|f(x)|\leqslant M$.

(2) 最大最小值的存在性

设函数 $y=f(x)$ 在闭区间$[a,b]$上连续，则 $f(x)$ 在$[a,b]$上有最大、最小值. 即存在 $x_1\in[a,b]$，$x_2\in[a,b]$ 使得

$$f(x_1)\leqslant f(x)\leqslant f(x_2), x\in[a,b]$$

(3) 零点的存在性

设函数 $y=f(x)$ 在闭区间$[a,b]$上连续，且 $f(a)f(b)<0$，则(至少)存在一个 $x_0\in(a,b)$ 使得 $f(x_0)=0$.

(4) 介值定理

设函数 $y=f(x)$ 在闭区间$[a,b]$上连续，若 $f(b)\neq f(a)$，则对介于 $f(a)$ 与 $f(b)$ 之间的任意实数 A，都(至少)存在一个 $x_0\in(a,b)$，使得 $f(x_0)=A$.

第二章　一元函数微分学

一、一元函数导数和微分

1. 一元函数导数和微分的概念，函数的可导性与连续性之间的关系

(1) 一元函数导数

导数的定义：$y=f(x)$ 在 x_0 点的某个邻域 $\{x \mid |x-x_0|<\delta\}(\delta>0)$ 有定义，$\Delta y=f(x_0+\Delta x)-f(x_0)$，若

$$\lim_{\Delta x\to 0}\frac{\Delta y}{\Delta x}=\lim_{\Delta x\to 0}\frac{f(x_0+\Delta x)-f(x_0)}{\Delta x}=L$$

存在，则 L 称为 $y=f(x)$ 在 x_0 点的**导数**，记作

$$\left.\frac{\mathrm{d}y}{\mathrm{d}x}\right|_{x=x_0}=\left.\frac{\mathrm{d}f}{\mathrm{d}x}\right|_{x=x_0}=f'(x_0)=y'(x_0)=L$$

导数的其他形式

$$f'(x_0)=\lim_{x\to x_0}\frac{f(x)-f(x_0)}{x-x_0}$$

右导数　$f'_+(x_0)=\lim\limits_{\Delta x\to 0^+}\dfrac{f(x_0+\Delta x)-f(x_0)}{\Delta x}=\lim\limits_{x\to x_0^+}\dfrac{f(x)-f(x_0)}{x-x_0}$

左导数　$f'_-(x_0)=\lim\limits_{\Delta x\to 0^-}\dfrac{f(x_0+\Delta x)-f(x_0)}{\Delta x}=\lim\limits_{x\to x_0^-}\dfrac{f(x)-f(x_0)}{x-x_0}$

(2) 一元函数微分

微分的定义：若 $y=f(x)$ 在 x_0 点可导，则

$$\mathrm{d}y=f'(x_0)\mathrm{d}x$$

称为函数 $y=f(x)$ 在 x_0 点的**微分**.

对于一元函数而言，$y=f(x)$ 在 x_0 点可导 $\Leftrightarrow y=f(x)$ 在 x_0 点可微.

(3) 一元函数可导性

① 必要条件：$y=f(x)$ 在 x_0 点可导 $\Rightarrow y=f(x)$ 在 x_0 点连续.

反之不成立，考虑函数 $f(x)=|x|$ 在 $x_0=0$ 点连续，但是不可导.

② $y=f(x)$ 在 x_0 点可导 $\Leftrightarrow$ 左导数与右导数相等.

2. 导数的几何意义：切线的斜率

若 $y=f(x)$ 在 x_0 点可导(可微)，则其表示的曲线在点 $(x_0,y_0)(y_0=f(x_0))$ 的**切线**为

$$y-y_0=f'(x_0)(x-x_0)$$

而 $f'(x_0)$ 恰好是切线的斜率.

平面曲线的**法线**:若 $f'(x_0)\neq 0$,则

$$y-y_0=-\frac{1}{f'(x_0)}(x-x_0)$$

为曲线在点(x_0,y_0)的法线.

3. 导数和微分的四则运算

(1) 导数的四则运算

若 $f(x)$,$g(x)$ 可导,则:

①$[f(x)\pm g(x)]'=[f(x)]'\pm[g(x)]'$;

②$[f(x)\cdot g(x)]'=[f(x)]'g(x)+f(x)[g(x)]'$;

③$\left[\frac{f(x)}{g(x)}\right]'=\frac{[f(x)]'g(x)-f(x)[g(x)]'}{[g(x)]^2}(g(x)\neq 0)$.

(2) 微分的四则运算

若 $f(x)$,$g(x)$ 可微,则

①$\mathrm{d}[f(x)\pm g(x)]=\mathrm{d}[f(x)]\pm\mathrm{d}[g(x)]$;

②$\mathrm{d}[f(x)\cdot g(x)]=\mathrm{d}[f(x)]g(x)+f(x)\mathrm{d}[g(x)]$;

③$\mathrm{d}\left[\frac{f(x)}{g(x)}\right]=\frac{\mathrm{d}[f(x)]g(x)-f(x)\mathrm{d}[g(x)]}{[g(x)]^2}(g(x)\neq 0)$.

(3) 基本初等函数的导数

①$(C)'=0$(C 为常数);

②$(x^{\mu})'=\mu x^{\mu-1}$($x>0$,μ 为任意实数);

③ $(a^x)'=a^x\ln a(a>0,a\neq 1)$;

$(\mathrm{e}^x)'=\mathrm{e}^x$;

④ $(\log_a x)'=\frac{1}{x\ln a}(a>0,a\neq 1)$;

$(\ln x)'=\frac{1}{x}$,$(\ln|x|)'=\frac{1}{x}$;

⑤ $(\sin x)'=\cos x$;

$(\cos x)'=-\sin x$;

⑥ $(\tan x)'=\sec^2 x$;

$(\cot x)'=-\csc^2 x$;

⑦ $(\sec x)'=\sec x\tan x$;

$(\csc x)'=-\csc x\cot x$;

⑧ $(\arcsin x)'=\frac{1}{\sqrt{1-x^2}}$;

$(\arccos x)'=\frac{-1}{\sqrt{1-x^2}}$;

⑨ $(\arctan x)'=\frac{1}{1+x^2}$;

$(\operatorname{arccot} x)' = \dfrac{-1}{1+x^2}$.

对上述公式 ②，当 $\mu = \dfrac{q}{p}$(p, q 为整数)，且为奇数时，对 $x < 0$ 也是成立的.

4. 复合函数和隐函数的求导法

(1) 复合函数求导的链式法则

如果 $y = f(u)$ 可导，$\dfrac{\mathrm{d}y}{\mathrm{d}u} = f'(u)$，$u = g(x)$ 可导，$\dfrac{\mathrm{d}u}{\mathrm{d}x} = g'(x)$，则复合函数 $y = f[g(x)]$ 也可导，且

$$\frac{\mathrm{d}y}{\mathrm{d}x} = \frac{\mathrm{d}y}{\mathrm{d}u}\frac{\mathrm{d}u}{\mathrm{d}x}$$

或

$$\frac{\mathrm{d}}{\mathrm{d}x}\{f[g(x)]\} = f'[g(x)]g'(x)$$

(2) 隐函数求导

隐函数问题涉及隐函数的存在性、连续性、可微性以及隐函数的导数(或微分)的计算.一般的隐函数问题实际上是多元函数微分学研究的问题.在一元函数的微分部分我们只讨论具体方程所确定的隐函数的导数问题.例如：

如果函数 $y = y(x)$ 由方程 $x^2 + y^2 = 1$ 确定，其中 $y \geqslant 0$，则对于任意的 x，

$$x^2 + y^2(x) \equiv 1$$

等号两边同时对变量 x 求导，则

$$2x + 2y(x)y'(x) \equiv 0$$

$$y'(x) = -\frac{x}{y}$$

事实上，解方程 $x^2 + y^2 = 1$，其中 $y \geqslant 0$，

$$y = \sqrt{1-x^2}$$

$$y'(x) = -\frac{x}{\sqrt{1-x^2}} = -\frac{x}{y}$$

显然是正确的.

更复杂的问题也是这样做的，详细见例题.

5. 高阶导数

$$y = f(x), y' = f'(x), y'' = \frac{\mathrm{d}}{\mathrm{d}x}\left(\frac{\mathrm{d}y}{\mathrm{d}x}\right) = \frac{\mathrm{d}^2 y}{\mathrm{d}x^2} = f''(x)$$

$$y^{(n)} = \frac{\mathrm{d}}{\mathrm{d}x}\left(\frac{\mathrm{d}y^{(n-1)}}{\mathrm{d}x}\right) = \frac{\mathrm{d}^n y}{\mathrm{d}x^n} = f^{(n)}(x)$$

分别为二阶导数，n 阶导数.

显然，若 $f(x), g(x)$ 均 n 阶可导，$[f(x) \pm g(x)]$，$Cf(x)$ 也 n 阶可导，且

$$[f(x) \pm g(x)]^{(n)} = f^{(n)}(x) \pm g^{(n)}(x)$$

$$[Cf(x)]^{(n)} = Cf^{(n)}(x)$$

其中 C 为常数.

二、一元函数导数的应用

1. 微分中值定理

罗尔定理:$f(x)$ 在$[a,b]$连续,在(a,b)可微,$f(a)=f(b)$,则存在$\xi\in(a,b)$,使得 $f'(\xi)=0$.

拉格朗日定理:$f(x)$ 在$[a,b]$连续,在(a,b)可微,则存在 $\xi\in(a,b)$,使得

$$f'(\xi)=\frac{f(b)-f(a)}{b-a}.$$

2. 洛必达法则

如果:

(1) $\lim\limits_{x\to\square}f(x)=\lim\limits_{x\to\square}g(x)=0$(或 ∞);

(2) 在极限点附近,$f'(x)$,$g'(x)$ 都存在,且 $g'(x)\neq 0$;

(3) $\lim\limits_{x\to\square}\dfrac{f'(x)}{g'(x)}$ 存在或为无穷大.

则 $\lim\limits_{x\to\square}\dfrac{f(x)}{g(x)}$ 存在或为无穷大,且

$$\lim_{x\to\square}\frac{f(x)}{g(x)}=\lim_{x\to\square}\frac{f'(x)}{g'(x)}$$

这里 $x\to\square$ 可以是趋于一个实数(左极限或右极限)或趋于无穷.

洛必达法则不能反向使用,即 $\lim\limits_{x\to\square}\dfrac{f(x)}{g(x)}$ 若存在,不能反推 $\lim\limits_{x\to\square}\dfrac{f'(x)}{g'(x)}$ 存在.

例如 $\lim\limits_{x\to\infty}\dfrac{x+\sin x}{x}=1$ 存在,但是 $\lim\limits_{x\to\infty}\dfrac{(x+\sin x)'}{(x)'}=\lim\limits_{x\to\infty}(1+\cos x)$ 不存在.

但是若 $\lim\limits_{x\to\square}\dfrac{f(x)}{g(x)}$ 与 $\lim\limits_{x\to\square}\dfrac{f'(x)}{g'(x)}$ 同时存在,则两者必相等.

3. 函数的单调性判别

$f'(x)\geqslant 0\Rightarrow y=f(x)$ 单调增;

$f'(x)\leqslant 0\Rightarrow y=f(x)$ 单调减.

4. 函数的极值

定义:若在 x_0 的某邻域 $U(x_0,\delta)=\{x\mid |x-x_0|<\delta,\delta>0\}$ 内,恒有 $f(x)\leqslant f(x_0)$,则称 $f(x_0)$ 为函数 $f(x)$ 的一个**极大值**. 使函数取极大值的点称为**极大值点**.

若在 x_0 的某邻域 $U(x_0,\delta)=\{x\mid |x-x_0|<\delta,\delta>0\}$ 内,恒有 $f(x)\geqslant f(x_0)$,则称 $f(x_0)$ 为函数 $f(x)$ 的一个**极小值**. 使函数取极小值的点 x_0 称为**极小值点**.

极大值、极小值统称为**极值**,极大值点、极小值点统称为**极值点**.

(1) 极大值的一阶导数判断

当 $x\in(x_0-\delta,x_0)$ 时,$f'(x)\geqslant 0$,当 $x\in(x_0,x_0+\delta)$ 时,$f'(x)\leqslant 0$,则 $x=x_0$ 为极大

值点；

当 $x \in (x_0-\delta, x_0)$ 时，$f'(x) \leqslant 0$，当 $x \in (x_0, x_0+\delta)$ 时，$f'(x) \geqslant 0$，则 $x = x_0$ 为极小值点.

极值的必要条件：若 $f(x)$ 在可微点 x_0 取到极值，则 $f'(x) = 0$.

(2) 极值的二阶导数判断

如果 $f'(x_0) = 0, f''(x_0) < 0 (f''(x_0) > 0)$，则 $f(x_0)$ 为极大值(极小值).

5. 函数的凹凸性、拐点

定义：设 $f(x)$ 在 $[a,b]$ 上连续，若 $\forall x_1, x_2 \in [a,b] (x_1 \neq x_2)$，$\forall \lambda_1, \lambda_2 \geqslant 0$，且满足 $\lambda_1 + \lambda_2 = 1$，恒有

$$f(\lambda_1 x_1 + \lambda_2 x_2) \geqslant \lambda_1 f(x_1) + \lambda_2 f(x_2)$$

则称 $y = f(x)$ 在 (a,b) 内为**凸函数**；

若不等式反号成立，则称 $y = f(x)$ 在 (a,b) 内为**凹函数**.

(1) 一阶导数判断凹凸性

$f'(x)$ 单调减，$y = f(x)$ 为凸函数；

$f'(x)$ 单调增，$y = f(x)$ 为凹函数.

(2) 二阶导数判断凹凸性

凸函数：$f''(x) \leqslant 0$；

凹函数：$f''(x) \geqslant 0$.

(3) 凸函数区间与凹函数区间的分界点：**拐点** $(x_0, f(x_0))$（拐点是曲线上的点）

拐点的必要条件：若 $y = f(x)$ 二阶可导，$(x_0, f(x_0))$ 是拐点，则 $f''(x_0) = 0$.

6. 渐近线

斜渐近线：$y = kx + b$，其中

$$k = \lim_{x \to +\infty} \frac{f(x)}{x}, b = \lim_{x \to +\infty} [f(x) - kx]$$

或

$$k = \lim_{x \to -\infty} \frac{f(x)}{x}, b = \lim_{x \to -\infty} [f(x) - kx]$$

铅直渐近线：$x = a$：$\lim\limits_{x \to a^+} f(x) = \infty$ 或 $\lim\limits_{x \to a^-} f(x) = \infty$.

$y = f(x)$ 的渐近线可以存在，也可以不存在；可以存在一条，也可以存在多条.

7. 函数的最大值和最小值

定义：$I \subset \mathbf{R}, x_0 \in I$，若对于任意的 $x \in I$，$f(x) \leqslant f(x_0)$，则称 $f(x_0)$ 为在 I 上的**最大值**，x_0 为**最大值点**.

$I \subset \mathbf{R}, x_0 \in I$，对于任意的 $x \in I$，$f(x) \geqslant f(x_0)$，则称 $f(x_0)$ 为在 I 上的**最小值**，x_0 为最**小值点**.

最值若在定义域的内部取到，则其必为极值.

第三章　一元函数积分学

一、原函数和不定积分

原函数：$f(x)$ 定义在区间 I 上，若在区间 I 上存在函数 $F(x)$，使得对于任意的 $x \in I$，$F'(x) = f(x)$，则称 $F(x)$ 为 $f(x)$ 的一个原函数.

关于原函数，我们有：

若 $f(x)$ 在 I 上连续，则其原函数存在.

若 $f(x)$ 在 I 上有第一类间断点，则其原函数不存在.

$f(x)$ 的任意两个原函数相差一个常数.

不定积分：若 $F(x)$ 是 $f(x)$ 的一个原函数，则原函数的全体 $F(x)+C$ 称为不定积分，记作

$$\int f(x)\mathrm{d}x = F(x) + C$$

1. 不定积分的基本性质和基本积分公式

(1) 不定积分的基本性质

①$\int [af(x) \pm bg(x)]\mathrm{d}x = a\int f(x)\mathrm{d}x \pm b\int g(x)\mathrm{d}x$，其中 $a, b \in \mathbf{R}$ 为常数；

②$\left[\int f(x)\mathrm{d}x\right]' = f(x)$；

③$\mathrm{d}\left[\int f(x)\mathrm{d}x\right] = f(x)\mathrm{d}x$；

④$\int F'(x)\mathrm{d}x = F(x) + C$；

⑤$\int \mathrm{d}[F(x)] = F(x) + C$.

(2) 基本积分公式

①$\int 0\mathrm{d}x = C$；

②$\int 1\mathrm{d}x = x + C$；

③$\int x^a \mathrm{d}x = \dfrac{x^{a+1}}{a+1} + C, a \neq -1$，

$\int \dfrac{1}{x}\mathrm{d}x = \ln|x| + C$；

④$\int a^x \mathrm{d}x = \dfrac{a^x}{\ln a} + C$，

$\int e^x dx = e^x + C$;

⑤ $\int \cos x dx = \sin x + C$,

$\int \sin x dx = -\cos x + C$;

⑥ $\int \sec^2 x dx = \tan x + C$,

$\int \csc^2 x dx = -\cot x + C$;

⑦ $\int \frac{dx}{\sin x} = \ln|\csc x - \cot x| + C$,

$\int \frac{dx}{\cos x} = \ln|\sec x + \tan x| + C$;

⑧ $\int \frac{dx}{\sqrt{1-x^2}} = \arcsin x + C$,

$\int \frac{dx}{\sqrt{a^2-x^2}} = \arcsin \frac{x}{a} + C(a > 0)$;

⑨ $\int \frac{dx}{\sqrt{x^2 \pm a^2}} = \ln|x + \sqrt{x^2 \pm a^2}| + C$;

⑩ $\int \frac{dx}{1+x^2} = \arctan x + C$,

$\int \frac{dx}{a^2+x^2} = \frac{1}{a}\arctan \frac{x}{a} + C(a \neq 0)$.

二、定积分

1. 定积分的概念

定积分:设函数 $f(x)$ 在有界闭区间$[a,b]$上有定义,且有界.若:

(1) 任意分割区间$[a,b]$:取点列 $x_0, x_1, \cdots, x_n$,记 $\Delta x_i = x_i - x_{i-1}$,$\lambda = \max\limits_i\{\Delta x_i\}$;

(2) 任取 $\xi_i \in [x_{i-1}, x_i]$,作和式 $S_n = \sum\limits_{i=1}^{n} f(\xi_i)\Delta x_i$;

(3) 若极限$\lim\limits_{\lambda\to 0} S_n = \lim\limits_{\lambda\to 0}\sum\limits_{i=1}^{n} f(\xi_i)\Delta x_i$ 存在,且极限值与区间$[a,b]$分割的任意性和 $\xi_i \in [x_{i-1}, x_i]$取值的任意性无关,则称函数 $f(x)$ 在区间$[a,b]$上可积,该极限值$\lim\limits_{\lambda\to 0} S_n = \lim\limits_{\lambda\to 0}\sum\limits_{i=1}^{n} f(\xi_i)\Delta x_i$ 称为函数 $f(x)$ 在区间$[a,b]$上的**定积分**,记作

$$\int_a^b f(x)dx = \lim_{\lambda\to 0}\sum_{i=1}^{n} f(\xi_i)\Delta x_i$$

其中 a,b 分别称为积分的**下限**、**上限**,$f(x)$ 称为**被积函数**,x 称为**积分变量**.

定积分的值与积分变量的符号无关:$\int_a^b f(x)dx = \int_a^b f(t)dt$.

2. **定积分的性质**

(1) $\int_a^b f(x)\mathrm{d}x = -\int_b^a f(x)\mathrm{d}x$；

(2) 对积分区间的可加性：对于任意的 $c \in \mathbf{R}$，$\int_a^b f(x)\mathrm{d}x = \int_a^c f(x)\mathrm{d}x + \int_c^b f(x)\mathrm{d}x$；

(3) 函数的线性性：对于任意的 $A, B \in \mathbf{R}$，

$$\int_a^b [Af(x) + Bg(x)]\mathrm{d}x = A\int_a^b f(x)\mathrm{d}x + B\int_a^b g(x)\mathrm{d}x$$

(4) 保序性：若可积函数对于任意的 $x \in [a,b]$，$f(x) \geqslant g(x)$，则 $\int_a^b f(x)\mathrm{d}x \geqslant \int_a^b g(x)\mathrm{d}x$；

作为保序性的应用，若 $f(x)$ 在 $[a,b]$ 上可积，则 $|f(x)|$ 在 $[a,b]$ 上也可积，且

$$\left|\int_a^b f(x)\mathrm{d}x\right| \leqslant \int_a^b |f(x)|\mathrm{d}x$$

(5) 估值定理：若可积函数 $f(x)$ 在 $[a,b]$ 上满足 $m \leqslant f(x) \leqslant M$，则

$$m(b-a) \leqslant \int_a^b f(x)\mathrm{d}x \leqslant M(b-a)$$

进一步，若函数 $g(x)$ 在 $[a,b]$ 上非负可积，则

$$m\int_a^b g(x)\mathrm{d}x \leqslant \int_a^b f(x)g(x)\mathrm{d}x \leqslant M\int_a^b g(x)\mathrm{d}x$$

(6) 中值定理：若函数 $f(x)$ 在 $[a,b]$ 上连续，$g(x)$ 在 $[a,b]$ 上取定号且可积，则存在 $\xi \in (a,b)$，使

$$\int_a^b f(x)g(x)\mathrm{d}x = f(\xi)\int_a^b g(x)\mathrm{d}x$$

特别地，$g(x) \equiv 1$ 时，$\exists \xi \in (a,b)$，使 $\int_a^b f(x)\mathrm{d}x = f(\xi)(b-a)$.

(7) 若 $f(x)$ 在 $[-a,a]$ 上可积，且是奇函数，则 $\int_{-a}^a f(x)\mathrm{d}x = 0$；

若 $f(x)$ 在 $[-a,a]$ 上可积，且是偶函数，则 $\int_{-a}^a f(x)\mathrm{d}x = 2\int_0^a f(x)\mathrm{d}x$.

三、积分上限的函数及其导数

变上限积分：设 $f(x)$ 在 $[a,b]$ 上可积，则对于任意的 $x \in [a,b]$，存在唯一的实数 $\int_a^x f(t)\mathrm{d}t$ 与之对应，因此变上限积分 $\int_a^x f(t)\mathrm{d}t$ 定义了一个函数，记作

$$F(x) = \int_a^x f(t)\mathrm{d}t, x \in [a,b]$$

我们称其为变上限积分.

变上限积分有如下性质：

若 $f(x)$ 在 $[a,b]$ 上可积，则变上限积分 $\int_a^x f(t)\mathrm{d}t$ 定义的函数在 $[a,b]$ 上连续；

若 $f(x)$ 在 $[a,b]$ 上连续，则变上限积分 $\int_a^x f(t)\mathrm{d}t$ 定义的函数在 $[a,b]$ 上可导且

$$\frac{\mathrm{d}}{\mathrm{d}x}\left(\int_a^x f(t)\mathrm{d}t\right)=f(x)$$

同样可以定义变下限积分$\int_x^b f(t)\mathrm{d}t$和复合变限积分$\int_{\alpha(x)}^{\beta(x)} f(t)\mathrm{d}t$,我们有

$$\frac{\mathrm{d}}{\mathrm{d}x}\left(\int_x^b f(t)\mathrm{d}t\right)=-f(x)$$

$$\frac{\mathrm{d}}{\mathrm{d}x}\left(\int_{\alpha(x)}^{\beta(x)} f(t)\mathrm{d}t\right)=f(\beta(x))\beta'(x)-f(\alpha(x))\alpha'(x)$$

其中 $\alpha(x),\beta(x)$ 为可导函数.

牛顿-莱布尼茨(Newton-Leibniz)公式:若 $f(x)$ 是$[a,b]$上的连续函数,$F(x)$ 为 $f(x)$ 在$[a,b]$上的一个原函数,则

$$\int_a^b f(x)\mathrm{d}x=F(b)-F(a)\xlongequal{\text{def}}F(x)\Big|_a^b$$

四、换元积分法与分部积分法

1. 不定积分的换元积分法和分部积分法

(1) 换元法:若$\int f(x)\mathrm{d}x=F(x)+C$,$\varphi(x)$ 为连续可导函数(即 $\varphi'(t)$ 连续),则

$$\int f(\varphi(x))\cdot\varphi'(x)\mathrm{d}x=F(\varphi(x))+C$$

(2) 分部积分法:若 $u(x),v(x)$ 为可微函数,则

$$\int u(x)\mathrm{d}v(x)=u(x)v(x)-\int v(x)\mathrm{d}u(x)$$

2. 定积分的换元积分法与分部积分法

(1) 换元法:设 $f(x)$ 在$[a,b]$上连续;$x=\varphi(t)$ 为连续可导函数,且满足 $\varphi(\alpha)=a,\varphi(\beta)=b$;当 t 在 α,β 之间变化时,$\varphi(t)$ 在 a,b 之间变化,则

$$\int_a^b f(x)\mathrm{d}x=\int_\alpha^\beta f(\varphi(t))\varphi'(t)\mathrm{d}t$$

(2) 分部积分法:若 $u(x),v(x)$ 为可微函数,则

$$\int_a^b u(x)\mathrm{d}v(x)=u(x)v(x)\Big|_a^b-\int_a^b v(x)\mathrm{d}u(x)$$

五、定积分的应用

1. 平面图形的面积

(1) 若 $D=\{(x,y)\mid a\leqslant x\leqslant b,g(x)\leqslant y\leqslant f(x)\}$,则 $D\subset\mathbf{R}^2$ 的面积为

$$S=\int_a^b[f(x)-g(x)]\mathrm{d}x$$

(2) 在极坐标系下,若 $D=\{(r,\theta)\mid\alpha\leqslant\theta\leqslant\beta,0\leqslant r\leqslant r(\theta)\}$,则 $D\subset\mathbf{R}^2$ 的面积为

$$S=\int_{\alpha}^{\beta}\frac{1}{2}r^{2}(\theta)\mathrm{d}\theta$$

2. **旋转体体积**

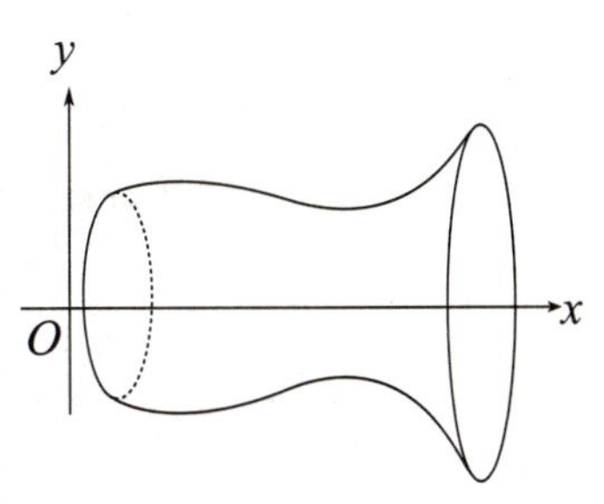

(1) 设平面区域 D 是由直线 $x=a,x=b,x$ 轴及连续曲线 $y=f(x)$ 围成.将 D 绕 x 轴旋转一周,得到一个旋转体的体积为

$$V=\pi\int_{a}^{b}f(x)^{2}\mathrm{d}x$$

(2) 设 $f(x)$ 在$[0,a]$上连续,由区域 $D=\{(x,y):0\leqslant x\leqslant a,0\leqslant y\leqslant f(x)\}$ 绕 y 轴旋转一周所得到旋转体体积为

$$V=\int_{a}^{b}2\pi xf(x)\mathrm{d}x$$

六、反常积分

1. **无穷区间上反常积分的收敛性**

定义:设函数 $f(x)$ 在$[a,+\infty)$内的任意有界闭区间$[a,A]$上可积,并且极限

$$\lim_{A\to+\infty}\int_{a}^{A}f(x)\mathrm{d}x$$

存在,则称 $f(x)$ 在$[a,+\infty)$ **反常积分收敛**,其广义积分记为

$$\int_{a}^{+\infty}f(x)\mathrm{d}x=\lim_{A\to+\infty}\int_{a}^{A}f(x)\mathrm{d}x$$

若极限不存在,则称**反常积分发散**.

2. **无穷区间上反常积分的计算**

$$\int_{a}^{+\infty}f(x)\mathrm{d}x=\lim_{A\to+\infty}\int_{a}^{A}f(x)\mathrm{d}x$$

第四章　多元函数微积分学

一、多元函数的概念与几何意义

1. 多元函数的概念

以二元函数为例.

二元函数:设 $D \subset \mathbf{R}^2$,若一个对应法则满足:对于任意的点 $(x,y) \in D$,存在唯一的数值 $z \in \mathbf{R}$ 与之对应,则我们将这个对应法则称为一个**二元函数**,记作 f,

$$f: D \subset \mathbf{R}^2 \to \mathbf{R}$$
$$(x,y) \mapsto z$$

二元函数常记作 $z = f(x,y)$,$(x,y) \in D$,其中 $(x,y) \in D$ 为**自变量**(二元),$z \in \mathbf{R}$ 为**因变量**,D 为 f 的**定义域**,集合 $\{z \mid \exists (x,y) \in \Omega, 使\ z = f(x,y)\}$ 为 f 的**值域**.

同样可以给出一般的 n 元函数的概念:

n **元函数**:设 $\Omega \subset \mathbf{R}^n (n = 1,2,3)$,若一个对应法则满足:对于任意的点 $X \in \Omega$,存在唯一的数值 $y \in \mathbf{R}$ 与之对应,则我们将这个对应法则称为一个 n **元函数**,记作 f,

$$f: \Omega \subset \mathbf{R}^n \to \mathbf{R}$$
$$X \mapsto y$$

n 元函数常记作 $y = f(X)$,其中 $X = (x_1, x_2, \cdots, x_n) \in \Omega \subset \mathbf{R}^n$ 为**自变量**(n 元),$y \in \mathbf{R}$ 为**因变量**,Ω 为 f 的**定义域**,集合 $\{y \mid \exists X \in \Omega, 使\ y = f(X)\}$ 为 f 的**值域**.

例如:

$$z = x^2 + y^2, (x,y) \in \mathbf{R}^2, z = xy, (x,y) \in \mathbf{R}^2$$

均为二元函数;

$$z = \sqrt{R^2 - x^2 - y^2}$$

也为二元函数,其定义域为

$$D = \{(x,y) \mid x^2 + y^2 \leqslant R^2\}$$
$$u = x^2 + y^2 + z^2, \quad (x,y,z) \in \mathbf{R}^3$$

为一个三元函数.

2. 二元函数的几何意义

在直角坐标系中,二元函数表示三维空间中的曲面,例如:

$z = x^2 + y^2$,$(x,y) \in \mathbf{R}^2$ 为一个二元函数,其定义域为 $\mathbf{R}^2$,值域为 $[0, +\infty) \subset \mathbf{R}$. 函数的图形如下图所示. 我们称这个函数表示的曲面为旋转抛物面.

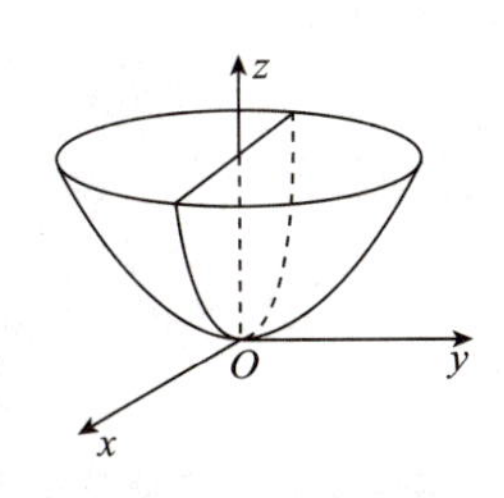

旋转抛物面

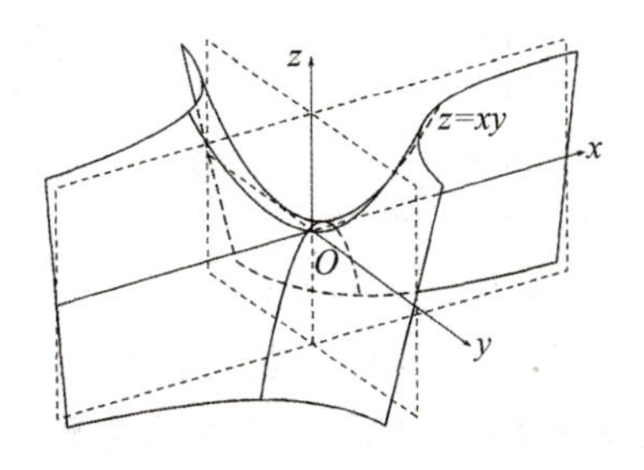

马鞍面

$z=xy(x,y)\in\mathbf{R}^2$ 也是一个二元函数，定义域为整个平面 $\mathbf{R}^2$，值域为 $\mathbf{R}$，函数的图形如上图所示. 我们称这个函数表示的曲面为马鞍面.

二、二元函数的极限与连续

1. 二元函数的极限

二元函数在一点处的极限定义：设二元函数 $z=f(x,y)$ 在 (x_0,y_0) 的某个去心邻域

$$U^{\circ}((x_0,y_0),r)=\{(x,y)\mid 0<\sqrt{(x-x_0)^2+(y-y_0)^2}<r,r>0\}$$

内有定义，若存在某个常数 A，使得对于任意的 $\varepsilon>0$，存在 $\delta>0(\delta<r)$，使得对任意的 (x,y)：$0<\sqrt{(x-x_0)^2+(y-y_0)^2}<\delta$，恒有 $|f(x,y)-A|<\varepsilon$，则称二元函数 $z=f(x,y)$ 当 (x,y) 趋于 (x_0,y_0) 时的极限为 A，或二元函数 $z=f(x,y)$ 当 (x,y) 趋于 (x_0,y_0) 时**收敛**于 A，记作 $\lim\limits_{(x,y)\to(x_0,y_0)} f(x,y)=A$.

2. 二元函数的连续性

设二元函数 $z=f(x,y)$ 在 (x_0,y_0) 的某邻域

$$U((x_0,y_0),r))=\{(x,y)\mid \sqrt{(x-x_0)^2+(y-y_0)^2}<r,r>0\}$$

内有定义，且

$$\lim_{(x,y)\to(x_0,y_0)} f(x,y)=f(x_0,y_0)$$

则称二元函数 $z=f(x,y)$ 在 (x_0,y_0) 点处**连续**.

三、多元函数的偏导数与全微分

1. 多元函数的偏导数

以二元函数为例.

设 $f(x,y)$ 在 (x_0,y_0) 点附近有定义，如果

$$\lim_{\Delta x\to 0}\frac{f(x_0+\Delta x,y_0)-f(x_0,y_0)}{\Delta x}$$

$$\lim_{\Delta y\to 0}\frac{f(x_0,y_0+\Delta y)-f(x_0,y_0)}{\Delta y}$$

存在，则称它们分别是 $f(x,y)$ 在 (x_0,y_0) 点关于 x 和 y 的**偏导数**，记作

$$\left.\frac{\partial f}{\partial x}\right|_{(x_0,y_0)}=\lim_{\Delta x\to 0}\frac{f(x_0+\Delta x,y_0)-f(x_0,y_0)}{\Delta x}$$

$$\left.\frac{\partial f}{\partial y}\right|_{(x_0,y_0)}=\lim_{\Delta y\to 0}\frac{f(x_0,y_0+\Delta y)-f(x_0,y_0)}{\Delta y}$$

偏导数有时也记作 $f'_x(x_0,y_0)$，$f'_y(x_0,y_0)$.

类似地我们也有一般的多元函数偏导数概念.

求偏导数，就是将多元函数除了一个变量之外，其余变量都看成常数，然后再求关于该变量的一元函数的导数.

例如：设 $f(x,y)=\sin(x+2y)$，求$\frac{\partial f}{\partial x}$，$\frac{\partial f}{\partial y}$.

解：在求$\frac{\partial f}{\partial x}$时，将 y 看成常数，记作$\overset{\triangledown}{y}$($y$ 不变).

$$\frac{\partial f}{\partial x}=\frac{\partial}{\partial x}\{\sin(x+2\overset{\triangledown}{y})\}=\cos(x+2y)$$

同样，在求$\frac{\partial f}{\partial y}$时，将 x 看成常数，记作$\overset{\triangledown}{x}$.

$$\frac{\partial f}{\partial y}=\frac{\partial}{\partial y}\{\sin(\overset{\triangledown}{x}+2y)\}=2\cos(x+2y)$$

特别地，$\left.\frac{\partial f}{\partial x}\right|_{(0,0)}=1$，$\left.\frac{\partial f}{\partial y}\right|_{(0,0)}=2$.

与一元函数一样，两个多元函数可以作四则运算，也有类似的求偏导公式：

(1) $\frac{\partial}{\partial x}[f(x,y)\pm g(x,y)]=\frac{\partial f}{\partial x}\pm\frac{\partial g}{\partial x}$；

$\frac{\partial}{\partial y}[f(x,y)\pm g(x,y)]=\frac{\partial f}{\partial y}\pm\frac{\partial g}{\partial y}$.

(2) $\frac{\partial}{\partial x}[f(x,y)\cdot g(x,y)]=\left[\frac{\partial f}{\partial x}\right]g(x,y)+f(x,y)\left[\frac{\partial g}{\partial x}\right]$；

$\frac{\partial}{\partial y}[f(x,y)\cdot g(x,y)]=\left[\frac{\partial f}{\partial y}\right]g(x,y)+f(x,y)\left[\frac{\partial g}{\partial y}\right]$.

(3) $\frac{\partial}{\partial x}\left[\frac{f(x,y)}{g(x,y)}\right]=\frac{\left[\frac{\partial f}{\partial x}\right]g(x,y)-f(x,y)\left[\frac{\partial g}{\partial x}\right]}{[g(x,y)]^2}$；

$\frac{\partial}{\partial y}\left[\frac{f(x,y)}{g(x,y)}\right]=\frac{\left[\frac{\partial f}{\partial y}\right]g(x,y)-f(x,y)\left[\frac{\partial g}{\partial y}\right]}{[g(x,y)]^2}$.

除此之外，多元函数还有复合运算.

设 $z=f(u,v)$ 为二元函数，其中

$$u=g_1(x,y),(x,y)\in\Omega\subset\mathbf{R}^2$$
$$v=g_2(x,y),(x,y)\in\Omega\subset\mathbf{R}^2$$

则它们的复合函数为

$$z=f(g_1(x,y),g_2(x,y))$$

两个可微函数的复合仍为可微函数. 也就是：

若函数 $z=f(u,v)$ 和 $g_1(x,y),g_2(x,y)$ 均为可微函数，则其复合

$$z=f(g_1(x,y),g_2(x,y))$$

也为可微函数，并且有求偏导的**链式法则**：

$$\frac{\partial z}{\partial x}=\frac{\partial f}{\partial u}(g_1(x,y),g_2(x,y))\cdot\frac{\partial g_1}{\partial x}+\frac{\partial f}{\partial v}(g_1(x,y),g_2(x,y))\cdot\frac{\partial g_2}{\partial x}$$

$$\frac{\partial z}{\partial y}=\frac{\partial f}{\partial u}(g_1(x,y),g_2(x,y))\cdot\frac{\partial g_1}{\partial y}+\frac{\partial f}{\partial v}(g_1(x,y),g_2(x,y))\cdot\frac{\partial g_2}{\partial y}$$

2. **多元函数的二阶偏导数**

在上面的例子中，$f(x,y)=\sin(x+2y)$.

$$\frac{\partial f}{\partial x}=\cos(x+2y)$$

$$\frac{\partial f}{\partial y}=2\cos(x+2y)$$

这些偏导数本身也是函数，如果足够光滑，可以再求偏导数，这就是二阶偏导数. 以一般的二元函数为例，

$$\frac{\partial}{\partial x}\left(\frac{\partial f}{\partial x}\right)=\frac{\partial^2 f}{\partial x^2}$$

$$\frac{\partial}{\partial y}\left(\frac{\partial f}{\partial x}\right)=\frac{\partial^2 f}{\partial x\partial y}$$

$$\frac{\partial}{\partial x}\left(\frac{\partial f}{\partial y}\right)=\frac{\partial^2 f}{\partial y\partial x}$$

$$\frac{\partial}{\partial y}\left(\frac{\partial f}{\partial y}\right)=\frac{\partial^2 f}{\partial y^2}$$

都是二元函数 $f(x,y)$ 的二阶偏导数，分别也可以记作 $f''_{xx},f''_{xy},f''_{yx},f''_{yy}$.

可以证明，若$\frac{\partial^2 f}{\partial y\partial x},\frac{\partial^2 f}{\partial x\partial y}$ 连续，则

$$\frac{\partial^2 f}{\partial y\partial x}=\frac{\partial^2 f}{\partial x\partial y}$$

$\frac{\partial^2 f}{\partial y\partial x},\frac{\partial^2 f}{\partial x\partial y}$ 称为函数 $f(x,y)$ 的二阶混合偏导数. 也就是，若$\frac{\partial^2 f}{\partial y\partial x},\frac{\partial^2 f}{\partial x\partial y}$ 连续，$f(x,y)$ 的二阶混合偏导数与求偏导的次序无关.

3. **多元函数的全微分**

以二元函数为例，若存在常数 a,b，使得二元函数 $z=f(x,y)$ 在 (x_0,y_0) 点由于自变量的微小变化所引起函数值的变化 $\Delta z=f(x_0+\Delta x,y_0+\Delta y)-f(x_0,y_0)$ 当 $(\Delta x,\Delta y)\to(0,0)$ 时可以写成

$$\Delta z=f(x_0+\Delta x,y_0+\Delta y)-f(x_0,y_0)=a\Delta x+b\Delta y+o(\sqrt{\Delta x^2+\Delta y^2})$$

则称二元函数 $f(x,y)$ 在 (x_0,y_0) 点可微，Δz 的主要部分称为二元函数 $z=f(x,y)$ 在 (x_0,y_0) 点的**微分**，记作

$$\mathrm{d}z=\mathrm{d}f(x_0,y_0)=a\mathrm{d}x+b\mathrm{d}y$$

可以证明：

若二元函数 $f(x,y)$ 在 (x_0,y_0) 点可微，则一定在 (x_0,y_0) 点存在偏导数，且

$$dz=df(x_0,y_0)=\frac{\partial f}{\partial x}\bigg|_{(x_0,y_0)}dx+\frac{\partial f}{\partial y}\bigg|_{(x_0,y_0)}dy$$

但是只有当 $f(x,y)$ 的两个偏导函数 $\frac{\partial f}{\partial x},\frac{\partial f}{\partial y}$ 在 (x_0,y_0) 连续时，才能证明二元函数 $f(x,y)$ 在 (x_0,y_0) 点可微. 这一点与一元函数不同，一元函数的可微和可导是等价的.

四、二元函数的极值与条件极值

1. 二元函数极值、最值与条件极值的概念

(1) 二元函数极值、最值的概念

与一元函数类似，我们可以定义二元函数的极值与最值.

① **二元函数极值的概念**

设二元函数 $f(x,y)$ 在 (x_0,y_0) 点的某个邻域 $\{(x,y)\mid\sqrt{(x-x_0)^2+(y-y_0)^2}<r\}$ 内有定义. 若 $\exists\delta>0,\forall(x,y):\sqrt{(x-x_0)^2+(y-y_0)^2}<\delta$，恒有 $f(x,y)\geqslant f(x_0,y_0)$，则称 (x_0,y_0) 为 $f(x,y)$ 的(局部) **极小值点**，$f(x_0,y_0)$ 称为(局部) **极小值**；

若 $\exists\delta>0,\forall(x,y):\sqrt{(x-x_0)^2+(y-y_0)^2}<\delta$，恒有 $f(x,y)\leqslant f(x_0,y_0)$，则称 (x_0,y_0) 为 $f(x,y)$ 的(局部) **极大值点**，$f(x_0,y_0)$ 称为(局部) **极大值**.

极小值与极大值都是局部概念，其实极小值未必小，只是相对于该点周围的值而言；极大值未必大，也是相对于该点周围的值而言.

② **二元函数最值的概念**

在全局上，我们可以定义最值.

设二元函数 $f(x,y)$ 是定义在 $D\subset\mathbf{R}^2$ 上，$(x_0,y_0)\in D$. 如果 $\forall(x,y)\in D$，恒有

$$f(x,y)\geqslant f(x_0,y_0)$$

则称 (x_0,y_0) 为二元函数 $f(x,y)$ 在集合 D 上的**最小值点**，$f(x_0,y_0)$ 称为函数 $f(x,y)$ 在集合 D 上的**最小值**；

如果 $\forall(x,y)\in D$，恒有

$$f(x,y)\leqslant f(x_0,y_0)$$

则称 (x_0,y_0) 为二元函数 $f(x,y)$ 在集合 D 上的**最大值点**，$f(x_0,y_0)$ 称为函数 $f(x,y)$ 在集合 D 上的**最大值**.

(2) 二元函数条件极值的概念

二元函数条件极值指的是在一定的约束条件下求二元函数的极值问题. 对于二元函数来说，常见的约束条件是等式约束条件，所以二元函数的条件极值问题一般表示为

$$\begin{cases}\max(\min)f(x,y)\\ g(x,y)=0\end{cases}$$

其中 $f(x,y)$ 称为**目标函数**，$g(x,y)=0$ 称为**约束条件**.

2. 二元函数极值的判断定理

(1) 二元函数极值的必要条件

下面的结论让我们回忆起一元函数在一点取到极值的**必要条件**:

设二元函数 $f(x,y)$ 在 $\{(x,y) \mid \sqrt{(x-x_0)^2+(y-y_0)^2}<r\}$ 内有定义,且二元函数 $f(x,y)$ 在 $(x_0,y_0)\in D$ 点可微,如果 (x_0,y_0) 是二元函数 $f(x,y)$ 的一个极大(小)值点,则

$$\begin{cases} \left.\dfrac{\partial f}{\partial x}\right|_{(x_0,y_0)}=0 \\ \left.\dfrac{\partial f}{\partial y}\right|_{(x_0,y_0)}=0 \end{cases}$$

使二元函数 $f(x,y)$ 满足上述条件的点 (x_0,y_0) 称为 $f(x,y)$ 的**驻点**.

驻点是该点为极值点的必要条件,而非充分条件(只要考虑函数 $z=x^2-y^2$, $(0,0)$ 是驻点,但非极值点).

(2) 二元函数极值的充分条件

如果二元函数 $f(x,y)$ 在 (x_0,y_0) 点附近更光滑,我们可以得到极值点的**充分条件**:

设 (x_0,y_0) 是 $f(x,y)$ 的一个驻点, $f(x,y)$ 在 (x_0,y_0) 点的某个邻域

$$\{(x,y) \mid \sqrt{(x-x_0{}^2+(y-y_0)^2}<r\}$$

内二阶偏导函数连续,记

$$\boldsymbol{H}(x_0,y_0)=\begin{pmatrix} A & B \\ B & C \end{pmatrix}$$

其中 $A=\left.\dfrac{\partial^2 f}{\partial x^2}\right|_{(x_0,y_0)}$, $B=\left.\dfrac{\partial^2 f}{\partial x \partial y}\right|_{(x_0,y_0)}$, $C=\left.\dfrac{\partial^2 f}{\partial y^2}\right|_{(x_0,y_0)}$, $\boldsymbol{H}(x_0,y_0)$ 称为二元函数 $f(x,y)$ 在 (x_0,y_0) 点的 Hesse 矩阵.

(ⅰ) 若 $f(x,y)$ 在 (x_0,y_0) 点的 Hesse 矩阵正定,即

$$A>0, AC-B^2>0$$

则 (x_0,y_0) 是 $f(x,y)$ 的极小值点, $f(x_0,y_0)$ 是极小值;

(ⅱ) 若 $f(x,y)$ 在 (x_0,y_0) 点的 Hesse 矩阵负定,即

$$A<0, AC-B^2>0$$

则 (x_0,y_0) 是 $f(x,y)$ 的极大值点, $f(x_0,y_0)$ 是极大值.

3. 二元函数的条件极值

二元函数的条件极值问题

$$\begin{cases} \max(\min) f(x,y) \\ g(x,y)=0 \end{cases}$$

的极值点 (x_0,y_0) 一定是 Lagrange 函数

$$L(x,y,\lambda)=f(x,y)+\lambda g(x,y)$$

的**驻点**,即 (x_0,y_0) 一定满足

$$\begin{cases} \dfrac{\partial L}{\partial x}=\left.\dfrac{\partial f}{\partial x}\right|_{(x_0,y_0)}+\lambda\left.\dfrac{\partial g}{\partial x}\right|_{(x_0,y_0)}=0 \\ \dfrac{\partial L}{\partial y}=\left.\dfrac{\partial f}{\partial y}\right|_{(x_0,y_0)}+\lambda\left.\dfrac{\partial g}{\partial y}\right|_{(x_0,y_0)}=0 \\ g(x_0,y_0)=0 \end{cases}$$

同样，这也是必要条件.

五、二重积分

1. 直角坐标系下二重积分的计算

设 $D \subset \mathbf{R}^2$ 表示为

$$D = \{(x,y) \mid y_1(x) \leqslant y \leqslant y_2(x), a \leqslant x \leqslant b\}$$

其中 $y = y_1(x)$，$y = y_2(x)$ 均为$[a,b]$上的连续函数，且 f 在 D 上连续，则在直角坐标系下二重积分

$$\iint\limits_D f(x,y)\mathrm{d}x\mathrm{d}y = \int_a^b \mathrm{d}x \int_{y_1(x)}^{y_2(x)} f(x,y)\mathrm{d}y$$

同样，如果

$$D = \{(x,y) \mid x_1(y) \leqslant x \leqslant x_2(y), c \leqslant y \leqslant d\}$$

其中 $x_1(y)$ 与 $x_2(y)$ 均为$[c,d]$上的连续函数，且 f 在 D 上连续，则在直角坐标系下二重积分

$$\iint\limits_D f(x,y)\mathrm{d}x\mathrm{d}y = \int_c^d \mathrm{d}y \int_{x_1(y)}^{x_2(y)} f(x,y)\mathrm{d}x$$

2. 极坐标系下二重积分的计算

直角坐标与极坐标的变换公式为

$$\begin{cases} x = r\cos\theta \\ y = r\sin\theta \end{cases} \quad (r \geqslant 0, 0 \leqslant \theta \leqslant 2\pi)$$

对二重积分 $\iint\limits_D f(x,y)\mathrm{d}x\mathrm{d}y$ 作变量代换将直角坐标化为极坐标，有

$$\iint\limits_D f(x,y)\mathrm{d}x\mathrm{d}y = \iint\limits_{D_{r\theta}} f(r\cos\theta, r\sin\theta) r\,\mathrm{d}r\mathrm{d}\theta$$

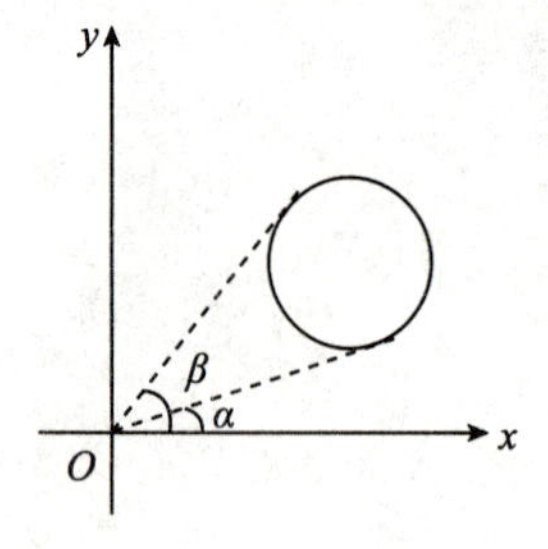

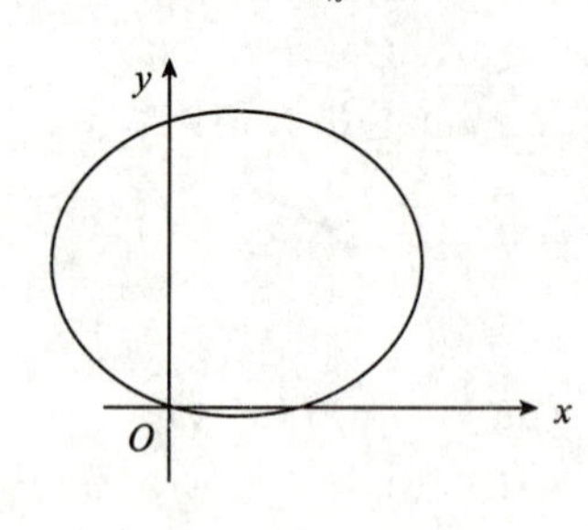

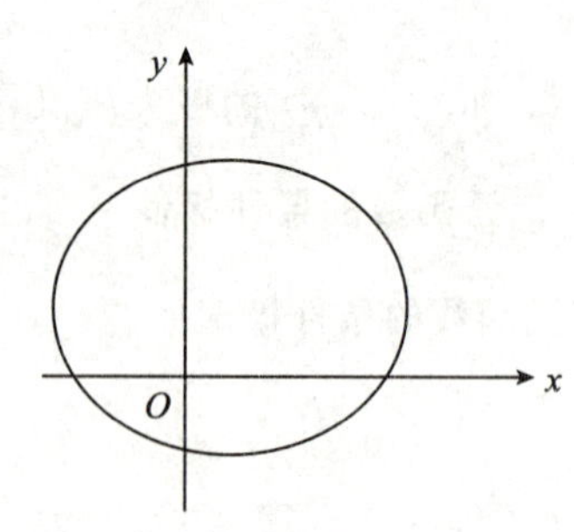

积分域 D_1, D_2, D_3 如上图所示，域 D_1, D_2, D_3 在极坐标系下分别可表示为

$$D_{1\theta} = \{(r,\theta) \mid r_1(\theta) \leqslant r \leqslant r_2(\theta), \alpha \leqslant \theta \leqslant \beta\}$$

$$D_{2\theta} = \{(r,\theta) \mid 0 \leqslant r \leqslant r(\theta), \alpha \leqslant \theta \leqslant \beta\}$$

$$D_{3\theta} = \{(r,\theta) \mid 0 \leqslant r \leqslant r(\theta), 0 \leqslant \theta \leqslant 2\pi\}$$

而 $\iint\limits_{D_{r\theta}} f(r\cos\theta, r\sin\theta) r\,\mathrm{d}r\mathrm{d}\theta$ 可以用二次积分计算.

第五章　常微分方程

一、常微分方程的基本概念

含有未知变量 x、函数 $y(x)$ 及其导数 $y'(x),y''(x),\cdots,y^{(n)}(x)$ 的方程

$$F(x,y,y',\cdots,y^{(n)})=0$$

称为**常微分方程**，其中出现在方程中的最高阶导数 n 称为常微分方程的**阶**，若函数 $y=y(x)$ 满足常微分方程，则称其为该方程的一个**解**. 例如

$$y'-xy+x^2-1=0$$

就是一个一阶常微分方程，$y=x$ 就是该方程的一个解. 带有一个任意常数的一阶常微分方程的解称为该方程的**通解**，不带任意常数的解称为该方程的**特解**. $y=x$ 是上述方程的特解，不难验证，该方程的通解为

$$y=Ce^{\frac{x^2}{2}}+x$$

形如

$$y'=f(x)g(y)$$

的一阶常微分方程称为**变量可分离型方程**.

形如

$$y'+p(x)y=q(x)$$

的一阶常微分方程称为**一阶线性常微分方程**.

一阶常微分方程若给定了一个定解条件，则它们称为常微分方程的**初值问题**. 例如

$$\begin{cases}y'-xy+x^2-1=0\\y(0)=1\end{cases}$$

就是常微分方程的初值问题，在通解 $y=Ce^{\frac{x^2}{2}}+x$ 中令 $y(0)=1$ 可以求出 $C=1$，所以该初值问题的特解为 $y=e^{\frac{x^2}{2}}+x$.

二、变量可分离型微分方程的求解

变量可分离型微分方程

$$y'=f(x)g(y)$$

的解为

$$\int\frac{dy}{g(y)}=\int f(x)dx$$

另外，$y=y_0$ 也是解，其中 y_0 使得 $g(y_0)=0$.

例如，变量可分离型微分方程

$$y' = e^{x-y}$$

$$\int e^y dy = \int e^x dx$$

$$e^y = e^x + C$$

其通解为 $y = \ln(e^x + C)$，其中 C 为任意常数.

三、一阶线性微分方程的求解

一阶线性微分方程

$$y' + p(x)y = q(x)$$

的通解为

$$y = e^{-\int p(x)dx}\left(\int q(x)e^{\int p(x)dx}dx + C\right)$$

例如，一阶线性微分方程

$$y' - 2xy = 2xe^{x^2}$$

$p(x) = -2x$，$q(x) = 2xe^{x^2}$，取 $p(x)$ 的一个原函数 $\int p(x)dx = -x^2$，则 $e^{\int p(x)dx} = e^{-x^2}$，该线性常微分方程的通解为

$$\begin{aligned} y &= e^{-\int p(x)dx}\left(\int q(x)e^{\int p(x)dx}dx + C\right) \\ &= e^{x^2}\left(\int 2xe^{x^2}e^{-x^2}dx + C\right) \\ &= e^{x^2}(x^2 + C). \end{aligned}$$

练习题

一、选择题

1. 设 $f(x)=\dfrac{1}{1-x}, x\neq 1$，则 $f[f(f(x))]\cdot f\left(\dfrac{1}{f(x)}\right)$ 表达式为

(A) $\dfrac{x-1}{x}$.　　(B) x.

(C) 1.　　(D) $\dfrac{1}{1-x}$.

2. 设 $f(x)=\begin{cases}x^2, x\leqslant 0\\ x^2+x, x>0\end{cases}$，则

(A) $f(-x)=\begin{cases}-x^2, x\leqslant 0\\ -(x^2+x), x>0\end{cases}$.　　(B) $f(-x)=\begin{cases}-(x^2+x), x<0\\ -x^2, x\geqslant 0\end{cases}$.

(C) $f(-x)=\begin{cases}x^2, x\leqslant 0\\ x^2-x, x>0\end{cases}$.　　(D) $f(-x)=\begin{cases}x^2-x, x<0\\ x^2, x\geqslant 0\end{cases}$.

3. 下列函数中为偶函数的是

(A) $f(x)=\ln(x+\sqrt{x^2+1})$.

(B) $f(x)=g(x)\left(\dfrac{1}{2^x+1}-\dfrac{1}{2}\right)$，其中 $g(x)$ 为奇函数.

(C) $f(x)=\dfrac{e^x+e^{-x}}{e^x-e^{-x}}$.

(D) $f(x)=\begin{cases}\cos x, & x\geqslant 0\\ -\cos x, & x<0\end{cases}$.

4. $\lim\limits_{n\to\infty}(1+2^n+3^n)^{\frac{1}{n}}=$

(A) 0.　　(B) 1.　　(C) 2.　　(D) 3.

5. 设函数 $f(x)=\begin{cases}ax^2+b, & x\leqslant 0\\ \dfrac{e^{ax}-1}{x}, & x>0\end{cases}$ 在点 $x=0$ 处连续，则

(A) $a-b=-1$.　　(B) $a+b=0$.

(C) $a+b=-1$.　　(D) $a-b=0$.

6. 设 $f(x)=\dfrac{1+e^{\frac{1}{x}}}{2+3e^{\frac{2}{x}}}$，则 $x=0$ 是 $f(x)$ 的

(A) 可去间断点.　　(B) 跳跃间断点.

(C) 无穷间断点.　　(D) 震荡间断点.

7. 设 $a<b<c$,则函数 $f(x)=\frac{1}{x-a}+\frac{1}{x-b}+\frac{1}{x-c}$ 的零点个数为

(A)0. (B)1. (C)2. (D)3.

8. 函数 $f(x)=\begin{cases} x^2\sin\frac{1}{x}, & x\neq 0 \\ 0, & x=0 \end{cases}$ 在 $x=0$ 点

(A) 不连续. (B) 连续但不可导.

(C) 可导但导函数不连续. (D) 导函数连续.

9. 设函数 $f(x)$ 在 x_0 的某邻域有定义,则 $f(x)$ 在 x_0 点可导的充分条件是

(A) $\lim\limits_{h\to+\infty} h\left[f\left(x_0+\frac{1}{h}\right)-f(x_0)\right]$存在.

(B) $\lim\limits_{h\to 0}\frac{1}{2h}[f(x_0+h)-f(x_0-h)]$存在.

(C) $\lim\limits_{h\to 0}\frac{1}{h}[f(x_0+2h)-f(x_0+h)]$存在.

(D) $\lim\limits_{h\to 0}\frac{1}{h}[f(x_0)-f(x_0-h)]$存在.

10. 设 $f(x)$ 可导, $F(x)=f(x)(1+|\sin x|)$,若使 $F(x)$ 在 $x=0$ 处可导,则必有

(A) $f(0)=0$. (B) $f'(0)=0$.

(C) $f(0)+f'(0)=0$. (D) $f(0)-f'(0)=0$.

11. 设 $y=\frac{\sin x}{x}$,则 $y'=$

(A) $\frac{x\cos x+\sin x}{x}$. (B) $\frac{x\cos x-\sin x}{x}$.

(C) $\frac{x\cos x+\sin x}{x^2}$. (D) $\frac{x\cos x-\sin x}{x^2}$.

12. $y=(\sin x)^{\cos x}$,则 $y'=$

(A)$(\sin x)^{\cos x}\left(-\sin x\cdot\ln\sin x+\frac{\cos^2 x}{\sin x}\right)$.

(B)$(\sin x)^{\cos x}\left(\sin x\cdot\ln\cos x+\frac{\cos^2 x}{\sin x}\right)$.

(C)$(\sin x)^{\cos x}\ln\sin x$.

(D)$\cos x(\sin x)^{\cos x-1}$.

13. 设 $y=f(\ln x)$,其中 f 为可导函数,则 $y'=$

(A) $\frac{f'(x)}{x}$. (B) $\frac{f'(\ln x)}{x}$. (C) $\frac{f'(\ln x)}{\ln x}$. (D) $\frac{f'(\ln x)}{x\ln x}$.

14. 设 $f(x)=e^{-x^2}$,则 $f''(x)=$

(A)e^{-x^2}. (B)$(-4x^2+2)e^{-x^2}$.

(C)$(4x^2+2)e^{-x^2}$. (D)$(4x^2-2)e^{-x^2}$.

15. $\lim\limits_{x\to 0^+}\dfrac{\ln\cot x}{\ln x}=$

(A) -1.　　(B) 0.　　(C) $\dfrac{1}{2}$.　　(D) 1.

16. $\lim\limits_{x\to\infty}\dfrac{\sin x}{x}=$

(A) -1.　　(B) 0.　　(C) 1.　　(D) 不存在.

17. $\dfrac{\mathrm{d}}{\mathrm{d}x}\displaystyle\int_{2x}^{\ln x}\ln(1+t)\mathrm{d}t=$

(A) $\dfrac{1}{x}\ln(1+\ln x)-2\ln(1+2x)$.　　(B) $\dfrac{1}{x}\ln(1+\ln x)-\ln(1+2x)$.

(C) $\ln(1+\ln x)-\ln(1+2x)$.　　(D) $\ln(1+\ln x)-2\ln(1+2x)$.

18. 设 $f(x)=\displaystyle\int_0^{1-\cos x}\sin t^2\mathrm{d}t$, $g(x)=\dfrac{x^5}{5}+\dfrac{x^6}{6}$,则当 $x\to 0$ 时, $f(x)$ 是 $g(x)$ 的

(A) 低阶无穷小量.　　(B) 高阶无穷小量.

(C) 等价无穷小量.　　(D) 同阶但非等价无穷小量.

19. 已知极限 $\lim\limits_{x\to 0}\dfrac{ax-\sin x}{\displaystyle\int_b^x\dfrac{\ln(1+t^3)}{t}\mathrm{d}t}=c\neq 0$,则

(A) $a=0,b=0,c=\dfrac{1}{2}$.　　(B) $a=1,b=0,c=\dfrac{1}{2}$.

(C) $a=0,b=1,c=\dfrac{1}{2}$.　　(D) $a=\dfrac{1}{2},b=0,c=\dfrac{1}{2}$.

20. $\lim\limits_{x\to 0}\left(1+\displaystyle\int_0^x\cos t^2\mathrm{d}t\right)^{\frac{1}{x}}=$

(A) e.　　(B) 1.　　(C) $\mathrm{e}^{\frac{1}{2}}$.　　(D) $\mathrm{e}^{-\frac{1}{2}}$.

21. 函数 $f(x)=\displaystyle\int_0^{x^2}(t-1)\mathrm{e}^{-t}\mathrm{d}t$ 的极大值点为

(A) $x=-1$.　　(B) $x=1$.　　(C) $x=0$.　　(D) $x=\mathrm{e}$.

22. 下列曲线中有渐近线的是

(A) $y=x+\sin x$.　　(B) $y=x+\sin\dfrac{1}{x}$.

(C) $y=x^2+\sin x$.　　(D) $y=x^2+\sin\dfrac{1}{x}$.

23. 设 $x>0$,函数 $f(x)$ 连续,且满足 $f(x)=1+\dfrac{1}{x}\displaystyle\int_1^x f(t)\mathrm{d}t$, $(x>0)$,则 $f(x)=$

(A) $\ln x-1$.　　(B) $\ln x+1$.

(C) e^x+1.　　(D) e^x-1.

24. $\displaystyle\int_0^1\sqrt{\dfrac{x}{1-x\sqrt{x}}}\mathrm{d}x=$

(A) $\dfrac{1}{3}$.　　(B) $\dfrac{2}{3}$.　　(C) 1.　　(D) $\dfrac{4}{3}$.

25. $\int_{0}^{+\infty}\frac{1}{(1+e^{x})^{2}}dx=$

(A)$\ln 2-\frac{1}{2}$.　　(B)$\ln 2$.　　(C)$\ln 2+\frac{1}{2}$.　　(D)$\ln 2+1$.

26. $\lim\limits_{(x,y)\to(0,0)}\frac{\arcsin(x^{2}+y^{2})}{x^{2}+y^{2}}=$

(A)-1.　　(B)0.　　(C)1.　　(D) 不存在.

27. $\lim\limits_{(x,y)\to(0,0)}\frac{2-\sqrt{xy+4}}{xy}=$

(A)$-\frac{1}{4}$.　　(B)0.　　(C)$\frac{1}{4}$.　　(D) 不存在.

28. 设 $z=ax^{2}y+bxy^{2}$,则$\frac{\partial z}{\partial x}=$

(A)$2axy+2bxy$.　　(B)$ax^{2}+2bxy$.

(C)$ax^{2}+by^{2}$.　　(D)$2axy+by^{2}$.

29. 设 $z=x^{y}$,则在(2,1) 点 $dz=$

(A)$dz=dx+2\ln 2dy$.　　(B)$dz=dx-2\ln 2dy$.

(C)$dz=-dx+2\ln 2dy$.　　(D)$dz=-dx-2\ln 2dy$.

30. 设 $z=\cos(1+e^{xy})$,则在$\left.\frac{\partial z}{\partial x}\right|_{(0,0)}+\left.\frac{\partial z}{\partial y}\right|_{(0,0)}=$

(A)$\sin 2$.　　(B)$-\sin 2$.　　(C)$\cos 2$.　　(D)0.

31. 使$\frac{\partial^{2}z}{\partial x\partial y}=2x-y$成立的函数为

(A)$z=x^{2}y-\frac{1}{2}xy^{2}-5xy$.　　(B)$z=x^{2}y+\frac{1}{2}xy^{2}-5xy$.

(C)$z=x^{2}y-\frac{1}{2}xy^{2}+5x^{2}$.　　(D)$z=x^{2}y+\frac{1}{2}xy^{2}+5x^{2}$.

32. 设 $z=\cos^{2}\left(x-\frac{y}{2}\right)$,则 $2\frac{\partial^{2}z}{\partial y^{2}}+\frac{\partial^{2}z}{\partial x\partial y}=$

(A)-1.　　(B)0.　　(C)1.　　(D)$2\sin\left(x-\frac{y}{2}\right)$.

33. 下列命题正确的是

(A) 若(x_0,y_0)是二元函数 $f(x,y)$ 的驻点,则(x_0,y_0)一定是 $f(x,y)$ 的极值点.

(B) 若(x_0,y_0)是二元函数 $f(x,y)$ 的极值点,则(x_0,y_0)一定是 $f(x,y)$ 的驻点.

(C) 若(x_0,y_0)是二元函数 $f(x,y)$ 的极小值点,则在(x_0,y_0)的 Hesse 矩阵必正定.

(D) 若(x_0,y_0)是二元函数 $f(x,y)$ 的极小值点,则在(x_0,y_0)的 Hesse 矩阵必半正定.

34. 二元函数 $z=x^{3}-y^{3}+3x^{2}+3y^{2}-9x$ 的极小值点是

(A)$(-3,0)$.　　(B)$(-3,2)$.　　(C)$(1,0)$.　　(D)$(1,2)$.

35. 设 D 是 $x=0,y=x,y=\pi$ 围成的区域,则$\iint\limits_{D}\cos(x+y)dxdy=$

(A)1.　　(B)0.　　(C)-1.　　(D)-2.

36. 设 D 是由 $y=x,y=x+a,y=a,y=3a$ 围成的区域$(a>0)$,则$\iint\limits_D(x+y)\mathrm{d}x\mathrm{d}y=$

(A)a^3.　　(B)$3a^3$.　　(C)$5a^3$.　　(D)$7a^3$.

37. 下列函数中,为微分方程 $xy'=\tan y$ 的解的为

(A)$\cos y=Cx$.　　(B)$\sin y=Cx$.　　(C)$y=C\cos x$.　　(D)$y=C\sin x$.

二、填空题

1. $\lim\limits_{x\to+\infty}(\sqrt{2x^2+2x-3}-\sqrt{2x^2+x})=$ ________.

2. $\lim\limits_{x\to0}x\sin\dfrac{1}{x}=$ ________.

3. $\lim\limits_{x\to0}\dfrac{\mathrm{e}^x-\mathrm{e}^{\sin x}}{x-\sin x}=$ ________.

4. 若$\lim\limits_{x\to0}\dfrac{\sin x}{\mathrm{e}^x-a}(\cos x-b)=5$,则 $a=$ ________,$b=$ ________.

5. 函数 $f(x)=\begin{cases}\ln(a+x^2), & x>1\\ x+b, & x\leqslant1\end{cases}$在 $x=1$ 可导,则 $a=$ ______,$b=$ ______.

6. $f(x)$ 在 $x=a$ 可导,$f(a)\neq0$,则$\lim\limits_{x\to\infty}\left[\dfrac{f\left(a+\dfrac{1}{x}\right)}{f(a)}\right]^x=$ ________.

7. $\lim\limits_{x\to+\infty}x\left(\dfrac{\pi}{2}-\arctan x\right)=$ ________.

8. 设 $y=f(\sin x)$,其中 f 二阶连续可导,则$\dfrac{\mathrm{d}^2y}{\mathrm{d}x^2}=$ ________.

9. 设 $y=\arctan\mathrm{e}^x$,则$\dfrac{\mathrm{d}^2y}{\mathrm{d}x^2}=$ ________.

10. 设函数 $y=y(x)$ 由方程 $\sin(xy)+x^2+y^3-1=0$ 确定,则$\dfrac{\mathrm{d}y}{\mathrm{d}x}=$ ________.

11. 设点$(1,3)$是曲线 $y=ax^3+bx^2$ 的拐点,则 $b-a=$ ________.

12. 若 $F(x)$ 是 $\sin x^2$ 的一个原函数,则 $\mathrm{d}F(x^2)=$ ________.

13. $F(x)$ 是 $f(x)$ 的一个原函数,$a\neq0$,则$\int f(ax+b)\mathrm{d}x=$ ________.

14. $x\in\mathbf{R}$,则$\int|x-1|\mathrm{d}x=$ ________.

15. 设 $I_1=\int_0^{\frac{\pi}{2}}\sin(\sin x)\mathrm{d}x$,$I_2=\int_0^{\frac{\pi}{2}}\cos(\sin x)\mathrm{d}x$,则 I_1 与 I_2 的大小关系是________(填 $I_1<I_2$,$I_1=I_2$ 或 $I_1>I_2$).

16. $\int_0^1 x\arctan x\mathrm{d}x=$ ________.

17. $\int_0^{\pi}\sqrt{1-\sin x}\mathrm{d}x=$ ________.

18. $\int_{-4}^{-3}\dfrac{\mathrm{d}x}{\sqrt{x^2-4}}=$ ________.

19. $\int \sqrt{a^2 - x^2}\,dx =$ ________(其中 $a > 0$).

20. $\int \dfrac{xe^x}{\sqrt{1 + e^x}}\,dx =$ ________.

21. $\int_0^{\frac{1}{2}} \arcsin x\,dx =$ ________.

22. $\int_0^1 \dfrac{x^4}{x^4 + 5x^2 + 4}\,dx =$ ________.

23. $\int_1^{+\infty} \dfrac{\arctan x}{x^p}\,dx$ 收敛,则参数 p 满足________.

24. 当$(x,y)\to(0,0)$时,函数$\dfrac{\ln(1 + x^2 + y^2)}{x^2 + y^2}$ 的极限为________.

25. 当$(x,y)\to(0,0)$时,函数$\dfrac{e^{x^3+y^3} - 1}{x^2 + y^2}$ 的极限为________.

26. $\lim\limits_{(x,y)\to(1,0)} (x + y)^{\frac{x+y+1}{x+y-1}} =$ ________.

27. $\lim\limits_{(x,y)\to(0,0)} \dfrac{\sin xy}{x} =$ ________.

28. 设二元函数 $f(x,y)$ 于全平面 $\mathbf{R}^2$ 上可微,(a,b) 为平面 $\mathbf{R}^2$ 上给定的一点,则极限 $\lim\limits_{x\to 0} \dfrac{f(a + x,b) - f(a - x,b)}{x} =$ ________.

29. 设 $z = \arctan \dfrac{y}{x}$,则 $dz =$ ________.

30. 设 $z = \dfrac{x}{y} + \dfrac{y}{x}$,则 $x\dfrac{\partial z}{\partial x} + y\dfrac{\partial z}{\partial y} =$ ________.

31. 设 $f(u,v)$ 为可微函数,且在$(2,0)$ 点,$df(2,0) = 3du + 4dv$,函数 $z(x,y)$ 的定义为 $z(x,y) = f(x + y,x - y)$,则$\left.\dfrac{\partial z}{\partial x}\right|_{(1,1)} =$ ________.

32. 设 $z = \ln(1 + x^2 + y^2)$,则$\left.\dfrac{\partial^2 z}{\partial x\partial y}\right|_{(1,1)} =$ ________.

33. 设 $z = f\left(xy,\dfrac{x}{y}\right)$,其中 f 的二阶偏导数连续,则$\dfrac{\partial^2 z}{\partial x^2} =$ ________.

34. 设 $D = \{(x,y) \mid |x| + |y| \leqslant 1\}$,则$\iint\limits_D (|x| + |y|)\,dxdy =$ ________.

35. 常微分方程 $2ydy - 3xdx = 0$ 的通解为________.

三、解答题

1. 证明:$f(x) = x\cos x$ 在实数轴上不是有界函数.

2. 已知极限$\lim\limits_{x\to\infty} \left(\dfrac{x - a}{x - 1}\right)^{x-1} = e^{-2}$,求常数 a.

3. 求$\lim\limits_{x\to 0} \left(\dfrac{\sin x}{x}\right)^{\frac{1}{1-\cos x}}$.

4. 求极限 $\lim\limits_{x\to+\infty} x^2 \left(e^{-\cos\frac{1}{x}} - e^{-1}\right)$.

5. 求极限$\lim\limits_{x\to 1}\left(\dfrac{x}{x-1}-\dfrac{1}{\ln x}\right)$.

6. 求极限$\lim\limits_{x\to 0}\dfrac{1}{x^3}\left[\left(\dfrac{2+\cos x}{3}\right)^x-1\right]$.

7. 设 $f(x)$ 在 $x=0$ 某邻域内可导，且 $f(0)=1, f'(0)=2$，求极限

$$\lim_{n\to\infty}\left(n\sin\left(\frac{1}{n}\right)\right)^{\frac{n}{1-f\left(\frac{1}{n}\right)}}.$$

8. 设 $f(x)=\lim\limits_{n\to\infty}\dfrac{x^{2n+1}+1}{x^{2n+1}-x^{n+1}+x}$，确定 $f(x)$ 的间断点.

9. 设 $f(x)$ 在$[0,2a]$上连续，且满足 $f(0)=f(2a)\neq f(a)$，试证明存在 $x_0\in(0,a)$，使得 $f(x_0)=f(x_0+a)$.

10. $f(x)=(x^2-x-2)|x^3-x|$有几个不可导点？

11. 求函数$\dfrac{\sin x-\cos x}{\mathrm{e}^x}$的导数.

12. 设 f 为可导函数，$y=f(\sin^2 x)+f(\cos^2 x)$，求$\dfrac{\mathrm{d}y}{\mathrm{d}x}$.

13. 设 $y=\sqrt{2x-x^2}$，求证 $y''y^3=-1$.

14. $y=\cos^2 x\cdot\ln x$，求 y''.

15. 设函数 f 二阶可导，$y=f\left(\dfrac{1}{x}\right)$，求 y''.

16. 设 $f(x)>0$，且在$[a,b]$上连续，证明函数

$$F(x)=\int_a^x f(t)\mathrm{d}t+\int_b^x[f(t)]^{-1}\mathrm{d}t$$

在$[a,b]$上有且仅有一个零点.

17. 当 $x>0$ 时，证明 $x-\dfrac{x^3}{6}<\sin x<x$.

18. 设 $x>0$，证明不等式$\dfrac{x}{x^2+2x+2}<\arctan(x+1)-\dfrac{\pi}{4}<\dfrac{x}{2}$.

19. 证明：当 $0<a<b<\pi$ 时，$b\sin b+2\cos b+\pi b>a\sin a+2\cos a+\pi a$.

20. 讨论 $f(x)=2x^3-9x^2+12x-3$ 的单调区间.

21. 求 $f(x)=\dfrac{2}{3}x^3-3x^2+4x+5$ 的极值.

22. 设方程 $x^3-3x+A=0$，讨论 A 取何值时

(1) 方程有一个实根；

(2) 方程有二个不同实根；

(3) 方程有三个不同实根.

23. 求曲线 $y=(x-2)^{\frac{5}{3}}-\dfrac{5}{9}x^2$ 的凹凸区间与拐点.

24. 求函数 $f(x)=\dfrac{(3x^2+1)(\mathrm{e}^x-1)}{x-1}$ 的渐近线.

25. 求$\int\mathrm{e}^x\sin x\mathrm{d}x$.

26. 求$\int_{-1}^{1}\left[\ln(x+\sqrt{1+x^2})+\sqrt{1-x^2}\right]dx$.

27. 求积分$\int_{\frac{\pi}{6}}^{\frac{\pi}{2}}\frac{\sqrt{1+\cos x}}{\sin x}dx$.

28. 设$f(x)=\int_0^{1-x}e^{(1-t)^2}dt$,求$\int_0^1 f(x)dx$.

29. 设$D\subset\mathbf{R}^2$由曲线$y=x^2$和$x=y^2$围成,求其面积.

30. 求心脏线$r=a(1+\cos\theta)(a>0)$的面积.

31. 求曲线$y=\sin x(0\leqslant x\leqslant\pi)$绕$x$轴旋转所得到的旋转体的体积.

32. 求旋轮线

$$x=a(t-\sin t),y=a(1-\cos t)(0\leqslant t\leqslant 2\pi)$$

绕x轴旋转所得到的旋转体体积.

33. 计算$\int_0^{+\infty}\frac{1}{(1+5x^2)\sqrt{1+x^2}}dx$.

34. 设常数$a>0$,若$\int_0^a\frac{1}{1+x^2}dx=\int_a^{+\infty}\frac{1}{1+x^2}dx$,求常数$a$的值.

35. 计算$\int_1^{+\infty}\frac{\arctan x}{x^2}dx$.

36. 求积分$\int_0^{+\infty}\frac{xe^{-x}}{(1+e^{-x})^2}dx$.

37. 考察函数$f(x,y)=\frac{xy}{x^2+y^2}$当$(x,y)\to(0,0)$时的极限.

38. 考察函数$f(x,y)=\frac{x^2y}{x^4+y^2}$当$(x,y)\to(0,0)$时的极限.

39. 判断函数

$$f(x,y)=\begin{cases}\frac{\sin(x^3+y^3)}{x^2+y^2}, & x^2+y^2\neq 0\\ 0, & x^2+y^2=0\end{cases}$$

在$(0,0)$点的连续性.

40. 求函数$f(x,y)=\begin{cases}\frac{x^3-y^3}{x^2+y^2}, & x^2+y^2\neq 0\\ 0, & x^2+y^2=0\end{cases}$在原点的偏导数$f'_x(0,0)$与$f'_y(0,0)$,并考察$f(x,y)$在$(0,0)$点的连续性与可微性.

41. 设$z=xy+f(u)$, $u=\frac{y}{x}$,其中f可导,求$x\frac{\partial z}{\partial x}+y\frac{\partial z}{\partial y}$.

42. 设$z=e^{x-2y}$,其中$x=\sin t,y=t^3$,求$\frac{dz}{dt}$.

43. 设$z=\ln(x+3xy+y^2)$,求$\frac{\partial^2 z}{\partial x\partial y}$.

44. 求$z=x^3+y^3-3xy$的极值.

45. 求 $f(x,y)=4(x-y)-x^2-y^2$ 的极值.

46. 考察函数 $f(x,y)=\mathrm{e}^{x^2-y}(5-2x+y)$ 的极值.

47. 在抛物线 $y^2=4x$ 上求点,使得该点到定点(2,8)的距离最短.

48. 在平面直角坐标系中已知三点 $P_1(0,0)$,$P_2(1,0)$,$P_3(0,1)$,试在 $\triangle P_1P_2P_3$ 所围的闭域 $\bar{D}$ 上求点 $P(x,y)$,使它到 P_1,P_2,P_3 的距离平方和为最大与最小.

49. 把 $\iint\limits_D f(x,y)\mathrm{d}\sigma$ 化为累次积分,其中 $D=\{(x,y)\,|\,x+y\leqslant 1,y-x\leqslant 1,y\geqslant 0\}$.

50. 计算 $\iint\limits_D |y-x^2|\,\mathrm{d}x\mathrm{d}y$ 的值,其中 $D=\{(x,y)\,|\,|x|\leqslant 1,0\leqslant y\leqslant 2\}$.

51. 设 $f(x,y)$ 为连续函数,改变二次积分

$$\int_0^{2\pi}\mathrm{d}x\int_0^{\sin x}f(x,y)\mathrm{d}y$$

的积分次序.

52. 将 $\iint\limits_D f(x,y)\mathrm{d}x\mathrm{d}y$ 化为极坐标系下的累次积分,

其中 $D=\{(x,y)\,|\,1\leqslant x^2+y^2\leqslant 4,y\geqslant 0\}$.

53. 将 $\iint\limits_D f(x,y)\mathrm{d}x\mathrm{d}y$ 化为极坐标系下的累次积分,

其中 $D=\{(x,y)\,|\,x^2+y^2\leqslant 2x\}$.

54. 计算 $\iint\limits_D \sin\sqrt{x^2+y^2}\,\mathrm{d}x\mathrm{d}y$,其中 $D=\{(x,y)\,|\,\pi^2\leqslant x^2+y^2\leqslant 4\pi^2\}$.

55. 计算 $\iint\limits_D \dfrac{x+y}{x^2+y^2}\mathrm{d}x\mathrm{d}y$,其中 $D=\{(x,y)\,|\,x^2+y^2\leqslant x+y\}$.

56. 求方程 $y'=\dfrac{-xy}{x+1}$ 的通解.

57. 求微分方程 $\sqrt{1-y^2}=3x^2yy'$ 的所有解.

58. 求微分方程 $\dfrac{\mathrm{d}y}{\mathrm{d}x}+y=x$ 满足定解条件 $y|_{x=0}=0$ 的特解.

59. 求解方程 $\dfrac{\mathrm{d}y}{\mathrm{d}x}+\dfrac{1}{x}y=\dfrac{\sin x}{x}$.

练习题答案及解析

一、选择题

1. **答案** C

解析 由 $f(x)$ 的定义可得 $f(f(x))=\dfrac{1}{1-f(x)}=\dfrac{x-1}{x}$,

$$f[f(f(x))]=x,$$

$$f\left(\frac{1}{f(x)}\right)=\frac{1}{x},$$

因此 $f[f(f(x))]\cdot f\left(\dfrac{1}{f(x)}\right)=1,(x\neq 1)$.

2. **答案** D

解析 令 $u=-x$, 当 $x<0$ 时, 由于 $u>0$, 所以

$$f(-x)=f(u)=u^2+u=x^2-x$$

当 $x\geqslant 0$ 时,由于 $u\leqslant 0$, 所以 $f(-x)=f(u)=u^2=x^2$.

3. **答案** B

解析 (A) $f(-x)=\ln(-x+\sqrt{x^2+1})=-\ln(x+\sqrt{x^2+1})=-f(x)$,因此 $f(x)$ 为奇函数.

(B) 只需考察 $h(x)=\dfrac{1}{2^x+1}-\dfrac{1}{2}$ 的奇偶性.

$$h(-x)=\frac{1}{2^{-x}+1}-\frac{1}{2}=\frac{2^x}{2^x+1}-\frac{1}{2}=\frac{1}{2}-\frac{1}{2^x+1}=-h(x)$$

$f(x)$ 为两个奇函数乘积,为偶函数.

(C) $f(-x)=\dfrac{e^{-x}+e^x}{e^{-x}-e^x}=-f(x)$,因此 $f(x)$ 为奇函数.

(D) 当 $x>0$ 时 $-x<0$, $f(-x)=-\cos(-x)=-\cos x=-f(x)$;

当 $x<0$ 时 $-x>0$, $f(-x)=\cos(-x)=\cos x=-f(x)$;

当 $x=0$ 时, $f(x)=f(-x)=f(0)=1$,所以 $f(x)$ 既不是奇函数也不是偶函数.

评注 除了奇函数、偶函数之外,还有一些函数既不是奇函数也不是偶函数.

4. **答案** D

解析 由题目特点,可将括号内三项放大或缩小,进而应用夹逼准则.

因为 $1<2^n<3^n$,所以

$$(3^n)^{\frac{1}{n}} < (1+2^n+3^n)^{\frac{1}{n}} < (3\cdot 3^n)^{\frac{1}{n}}$$

$$3 < (1+2^n+3^n)^{\frac{1}{n}} < 3\cdot(3)^{\frac{1}{n}}$$

两边取极限，由夹逼准则得到 $\lim\limits_{n\to+\infty}(1+2^n+3^n)^{\frac{1}{n}}=3$.

评注 本题用到 $\lim\limits_{n\to+\infty}a^{\frac{1}{n}}=1(a>0)$.

5. **答案** D

解析 $\lim\limits_{x\to0^-}f(x)=\lim\limits_{x\to0^-}(ax^2+b)=b$

$$\lim_{x\to0^+}f(x)=\lim_{x\to0^+}\frac{e^{ax}-1}{x}=\lim_{x\to0^+}\frac{ax}{x}=a$$

要使函数在 $x=0$ 处连续必须有 $a=b$，因此答案为(D).

评注 1. 本题考查分段函数的连续性. 分段函数在分段点的连续性可以用左、右极限来确定.

2. 本题用到等价无穷小的替换：$e^{ax}-1\sim ax, x\to0$. 除法运算可以用等价无穷小替换，当然，用洛必达法则也是可以的.

6. **答案** B

解析 当 $x\to0^+$ 时，$\frac{1}{x}\to+\infty, e^{\frac{1}{x}}\to+\infty$,

$$\lim_{x\to0^+}\frac{1+e^{\frac{1}{x}}}{e^{\frac{1}{x}}}=1, \lim_{x\to0^+}\frac{2+3e^{\frac{2}{x}}}{3e^{\frac{2}{x}}}=1$$

所以

$$1+e^{\frac{1}{x}}\sim e^{\frac{1}{x}}, 2+3e^{\frac{2}{x}}\sim 3e^{\frac{2}{x}}$$

$$\lim_{x\to0^+}f(x)=\lim_{x\to0^+}\frac{1+e^{\frac{1}{x}}}{2+3e^{\frac{2}{x}}}=\lim_{x\to0^+}\frac{e^{\frac{1}{x}}}{3e^{\frac{2}{x}}}=\lim_{x\to0^+}\frac{1}{3e^{\frac{1}{x}}}=0$$

而当 $x\to0^-$ 时，$\frac{1}{x}\to-\infty, e^{\frac{1}{x}}\to0$，所以

$$\lim_{x\to0^-}f(x)=\lim_{x\to0^-}\frac{1+e^{\frac{1}{x}}}{2+3e^{\frac{2}{x}}}=\frac{\lim\limits_{x\to0^-}(1+e^{\frac{1}{x}})}{\lim\limits_{x\to0^-}(2+3e^{\frac{2}{x}})}=\frac{1}{2}$$

此处我们用到极限的运算性质

"若 $\lim\limits_{x\to x_0}f(x)=A, g(x)\neq0, \lim\limits_{x\to x_0}g(x)=B\neq0$，则 $\lim\limits_{x\to x_0}\frac{f(x)}{g(x)}=\frac{\lim\limits_{x\to x_0}f(x)}{\lim\limits_{x\to x_0}g(x)}=\frac{A}{B}$"

因此答案为(B).

7. **答案** C

解析 首先，$x=a,b,c$ 为三个无穷间断点，$f(x)$ 的定义域为

$$(-\infty,a)\cup(a,b)\cup(b,c)\cup(c,+\infty)$$

在各子区间内均为连续函数.

在 $(-\infty,a)$ 内，$f(x)=\frac{1}{x-a}+\frac{1}{x-b}+\frac{1}{x-c}<0$，因此无实零点.

在$(c,+\infty)$内，$f(x)=\dfrac{1}{x-a}+\dfrac{1}{x-b}+\dfrac{1}{x-c}>0$，亦无实零点.

在(a,b)内，$f(x)=\dfrac{1}{x-a}+\dfrac{1}{x-b}+\dfrac{1}{x-c}$为单调减函数（三项均为单调减函数），最多有一个实零点. 又因为$\lim\limits_{x\to a^+}f(x)=+\infty$及$\lim\limits_{x\to b^-}f(x)=-\infty$，$f(x)$在$(a,b)$内必然变号，由零点定理，$f(x)$在$(a,b)$内至少有一个实根，于是$f(x)$在$(a,b)$内恰有一个实零点.

在(b,c)内，$f(x)=\dfrac{1}{x-a}+\dfrac{1}{x-b}+\dfrac{1}{x-c}$亦为单调减函数（三项均为单调减函数），最多有一个实零点，又因为$\lim\limits_{x\to b^+}f(x)=+\infty$及$\lim\limits_{x\to c^-}f(x)=-\infty$，故$f(x)$在$(b,c)$内必然变号，再次由零点定理，$f(x)$在$(b,c)$内至少有一个实零点，于是$f(x)$在$(b,c)$内恰有一个实零点.

综合上述分析，$f(x)=\dfrac{1}{x-a}+\dfrac{1}{x-b}+\dfrac{1}{x-c}$仅在区间$(a,b)$，$(b,c)$上各有一个实根.

8. **答案** C

解析 因为$\left|x^2\sin\dfrac{1}{x}\right|\leqslant x^2$，所以由夹逼定理可得$\lim\limits_{x\to 0}f(x)=0=f(0)$，所以$f(x)$在$x=0$点连续. 又因为

$$\lim_{\Delta x\to 0}\frac{\Delta y}{\Delta x}=\lim_{\Delta x\to 0}\frac{f(0+\Delta x)-f(0)}{\Delta x}=\lim_{\Delta x\to 0}\frac{\Delta x^2\sin\dfrac{1}{\Delta x}}{\Delta x}=\lim_{\Delta x\to 0}\Delta x\sin\frac{1}{\Delta x}=0$$

所以$f(x)$在$x=0$点可导. $f(x)$的导函数为

$$f'(x)=\begin{cases}2x\sin\dfrac{1}{x}-\cos\dfrac{1}{x}, & x\neq 0,\\ 0, & x=0.\end{cases}$$

$\lim\limits_{x\to 0}f'(x)$不存在，所以$f(x)$的导函数不连续.

评注 分段函数在分段点的可导性通常要用定义来证明.

9. **答案** D

解析 (A)，(B)的反例：$f(x)=|x|$，$x_0=0$.

$$\lim_{\Delta x\to 0}\frac{\Delta y}{\Delta x}=\lim_{\Delta x\to 0}\frac{f(0+\Delta x)-f(0)}{\Delta x}=\lim_{\Delta x\to 0}\frac{|\Delta x|}{\Delta x}$$

不存在，所以$f(x)$在x_0点不可导. 而

$\lim\limits_{h\to+\infty}h\left[f\left(0+\dfrac{1}{h}\right)-f(0)\right]=1$，$\lim\limits_{h\to 0}\dfrac{1}{2h}[f(0+h)-f(0-h)]=0$均存在.

(C)的反例：$f(x)=[x]$为取整函数，在$x_0=0$不连续，所以不可导. 但是

$$\lim_{h\to 0}\frac{1}{h}[f(x_0+2h)-f(x_0+h)]=0$$

10. **答案** A

解析 $F(x)=f(x)+f(x)|\sin x|$，由于$f(x)$可导，若令$\varphi(x)=f(x)|\sin x|$，则只要$\varphi(x)$在$x=0$处可导. 只须使$\varphi'_-(0)=\varphi'_+(0)$，注意到$\varphi(0)=0$，

$$\varphi'_-(0)=\lim_{x\to 0^-}\frac{\varphi(x)}{x}=\lim_{x\to 0^-}\frac{-f(x)\sin x}{x}=-f(0)$$

$$\varphi'_+(0)=\lim_{x\to 0^+}\frac{\varphi(x)}{x}=\lim_{x\to 0^+}\frac{f(x)\sin x}{x}=f(0)$$

因此应有 $f(0)=-f(0)$，或 $2f(0)=0$，即得到 $f(0)=0$ 时才能使 $\varphi(x)$ 在 $x=0$ 处可导. 所以(A) 是正确的.

11. **答案** D

解析 $y=\dfrac{(\sin x)'\cdot x-\sin x\cdot(x)'}{x^2}=\dfrac{x\cos x-\sin x}{x^2}$.

12. **答案** A

解析 $y=(\sin x)^{\cos x}=e^{\cos x\cdot\ln\sin x}$

$$y'=e^{\cos x\cdot\ln\sin x}(\cos x\cdot\ln\sin x)'=(\sin x)^{\cos x}\left(-\sin x\cdot\ln\sin x+\frac{\cos^2 x}{\sin x}\right)$$

评注 $y=f(x)^{g(x)}$ 被称为幂指函数，一般将其化为指数函数处理：

$$y=f(x)^{g(x)}=e^{g(x)\ln f(x)}$$

13. **答案** B

解析 $y=f(\ln x)$ 可以写成两个函数 $y=f(u)$，$u=\ln x$ 的复合，故

$$y'=\frac{df}{du}\cdot\frac{du}{dx}=\frac{f'(\ln x)}{x}$$

14. **答案** D

解析 直接计算复合函数的导数

$$f'(x)=-2xe^{-x^2}$$

$$f''(x)=-2e^{-x^2}+4x^2e^{-x^2}$$

15. **答案** A

解析 利用洛必达法则可得：

$$\lim_{x\to 0^+}\frac{\ln\cot x}{\ln x}=\lim_{x\to 0^+}\frac{\dfrac{1}{\cot x}\cdot\dfrac{-1}{\sin^2 x}}{\dfrac{1}{x}}=-\lim_{x\to 0^+}\frac{x}{\sin x\cos x}=-1$$

评注 使用一次洛必达法则求不出极限可以再用洛必达法则，直到求出极限值为止.

16. **答案** B

解析 显然 $\lim\limits_{x\to\infty}\dfrac{\sin x}{x}=0$. 答案(B) 正确.

此题不能用洛必达法则，因为 $\lim\limits_{x\to\infty}\dfrac{(\sin x)'}{(x)'}=\lim\limits_{x\to\infty}\cos x$ 不存在.

评注 洛必达法则指的是，如果 $\lim\dfrac{f'(x)}{g'(x)}$ 存在 $\Rightarrow\lim\dfrac{f(x)}{g(x)}$ 存在. 反之不成立，即：如果 $\lim\dfrac{f(x)}{g(x)}$ 存在推不出 $\lim\dfrac{f'(x)}{g'(x)}$ 存在.

17. **答案** A

解析 $\frac{d}{dx}\int_{2x}^{\ln x}\ln(1+t)dt=\ln(1+\ln x)(\ln x)'-\ln(1+2x)(2x)'$

$$=\frac{1}{x}\ln(1+\ln x)-2\ln(1+2x)$$

18. **答案** B

解析 由洛必达法则可得

$$\lim_{x\to 0}\frac{\int_0^{1-\cos x}\sin t^2 dt}{x^p}=\lim_{x\to 0}\frac{\sin(1-\cos x)^2\sin x}{px^{p-1}}=\lim_{x\to 0}\frac{\left(\frac{x^2}{2}\right)^2 x}{px^{p-1}}$$

当 $p=6$ 时,

$$\lim_{x\to 0}\frac{\int_0^{1-\cos x}\sin t^2 dt}{x^p}=\frac{1}{24}$$

所以当 $x\to 0$ 时 $f(x)=\int_0^{1-\cos x}\sin t^2 dt$ 是 x 的 6 阶无穷小,而 $g(x)=\frac{x^5}{5}+\frac{x^6}{6}$ 是 x 的 5 阶无穷小,所以选择(B).

评注 若想知道无穷小量 $f(x)=\int_0^{1-\cos x}\sin t^2 dt$ 的阶,除以 x^p(其中 p 待定),用洛必达法则、等价无穷小替换求 $\frac{f(x)}{x^p}$ 的极限,求出 p 的值使这个极限值非零. 这是一个常用方法.

变上限积分定义的函数的最大特点是导数比较容易求得. 凡是与导数有关的题型都可解决,例如:

(1) 求变限积分定义的函数作为无穷小量的阶;

(2) 包括变限积分定义的函数的洛必达法则的应用;

(3) 变限积分定义的函数的单调性及极值问题;

(4) 变上限积分定义的函数的积分问题.

19. **答案** B

解析 因为分子 $\lim\limits_{x\to 0}(ax-\sin x)=0$,而

$$\lim_{x\to 0}\frac{ax-\sin x}{\int_b^x\frac{\ln(1+t^3)}{t}dt}=c\neq 0$$

所以分母

$$\lim_{x\to 0}\int_b^x\frac{\ln(1+t^3)}{t}dt=0\Rightarrow b=0$$

这是 $\frac{0}{0}$ 不定式,由洛必达法则,

$$\lim_{x\to 0}\frac{ax-\sin x}{\int_0^x\frac{\ln(1+t^3)}{t}dt}=\lim_{x\to 0}\frac{a-\cos x}{\frac{\ln(1+x^3)}{x}}=\lim_{x\to 0}\frac{a-\cos x}{x^2}=c\neq 0$$

所以 $\lim\limits_{x\to 0}(a-\cos x)=0$,$a=1$. $c=\lim\limits_{x\to 0}\frac{1-\cos x}{x^2}=\frac{1}{2}$.

评注 这里用到等价无穷小替换 $\ln(1+x^3)\sim x^3$,$1-\cos x\sim\frac{x^2}{2}$,$(x\to 0)$. 本题不用等

价无穷小替换，用洛必达法则也可以做，只是求导数会难一点.

20. **答案** A

解析 $\lim\limits_{x\to 0}\left(1+\int_0^x \cos t^2 dt\right)^{\frac{1}{x}}=\lim\limits_{x\to 0}\left(1+\int_0^x \cos t^2 dt\right)^{\frac{1}{\int_0^x \cos t^2 dt}\cdot\frac{\int_0^x \cos t^2 dt}{x}}$，

而由洛必达法则

$$\lim_{x\to 0}\frac{\int_0^x \cos t^2 dt}{x}=\lim_{x\to 0}\frac{\left(\int_0^x \cos t^2 dt\right)'}{(x)'}=\lim_{x\to 0}\cos x^2=1$$

所以$\lim\limits_{x\to 0}\left(1+\int_0^x \cos t^2 dt\right)^{\frac{1}{x}}=e$.

评注 因为$\lim\limits_{x\to 0}\left(1+\int_0^x \cos t^2 dt\right)=1,\lim\limits_{x\to 0}\dfrac{1}{x}=\infty$，所以这是 1^∞ 不定式. 本题的方法可以看成是求这种极限的定式.

21. **答案** C

解析 $f'(x)=2x(x^2-1)e^{-x^2}=0$，求出驻点为 $x_1=-1,x_2=0,x_3=1$.

$$f''(x_1)=4,f''(x_2)=-2,f''(x_3)=4$$

所以 $x_2=0$ 为极大值点.

22. **答案** B

解析 (A)$k=\lim\limits_{x\to+\infty}\dfrac{f(x)}{x}=\lim\limits_{x\to+\infty}\dfrac{x+\sin x}{x}=1$ 存在，但是 $b=\lim\limits_{x\to+\infty}(f(x)-kx)=\lim\limits_{x\to+\infty}\sin x$ 不存在，同理，当 $x\to-\infty$ 时渐近线也不存在.

(B)$k=\lim\limits_{x\to\pm\infty}\dfrac{f(x)}{x}=\lim\limits_{x\to\pm\infty}\dfrac{x+\sin\frac{1}{x}}{x}=1$ 存在，$b=\lim\limits_{x\to\pm\infty}(f(x)-kx)=\lim\limits_{x\to\pm\infty}\sin\dfrac{1}{x}=0$ 也存在，所以当 $x\to+\infty$ 时渐近线为 $y=x$；当 $x\to-\infty$ 时渐近线也为 $y=x$.

(C)，(D)$k=\lim\limits_{x\to+\infty}\dfrac{f(x)}{x}$ 均不存在，所以当 $x\to+\infty$ 时渐近线不存在；同理当 $x\to-\infty$ 时渐近线也不存在.

评注 (B) 选项中，当 $x\to+\infty,x\to-\infty$ 时函数图像的渐近线为同一条仅为偶然现象.

23. **答案** B

解析 因为函数 $f(x)$ 连续，所以变上限积分定义的函数$\int_1^x f(t)dt$ 可导，而

$$f(x)=1+\frac{1}{x}\int_1^x f(t)dt$$

故函数 $f(x)$ 可导. 上式两边对 x 求导得

$$f'(x)=-\frac{1}{x^2}\int_1^x f(t)dt+\frac{f(x)}{x}$$

代入等式 $f(x)=1+\dfrac{1}{x}\int_1^x f(t)dt,(x>0)$，可得

$$f'(x)=\frac{1}{x}\Rightarrow f(x)=\ln x+C\text{，其中 }C\text{ 为任意常数}$$

在等式 $f(x)=1+\frac{1}{x}\int_1^x f(t)\mathrm{d}t,(x>0)$ 两边取 $x=1$,可得 $f(1)=1$,

所以 $C=1,f(x)=\ln x+1$.

评注 答案 $f(x)=\ln x+1$ 并没有写成 $f(x)=\ln|x|+1$,这是因为常微分方程初值问题 $\begin{cases}f'(x)=\frac{1}{x}\\ f(1)=1\end{cases}$ 的解的自变量范围是在初值附近,而本题的初值为 $x_0=1$,所以只要在 1 附近求解,此时自变量 x 当然是正的.

24. **答案** D

解析 $\int\sqrt{\frac{x}{1-x\sqrt{x}}}\mathrm{d}x=\int\frac{\sqrt{x}\mathrm{d}x}{\sqrt{1-x^{\frac{3}{2}}}}=\frac{2}{3}\int\frac{\mathrm{d}(x^{\frac{3}{2}})}{\sqrt{1-x^{\frac{3}{2}}}}$

$$=-\frac{4}{3}\sqrt{1-x^{\frac{3}{2}}}+C$$

由牛顿-莱布尼茨公式知

$$\int_0^1\sqrt{\frac{x}{1-x\sqrt{x}}}\mathrm{d}x=-\frac{4}{3}\sqrt{1-x^{\frac{3}{2}}}\Big|_0^1=\frac{4}{3}$$

评注 本题也可带着上下限直接用定积分变量替换做:

$$I=\int_0^1\sqrt{\frac{x}{1-x\sqrt{x}}}\mathrm{d}x=\int_0^1\frac{\sqrt{x}\mathrm{d}x}{\sqrt{1-x^{\frac{3}{2}}}}=\frac{2}{3}\int_0^1\frac{\mathrm{d}(x^{\frac{3}{2}})}{\sqrt{1-x^{\frac{3}{2}}}}$$

作变量替换 $u=x^{\frac{3}{2}}$,则当 $x=1$ 时 $u=1$;当 $x=0$ 时 $u=0$. 所以

$$I=\frac{2}{3}\int_0^1\frac{\mathrm{d}u}{\sqrt{1-u}}=-\frac{4}{3}(1-u)^{\frac{1}{2}}\Big|_0^1=\frac{4}{3}$$

25. **答案** A

解析 记 $1+\mathrm{e}^x=t$,则当 $x=0$ 时 $t=2$;$x=+\infty$ 时,$t=+\infty$.

且 $x=\ln(t-1),\mathrm{d}x=\frac{\mathrm{d}t}{t-1}$,所以

$$\int_0^{+\infty}\frac{1}{(1+\mathrm{e}^x)^2}\mathrm{d}x=\int_2^{+\infty}\frac{\mathrm{d}t}{t^2(t-1)}=\int_2^{+\infty}\left(\frac{1}{t-1}-\frac{1}{t}-\frac{1}{t^2}\right)\mathrm{d}t$$

$$=\left(\ln(t-1)-\ln t+\frac{1}{t}\right)\Big|_2^{+\infty}=\lim_{t\to+\infty}\ln\frac{t-1}{t}+\ln 2-\frac{1}{2}$$

$$=\ln 2-\frac{1}{2}.$$

26. **答案** C

解析 记 $\rho=x^2+y^2$,则

$$\lim_{(x,y)\to(0,0)}\frac{\arcsin(x^2+y^2)}{x^2+y^2}=\lim_{\rho\to0}\frac{\arcsin\rho}{\rho}=1$$

27. **答案** A

解析 $\lim\limits_{(x,y)\to(0,0)} \dfrac{2-\sqrt{xy+4}}{xy} = \lim\limits_{(x,y)\to(0,0)} \dfrac{4-(xy+4)}{xy(2+\sqrt{xy+4})} = -\dfrac{1}{4}$.

评注 一元函数中常见的求极限的方法，在二元函数求极限的问题中依然适用.

28. **答案** D

解析 $\dfrac{\partial z}{\partial x} = 2axy + by^2$.

29. **答案** A

解析 $\left.\dfrac{\partial z}{\partial x}\right|_{(2,1)} = yx^{y-1}\big|_{(2,1)} = 1, \left.\dfrac{\partial z}{\partial y}\right|_{(2,1)} = x^y \ln x\big|_{(2,1)} = 2\ln 2$，所以在 $(2,1)$ 点

$$\mathrm{d}z = \mathrm{d}x + 2\ln 2\mathrm{d}y$$

30. **答案** D

解析 $\left.\dfrac{\partial z}{\partial x}\right|_{(0,0)} = -ye^{xy}\sin(1+e^{xy})\big|_{(0,0)} = 0$，

$\left.\dfrac{\partial z}{\partial y}\right|_{(0,0)} = -xe^{xy}\sin(1+e^{xy})\big|_{(0,0)} = 0$，

所以
$$\left.\frac{\partial z}{\partial x}\right|_{(0,0)} + \left.\frac{\partial z}{\partial y}\right|_{(0,0)} = 0$$

31. **答案** C

解析 $z = x^2y - \dfrac{1}{2}xy^2 + 5x^2, \dfrac{\partial z}{\partial y} = x^2 - xy, \dfrac{\partial^2 z}{\partial x \partial y} = 2x - y$.

(A) 的$\dfrac{\partial^2 z}{\partial x \partial y} = 2x - y - 5$；

(B) 的$\dfrac{\partial^2 z}{\partial x \partial y} = 2x + y - 5$；

(D) 的$\dfrac{\partial^2 z}{\partial x \partial y} = 2x + y$.

32. **答案** B

解析
$$\frac{\partial z}{\partial x} = 2\cos\left(x-\frac{y}{2}\right)\left[-\sin\left(x-\frac{y}{2}\right)\right] = -\sin(2x-y)$$
$$\frac{\partial^2 z}{\partial x \partial y} = \cos(2x-y)$$
$$\frac{\partial z}{\partial y} = 2\cos\left(x-\frac{y}{2}\right)\left[-\sin\left(x-\frac{y}{2}\right)\right]\left(-\frac{1}{2}\right) = \frac{1}{2}\sin(2x-y)$$
$$\frac{\partial^2 z}{\partial y^2} = -\frac{1}{2}\cos(2x-y)$$

所以 $2\dfrac{\partial^2 z}{\partial y^2} + \dfrac{\partial^2 z}{\partial x \partial y} = 0$.

33. **答案** D

解析 (A) 不正确，反例：$f(x,y) = x^2 - y^2$，

$(0,0)$ 点是驻点，但在该点，Hesse 矩阵为$\begin{bmatrix} 2 & 0 \\ 0 & -2 \end{bmatrix}$，是不定矩阵，所以 $(0,0)$ 不是极值点.

(B) 不正确,反例:$f(x,y)=\sqrt{x^2+y^2}$,

(0,0) 点是极小值点,但是 $f(x,y)=\sqrt{x^2+y^2}$ 在(0,0) 点的偏导数不存在,所以(0,0) 不是驻点.

(C) 不正确,反例:$f(x,y)=x^4+y^4$,

(0,0) 点是极小值点,但是在(0,0) 点,Hesse 矩阵为 $\begin{bmatrix}0 & 0\\0 & 0\end{bmatrix}$,不是正定矩阵.

(D) 正确,因为若在 (x_0,y_0) 的 Hesse 矩阵不是半正定,则该矩阵不定或半负定,(x_0,y_0) 不是极小值点.

【评注】 1. 判断极小值、极大值的定理:

设二元函数 $f(x,y)$ 在 $\{(x,y)\mid\sqrt{(x-x_0)^2+(y-y_0)^2}<r\}$ 内有定义,且二元函数 $f(x,y)$ 在 $(x_0,y_0)\in D$ 点可微,如果 (x_0,y_0) 是二元函数 $f(x,y)$ 的一个极大(小) 值点,则

$$\begin{cases}\left.\dfrac{\partial f}{\partial x}\right|_{(x_0,y_0)}=0\\ \left.\dfrac{\partial f}{\partial y}\right|_{(x_0,y_0)}=0\end{cases}$$

是在函数 $f(x,y)$ 可微前提下的必要条件而非充分条件.

函数 $f(x,y)$ 有可能在不可微的点取得极值,此时该点就不是驻点,例如(0,0) 点显然是函数 $f(x,y)=\sqrt{x^2+y^2}$ 的极小值点,但不是驻点,因为函数 $f(x,y)=\sqrt{x^2+y^2}$ 在(0,0) 点没有偏导数.

2. 用判断 Hesse 矩阵极小值、极大值的定理是充分条件. 但是如果在某点处 Hesse 矩阵不定,则该点一定不是极值点.

34. **答案** C

解析 由

$$\begin{cases}\dfrac{\partial z}{\partial x}=3x^2+6x-9=0\\ \dfrac{\partial z}{\partial y}=-3y^2+6y=0\end{cases}$$

解得驻点为(−3,0),(−3,2),(1,0),(1,2).

$$\frac{\partial^2 z}{\partial x^2}=6x+6,\frac{\partial^2 z}{\partial x\partial y}=0,\frac{\partial^2 z}{\partial y^2}=-6y+6$$

在(−3,0) 点,$A=-12,B=0,C=6,A<0,AC-B^2<0$,(−3,0) 点不是极值点;

在(−3,2) 点,$A=-12,B=0,C=-6,A<0,AC-B^2>0$,(−3,2) 点是极大值点;

在(1,0) 点,$A=12,B=0,C=6,A>0,AC-B^2>0$,(1,0) 点是极小值点;

在(1,2) 点,$A=12,B=0,C=-6,A>0,AC-B^2<0$,(1,2) 点不是极值点.

35. **答案** D

解析 区域 $D=\{(x,y)\mid 0\leqslant x\leqslant\pi,x\leqslant y\leqslant\pi\}$ 如下图

所以

$$\iint_D\cos(x+y)\mathrm{d}x\mathrm{d}y=\int_0^{\pi}\mathrm{d}x\int_x^{\pi}\cos(x+y)\mathrm{d}y$$

$$= \int_0^{\pi} [\sin(x+y)] \Big|_{y=x}^{y=\pi} dx$$

$$= \int_0^{\pi} [\sin(x+\pi) - \sin 2x] dx = -2.$$

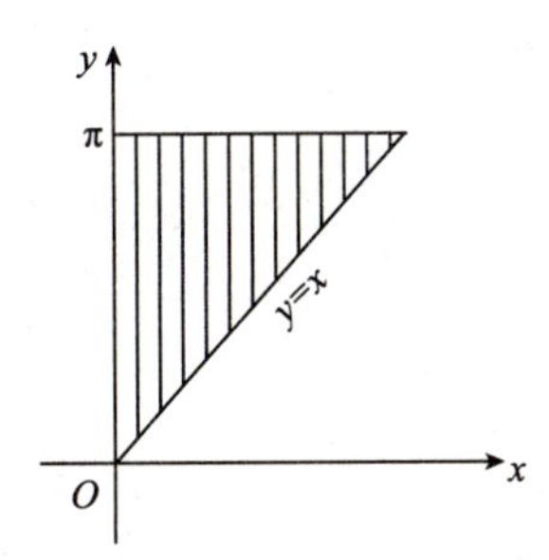

36. **答案** D

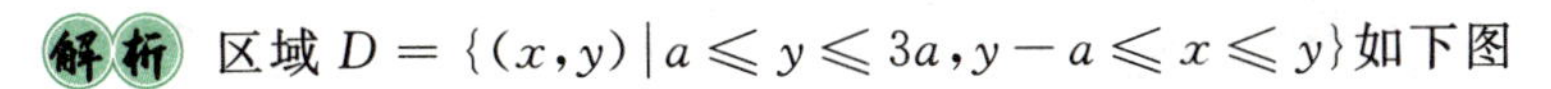

解析 区域 $D = \{(x,y) \mid a \leqslant y \leqslant 3a, y-a \leqslant x \leqslant y\}$ 如下图

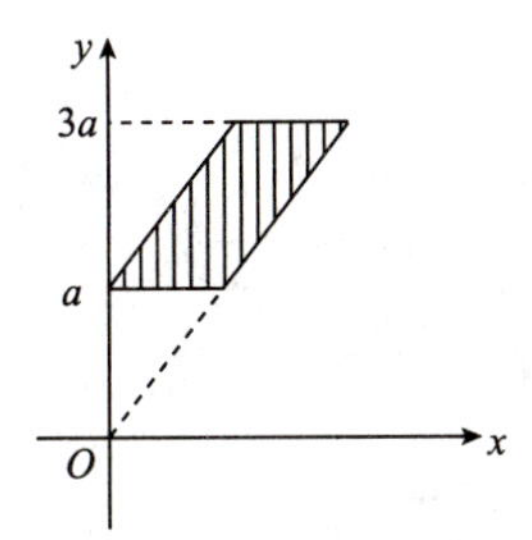

所以

$$\iint_D (x+y) dx dy = \int_a^{3a} dy \int_{y-a}^{y} (x+y) dx$$

$$= \int_a^{3a} \left(\frac{x^2}{2} + xy\right) \Big|_{x=y-a}^{x=y} dy$$

$$= \int_a^{3a} \left\{ \left(\frac{1}{2}y^2 + y^2\right) - \left[\frac{1}{2}(y-a)^2 + (y-a)y\right] \right\} dy$$

$$= 7a^3.$$

37. **答案** B

解析 微分方程 $xy' = \tan y$ 为变量可分离型方程，

$$\frac{\cos y dy}{\sin y} = \frac{dx}{x}$$

$$\ln|\sin y| = \ln|x| + C_1$$

$$|\sin y| = e^{C_1} |x|$$

$$\sin y = \pm e^{C_1} x$$

可以写成 $\sin y = Cx$.

评注 通过隐函数求导也可验证 $\sin y = Cx$ 满足微分方程 $xy' = \tan y$：

等式两边同时对 x 求导，

$$y' \cos y = C$$

而由 $\sin y = Cx$ 可得 $C = \dfrac{\sin y}{x}$，代入上述等式，

$$y'\cos y = \frac{\sin y}{x}$$

即 $xy' = \tan y$.

二、填空题

1. **答案** $\dfrac{\sqrt{2}}{4}$

解析

$$\begin{aligned}
&\lim_{x\to+\infty}\left(\sqrt{2x^2+2x-3}-\sqrt{2x^2+x}\right)\\
&=\lim_{x\to+\infty}\frac{x-3}{\sqrt{2x^2+2x-3}+\sqrt{2x^2+x}}\\
&=\lim_{x\to+\infty}\frac{1-\dfrac{3}{x}}{\sqrt{2+\dfrac{2}{x}-\dfrac{3}{x^2}}+\sqrt{2+\dfrac{1}{x}}}\\
&=\frac{\lim\limits_{x\to+\infty}\left(1-\dfrac{3}{x}\right)}{\lim\limits_{x\to+\infty}\sqrt{2+\dfrac{2}{x}-\dfrac{3}{x^2}}+\lim\limits_{x\to+\infty}\sqrt{2+\dfrac{1}{x}}}=\frac{\sqrt{2}}{4}
\end{aligned}$$

评注 (1) $\sqrt{2x^2+2x-3}-\sqrt{2x^2+x}=\dfrac{x-3}{\sqrt{2x^2+2x-3}+\sqrt{2x^2+x}}$. 这个计算过程称为分子有理化，这是求极限的一个常见方法.

(2) 极限 $\lim\limits_{x\to\infty}\left(\sqrt{2x^2+2x-3}-\sqrt{2x^2+x}\right)$ 不存在. 因为

$$\begin{aligned}
\lim_{x\to-\infty}\left(\sqrt{2x^2+2x-3}-\sqrt{2x^2+x}\right)&=\lim_{x\to-\infty}\frac{x-3}{\sqrt{2x^2+2x-3}+\sqrt{2x^2+x}}\\
&=\lim_{x\to-\infty}\frac{x-3}{|x|\left(\sqrt{2+\dfrac{2}{x}-3}+\sqrt{2+\dfrac{1}{x}}\right)}\\
&=\lim_{x\to-\infty}\frac{x-3}{-x\left(\sqrt{2+\dfrac{2}{x}-3}+\sqrt{2+\dfrac{1}{x}}\right)}\\
&=-\frac{\sqrt{2}}{4}
\end{aligned}$$

所以 $\lim\limits_{x\to+\infty}\left(\sqrt{2x^2+2x-3}-\sqrt{2x^2+x}\right)\neq\lim\limits_{x\to-\infty}\left(\sqrt{2x^2+2x-3}-\sqrt{2x+x}\right)$

极限 $\lim\limits_{x\to\infty}\left(\sqrt{2x+2x-3}-\sqrt{2x^2+x}\right)$ 不存在.

(3) 左右极限分别计算既可以证明极限存在(若左右极限相等)，也可以证明极限不存在(若左右极限不等). 例如：

极限 $\lim\limits_{x\to0}\left(\dfrac{2+e^{\frac{1}{x}}}{1+e^{\frac{4}{x}}}+\dfrac{\sin x}{|x|}\right)$ 存在. 因为

$$\lim_{x\to0^+}\left(\frac{2+e^{\frac{1}{x}}}{1+e^{\frac{4}{x}}}+\frac{\sin x}{|x|}\right)=\lim_{x\to0^+}\frac{2+e^{\frac{1}{x}}}{1+e^{\frac{4}{x}}}+\lim_{x\to0^+}\frac{\sin x}{|x|}=0+1=1$$

$$\lim_{x\to0^-}\left(\frac{2+e^{\frac{1}{x}}}{1+e^{\frac{4}{x}}}+\frac{\sin x}{|x|}\right)=\lim_{x\to0^-}\frac{2+e^{\frac{1}{x}}}{1+e^{\frac{4}{x}}}+\lim_{x\to0^-}\frac{\sin x}{|x|}=2-1=1$$

所以

$$\lim_{x\to0}\left(\frac{2+e^{\frac{1}{x}}}{1+e^{\frac{4}{x}}}+\frac{\sin x}{|x|}\right)=1$$

极限$\lim\limits_{x\to1}\dfrac{1}{1+2^{\frac{1}{1-x}}}$不存在.因为

$$\lim_{x\to1^-}\frac{1}{1+2^{\frac{1}{1-x}}}=0,\lim_{x\to1^+}\frac{1}{1+2^{\frac{1}{1-x}}}=1$$

所以$\lim\limits_{x\to1}\dfrac{1}{1+2^{\frac{1}{1-x}}}$不存在.

(4) 同样的方法可用于求数列的极限:$\lim\limits_{n\to\infty}(\sqrt{2n^2+2n-3}-\sqrt{2n^2+n})=\dfrac{\sqrt{2}}{4}$.

2. **答案**　0

解析　$\left|x\sin\dfrac{1}{x}\right|\leqslant|x|$,而$\lim\limits_{x\to0}|x|=0$,由夹逼定理,$\lim\limits_{x\to0}x\sin\dfrac{1}{x}=0$.

评注　$|\sin x|\leqslant|x|$,这是微积分常用的不等式.

3. **答案**　1

解析　$\lim\limits_{x\to0}\dfrac{e^x-e^{\sin x}}{x-\sin x}=\lim\limits_{x\to0}\dfrac{e^{x-\sin x}-1}{x-\sin x}\cdot e^{\sin x}=\lim\limits_{x\to0}\dfrac{x-\sin x}{x-\sin x}\cdot e^{\sin x}=1$.

评注　(1) 根据等价无穷小公式 $e^x-1\sim x(x\to0)$,

$$e^{x-\sin x}-1\sim x-\sin x(x\to0)$$

而本题恰好为几个函数 $e^{x-\sin x}-1, x-\sin x, e^{\sin x}$ 之间的乘除关系,可以用等价无穷小替换.

(2) 函数的加减法关系不能用等价无穷小替换方法,例如求极限$\lim\limits_{x\to0}\dfrac{\sin x-x}{x^3}$,若用等价无穷小替换,$\sin x\sim x(x\to0)$,

$$\lim_{x\to0}\frac{\sin x-x}{x^3}=\lim_{x\to0}\frac{x-x}{x^3}=0$$

显然是错误的,因为 $\sin x-x\sim-\dfrac{1}{6}x^3(x\to0)$,

$$\lim_{x\to0}\frac{\sin x-x}{x^3}=\lim_{x\to0}\frac{-\frac{x^3}{6}}{x^3}=-\frac{1}{6}$$

这个反例告诉我们函数的加减关系不能用等价无穷小替换.

(3) 本题也可用洛必达法则求极限值.

4. **答案**　1, -4

解析　本题属于已知极限求参数的问题.由分子$\lim\limits_{x\to0}\sin x\cdot(\cos x-b)=0$,且分数

$$\lim_{x\to 0}\frac{\sin x}{e^x-a}(\cos x-b)=5$$

可得分母$\lim\limits_{x\to 0}(e^x-a)=0$,即 $a=1$. 原极限化为

$$\lim_{x\to 0}\frac{\sin x}{e^x-1}(\cos x-b)=\lim_{x\to 0}\frac{x}{x}(\cos x-b)=1-b=5$$

得 $b=-4$. 因此,$a=1,b=-4$.

评注 分子的极限为0,而分式的极限为5,则分母的极限一定是0,不然,分式的极限一定为0.

5. **答案** 1, $\ln 2-1$

解析 $f(x)$ 在 $x=1$ 可导,必连续,而

$$\lim_{x\to 1^-}f(x)=1+b,\lim_{x\to 1^+}f(x)=\ln(1+a)$$

所以

$$b+1=\ln(a+1) \tag{①}$$

左导数:$f'_-(1)=\lim\limits_{\Delta x\to 1^-}\dfrac{f(1+\Delta x)-f(1)}{\Delta x}=1$

右导数:$f'_+(1)=\lim\limits_{\Delta x\to 1^+}\dfrac{f(1+\Delta x)-f(1)}{\Delta x}=\dfrac{2}{1+a}$

$f(x)$ 在 $x=1$ 点可导,左导数等于右导数,

$$1=\frac{2}{1+a} \tag{②}$$

联立方程 ① 和 ②,解得 $a=1,b=\ln 2-1$.

评注 (1) 尽管要求函数可导,但连续性是必须的.

(2) 左右导数存在并相等是判断分段函数可导的方法.

6. **答案** $e^{\frac{f'(a)}{f(a)}}$

解析

$$\left[\frac{f\left(a+\frac{1}{x}\right)}{f(a)}\right]^x=e^{x\left[\ln f\left(a+\frac{1}{x}\right)-\ln f(a)\right]}$$

而

$$\lim_{x\to\infty}x\left[\ln f\left(a+\frac{1}{x}\right)-\ln f(a)\right]=\lim_{x\to\infty}\frac{\ln f\left(a+\frac{1}{x}\right)-\ln f(a)}{\frac{1}{x}}$$

记 $t=\dfrac{1}{x}$,则

$$\lim_{x\to\infty}\frac{\ln f\left(a+\frac{1}{x}\right)-\ln f(a)}{\frac{1}{x}}=\lim_{t\to 0}\frac{\ln f(a+t)-\ln f(a)}{t}$$

$$=\frac{d}{dx}(\ln f(x))\Big|_{x=a}=\frac{f'(a)}{f(a)}$$

所以

$$\lim_{x\to\infty}\left[\frac{f\left(a+\frac{1}{x}\right)}{f(a)}\right]^x = e^{\frac{f'(a)}{f(a)}}$$

7. **答案** 1

解析 $\lim\limits_{x\to+\infty}\left(\frac{\pi}{2}-\arctan x\right)=0$，所以这是 $0\cdot\infty$ 型不定式，化成 $\frac{0}{0}$ 型不定式，

$$x\left(\frac{\pi}{2}-\arctan x\right)=\frac{\frac{\pi}{2}-\arctan x}{\frac{1}{x}}$$

所以由洛必达法则

$$\lim_{x\to+\infty}x\left(\frac{\pi}{2}-\arctan x\right)=\lim_{x\to+\infty}\frac{\frac{\pi}{2}-\arctan x}{\frac{1}{x}}=\lim_{x\to+\infty}\frac{\frac{-1}{1+x^2}}{\frac{-1}{x^2}}=1$$

8. **答案** $f''(\sin x)\cdot\cos^2 x-f'(\sin x)\cdot\sin x$

解析 记 $u=\sin x$，则函数 $y=f(\sin x)$ 由两个函数

$$y=f(u),u=\sin x$$

复合而成，由复合函数求导法则，

$$\frac{dy}{dx}=\frac{dy}{du}\cdot\frac{du}{dx}=f'(\sin x)\cdot\cos x$$

$$\begin{aligned}\frac{d^2y}{dx^2}&=\frac{d}{dx}(f'(\sin x)\cdot\cos x)\\&=\frac{d}{dx}(f'(\sin x))\cdot\cos x+f'(\sin x)\cdot\frac{d}{dx}(\cos x)\\&=\frac{d}{du}(f'(u))\cdot\frac{du}{dx}\cdot\cos x-f'(\sin x)\cdot\sin x\\&=f''(\sin x)\cdot\cos^2 x-f'(\sin x)\cdot\sin x\end{aligned}$$

评注 复合函数求导问题.

9. **答案** $\frac{e^x-e^{3x}}{(1+e^{2x})^2}$

解析 记 $u=e^x$，则

$$y=\arctan u,u=e^x$$

$$\frac{dy}{dx}=\frac{dy}{du}\cdot\frac{du}{dx}=\frac{1}{1+u^2}\cdot e^x=\frac{e^x}{1+e^{2x}}$$

$$\frac{d^2y}{dx^2}=\frac{e^x-e^{3x}}{(1+e^{2x})^2}$$

10. **答案** $-\frac{2x+y\cos(xy)}{3y^2+x\cos(xy)}$

解析 如果函数 $y=y(x)$ 由方程 $\sin(xy)+x^2+y^3-1=0$ 确定，则

$$\sin(xy(x))+x^2+y^3(x)-1\equiv 0$$

等号两边同时对变量 x 求导，则

$$\cos(xy(x))(y(x)+xy'(x))+2x+3y^2(x)y'(x)\equiv 0$$

$$y'=-\frac{2x+y\cos(xy)}{3y^2+x\cos(xy)}$$

评注 (1) 复合函数 $\sin(xy(x))+x^2+y^3(x)-1$ 对自变量 x 的导数是这么求的：

$$\begin{aligned}\frac{\mathrm{d}}{\mathrm{d}x}(\sin(xy(x))+x^2+y^3(x)-1)&=\frac{\mathrm{d}}{\mathrm{d}x}(\sin(xy(x)))+\frac{\mathrm{d}}{\mathrm{d}x}(x^2)+\frac{\mathrm{d}}{\mathrm{d}x}(y^3(x))-\frac{\mathrm{d}}{\mathrm{d}x}(1)\\&=\cos(xy(x))\frac{\mathrm{d}}{\mathrm{d}x}(xy(x))+2x+3y^2\frac{\mathrm{d}y}{\mathrm{d}x}\\&=\cos(xy)(y+xy')+2x+3y^2y'\end{aligned}$$

这是复合函数求导问题.

(2) 若改由方程 $xy-\mathrm{e}^x+\mathrm{e}^y=0$ 确定了隐函数 $y=y(x)$，则 $y'(x)=\dfrac{\mathrm{e}^x-y}{\mathrm{e}^y+x}$.

(3) 由方程确定的隐函数还可以求二阶导数，例如设由方程 $x^2+xy+y^2=1$ 确定了隐函数 $y=y(x)$，则方程两端对 x 求导得

$$2x+y+xy'+2yy'=0$$

故

$$y'=-\frac{2x+y}{x+2y}$$

再对自变量 x 求导，

$$y''=-\frac{(2+y')(x+2y)-(2x+y)(1+2y')}{(x+2y)^2}=3\,\frac{xy'-y}{(x+2y)^2}$$

$$=3\,\frac{-x\cdot\dfrac{2x+y}{x+2y}-y}{(x+2y)^2}=\frac{-6}{(x+2y)^3}$$

11. **答案** 6

解析 点(1,3)在曲线 $y=ax^3+bx^2$ 上，所以

$$a+b=3$$

由拐点的性质知 $y''(1)=6a+2b=0$，联立方程，得 $a=-\dfrac{3}{2}$，$b=\dfrac{9}{2}$.

所以 $b-a=6$.

12. **答案** $2x\sin x^4\,\mathrm{d}x$

解析 因为 $F(x)$ 是 $\sin x^2$ 的一个原函数，所以

$$F'(x)=\sin x^2$$

而

$$\frac{\mathrm{d}}{\mathrm{d}x}(F(x^2))=F'(x^2)\cdot 2x=\sin x^4\cdot 2x$$

故

$$\mathrm{d}F(x^2)=2x\sin x^4\,\mathrm{d}x$$

13. **答案** $\dfrac{1}{a}F(ax+b)+C$

解析 $\int f(ax+b)\mathrm{d}x=\frac{1}{a}\int f(ax+b)\mathrm{d}(ax+b)$，记 $u=ax+b$，则

$$\int f(ax+b)\mathrm{d}(ax+b)=\int f(u)\mathrm{d}u=F(u)+C$$

所以

$$\int f(ax+b)\mathrm{d}x=\frac{1}{a}F(ax+b)+C$$

14. **答案** $\begin{cases}\frac{x^2}{2}-x+C+1, & x\geqslant 1\\ -\frac{x^2}{2}+x+C, & x<1\end{cases}$

解析 当 $x\geqslant 1$ 时，$\int|x-1|\mathrm{d}x=\int(x-1)\mathrm{d}x=\frac{x^2}{2}-x+C_1$

当 $x<1$ 时，$\int|x-1|\mathrm{d}x=-\int(x-1)\mathrm{d}x=-\frac{x^2}{2}+x+C_2$

因为$\int|x-1|\mathrm{d}x$ 在 $x=1$ 连续，所以

$$\lim_{x\to1^+}\left(\frac{x^2}{2}-x+C_1\right)=\lim_{x\to1^-}\left(-\frac{x^2}{2}+x+C_2\right)$$

即 $C_1=1+C_2$，所以

$$\int|x-1|\mathrm{d}x=\begin{cases}\frac{x^2}{2}-x+C+1, & x\geqslant 1\\ -\frac{x^2}{2}+x+C, & x<1\end{cases}$$

评注 (1) 分段函数的积分应分段进行，但是原函数一定是连续函数.

(2) 若要求分段函数的定积分，也可分段进行，例如

$$\int_{-2}^{2}|x-1|\mathrm{d}x=\int_{-2}^{1}|x-1|\mathrm{d}x+\int_{1}^{2}|x-1|\mathrm{d}x=\int_{-2}^{1}(1-x)\mathrm{d}x+\int_{1}^{2}(x-1)\mathrm{d}x$$

$$=\left(x-\frac{x^2}{2}\right)\bigg|_{-2}^{1}+\left(\frac{x^2}{2}-x\right)\bigg|_{1}^{2}=5$$

本题也可以用牛顿-莱布尼茨公式做. 记

$$F(x)=\begin{cases}\frac{x^2}{2}-x+1, & x\geqslant 1\\ -\frac{x^2}{2}+x, & x<1\end{cases}$$

则 $F(x)$ 是 $|x-1|$ 的一个原函数，

$$\int_{-2}^{2}|x-1|\mathrm{d}x=F(2)-F(-2)=5$$

15. **答案** $I_1<I_2$

解析 当 $x\in\left[0,\frac{\pi}{2}\right]$时，$\sin x<x$，而 $\sin x$ 为单调增函数

$$\sin(\sin x)<\sin x$$

所以

$$I_1 < \int_0^{\frac{\pi}{2}} \sin x \mathrm{d}x = 1$$

另外，$\cos x$ 在 $\left[0, \frac{\pi}{2}\right]$ 单调减少，$\cos(\sin x) > \cos x$，所以

$$I_2 > \int_0^{\frac{\pi}{2}} \cos x \mathrm{d}x = 1$$

即 $I_1 < I_2$.

16. **答案** $\frac{\pi}{4} - \frac{1}{2}$

解析 $\int x\arctan x \mathrm{d}x = \frac{1}{2}\int \arctan x \mathrm{d}x^2 = \frac{1}{2}\left(x^2\arctan x - \int \frac{x^2}{1+x^2}\mathrm{d}x\right)$

$$= \frac{x^2}{2}\arctan x - \frac{x}{2} + \frac{1}{2}\arctan x + C$$

所以由牛顿-莱布尼茨公式可知

$$\int_0^1 x\arctan x \mathrm{d}x = \left(\frac{x^2}{2}\arctan x - \frac{x}{2} + \frac{1}{2}\arctan x\right)\Bigg|_0^1 = \frac{\pi}{4} - \frac{1}{2}$$

评注 (1) 也可以带积分的上下限分部积分：

$$\int_0^1 x\arctan x \mathrm{d}x = \frac{1}{2}\int_0^1 \arctan x \mathrm{d}x^2 = \frac{1}{2}\left(x^2\arctan x\Big|_0^1 - \int_0^1 \frac{x^2}{1+x^2}\mathrm{d}x\right)$$

$$= \frac{x^2}{2}\arctan x\Big|_0^1 - \left(\frac{x}{2} + \frac{1}{2}\arctan x\right)\Bigg|_0^1 = \frac{\pi}{4} - \frac{1}{2}$$

(2) 分部积分法用于函数比较复杂，但可用于其导数相对比较简单的函数的积分，例如 $\ln x, \arctan x, \arcsin x, \arccos x$ 等.

17. **答案** $4\sqrt{2} - 4$

解析 $\int_0^{\pi} \sqrt{1-\sin x}\mathrm{d}x = \int_0^{\pi} \sqrt{\left(\sin\frac{x}{2} - \cos\frac{x}{2}\right)^2}\mathrm{d}x = \int_0^{\pi}\left|\sin\frac{x}{2} - \cos\frac{x}{2}\right|\mathrm{d}x$

$$= \int_0^{\frac{\pi}{2}}\left(\cos\frac{x}{2} - \sin\frac{x}{2}\right)\mathrm{d}x + \int_{\frac{\pi}{2}}^{\pi}\left(\sin\frac{x}{2} - \cos\frac{x}{2}\right)\mathrm{d}x$$

$$= 4\sqrt{2} - 4$$

评注 $\sqrt{1-\sin x} = \left|\sin\frac{x}{2} - \cos\frac{x}{2}\right|$. 被积函数带有绝对值号，本身就是分段函数. 用分段积分计算定积分.

18. **答案** $\ln(2+\sqrt{3}) - \ln(3+\sqrt{5}) + \ln 2$

解析 令 $u = -x$，则积分上限 $x = -3$ 对应 $u = 3$；积分下限 $x = -4$ 对应 $u = 4$. 所以

$$\int_{-4}^{-3}\frac{\mathrm{d}x}{\sqrt{x^2-4}} = \int_4^3 \frac{-\mathrm{d}u}{\sqrt{u^2-4}} = \int_3^4 \frac{\mathrm{d}u}{\sqrt{u^2-4}}$$

再令 $u = 2\sec t$，则 $\mathrm{d}u = 2\tan t\sec t\mathrm{d}t$，积分上限 $u = 4$ 对应 $t = \frac{\pi}{3}$；积分下限 $u = 3$ 对应 $t = \arccos\frac{2}{3}$，所以

$$\int_3^4 \frac{\mathrm{d}u}{\sqrt{u^2-4}} = \int_{\arccos\frac{2}{3}}^{\frac{\pi}{3}} \frac{2\tan t\sec t}{2\tan t}\mathrm{d}t = \int_{\arccos\frac{2}{3}}^{\frac{\pi}{3}} \frac{\cos t}{\cos^2 t}\mathrm{d}t$$

$$=\frac{1}{2}\int_{\arccos\frac{2}{3}}^{\frac{\pi}{3}}\left(\frac{1}{1-\sin t}+\frac{1}{1+\sin t}\right)\mathrm{d}(\sin t)$$

令 $y=\sin t$，

$$\frac{1}{2}\int_{\arccos\frac{2}{3}}^{\frac{\pi}{3}}\left(\frac{1}{1-\sin t}+\frac{1}{1+\sin t}\right)\mathrm{d}(\sin t)=\frac{1}{2}\int_{\frac{\sqrt{5}}{3}}^{\frac{\sqrt{3}}{2}}\left(\frac{1}{1-y}+\frac{1}{1+y}\right)\mathrm{d}y$$

$$=\frac{1}{2}\ln\frac{1+y}{1-y}\bigg|_{\frac{\sqrt{5}}{3}}^{\frac{\sqrt{3}}{2}}$$

$$=\ln(2+\sqrt{3})-\ln(3+\sqrt{5})+\ln 2$$

评注 利用三角恒等式可以将一些无理函数有理化.

19. **答案** $\frac{a^2}{2}\arcsin\frac{x}{a}+\frac{1}{2}x\sqrt{a^2-x^2}+C$

解析 令 $x=a\sin t\left(-\frac{\pi}{2}\leqslant t\leqslant\frac{\pi}{2}\right)$，则 $\mathrm{d}x=a\cos t\mathrm{d}t$

$$\int\sqrt{a^2-x^2}\mathrm{d}x=\int a\cos t\cdot a\cos t\mathrm{d}t=a^2\int\cos^2 t\mathrm{d}t$$

$$=a^2\int\frac{1+\cos 2t}{2}\mathrm{d}t=\frac{a^2}{2}\left(t+\frac{\sin 2t}{2}\right)+C$$

$$=\frac{a^2}{2}\arcsin\frac{x}{a}+\frac{1}{2}x\sqrt{a^2-x^2}+C$$

评注 同样的方法可以求

$\int\sqrt{a^2+x^2}\mathrm{d}x$　$(x=a\tan t)$；$\int\sqrt{x^2-a^2}\mathrm{d}x$　$(x=a\sec t)$.

20. **答案** $2x\sqrt{1+\mathrm{e}^x}-4\sqrt{1+\mathrm{e}^x}+2\ln\frac{\sqrt{1+\mathrm{e}^x}+1}{\sqrt{1+\mathrm{e}^x}-1}+C$

解析 令 $\sqrt{1+\mathrm{e}^x}=t$，则

$$x=\ln(t^2-1),\mathrm{d}x=\frac{2t}{t^2-1}\mathrm{d}t$$

$$\int\frac{x\mathrm{e}^x}{\sqrt{1+\mathrm{e}^x}}\mathrm{d}x=2\int\ln(t^2-1)\mathrm{d}t=2t\ln(t^2-1)-2\int\frac{2t^2}{t^2-1}\mathrm{d}t$$

$$=2t\ln(t^2-1)-2\int\left(2+\frac{2}{t^2-1}\right)\mathrm{d}t$$

$$=2t\ln(t^2-1)-4t-2\int\left(\frac{1}{t-1}-\frac{1}{t+1}\right)\mathrm{d}t$$

$$=2t\ln(t^2-1)-4t+2\ln\left|\frac{t+1}{t-1}\right|+C$$

$$=2x\sqrt{1+\mathrm{e}^x}-4\sqrt{1+\mathrm{e}^x}+2\ln\frac{\sqrt{1+\mathrm{e}^x}+1}{\sqrt{1+\mathrm{e}^x}-1}+C$$

评注 有 $\sqrt{1+\mathrm{e}^x}$ 作为被积函数，常见的方法是作变量代换 $\sqrt{1+\mathrm{e}^x}=t$.

21. **答案** $\frac{\pi}{12}+\frac{\sqrt{3}}{2}-1$

解析 $\int_0^{\frac{1}{2}}\arcsin x\mathrm{d}x = x\arcsin x\Big|_0^{\frac{1}{2}}-\int_0^{\frac{1}{2}}\dfrac{x\mathrm{d}x}{\sqrt{1-x^2}}=\dfrac{\pi}{12}+\sqrt{1-x^2}\Big|_0^{\frac{1}{2}}=\dfrac{\pi}{12}+\dfrac{\sqrt{3}}{2}-1$

22. **答案** $1+\dfrac{\pi}{12}-\dfrac{8}{3}\arctan\dfrac{1}{2}$

解析

$$\int_0^1\frac{x^4}{x^4+5x^2+4}\mathrm{d}x=\int_0^1\left(1-\frac{5x^2+4}{x^4+5x^2+4}\right)\mathrm{d}x=1-\int_0^1\frac{5x^2+4}{x^4+5x^2+4}\mathrm{d}x$$

$$=1-\int_0^1\left(-\frac{1}{3}\frac{1}{1+x^2}+\frac{16}{3}\frac{1}{4+x^2}\right)\mathrm{d}x$$

$$=1+\frac{\pi}{12}-\frac{8}{3}\arctan\frac{1}{2}$$

评注 这是分式有理函数的积分.一般分式有理函数,可以根据分母的因式分解化成一些典型式的和.本题中,分母 $x^4+5x^2+4=(x^2+1)(x^2+4)$ 所以

$$\frac{5x^2+4}{x^4+5x^2+4}=\frac{ax+b}{1+x^2}+\frac{cx+d}{4+x^2}$$

其中 a,b,c,d 为待定常数,通过通分,可以确定这些常数.

23. **答案** $p>1$

解析 被积函数是非负函数.

$$\frac{\arctan x}{x^p}\sim\frac{\pi}{2}\cdot\frac{1}{x^p}\quad(x\to+\infty)$$

因此,当 $p>1$ 时反常积分 $\int_1^{+\infty}\dfrac{\arctan x}{x^p}\mathrm{d}x$ 收敛.

评注 非负函数 $f(x)\geqslant 0, x\in[a,+\infty)$,则

若 $\lim\limits_{x\to+\infty}x^pf(x)=\lambda\geqslant 0$,且 $p>1$,$\int_a^{+\infty}f(x)\mathrm{d}x$ 收敛;

若 $\lim\limits_{x\to+\infty}x^pf(x)=\lambda>0$,且 $p<1$,$\int_a^{+\infty}f(x)\mathrm{d}x$ 发散.

24. **答案** 1

解析 令 $\rho=\sqrt{x^2+y^2}$,则 $(x,y)\to(0,0)\Leftrightarrow\rho\to 0$.

$$\lim_{(x,y)\to(0,0)}\frac{\ln(1+x^2+y^2)}{x^2+y^2}=\lim_{\rho\to 0}\frac{\ln(1+\rho^2)}{\rho^2}=1$$

评注 一元函数求极限的方法依然适用.

25. **答案** 0

解析 由微分中值定理可知,

$$\mathrm{e}^{x^3+y^3}-1=\mathrm{e}^{\xi}(x^3+y^3)$$

其中 ξ 介于 x^3+y^3 与 0 之间.因此当 $x^2+y^2<1$ 时,

$$\left|\frac{\mathrm{e}^{x^3+y^3}-1}{x^2+y^2}\right|\leqslant\frac{\mathrm{e}(|x^3|+|y^3|)}{x^2+y^2}=\mathrm{e}\left(\frac{|x^3|}{x^2+y^2}+\frac{|y^3|}{x^2+y^2}\right)\leqslant\mathrm{e}(|x|+|y|)$$

由夹逼定理可得 $\lim\limits_{(x,y)\to(0,0)}\dfrac{\mathrm{e}^{x^3+y^3}-1}{x^2+y^2}=0$.

26. **答案** e^2

解析 $\lim\limits_{(x,y)\to(1,0)}(x+y)^{\frac{x+y+1}{x+y-1}}=\lim\limits_{(x,y)\to(1,0)}[1+(x+y-1)]^{\frac{1}{x+y-1}\cdot(x+y+1)}=e^2.$

27. **答案** 0

解析 $\lim\limits_{(x,y)\to(0,0)}\dfrac{\sin xy}{x}=\lim\limits_{(x,y)\to(0,0)}\left(\dfrac{\sin xy}{xy}\cdot y\right)=1\times 0=0.$

28. **答案** $2f'_x(a,b)$

解析

$$\begin{aligned}\lim_{x\to 0}\frac{f(a+x,b)-f(a-x,b)}{x}&=\lim_{x\to 0}\frac{[f(a+x,b)-f(a,b)]+[f(a,b)-f(a-x,b)]}{x}\\&=\lim_{x\to 0}\left[\frac{f(a+x,b)-f(a,b)}{x}+\frac{f(a-x,b)-f(a,b)}{-x}\right]\\&=2f'_x(a,b)\end{aligned}$$

29. **答案** $-\dfrac{y}{x^2+y^2}dx+\dfrac{x}{x^2+y^2}dy$

解析 $\dfrac{\partial z}{\partial x}=\dfrac{1}{1+\left(\dfrac{y}{x}\right)^2}\left(-\dfrac{y}{x^2}\right)=-\dfrac{y}{x^2+y^2}$

$\dfrac{\partial z}{\partial y}=\dfrac{1}{1+\left(\dfrac{y}{x}\right)^2}\left(\dfrac{1}{x}\right)=\dfrac{x}{x^2+y^2}$

所以 $dz=-\dfrac{y}{x^2+y^2}dx+\dfrac{x}{x^2+y^2}dy.$

30. **答案** 0

解析 $\dfrac{\partial z}{\partial x}=\dfrac{1}{y}-\dfrac{y}{x^2},\dfrac{\partial z}{\partial y}=-\dfrac{x}{y^2}+\dfrac{1}{x}$,所以

$$x\frac{\partial z}{\partial x}+y\frac{\partial z}{\partial y}=0$$

31. **答案** 7

解析 记 $u=x+y,v=x-y$,则函数 $z(x,y)=f(x+y,x-y)$ 可以表示成二元函数 $z=f(u,v)$ 与 $u=x+y,v=x-y$ 的复合. 由复合函数求导的链式法则可知

$$\frac{\partial z}{\partial x}=\frac{\partial f}{\partial u}\cdot\frac{\partial u}{\partial x}+\frac{\partial f}{\partial v}\cdot\frac{\partial v}{\partial x}$$

显然$\dfrac{\partial u}{\partial x}=1,\dfrac{\partial v}{\partial x}=1$,而当 $x=1,y=1$ 时 $u=2,v=0$,所以

$$\left.\frac{\partial z}{\partial x}\right|_{(1,1)}=\left.\frac{\partial f}{\partial u}\right|_{(2,0)}+\left.\frac{\partial f}{\partial v}\right|_{(2,0)}$$

由条件 $df(2,0)=3du+4dv$ 知$\left.\dfrac{\partial f}{\partial u}\right|_{(2,0)}=3,\left.\dfrac{\partial f}{\partial v}\right|_{(2,0)}=4$,所以$\left.\dfrac{\partial z}{\partial x}\right|_{(1,1)}=7.$

32. **答案** $-\dfrac{4}{9}$

解析 $\dfrac{\partial z}{\partial y}=\dfrac{2y}{1+x^2+y^2}$

$$\frac{\partial^2 z}{\partial x \partial y}=\frac{\partial}{\partial x}\left(\frac{2y}{1+x^2+y^2}\right)=-\frac{4xy}{(1+x^2+y^2)^2}$$

所以$\left.\frac{\partial^2 z}{\partial x \partial y}\right|_{(1,1)}=-\frac{4}{9}$.

33. 答案 $y^2\frac{\partial^2 f}{\partial u^2}+\frac{\partial^2 f}{\partial v \partial u}+\frac{\partial^2 f}{\partial u \partial v}+\frac{1}{y^2}\frac{\partial^2 f}{\partial v^2}$

解析 记$u=xy, v=\frac{x}{y}$,则z是复合函数$z=f(u,v)$,其中$u=xy, v=\frac{x}{y}$.由复合函数求偏导的链式法则可得

$$\frac{\partial z}{\partial x}=\frac{\partial f}{\partial u}\frac{\partial u}{\partial x}+\frac{\partial f}{\partial v}\frac{\partial v}{\partial x}=\frac{\partial f}{\partial u}\cdot y+\frac{\partial f}{\partial v}\cdot\frac{1}{y}$$

$$\begin{aligned}\frac{\partial^2 z}{\partial x^2}&=\frac{\partial}{\partial x}\left(\frac{\partial z}{\partial x}\right)=\frac{\partial}{\partial x}\left(\frac{\partial f}{\partial u}\cdot y+\frac{\partial f}{\partial v}\cdot\frac{1}{y}\right)\\&=\frac{\partial}{\partial x}\left(\frac{\partial f}{\partial u}\cdot y\right)+\frac{\partial}{\partial x}\left(\frac{\partial f}{\partial v}\cdot\frac{1}{y}\right)\\&=y\frac{\partial}{\partial x}\left(\frac{\partial f}{\partial u}\right)+\frac{1}{y}\frac{\partial}{\partial x}\left(\frac{\partial f}{\partial v}\right)\\&=y\left(\frac{\partial^2 f}{\partial u^2}\frac{\partial u}{\partial x}+\frac{\partial^2 f}{\partial v\partial u}\frac{\partial v}{\partial x}\right)+\frac{1}{y}\left(\frac{\partial^2 f}{\partial u\partial v}\frac{\partial u}{\partial x}+\frac{\partial^2 f}{\partial v^2}\frac{\partial v}{\partial x}\right)\\&=y\left(\frac{\partial^2 f}{\partial u^2}\cdot y+\frac{\partial^2 f}{\partial v\partial u}\cdot\frac{1}{y}\right)+\frac{1}{y}\left(\frac{\partial^2 f}{\partial u\partial v}\cdot y+\frac{\partial^2 f}{\partial v^2}\cdot\frac{1}{y}\right)\\&=y^2\frac{\partial^2 f}{\partial u^2}+\frac{\partial^2 f}{\partial v\partial u}+\frac{\partial^2 f}{\partial u\partial v}+\frac{1}{y^2}\frac{\partial^2 f}{\partial v^2}\end{aligned}$$

34. 答案 $\frac{4}{3}$

解析 记$D_1=\{(x,y)\mid 0\leqslant x\leqslant 1, 0\leqslant y\leqslant 1-x\}$,则

$$\iint\limits_D(|x|+|y|)\mathrm{d}x\mathrm{d}y=4\iint\limits_{D_1}(x+y)\mathrm{d}x\mathrm{d}y=4\int_0^1\mathrm{d}x\int_0^{1-x}(x+y)\mathrm{d}y=\frac{4}{3}$$

评注 本题用到函数的奇偶性与积分区域的对称性对二重积分的影响.

(1) 若函数$f(x,y)$关于变量x为奇函数,即

$$f(-x,y)=-f(x,y)$$

而积分区域D关于y轴左右对称,则$\iint\limits_D f(x,y)\mathrm{d}x\mathrm{d}y=0$.

(2) 若函数$f(x,y)$关于变量x为偶函数,即

$$f(-x,y)=f(x,y)$$

而积分区域D关于y轴左右对称,则$\iint\limits_D f(x,y)\mathrm{d}x\mathrm{d}y=2\iint\limits_{D_1}f(x,y)\mathrm{d}x\mathrm{d}y$,其中$D_1$为$D$的右半部分.

(3) 关于变量y同样有类似的结论.

35. 答案 $2y^2-3x^2=C$

解析 这是变量可分离型微分方程,

$$2y\mathrm{d}y = 3x\mathrm{d}x$$

积分得

$$2y^2 = 3x^2 + C$$

这就是微分方程的通解.

三、解答题

1. **证明** 要证明函数 $f(x)$ 在实数轴上不是有界函数，就是要证明对于正数 M，存在 $x_0 \in \mathbf{R}$，使得 $|f(x_0)| > M$. 事实上，只要取 $x_0 = 2([M]+1)\pi$，

$$f(x_0) = 2([M]+1)\pi > M$$

这里 $[M]$ 指的是取整函数.

评注 函数有界的定义为：

“设函数 $y = f(x)$ 在 I 上有定义，若存在一个正数 M 使得对于任意的 $x \in I$ 有 $|f(x)| \leqslant M$，则称函数 $y = f(x)$ 在 I 有界.”

其否定(即函数无界)为：

“若对于任意的正数 M，存在 $x_0 \in I$ 使得 $|f(x_0)| > M$.”

2. **解** 极限 $\lim\limits_{x\to\infty}\left(\dfrac{x-a}{x-1}\right)^{x-1}$ 为“1^∞”型不等式. 将已知极限表达式凑成标准型，

$$\lim_{x\to\infty}\left(\frac{x-a}{x-1}\right)^{x-1} = \lim_{x\to\infty}\left(1+\frac{1-a}{x-1}\right)^{\frac{x-1}{1-a}\cdot(1-a)} = \left[\lim_{x\to\infty}\left(1+\frac{1-a}{x-1}\right)^{\frac{x-1}{1-a}}\right]^{1-a}$$

由 $\lim\limits_{x\to\infty}\left(1+\dfrac{1-a}{x-1}\right)^{\frac{x-1}{1-a}} = \mathrm{e}$，可以得到

$$\lim_{x\to\infty}\left(\frac{x-a}{x-1}\right)^{x-1} = \mathrm{e}^{1-a}$$

令 $\mathrm{e}^{1-a} = \mathrm{e}^{-2}$，即有 $1-a=-2, a=3$.

评注 因为 $\lim\limits_{x\to\infty}\dfrac{x-a}{x-1} = 1, \lim\limits_{x\to\infty}(x-1) = \infty$，所以极限 $\lim\limits_{x\to\infty}\left(\dfrac{x-a}{x-1}\right)^{x-1}$ 被称为“1^∞”型不定式. 通常可以通过已知的结论 $\lim\limits_{x\to 0}(1+x)^{\frac{1}{x}} = \mathrm{e}$ 求极限. 作变量代换 $t = \dfrac{1}{x}$，原来的极限可以化成

$$\lim_{x\to\infty}\left(\frac{x-a}{x-1}\right)^{x-1} = \lim_{t\to 0}\left(\frac{1-at}{1-t}\right)^{\frac{1}{t}-1} = \lim_{t\to 0}\left(\frac{1-at}{1-t}\right)^{\frac{1}{t}}$$

3. **解** $\lim\limits_{x\to 0}\left(\dfrac{\sin x}{x}\right)^{\frac{1}{1-\cos x}}$ 也是“1^∞”型不定式$\left(\lim\limits_{x\to 0}\dfrac{\sin x}{x} = 1\right)$. 通过凑“1”的方法以及 $\lim\limits_{x\to 0}(1+x)^{\frac{1}{x}} = \mathrm{e}$ 也可以求得极限：

$$\lim_{x\to 0}\left(\frac{\sin x}{x}\right)^{\frac{1}{1-\cos x}} = \lim_{x\to 0}\left(1+\frac{\sin x - x}{x}\right)^{\frac{x}{\sin x - x}\cdot\frac{1}{1-\cos x}\cdot\frac{\sin x - x}{x}}$$

而

$$\lim_{x\to 0}\left(1+\frac{\sin x - x}{x}\right)^{\frac{x}{\sin x - x}} = \mathrm{e}, \lim_{x\to 0}\frac{1}{1-\cos x}\cdot\frac{\sin x - x}{x} = \lim_{x\to 0}\frac{2}{x^2}\cdot\frac{1}{x}\cdot\left(-\frac{1}{6}x^3\right) = -\frac{1}{3}$$

于是$\lim\limits_{x\to 0}\left(\dfrac{\sin x}{x}\right)^{\frac{1}{1-\cos x}}=\mathrm{e}^{-\frac{1}{3}}$. 这里我们用到等价无穷小公式

$$\sin x-x\sim-\frac{1}{6}x^3,\ x\to 0$$

4. **解** 这是"$\infty\cdot 0$"的不定式,用等价无穷小替换:

$$\begin{aligned}\lim_{x\to+\infty}x^2(\mathrm{e}^{-\cos\frac{1}{x}}-\mathrm{e}^{-1})&=\lim_{x\to+\infty}\mathrm{e}^{-1}x^2(\mathrm{e}^{1-\cos\frac{1}{x}}-1)\\&=\lim_{x\to+\infty}\mathrm{e}^{-1}x^2\left(1-\cos\frac{1}{x}\right)\\&=\lim_{x\to+\infty}\mathrm{e}^{-1}x^2\cdot\frac{1}{2x^2}=\frac{1}{2\mathrm{e}}\end{aligned}$$

评注 (1) 因为 $\lim\limits_{x\to+\infty}x^2=\infty$, $\lim\limits_{x\to+\infty}(\mathrm{e}^{-\cos\frac{1}{x}}-\mathrm{e}^{-1})=0$, 所以 $\lim\limits_{x\to+\infty}x^2(\mathrm{e}^{-\cos\frac{1}{x}}-\mathrm{e}^{-1})$ 称为"$\infty\cdot 0$"型不定式.

(2) 本题用到了等价无穷小替换. 当 $x\to+\infty$ 时, $1-\cos\dfrac{1}{x}\to 0$, 所以

$$(\mathrm{e}^{1-\cos\frac{1}{x}}-1)\sim 1-\cos\frac{1}{x}$$

5. **解** $\lim\limits_{x\to 1}\dfrac{x}{x-1}=\infty$, $\lim\limits_{x\to 1}\dfrac{1}{\ln x}=\infty$, 所以$\lim\limits_{x\to 1}\left(\dfrac{x}{x-1}-\dfrac{1}{\ln x}\right)$称为 $\infty-\infty$ 型不定式.

$$\begin{aligned}\lim_{x\to 1}\left(\frac{x}{x-1}-\frac{1}{\ln x}\right)&=\lim_{x\to 1}\frac{x\ln x-x+1}{(x-1)\ln x}\\&=\lim_{x\to 1}\frac{\ln x}{\ln x+\dfrac{x-1}{x}}=\lim_{x\to 1}\frac{\dfrac{1}{x}}{\dfrac{1}{x}+\dfrac{1}{x^2}}=\frac{1}{2}\end{aligned}$$

评注 $\infty-\infty$ 型不定式可以转化为$\dfrac{0}{0}$或$\dfrac{\infty}{\infty}$型不定式,然后再用洛必达法则.

6. **解** 这是 $0\cdot\infty$ 型不定式.

$$\begin{aligned}\lim_{x\to 0}\frac{1}{x^3}\left[\left(\frac{2+\cos x}{3}\right)^x-1\right]&=\lim_{x\to 0}\frac{\mathrm{e}^{x\ln\left(\frac{2+\cos x}{3}\right)}-1}{x^3}=\lim_{x\to 0}\frac{\ln\left(\dfrac{2+\cos x}{3}\right)}{x^2}\\&=\lim_{x\to 0}\frac{\ln(2+\cos x)-\ln 3}{x^2}=\lim_{x\to 0}\frac{\dfrac{1}{2+\cos x}\cdot(-\sin x)}{2x}\\&=-\frac{1}{2}\lim_{x\to 0}\frac{1}{2+\cos x}\cdot\frac{\sin x}{x}=-\frac{1}{6}\end{aligned}$$

评注 本题等价无穷小替换 $\mathrm{e}^{x\ln\left(\frac{2+\cos x}{3}\right)}-1\sim x\ln\left(\dfrac{2+\cos x}{3}\right)(x\to 0)$ 的使用可以简化洛必达法则的计算量.

7. **解** 这是 1^∞ 型不定式. 考虑极限

$$\lim_{x\to 0}\left(\frac{1}{x}\sin x\right)^{\frac{1}{x(1-f(x))}}=\lim_{x\to 0}\left(1+\frac{\sin x-x}{x}\right)^{\frac{x}{\sin x-x}\cdot\frac{\sin x-x}{x^2(1-f(x))}}$$

由复合极限定理,只需求极限

$$\lim_{x\to 0}\frac{\sin x-x}{x^2(1-f(x))}=\lim_{x\to 0}\frac{-\frac{1}{6}x^3}{x^2(1-f(x))}=\frac{1}{6}\lim_{x\to 0}\frac{-x}{1-f(x)}=\frac{1}{6f'(0)}=\frac{1}{12}$$

所以
$$\lim_{n\to\infty}\left(n\sin\left(\frac{1}{n}\right)\right)^{\frac{n}{1-f\left(\frac{1}{n}\right)}}=\mathrm{e}^{\frac{1}{12}}$$

评注 数列的极限可以先化为函数的极限，然后再使用洛必达法则求.

8. **解** 当 $|x|>1$ 时，$f(x)=\lim\limits_{n\to\infty}\dfrac{x^{2n+1}+1}{x^{2n+1}-x^{n+1}+x}=\lim\limits_{n\to\infty}\dfrac{1+x^{-(2n+1)}}{1-x^{-n}+x^{-(2n+1)}}=1$；

当 $|x|<1$ 时，$f(x)=\lim\limits_{n\to\infty}\dfrac{x^{2n+1}+1}{x^{2n+1}-x^{n+1}+x}=\dfrac{1}{x}$；

当 $x=1$ 时，$f(x)=\lim\limits_{n\to\infty}\dfrac{x^{2n+1}+1}{x^{2n+1}-x^{n+1}+x}=2$；

当 $x=-1$ 时，$f(x)=0$.

所以 $f(x)$ 可以用分段函数表示

$$f(x)=\begin{cases}1, & x>1,\\ 2, & x=1,\\ \dfrac{1}{x}, & -1<x<1,\\ 0, & x=-1,\\ 1, & x<-1,\end{cases}$$

$x=\pm 1$ 是函数 $f(x)$ 可能的间断点.

$$\lim_{x\to 1^+}f(x)=\lim_{x\to 1^-}f(x)=1,f(1)=2$$

所以 $x=1$ 是函数 $f(x)$ 的第一类间断点(确切地讲，是第一类间断点中的可去间断点)；

$$\lim_{x\to -1^+}f(x)=-1,\lim_{x\to -1^-}f(x)=1,f(-1)=0$$

所以 $x=-1$ 是函数 $f(x)$ 的第一类间断点(确切地讲，是第一类间断点中的跳跃型间断点).

9. **证明** 考虑辅助函数 $F(x)=f(x)-f(x+a)$ 在 $[0,a]$ 上连续，并且

$$F(0)=f(0)-f(a)\neq 0$$
$$F(a)=f(a)-f(2a)\neq 0$$
$$F(0)+F(a)=f(0)-f(2a)=0$$

因此必有 $F(a)=-F(0)$，由连续函数的零点定理，存在 $x_0\in(0,a)$，使得 $F(x_0)=0$，即 $f(x_0)=f(x_0+a)$.

评注 构造辅助函数是这类证明存在性问题的常见方法.

10. **解**

$$f(x)=(x^2-x-2)|x^3-x|=\begin{cases}-x(x^2-1)(x^2-x-2), & x<-1,\\ x(x^2-1)(x^2-x-2), & -1\leqslant x<0,\\ -x(x^2-1)(x^2-x-2), & 0\leqslant x<1,\\ x(x^2-1)(x^2-x-2), & x\geqslant 1.\end{cases}$$

为分段函数. 可能的不可导点为分段点 $-1,0,1$.

在 $x=-1$ 点，

左导 $f'_-(-1)=\lim\limits_{x\to-1^-}\dfrac{f(x)-f(-1)}{x+1}=\lim\limits_{x\to-1^-}\dfrac{-x(x^2-1)(x^2-x-2)}{x+1}=0$

右导 $f'_+(-1)=\lim\limits_{x\to-1^+}\dfrac{f(x)-f(-1)}{x+1}=\lim\limits_{x\to-1^+}\dfrac{x(x^2-1)(x^2-x-2)}{x+1}=0$

所以 $f(x)$ 在 $x=-1$ 点可导.

在 $x=0$ 点,

左导 $f'_-(0)=\lim\limits_{x\to0^-}\dfrac{f(x)-f(0)}{x}=\lim\limits_{x\to0^-}\dfrac{x(x^2-1)(x^2-x-2)}{x}=2$

右导 $f'_+(0)=\lim\limits_{x\to0^+}\dfrac{f(x)-f(0)}{x}=\lim\limits_{x\to0^+}\dfrac{-x(x^2-1)(x^2-x-2)}{x}=-2$

所以 $f(x)$ 在 $x=0$ 点不可导.同样可以证明,$f(x)$ 在 $x=1$ 点不可导.

所以 $f(x)$ 的不可导点为0,1.

评注 由初等函数构成的分段函数可能的不可导点是分段点.在本题,实际上0,1为绝对值函数 $f(x)$ 的一阶零点,而 -1 为 $f(x)$ 的二阶零点.

11. **解** $\left(\dfrac{\sin x-\cos x}{e^x}\right)'=\dfrac{(\sin x-\cos x)'e^x-(\sin x-\cos x)e^x}{e^{2x}}$

$$=\frac{(\cos x+\sin x)e^x-(\sin x-\cos x)e^x}{e^{2x}}=\frac{2\cos x}{e^x}$$

12. **解** $\dfrac{dy}{dx}=\dfrac{d}{dx}[f(\sin^2x)]+\dfrac{d}{dx}[f(\cos^2x)]$

$$=f'(\sin^2x)(\sin^2x)'+f'(\cos^2x)(\cos^2x)'$$
$$=f'(\sin^2x)\cdot2\sin x\cos x+f'(\cos^2x)\cdot(-2\sin x\cos x)$$
$$=\sin 2x[f'(\sin^2x)-f'(\cos^2x)].$$

13. **证明** $y'=\dfrac{2-2x}{2\sqrt{2x-x^2}}=\dfrac{1-x}{\sqrt{2x-x^2}}$

$$y''=\left(\frac{1-x}{\sqrt{2x-x^2}}\right)'=\frac{(1-x)'\sqrt{2x-x^2}-(1-x)(\sqrt{2x-x^2})'}{2x-x^2}$$

$$=\frac{-\sqrt{2x-x^2}-\dfrac{(1-x)^2}{\sqrt{2x-x^2}}}{2x-x^2}=-\frac{1}{(2x-x^2)^{\frac{3}{2}}}=-\frac{1}{y^3}$$

所以 $y''y^3=-1$.

14. **解** $y'=2\cos x(-\sin x)\ln x+\cos^2x\cdot\dfrac{1}{x}=-\sin 2x\ln x+\dfrac{\cos^2x}{x}$

$$y''=-2\cos 2x\ln x-\frac{\sin 2x}{x}+\frac{-2x\sin x\cos x-\cos^2x}{x^2}=-2\cos 2x\ln x-\frac{2\sin 2x}{x}-\frac{\cos^2x}{x^2}$$

15. **解** $y'=f'\left(\dfrac{1}{x}\right)\cdot\left(-\dfrac{1}{x^2}\right)=-\dfrac{1}{x^2}f'\left(\dfrac{1}{x}\right)$

$$y''=\frac{2}{x^3}f'\left(\frac{1}{x}\right)-\frac{1}{x^2}f''\left(\frac{1}{x}\right)\cdot\left(-\frac{1}{x^2}\right)$$
$$=\frac{2}{x^3}f'\left(\frac{1}{x}\right)+\frac{1}{x^4}f''\left(\frac{1}{x}\right).$$

16. **证明** $f(x)>0$,在$[a,b]$上连续,则 $F(x)$ 在$[a,b]$上连续且可导.而

$$F'(x)=f(x)+\frac{1}{f(x)}>0$$

所以 $F(x)$ 在 $[a,b]$ 上单调增. 因为 $a<b$

$$F(a)=\int_b^a \frac{1}{f(t)}\mathrm{d}t<0,\quad F(b)=\int_a^b f(t)\mathrm{d}t>0$$

由连续函数介值定理可知, $F(x)$ 在 $[a,b]$ 上有且仅有一个零点.

评注 $F(x)=\int_a^x f(t)\mathrm{d}t+\int_b^x [f(t)]^{-1}\mathrm{d}t$ 是变上限积分定义的函数, 函数零点存在性的证明方法依然适用.

17. **证明** 设 $f(x)=\sin x-x, g(x)=\sin x-x+\frac{x^3}{6}$,

$$f(0)=0, f'(x)=\cos x-1<0, \text{故 } f(x)<0(x>0)$$

另一方面 $g'(x)=\cos x-1+\frac{x^2}{2}$ 且 $g(0)=0$, 无法判断 $g'(x)=\cos x-1+\frac{x^2}{2}$ 的正负号.

再求导数, 记 $h(x)=\cos x-1+\frac{x^2}{2}$, $h'(x)=-\sin x+x$.

当 $x>0$ 时 $h'(x)=-\sin x+x$ 为正, 加上参考点条件 $h(0)=0$,

可知当 $x>0$ 时 $h(x)=\cos x-1+\frac{x^2}{2}>0$. 即 $g'(x)=\cos x-1+\frac{x^2}{2}$ 为正.

由 $g(0)=0$ 得, $g(x)>0(x>0)$.

评注 (1) 一阶导数不能判断, 可以用高阶导数. 前提条件是导函数比原函数简单. 若导函数比原函数还复杂, 则此路不通.

(2) 若"当 $x>0$ 时 $h'(x)=-\sin x+x$ 为正"看不出来, 可以再求导, 更简单.

18. **证明** 令 $f(x)=(x^2+2x+2)\arctan(x+1)-\frac{\pi}{4}(x^2+2x+2)-x$, 则 $f(0)=0$.

$$\begin{aligned} f'(x)&=(2x+2)\arctan(x+1)-\frac{\pi}{4}(2x+2)\\ &=(2x+2)\left[\arctan(x+1)-\frac{\pi}{4}\right]>0 \end{aligned}$$

于是当 $x>0$ 时 $f(x)>0$, 即原左侧不等式成立.

令 $\varphi(x)=\arctan(x+1)-\frac{\pi}{4}-\frac{x}{2}$, $\varphi(0)=0$,

$$\varphi'(x)=\frac{1}{1+(x+1)^2}-\frac{1}{2}<0\Rightarrow\varphi(x)<0$$

即原右侧不等式成立.

评注 原不等式 $\frac{x}{x^2+2x+2}<\arctan(x+1)-\frac{\pi}{4}<\frac{x}{2}$ 比较复杂, 若记

$$f(x)=\arctan(x+1)-\frac{\pi}{4}-\frac{x}{x^2+2x+2}$$

则通过导数证明 $f(x)>0$ 也不容易. 所以我们改证等价不等式

$$f(x)=(x^2+2x+2)\arctan(x+1)-\frac{\pi}{4}(x^2+2x+2)-x>0$$

这样简单一点.

19. 证明 记 $f(x)=x\sin x+2\cos x+\pi x$,

只需证明 $0<a<x<\pi$ 时 $f(x)$ 严格单调增加

$$f'(x)=\sin x+x\cos x-2\sin x+\pi$$
$$=x\cos x-\sin x+\pi$$
$$f''(x)=\cos x-x\sin x-\cos x=-x\sin x<0$$

于是 $f'(x)$ 严格单调减少,且 $f'(\pi)=\pi\cos\pi+\pi=0$(终值).

因此 $0<a<x<\pi$ 时 $f'(x)>f'(\pi)=0$,即 $f(x)$ 严格单调增加.

令 $x=b$,得到 $f(b)>f(a)$.

评注 注意本题与前几题的不同,$f'(x)$ 严格单调减少,且 $f'(\pi)=\pi\cos\pi+\pi=0$(π 是区间$(0,\pi)$ 的终点),所以 $0<a<x<\pi$ 时 $f'(x)>f'(\pi)=0$.

20. 解 由 $f'(x)=6x^2-18x+12=6(x-1)(x-2)$ 知:

当 $x<1$ 时,$f'(x)>0$,所以 $f(x)$ 在$(-\infty,1)$ 上单调增加;

当 $1<x<2$ 时,$f'(x)<0$,所以 $f(x)$ 在$(1,2)$ 上单调减少;

当 $x>2$ 时,$f'(x)>0$,所以 $f(x)$ 在$(2,+\infty)$ 上单调增加.

21. 解 (1) $f'(x)=2x^2-6x+4=2(x-1)(x-2)$,得驻点 $x_1=1,x_2=2$.

(2) $f''(x)=4x-6$.

因为 $f''(1)=-2<0$,所以 $f(1)=\dfrac{20}{3}$ 为极大值;

因为 $f''(2)=2>0$,所以 $f(2)=\dfrac{19}{3}$ 为极小值.

22. 解 设 $f(x)=x^3-3x+A$,则 $f(x)$ 为三次多项式,最多有三个实根.用导数讨论该函数的增减区间与极值的分布情况.

$$f'(x)=3x^2-3=3(x+1)(x-1)$$

令 $f'(x)=0$,解得驻点 $x_1=-1,x_2=1$,并且

当 $x\in(-\infty,-1)$ 时,$f'(x)>0$,$f(x)$ 单调增加;

当 $x\in(-1,1)$ 时,$f'(x)<0$,$f(x)$ 单调减少;

当 $x\in(1,+\infty)$ 时,$f'(x)>0$,$f(x)$ 单调增加.

于是可知 $x_1=-1$ 为 $f(x)$ 的极大值点,而 $x_2=1$ 为 $f(x)$ 的极小值点.$f(x)$ 的极大值极小值分别为:

(1) $f(-1)=A+2,f(1)=A-2$,由上述增减性讨论可知,最大、最小值均大于零(或小于零)时,$y=f(x)$ 在$(-1,+\infty)$ 内无零点,又$\lim\limits_{x\to\infty}f(x)=-\infty$,即 $f(x)$ 可在$(-\infty,-1)$ 内可取得负值,由连续函数的零点定理,可知 $f(x)$ 仅在$(-\infty,-1)$ 内有一个零点.此时

$$f(-1)\cdot f(1)=(A+2)(A-2)>0$$

由此可得 A 应满足 $A^2-4>0$,即 $|A|>2$.

(2) 显然,当 $f(x)$ 的最大最小值有一个为零时,即 $f(-1)\cdot f(1)=A^2-4=0$ 时,

$f(x)$ 恰有两个零点,此时 $|A|=2$.

(3) 当 $f(-1)$ 与 $f(1)$ 异号时,注意到$\lim\limits_{x\to\infty}f(x)=+\infty$,于是 $f(x)$ 恰有三个零点,分别位于$(-\infty,-1)$,$(-1,1)$ 与$(1,+\infty)$ 内,此时 $|A|<2$.

23. **解** (1) $y' = \frac{5}{3}(x-2)^{\frac{2}{3}} - \frac{10}{9}x, y'' = \frac{10}{9}(x-2)^{-\frac{1}{3}} - \frac{10}{9} = \frac{10}{9} \cdot \frac{1-(x-2)^{\frac{1}{3}}}{(x-2)^{\frac{1}{3}}}$.

(2) y'' 的零点是 $x_1 = 3$，y'' 不存在的点是 $x_2 = 2$.

(3) 列表讨论如下：

x	$(-\infty,2)$	2	$(2,3)$	3	$(3,+\infty)$
$f''(x)$	$-$	不存在	$+$	0	$-$
曲线 $y=f(x)$	上凸	拐点 $\left(2,-\frac{20}{9}\right)$	下凸	拐点 $(3,-4)$	上凸

24. **解** (1) $\lim\limits_{x\to1^-} f(x) = \lim\limits_{x\to1^-} \frac{(3x^2+1)(e^x-1)}{x-1} = -\infty$

$$\lim_{x\to1^+} f(x) = \lim_{x\to1^+} \frac{(3x^2+1)(e^x-1)}{x-1} = +\infty$$

故有铅直渐近线：$x=1$.

(2) $\lim\limits_{x\to-\infty} f(x) = \lim\limits_{x\to-\infty} \frac{(3x^2+1)(e^x-1)}{x-1} = +\infty$

$\lim\limits_{x\to+\infty} f(x) = \lim\limits_{x\to+\infty} \frac{(3x^2+1)(e^x-1)}{x-1} = +\infty$

所以无水平渐近线.

(3) $\lim\limits_{x\to+\infty} \frac{f(x)}{x} = \lim\limits_{x\to+\infty} \frac{(3x^2+1)(e^x-1)}{x(x-1)} = +\infty$，

所以，当 $x\to+\infty$ 时，没有斜渐近线.

$$\lim_{x\to-\infty} \frac{f(x)}{x} = \lim_{x\to-\infty} \frac{(3x^2+1)(e^x-1)}{x(x-1)} = -3 = a$$

$$b = \lim_{x\to-\infty}[f(x)-kx] = \lim_{x\to-\infty}\left[\frac{(3x^2+1)(e^x-1)}{x-1} + 3x\right]$$

$$= \lim_{x\to-\infty} \frac{(3x^2+1)(e^x-1)+3x(x-1)}{x-1}$$

$$= \lim_{x\to-\infty} \frac{(3x^2+1)e^x-3x-1}{x-1} = -3$$

所以，当 $x\to-\infty$ 时，有斜渐近线：$y=-3(x+1)$.

25. **解** $I = \int e^x \sin x dx = \int \sin x de^x = e^x \sin x - \int e^x \cos x dx$

$$= e^x \sin x - \int \cos x de^x = e^x \sin x - e^x \cos x - \int e^x \sin x dx$$

$$= e^x \sin x - e^x \cos x - I.$$

解这个关于 I 的简单代数方程，可得

$$I = \frac{1}{2}e^x(\sin x - \cos x) + C$$

评注 $\sin x$ 经过二次求导之后，等于 $-\sin x$（又变回来了），通过这个性质，我们求得了本题的结果. 类似的例题有 $\int e^{ax}\cos bx dx$ 等.

26. **解** 这是对称区间上的定积分，而 $\ln(x+\sqrt{1+x^2})$ 为奇函数，所以

$$\int_{-1}^{1}\ln(x+\sqrt{1+x^2})\mathrm{d}x=0$$

而由定积分的定义知 $\int_{-1}^{1}\sqrt{1-x^2}\mathrm{d}x$ 为上半单位圆的面积，所以

$$\int_{-1}^{1}\left[\ln(x+\sqrt{1+x^2})+\sqrt{1-x^2}\right]\mathrm{d}x=\int_{-1}^{1}\sqrt{1-x^2}\mathrm{d}x=\frac{\pi}{2}$$

评注 奇偶函数在对称区间上的积分（尤其是奇函数在对称区间上的积分）性质是定积分计算的一个重要手段. 对于出现在选择题、填空题上的定积分，先看看有没有简单方法. 定积分定义（面积）也是一个可利用的工具.

27. **解** $\int_{\frac{\pi}{6}}^{\frac{\pi}{2}}\frac{\sqrt{1+\cos x}}{\sin x}\mathrm{d}x=-\int_{\frac{\pi}{6}}^{\frac{\pi}{2}}\frac{\sqrt{1+\cos x}}{1-\cos^2 x}\mathrm{d}(\cos x)$.

令 $\cos x=t$，则

$$\int_{\frac{\pi}{6}}^{\frac{\pi}{2}}\frac{\sqrt{1+\cos x}}{\sin x}\mathrm{d}x=\int_{0}^{\frac{1}{2}}\frac{\sqrt{1+t}}{1-t^2}\mathrm{d}t$$

令 $\sqrt{1+t}=u$，则

$$\int_{0}^{\frac{1}{2}}\frac{\sqrt{1+t}}{1-t^2}\mathrm{d}t=\int_{1}^{\frac{\sqrt{6}}{2}}\frac{2}{2-u^2}\mathrm{d}u=\frac{\sqrt{2}}{2}\ln\frac{\sqrt{2}+u}{\sqrt{2}-u}\bigg|_{1}^{\frac{\sqrt{6}}{2}}$$

所以 $\int_{\frac{\pi}{6}}^{\frac{\pi}{2}}\frac{\sqrt{1+\cos x}}{\sin x}\mathrm{d}x=\sqrt{2}\left[\ln(2+\sqrt{3})-\ln(1+\sqrt{2})\right]$.

28. **解** 用分部积分法

$$\int_{0}^{1}f(x)\mathrm{d}x=xf(x)\bigg|_{0}^{1}-\int_{0}^{1}xf'(x)\mathrm{d}x=\int_{0}^{1}x\mathrm{e}^{x^2}\mathrm{d}x=\frac{1}{2}(\mathrm{e}-1)$$

评注 被积函数 $f(x)$ 是变上限积分，$f(x)$ 本身比较复杂（$f(x)$ 不能用初等函数表示，也就是 $f(x)$ 本身作为积分，是积不出来的），但是 $f(x)$ 的导函数简单，用分部积分法正合适.

29. **解** 曲线 $y=x^2$ 和 $x=y^2$ 的交点为 $(0,0)$，$(1,1)$，面积为

$$S=\int_{0}^{1}(\sqrt{x}-x^2)\mathrm{d}x=\frac{1}{3}$$

30. **解** 因为心脏线关于 x 轴对称，所以其面积为

$$S=2\int_{0}^{\pi}\frac{1}{2}a^2(1+\cos\theta)^2\mathrm{d}\theta=\frac{3}{2}\pi a^2$$

31. **解** $V=\pi\int_{0}^{\pi}\sin^2 x\mathrm{d}x=\frac{\pi^2}{2}$.

32. **解** $t\in[0,2\pi]$ 对应于 $x\in[0,2a\pi]$，

$$V=\pi\int_{0}^{2a\pi}y^2\mathrm{d}x=\pi\int_{0}^{2\pi}y(t)^2x'(t)\mathrm{d}t$$

$$=\pi\int_{0}^{2\pi}a^3(1-\cos t)^3\mathrm{d}t=5\pi^2a^3$$

33. **解** 作积分变换 $x=\tan t$，

$$\mathrm{d}x=\sec^2 t\mathrm{d}t$$

$x=0$ 对应 $t=0$，$x=+\infty$ 对应 $t=\frac{\pi}{2}$，所以

$$I=\int_0^{\frac{\pi}{2}}\frac{\sec t}{1+5\tan^2 t}dt=\int_0^{\frac{\pi}{2}}\frac{d\sin t}{1+4\sin^2 t}$$

$$=\frac{1}{2}\arctan(2\sin t)\Big|_0^{\frac{\pi}{2}}=\frac{1}{2}\arctan 2$$

评注 定积分的变量代换可用于广义积分的计算.

34. **解**

$$\int_0^a\frac{1}{1+x^2}dx=\arctan a$$

$$\int_a^{+\infty}\frac{1}{1+x^2}dx=\frac{\pi}{2}-\arctan a$$

所以
$$\arctan a=\frac{\pi}{4}\Rightarrow a=1$$

35. **解**

$$\int_1^{+\infty}\frac{\arctan x}{x^2}dx=-\int_1^{+\infty}\arctan x\,d\left(\frac{1}{x}\right)$$

$$=-\frac{1}{x}\arctan x\Big|_1^{+\infty}+\int_1^{+\infty}\frac{1}{x(1+x^2)}dx$$

$$=\frac{\pi}{4}+\lim_{b\to+\infty}\int_1^b\left(\frac{1}{x}-\frac{x}{1+x^2}\right)dx$$

$$=\frac{\pi}{4}+\lim_{b\to+\infty}\left[\ln b-\frac{1}{2}\ln(1+b^2)+\frac{1}{2}\ln 2\right]=\frac{\pi}{4}+\frac{1}{2}\ln 2$$

评注 定积分的分部积分法可用于广义积分的计算.

36. **解**

$$\int_0^{+\infty}\frac{xe^{-x}}{(1+e^{-x})^2}dx=\int_0^{+\infty}x\,d\left(\frac{-1}{1+e^x}\right)=\frac{-x}{1+e^x}\Big|_0^{+\infty}+\int_0^{+\infty}\frac{1}{1+e^x}dx$$

$$=0+\int_1^{+\infty}\frac{1}{t(1+t)}dt=\ln\frac{t}{1+t}\Big|_1^{+\infty}=\ln 2$$

37. **解** 这个函数在 $(0,0)$ 点的任意去心邻域内都有定义，

当 (x,y) 沿直线 $y=kx$ 趋于 $(0,0)$ 时，

$$f(x,y)=f(x,kx)=\frac{kx^2}{(1+k^2)x^2}=\frac{k}{1+k^2}$$

为常数，因此当 (x,y) 沿直线 $y=kx$ 趋于 $(0,0)$ 时 $f(x,y)$ 以 $\frac{k}{1+k^2}$ 为极限. 不同的 k 值（也就是 (x,y) 点沿不同斜率的直线趋于 $(0,0)$ 点）导致不同的极限，因此当 $(x,y)\to(0,0)$ 时 $f(x,y)$ 的极限不存在.

评注 如果 (x,y) 沿不同斜率的直线趋于 (x_0,y_0) 点时，$f(x,y)$ 的极限均存在但不相等，则 $f(x,y)$ 当 (x,y) 趋于 (x_0,y_0) 时的极限不存在. 如果 (x,y) 沿不同斜率的直线趋于 (x_0,y_0) 点时，$f(x,y)$ 的极限均存在且相等. 是否就能说 $f(x,y)$ 当 (x,y) 趋于 (x_0,y_0) 时的极限存在了呢？答案也是不一定.

38. **解** 当 (x,y) 沿直线 $y=kx\ (k\neq 0)$ 趋于 $(0,0)$ 时，

$$f(x,y)=f(x,kx)=\frac{kx^3}{x^4+k^2x^2}=\frac{kx}{x^2+k^2}\to 0,(x\to 0,k\neq 0)$$

当 (x,y) 沿直线 $y=0$ 或 $x=0$ 趋于 $(0,0)$ 点时，$f(x,y)$ 的极限显然为 0. 这说明当

(x,y)沿任意直线趋于$(0,0)$时，$f(x,y)$均以0为极限.但当(x,y)沿曲线$y=kx^2$趋于$(0,0)$时，

$$f(x,y)=f(x,kx^2)=\frac{kx^4}{x^4+k^2x^4}=\frac{k}{1+k^2}$$

为常数，因此当(x,y)沿曲线$y=kx^2$趋于$(0,0)$时$f(x,y)$以$\frac{k}{1+k^2}$为极限.不同的k值（(x,y)点沿不同的抛物线趋于$(0,0)$点）导致不同的极限，因此$f(x,y)$当(x,y)趋于$(0,0)$时的极限还是不存在.

评注 沿不同的路径考察二元函数的极限，是研究二元函数极限的一个重要方法，尤其是当这个二元函数极限不存在时.

39. **解** $|f(x,y)|\leqslant\frac{|\sin(x^3+y^3)|}{x^2+y^2}\leqslant\frac{|x^3+y^3|}{x^2+y^2}\leqslant\frac{|x^3|}{x^2+y^2}+\frac{|y^3|}{x^2+y^2}\leqslant|x|+|y|$，

所以
$$\lim_{(x,y)\to(0,0)}f(x,y)=0=f(0,0)$$
二元函数$f(x,y)$在$(0,0)$点连续.

40. **解** $|f(x,y)|\leqslant|x|+|y|$，因此$\lim\limits_{(x,y)\to(0,0)}f(x,y)=0$，$f(x,y)$在$(0,0)$点连续.

$$f'_x(0,0)=\lim_{\Delta x\to 0}\frac{f(0+\Delta x,0)-f(0,0)}{\Delta x}=\lim_{\Delta x\to 0}\frac{(\Delta x)^3}{(\Delta x)^3}=1$$

$$f'_y(0,0)=\lim_{\Delta y\to 0}\frac{f(0,0+\Delta y)-f(0,0)}{\Delta y}=-\lim_{\Delta y\to 0}\frac{(\Delta y)^3}{(\Delta y)^3}=-1$$

考虑

$$\lim_{(\Delta x,\Delta y)\to(0,0)}\frac{f(\Delta x,\Delta y)-f(0,0)-(f'_x(0,0)\Delta x+f'_y(0,0)\Delta y)}{\sqrt{(\Delta x)^2+(\Delta y)^2}}$$
$$=\lim_{(\Delta x,\Delta y)\to(0,0)}\frac{\Delta x\Delta y(\Delta x-\Delta y)}{[(\Delta x)^2+(\Delta y)^2]^{\frac{3}{2}}}$$

当沿直线$\Delta x=-\Delta y$趋于$(0,0)$点时，

$$\lim_{\substack{\Delta x\to 0\\ \Delta y=-\Delta x}}\frac{\Delta x\Delta y(\Delta x-\Delta y)}{[(\Delta x)^2+(\Delta y)^2]^{\frac{3}{2}}}=-\frac{\sqrt{2}}{2}\neq 0$$

从而

$$\lim_{(\Delta x,\Delta y)\to(0,0)}\frac{f(\Delta x,\Delta y)-f(0,0)-(f'_x(0,0)\Delta x+f'_y(0,0)\Delta y)}{\sqrt{(\Delta x)^2+(\Delta y)^2}}\neq 0$$

所以$f(x,y)$在$(0,0)$点不可微，尽管在$(0,0)$点$f(x,y)$的两个偏导数均存在.

41. **解** $\frac{\partial z}{\partial x}=y+f'(u)\frac{\partial u}{\partial x}=y-\frac{y}{x^2}f'(u)$

$\frac{\partial z}{\partial y}=x+f'(u)\frac{\partial u}{\partial y}=x+\frac{1}{x}f'(u)$

所以$x\frac{\partial z}{\partial x}+y\frac{\partial z}{\partial y}=2xy$.

42. **解** 由复合函数求导法，

$$\frac{dz}{dt}=\frac{\partial z}{\partial x}\frac{dx}{dt}+\frac{\partial z}{\partial y}\frac{dy}{dt}=e^{\sin t-2t^3}(\cos t-6t^2)$$

43. **解** $\frac{\partial z}{\partial y}=\frac{1}{x+3xy+y^2}\cdot\frac{\partial}{\partial y}(x+3xy+y^2)=\frac{3x+2y}{x+3xy+y^2}$

$$\frac{\partial^2 z}{\partial x\partial y}=\frac{\partial}{\partial x}\left(\frac{3x+2y}{x+3xy+y^2}\right)=\frac{3(x+3xy+y^2)-(3x+2y)(1+3y)}{(x+3xy+y^2)^2}$$

$$=-\frac{3y^2+2y}{(x+3xy+y^2)^2}$$

44. **解** 由

$$\begin{cases}\dfrac{\partial z}{\partial x}=3x^2-3y=0\\[2mm]\dfrac{\partial z}{\partial y}=3y^2-3x=0\end{cases}$$

解得函数 $z=x^3+y^3-3xy$ 的驻点为(0,0),(1,1).

$$\frac{\partial^2 z}{\partial x^2}=6x,\frac{\partial^2 z}{\partial x\partial y}=-3,\frac{\partial^2 z}{\partial y^2}=6y$$

所以在(0,0)点,$A=C=0,B=-3$,矩阵$\begin{bmatrix}A&B\\B&C\end{bmatrix}$不定,(0,0)点不是极值点;

在(1,1)点,$A=C=6,B=-3$,矩阵$\begin{bmatrix}A&B\\B&C\end{bmatrix}$正定,点(1,1)是极小值点,极小值为$-1$.

45. **解** 由

$$\begin{cases}\dfrac{\partial f}{\partial x}=4-2x=0\\[2mm]\dfrac{\partial f}{\partial y}=-4-2y=0\end{cases}$$

求得 $f(x,y)$ 的驻点为$(2,-2)$.而

$$A=\left.\frac{\partial^2 f}{\partial x^2}\right|_{(2,-2)}=-2,B=\left.\frac{\partial^2 f}{\partial x\partial y}\right|_{(2,-2)}=0,C=\left.\frac{\partial^2 f}{\partial y^2}\right|_{(2,-2)}=-2.$$

$A<0,AC-B^2>0$,所以驻点$(2,-2)$为极大值点,函数 $f(x,y)$ 的极大值为 $f(2,-2)=8$.

46. **解** 由

$$\begin{cases}\dfrac{\partial f}{\partial x}=2x\mathrm{e}^{x^2-y}(5-2x+y)-2\mathrm{e}^{x^2-y}=0\\[2mm]\dfrac{\partial f}{\partial y}=-\mathrm{e}^{x^2-y}(4-2x+y)=0\end{cases}$$

解得 $f(x,y)$ 的驻点满足

$$\begin{cases}5x-2x^2+xy-1=0\\2x-y-4=0\end{cases}$$

驻点为$(1,-2)$.而

$$\frac{\partial^2 f}{\partial x^2}=\mathrm{e}^{x^2-y}(20x^2-8x^3+4x^2y-12x+2y+10)$$

$$\frac{\partial^2 f}{\partial x\partial y}=\mathrm{e}^{x^2-y}(4x^2-8x-2xy+2)$$

$$\frac{\partial^2 f}{\partial y^2}=\mathrm{e}^{x^2-y}(-2x+y+3)$$

故 $A=\left.\dfrac{\partial^2 f}{\partial x^2}\right|_{(1,-2)}=-2\mathrm{e}^3,B=\left.\dfrac{\partial^2 f}{\partial x\partial y}\right|_{(1,-2)}=2\mathrm{e}^3,C=\left.\dfrac{\partial^2 f}{\partial y^2}\right|_{(1,-2)}=-\mathrm{e}^3$,

$$AC-B^2=-2\mathrm{e}^6<0$$

所以驻点(1,−2)不是函数 $f(x,y)$ 的极值点,函数 $f(x,y)$ 没有极值.

47. 解 设抛物线 $y^2=4x$ 上所求点为(x,y),则目标函数为$(x-2)^2+(y-8)^2$,约束条件为 $y^2=4x$. 所以构造条件极值问题:

$$\begin{cases}\min[(x-2)^2+(y-8)^2]\\ y^2-4x=0\end{cases}$$

(方法一) 条件极值问题的 Lagrange 函数为

$$L=(x-2)^2+(y-8)^2+\lambda(y^2-4x)$$

其驻点满足

$$\begin{cases}\dfrac{\partial L}{\partial x}=2(x-2)-4\lambda=0\\ \dfrac{\partial L}{\partial y}=2(y-8)+2\lambda y=0\\ y^2-4x=0\end{cases}$$

驻点为(4,4). 由几何意义可知,最短距离一定存在,所以唯一的驻点就是取到最短距离的点.

(方法二) 将 $x=\dfrac{y^2}{4}$ 代入目标函数,得

$$g(y)=\frac{y^4}{16}-16y+68$$

这是无条件极值问题,求驻点:

$$g'(y)=\frac{y^3}{4}-16=0$$

$y_0=4$ 是唯一驻点. 由几何意义知,最短距离一定存在,且必在唯一驻点处取到.

此时 $x_0=4$. 故在抛物线上点(4,4)取到最短距离.

评注 如果约束条件简单,可以解出约束条件,代入目标函数,使得条件极值转换为无条件极值问题.

48. 解 目标函数为 P 到 P_1,P_2,P_3 的距离平方和

$$\begin{aligned}u=f(x,y)&=|PP_1|^2+|PP_2|^2+|PP_3|^2\\&=x^2+y^2+(x-1)^2+y^2+x^2+(y-1)^2\\&=3x^2+3y^2-2x-2y+2.\end{aligned}$$

$\bar{D}=\{(x,y)\mid x\geqslant 0,y\geqslant 0,x+y\leqslant 1\}$. 函数 $u=f(x,y)$ 在全平面上是连续的,所以在有界闭域 $\bar{D}$ 上存在最大值和最小值,函数的最大(小)值可能发生在 D 的内部,也有可能发生在 D 的边界 ∂D 上或 D 的三个角点上.

(Ⅰ)若最大(小)值发生在内部,则它一定是局部极值点,所以这一点一定是驻点,

$$\begin{cases}\dfrac{\partial f}{\partial x}=6x-2=0\\ \dfrac{\partial f}{\partial y}=6y-2=0\end{cases}\Rightarrow\begin{cases}x_1=\dfrac{1}{3}\\ y_1=\dfrac{1}{3}\end{cases}$$

$f\left(\dfrac{1}{3},\dfrac{1}{3}\right)=\dfrac{4}{3}$.

(Ⅱ)若最大(小)值发生在 ∂D 上,∂D 由三条直线段组成

$\partial D=\{(x,y)\mid y=0,0\leqslant x\leqslant 1\}\cup\{(x,y)\mid x=0,0\leqslant y\leqslant 1\}$

$\cup\{(x,y)\mid x+y=1,0\leqslant y\leqslant 1\}$

$u=f(x,y)$最大(小)值点可能是u在三条边P_1P_2,P_1P_3,P_2P_3上的条件极值点,三个Lagrange函数分别为

$$L_1=3x^2+3y^2-2x-2y+2+\lambda_1 y$$
$$L_2=3x^2+3y^2-2x-2y+2+\lambda_2 x$$
$$L_3=3x^2+3y^2-2x-2y+2+\lambda_3(x+y-1)$$

其驻点分别为

$$\begin{cases}L'_{1x}=6x-2=0\\L'_{1y}=6y-2+\lambda_1=0\\y=0\end{cases}\Rightarrow\begin{cases}x_2=\dfrac{1}{3}\\y_2=0\end{cases}$$
$$\begin{cases}L'_{2x}=6x-2+\lambda_2=0\\L'_{2y}=6y-2=0\\x=0\end{cases}\Rightarrow\begin{cases}x_3=0\\y_3=\dfrac{1}{3}\end{cases}$$
$$\begin{cases}L'_{3x}=6x-2+\lambda_3=0\\L'_{3y}=6y-2+\lambda_3=0\\x+y-1=0\end{cases}\Rightarrow\begin{cases}x_4=\dfrac{1}{2}\\y_4=\dfrac{1}{2}\end{cases}$$

因此三个条件极值的驻点分别为$\left(\dfrac{1}{3},0\right),\left(0,\dfrac{1}{3}\right),\left(\dfrac{1}{2},\dfrac{1}{2}\right)$,

其值为$f\left(\dfrac{1}{3},0\right)=\dfrac{5}{3},f\left(0,\dfrac{1}{3}\right)=\dfrac{5}{3},f\left(\dfrac{1}{2},\dfrac{1}{2}\right)=\dfrac{3}{2}$.

边界端点P_1,P_2,P_3处的函数值分别为$f(P_1)=2,f(P_2)=3,f(P_3)=3$.

比较上述各点的函数值可知,f在P_2,P_3点取最大值3,在$\left(\dfrac{1}{3},\dfrac{1}{3}\right)$处取最小值$\dfrac{4}{3}$.

评注 本题的条件极值问题的约束条件也可以解出来.

49. **解** (方法一)　积分区域$D=\{(x,y)\mid x+y\leqslant 1,y-x\leqslant 1,y\geqslant 0\}=D_1\cup D_2$,(如下图)

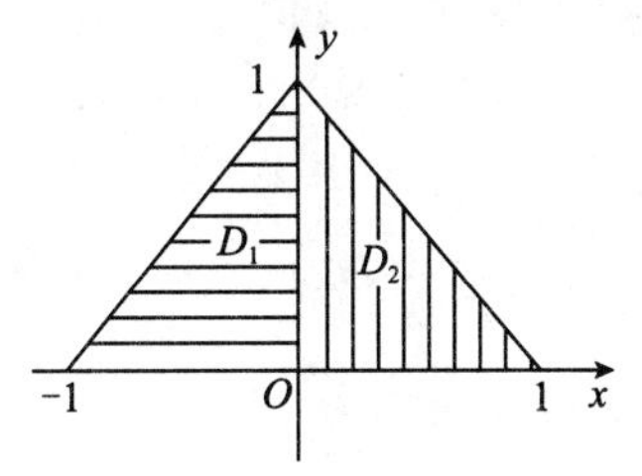

其中

$$D_1=\{(x,y)\mid 0\leqslant y\leqslant 1+x,-1\leqslant x\leqslant 0\}$$
$$D_2=\{(x,y)\mid 0\leqslant y\leqslant 1-x,0\leqslant x\leqslant 1\}$$

所以

$$\iint_D f(x,y)\mathrm{d}\sigma=\iint_{D_1}f(x,y)\mathrm{d}x\mathrm{d}y+\iint_{D_2}f(x,y)\mathrm{d}x\mathrm{d}y$$
$$=\int_{-1}^0\mathrm{d}x\int_0^{x+1}f(x,y)\mathrm{d}y+\int_0^1\mathrm{d}x\int_0^{1-x}f(x,y)\mathrm{d}y.$$

(方法二)　积分区域D也可写成

$$D=\{(x,y)\mid y-1\leqslant x\leqslant 1-y,0\leqslant y\leqslant 1\}$$

因此

$$\iint_D f(x,y)\mathrm{d}\sigma=\int_0^1\mathrm{d}y\int_{y-1}^{1-y}f(x,y)\mathrm{d}x$$

50. **解** 记$D_1=\{(x,y)\mid |x|\leqslant 1,0\leqslant y\leqslant 2,y\geqslant x^2\}$,

$D_2=\{(x,y)\mid |x|\leqslant 1,0\leqslant y\leqslant 2,y\leqslant x^2\}$,则

$$\begin{aligned}\iint_D|y-x^2|\mathrm{d}x\mathrm{d}y&=\iint_{D_1}|y-x^2|\mathrm{d}x\mathrm{d}y+\iint_{D_2}|y-x^2|\mathrm{d}x\mathrm{d}y\\&=\int_{-1}^1\mathrm{d}x\int_{x^2}^2(y-x^2)\mathrm{d}y+\int_{-1}^1\mathrm{d}x\int_0^{x^2}(x^2-y)\mathrm{d}y\\&=\int_{-1}^1\left(2-2x^2+\frac{x^4}{2}\right)\mathrm{d}x+\int_{-1}^1\left(\frac{x^4}{2}\right)\mathrm{d}x\\&=\int_{-1}^1(2-2x^2+x^4)\mathrm{d}x=\frac{46}{15}\end{aligned}$$

51. **解** 记

$D_1=\{(x,y)\mid 0\leqslant y\leqslant \sin x,0\leqslant x\leqslant \pi\}$

$D_2=\{(x,y)\mid \sin x\leqslant y\leqslant 0,\pi\leqslant x\leqslant 2\pi\}$(如图)

因为 $f(x,y)$ 为连续函数,所以

$$\begin{aligned}\int_0^{2\pi}\mathrm{d}x\int_0^{\sin x}f(x,y)\mathrm{d}y&=\int_0^{\pi}\mathrm{d}x\int_0^{\sin x}f(x,y)\mathrm{d}y+\int_{\pi}^{2\pi}\mathrm{d}x\int_0^{\sin x}f(x,y)\mathrm{d}y\\&=\iint_{D_1}f(x,y)\mathrm{d}x\mathrm{d}y-\iint_{D_2}f(x,y)\mathrm{d}x\mathrm{d}y\\&=\int_0^1\mathrm{d}y\int_{\arcsin y}^{\pi-\arcsin y}f(x,y)\mathrm{d}x-\int_{-1}^0\mathrm{d}y\int_{\pi-\arcsin y}^{2\pi+\arcsin y}f(x,y)\mathrm{d}x\end{aligned}$$

评注 二重积分化为二次积分,积分下限一定小于积分上限.所以本题第二个等式是减号.

52. **解** 在极坐标系下,区域 D 可以表示为

$$D_{r\theta}=\{(r,\theta)\mid 1\leqslant r\leqslant 2,0\leqslant\theta\leqslant\pi\}$$

于是

$$\iint_D f(x,y)\mathrm{d}x\mathrm{d}y=\int_0^{\pi}\mathrm{d}\theta\int_1^2 f(r\cos\theta,r\sin\theta)r\mathrm{d}r$$

53. **解** 在极坐标系下,区域 D 可以表示为

$$D_{r\theta}=\left\{(r,\theta)\,\middle|\,0\leqslant r\leqslant 2\cos\theta,-\frac{\pi}{2}\leqslant\theta\leqslant\frac{\pi}{2}\right\}$$

于是

$$\iint_D f(x,y)\mathrm{d}x\mathrm{d}y=\int_{-\frac{\pi}{2}}^{\frac{\pi}{2}}\mathrm{d}\theta\int_0^{2\cos\theta}f(r\cos\theta,r\sin\theta)r\mathrm{d}r$$

54. **解** 区域 D 在极坐标下表示为

$$D_{r\theta}=\{(r,\theta)\mid \pi\leqslant r\leqslant 2\pi,0\leqslant\theta\leqslant 2\pi\}$$

因此在极坐标下,本题的积分限十分简单,而且被积函数的形式 $\sin r$ 也较简单:

$$\iint_D\sin\sqrt{x^2+y^2}\mathrm{d}x\mathrm{d}y=\int_0^{2\pi}\mathrm{d}\theta\int_{\pi}^{2\pi}r\sin r\mathrm{d}r=2\pi\int_{\pi}^{2\pi}r\sin r\mathrm{d}r=-6\pi^2.$$

55. 解　D 是圆心在 $\left(\frac{1}{2},\frac{1}{2}\right)$，半径为 $\frac{\sqrt{2}}{2}$ 的圆域，如右图

此题用极坐标计算比较简单，区域 D 在极坐标下可表示为

$$D_{r\theta}=\left\{(r,\theta)\,\middle|\,0\leqslant r\leqslant \sin\theta+\cos\theta,-\frac{\pi}{4}\leqslant\theta\leqslant\frac{3\pi}{4}\right\}$$

于是

$$\iint_D\frac{x+y}{x^2+y^2}\mathrm{d}x\mathrm{d}y=\int_{-\frac{\pi}{4}}^{\frac{3\pi}{4}}\mathrm{d}\theta\int_0^{\sin\theta+\cos\theta}\frac{\sin\theta+\cos\theta}{r}r\,\mathrm{d}r$$

$$=\int_{-\frac{\pi}{4}}^{\frac{3\pi}{4}}(\sin\theta+\cos\theta)^2\mathrm{d}\theta$$

$$=\int_{-\frac{\pi}{4}}^{\frac{3\pi}{4}}(1+2\sin\theta\cos\theta)\mathrm{d}\theta=\pi.$$

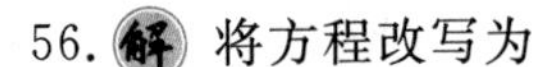

56. 解　将方程改写为

$$\frac{\mathrm{d}y}{y}=\frac{-x}{x+1}\mathrm{d}x$$

两端积分可得原方程的通解为

$$\ln|y|=\ln|x+1|-x+C_1$$

两边去对数得到

$$|y|=\mathrm{e}^{C_1}|x+1|\mathrm{e}^{-x}$$

两边再去绝对值，注意到 $y\equiv 0$ 也是原方程的解，即得原方程的通解为

$$y=C(x+1)\mathrm{e}^{-x}$$

57. 解　分离变量

$$\frac{y\mathrm{d}y}{\sqrt{1-y^2}}=\frac{\mathrm{d}x}{3x^2}$$

等式两边积分，

$$-\sqrt{1-y^2}=-\frac{1}{3x}+C$$

这是微分方程的通解．除此之外，显然微分方程还有解 $y=\pm1$．

58. 解　根据线性微分方程的求解公式，

$$y=\mathrm{e}^{-\int\mathrm{d}x}\left(\int x\mathrm{e}^{\int\mathrm{d}x}\mathrm{d}x+C\right)=\mathrm{e}^{-x}\left(\int x\mathrm{e}^{x}\mathrm{d}x+C\right)$$

$$=C\mathrm{e}^{-x}+x-1.$$

由定解条件可得 $C-1=0,C=1$，所以微分方程 $\frac{\mathrm{d}y}{\mathrm{d}x}+y=x$ 满足定解条件 $y|_{x=0}=0$ 的特解为 $y=\mathrm{e}^{-x}+x-1$．

59. 解　应用公式，原方程的通解为

$$y(x)=\mathrm{e}^{-\int\frac{1}{x}\mathrm{d}x}\left(C+\int\frac{\sin x}{x}\mathrm{e}^{\int\frac{1}{x}\mathrm{d}x}\mathrm{d}x\right)$$

$$=\frac{1}{x}\left(C+\int\sin x\mathrm{d}x\right)=\frac{1}{x}(C-\cos x)$$

第二篇 线性代数

第一章 行列式

一、行列式的概念与展开公式

行列式是一个数,它是不同行不同列元素乘积的代数和.

例如,大家所熟悉的三阶行列式

$$\begin{vmatrix} a_1 & a_2 & a_3 \\ b_1 & b_2 & b_3 \\ c_1 & c_2 & c_3 \end{vmatrix} = a_1b_2c_3 + a_2b_3c_1 + a_3b_1c_2 - a_3b_2c_1 - a_2b_1c_3 - a_1b_3c_2$$

其每一项都是3个数的乘积,从字母看a,b,c各有一个,说明这三个数一个在第一行,一个在第二行,一个在第三行;而从下标看数字1,2,3各有一个,说明这三个数分别来自第1列,第2列和第3列.

在这六项中,有3项带“+”号,3项带“—”号,大家可以用对角线方法来记忆:

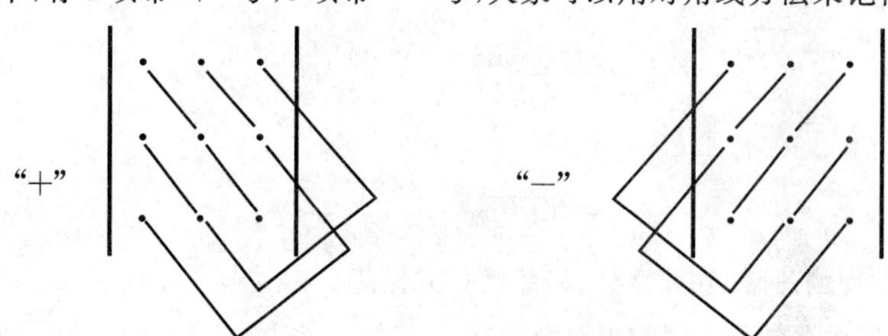

当行列式的元素中有较多的“0”时,用对角线法来计算行列式的值是简便的.

n阶行列式的计算方法是按行(列)展开公式.

定理 n阶行列式等于它的任何一行(列)元素,与其对应的代数余子式乘积之和,即

$$|\boldsymbol{A}| = a_{i1}A_{i1} + a_{i2}A_{i2} + \cdots + a_{in}A_{in} = \sum_{k=1}^{n} a_{ik}A_{ik}, \quad i = 1,2,\cdots,n$$

$$|\boldsymbol{A}| = a_{1j}A_{1j} + a_{2j}A_{2j} + \cdots + a_{nj}A_{nj} = \sum_{k=1}^{n} a_{kj}A_{kj}, \quad j = 1,2,\cdots n$$

前一个公式称$|\boldsymbol{A}|$按第i行展开的展开式,后一个公式称$|\boldsymbol{A}|$按第j列展开的展开式.

定理 行列式的任一行(列)元素与另一行(列)元素的代数余子式乘积之和为0,即

$$\sum_{k=1}^{n} a_{ik}A_{jk} = a_{i1}A_{j1} + a_{i2}A_{j2} + \cdots + a_{in}A_{jn} = 0, \quad i \neq j$$

$$\sum_{k=1}^{n} a_{ki}A_{kj} = a_{1i}A_{1j} + a_{2i}A_{2j} + \cdots + a_{ni}A_{nj} = 0,\quad i \neq j$$

在 n 阶行列式

$$D = \begin{vmatrix} a_{11} & a_{12} & \cdots & a_{1n} \\ a_{21} & a_{22} & \cdots & a_{2n} \\ \vdots & \vdots & & \vdots \\ a_{n1} & a_{n2} & \cdots & a_{nn} \end{vmatrix}$$

中划去 a_{ij} 所在的第 i 行、第 j 列的元素，由剩下的元素按原来的位置排法构成的一个 $n-1$ 阶的行列式

$$\begin{vmatrix} a_{11} & \cdots & a_{1,j-1} & a_{1,j+1} & \cdots & a_{1n} \\ \vdots & & \vdots & \vdots & & \vdots \\ a_{i-1,1} & \cdots & a_{i-1,j-1} & a_{i-1,j+1} & \cdots & a_{i-1,n} \\ a_{i+1,1} & \cdots & a_{i+1,j-1} & a_{i+1,j+1} & \cdots & a_{i+1,n} \\ \vdots & & \vdots & \vdots & & \vdots \\ a_{n1} & \cdots & a_{n,j-1} & a_{n,j+1} & \cdots & a_{nn} \end{vmatrix}$$

称其为 a_{ij} 的**余子式**，记为 M_{ij}；称 $(-1)^{i+j}M_{ij}$ 为 a_{ij} 的**代数余子式**，记为 A_{ij}，即

$$A_{ij} = (-1)^{i+j}M_{ij}$$

补充：

行列式的另一种展开法：

n 个不同的自然数的一个全排列称为一个 n 元排列.

一个排列中，如果一个大的数排在小的数之前，就称这两个数构成一个**逆序**. 一个排列的逆序总数称为这个排列的**逆序数**. 用 $\tau(j_1j_2\cdots j_n)$ 表示排列 $j_1j_2\cdots j_n$ 的逆序数.

如果一个排列的逆序数是偶数，则称这个排列为**偶排列**，否则称为**奇排列**.

例如，$a_{12}a_{24}a_{33}a_{41}$ 是 4 阶行列式中的一项，那么该项所带的符号由 $\tau(2431)=1+2+1=4$（即 2 有 1 个逆序，4 有 2 个逆序，3 有 1 个逆序）是偶排列，故取正号.

又如，$a_{13}a_{25}a_{31}a_{42}a_{54}$ 是 5 阶行列式中的一项，由于 $\tau(35124)=2+3=5$ 是奇排列，故在行列式中应取负号.

n 阶行列式

$$\begin{vmatrix} a_{11} & a_{12} & \cdots & a_{1n} \\ a_{21} & a_{22} & \cdots & a_{2n} \\ \vdots & \vdots & & \vdots \\ a_{n1} & a_{n2} & \cdots & a_{nn} \end{vmatrix} = \sum_{j_1j_2\cdots j_n} (-1)^{\tau(j_1j_2\cdots j_n)} a_{1j_1}a_{2j_2}\cdots a_{nj_n}$$

其中每一项都是位于不同行、不同列的 n 个元素乘积，这 n 个元素以行指标为自然顺序排好，列指标构成的排列是偶排列时，该项为正，列指标构成的排列是奇排列时，该项为负. $j_1j_2\cdots j_n$ 是 n 元排列，$\sum\limits_{j_1j_2\cdots j_n}$ 表示对所有 n 元排列求和.

二、行列式的性质

记

$$|\boldsymbol{A}|=\begin{vmatrix} a_{11} & a_{12} & \cdots & a_{1n} \\ a_{21} & a_{22} & \cdots & a_{2n} \\ \vdots & \vdots & & \vdots \\ a_{n1} & a_{n2} & \cdots & a_{nn} \end{vmatrix},\ |\boldsymbol{A}^{\mathrm{T}}|=\begin{vmatrix} a_{11} & a_{21} & \cdots & a_{n1} \\ a_{12} & a_{22} & \cdots & a_{n2} \\ \vdots & \vdots & & \vdots \\ a_{1n} & a_{2n} & \cdots & a_{nn} \end{vmatrix}$$

行列式 $|\boldsymbol{A}^{\mathrm{T}}|$ 称为 $|\boldsymbol{A}|$ 的转置行列式.

性质 1 经过转置行列式的值不变,即 $|\boldsymbol{A}^{\mathrm{T}}|=|\boldsymbol{A}|$.

$$\begin{vmatrix} a_1 & a_2 & a_3 \\ b_1 & b_2 & b_3 \\ c_1 & c_2 & c_3 \end{vmatrix}=\begin{vmatrix} a_1 & b_1 & c_1 \\ a_2 & b_2 & c_2 \\ a_3 & b_3 & c_3 \end{vmatrix}$$

由此可知行列式行的性质与列的性质是对等的.(为方便说明,行列式都以 3 阶为例).

性质 2 两行(或列)互换位置,行列式的值变号.

特别地,两行(或列)相同,行列式的值为 0.

性质 3 某行(或列)如有公因子 k,则可把 k 提出行列式记号外(亦即用数 k 乘行列式 $|\boldsymbol{A}|$ 等于用 k 乘它的某行(或列)).

特别地:(1) 某行(或列)的元素全为 0,行列式的值为 0.

(2) 若两行(或列)的元素对应成比例,行列式的值为 0.

性质 4 如果行列式某行(或列)是两个元素之和,则可把行列式拆成两个行列式之和.

$$\begin{vmatrix} a_1+b_1 & a_2+b_2 & a_3+b_3 \\ c_1 & c_2 & c_3 \\ d_1 & d_2 & d_3 \end{vmatrix}=\begin{vmatrix} a_1 & a_2 & a_3 \\ c_1 & c_2 & c_3 \\ d_1 & d_2 & d_3 \end{vmatrix}+\begin{vmatrix} b_1 & b_2 & b_3 \\ c_1 & c_2 & c_3 \\ d_1 & d_2 & d_3 \end{vmatrix}$$

性质 5 把某行(或列)的 k 倍加到另一行(或列),行列式的值不变.

$$\begin{vmatrix} a_1 & a_2 & a_3 \\ b_1 & b_2 & b_3 \\ c_1 & c_2 & c_3 \end{vmatrix}=\begin{vmatrix} a_1 & a_2 & a_3 \\ b_1+ka_1 & b_2+ka_2 & b_3+ka_3 \\ c_1 & c_2 & c_3 \end{vmatrix}$$

三、重要公式

1. 上(下)三角形行列式的值等于主对角线元素的乘积

$$\begin{vmatrix} a_{11} & a_{12} & \cdots & a_{1n} \\ & a_{22} & \cdots & a_{2n} \\ \boldsymbol{0} & & \ddots & \vdots \\ & & & a_{nn} \end{vmatrix}=\begin{vmatrix} a_{11} & & & \boldsymbol{0} \\ a_{21} & a_{22} & & \\ \vdots & \vdots & \ddots & \\ a_{n1} & a_{n2} & \cdots & a_{nn} \end{vmatrix}=a_{11}a_{22}\cdots a_{nn}$$

2. **关于副对角线的行列式**

$$\begin{vmatrix} a_{11} & a_{12} & \cdots & a_{1,n-1} & a_{1n} \\ a_{21} & a_{22} & \cdots & a_{2,n-1} & 0 \\ \vdots & \vdots & & \vdots & \vdots \\ a_{n1} & 0 & \cdots & 0 & 0 \end{vmatrix} = \begin{vmatrix} 0 & \cdots & 0 & a_{1n} \\ 0 & \cdots & a_{2,n-1} & a_{2n} \\ \vdots & & \vdots & \vdots \\ a_{n1} & \cdots & a_{n,n-1} & a_{nn} \end{vmatrix} = (-1)^{\frac{n(n-1)}{2}} a_{1n}a_{2,n-1}\cdots a_{n1}$$

3. **两个特殊的拉普拉斯展开式**

如果 $\boldsymbol{A}$ 和 $\boldsymbol{B}$ 分别是 m 阶和 n 阶矩阵,则

$$\begin{vmatrix} \boldsymbol{A} & * \\ \boldsymbol{O} & \boldsymbol{B} \end{vmatrix} = \begin{vmatrix} \boldsymbol{A} & \boldsymbol{O} \\ * & \boldsymbol{B} \end{vmatrix} = |\boldsymbol{A}| \cdot |\boldsymbol{B}|$$

$$\begin{vmatrix} \boldsymbol{O} & \boldsymbol{A} \\ \boldsymbol{B} & * \end{vmatrix} = \begin{vmatrix} * & \boldsymbol{A} \\ \boldsymbol{B} & \boldsymbol{O} \end{vmatrix} = (-1)^{mn} |\boldsymbol{A}| \cdot |\boldsymbol{B}|$$

4. **范德蒙行列式**

$$\begin{vmatrix} 1 & 1 & \cdots & 1 \\ x_1 & x_2 & \cdots & x_n \\ x_1^2 & x_2^2 & \cdots & x_n^2 \\ \vdots & \vdots & & \vdots \\ x_1^{n-1} & x_2^{n-1} & \cdots & x_n^{n-1} \end{vmatrix} = \prod_{1 \leqslant j < i \leqslant n} (x_i - x_j)$$

第二章 矩阵

一、矩阵的概念及运算

1. 矩阵的概念

定义　$m \times n$ 个数排成如下 m 行 n 列的一个表格

$$\begin{bmatrix} a_{11} & a_{12} & \cdots & a_{1n} \\ a_{21} & a_{22} & \cdots & a_{2n} \\ \vdots & \vdots & & \vdots \\ a_{m1} & a_{m2} & \cdots & a_{mn} \end{bmatrix}$$

称为是一个 $m \times n$ **矩阵**，当 $m = n$ 时，矩阵 $\boldsymbol{A}$ 称为 $\boldsymbol{n}$ **阶矩阵**或叫 $\boldsymbol{n}$ **阶方阵**.

如果一个矩阵的所有元素都是 0，即

$$\begin{bmatrix} 0 & 0 & \cdots & 0 \\ 0 & 0 & \cdots & 0 \\ \vdots & \vdots & & \vdots \\ 0 & 0 & \cdots & 0 \end{bmatrix}$$

则称这个矩阵是**零矩阵**，可简记为 $\boldsymbol{O}$.

两个矩阵 $\boldsymbol{A} = [a_{ij}]_{m\times n}$，$\boldsymbol{B} = [b_{ij}]_{s\times t}$，如果 $m = s, n = t$，则称 $\boldsymbol{A}$ 与 $\boldsymbol{B}$ 是**同型矩阵**.

两个同型矩阵 $\boldsymbol{A} = [a_{ij}]_{m\times n}$，$\boldsymbol{B} = [b_{ij}]_{m\times n}$，如果对应的元素都相等，即 $a_{ij} = b_{ij}(i = 1,2,\cdots,m; j = 1,2,\cdots,n)$，则称矩阵 $\boldsymbol{A}$ 与 $\boldsymbol{B}$ **相等**，记作 $\boldsymbol{A} = \boldsymbol{B}$.

n 阶方阵 $\boldsymbol{A} = [a_{ij}]_{n\times n}$ 的元素所构成的行列式

$$\begin{vmatrix} a_{11} & a_{12} & \cdots & a_{1n} \\ a_{21} & a_{22} & \cdots & a_{2n} \\ \vdots & \vdots & & \vdots \\ a_{n1} & a_{n2} & \cdots & a_{nn} \end{vmatrix}$$

称为 n 阶矩阵 $\boldsymbol{A}$ 的行列式，记成 $|\boldsymbol{A}|$ 或 $\det\boldsymbol{A}$.

【注】　矩阵 $\boldsymbol{A}$ 是一个表格，而行列式 $|\boldsymbol{A}|$ 是一个数，这里的概念与符号不要混淆. $\boldsymbol{A} = \boldsymbol{O}$ 与 $|\boldsymbol{A}| = 0$ 是不同的，不能搞错. 当 $\boldsymbol{A} \neq \boldsymbol{O}$ 时可以有 $|\boldsymbol{A}| = 0$，当然也可能有 $|\boldsymbol{A}| \neq 0$；这些基本常识要想清楚.

2. 矩阵的运算

定义（**加法**）　两个同型矩阵（行数与列数分别相等）可以相加，且

$$\boldsymbol{A} + \boldsymbol{B} = [a_{ij}]_{m\times n} + [b_{ij}]_{m\times n} = [a_{ij} + b_{ij}]_{m\times n}$$

定义(数量乘法,简称数乘) 设 k 是数,$\boldsymbol{A}=[a_{ij}]_{m\times n}$ 是矩阵,则定义数与矩阵的乘法为

$$k\boldsymbol{A}=k[a_{ij}]_{m\times n}=[ka_{ij}]_{m\times n}$$

定义(乘法) 设 $\boldsymbol{A}$ 是一个 $m\times s$ 矩阵,$\boldsymbol{B}$ 是一个 $s\times n$ 矩阵($\boldsymbol{A}$ 的列数 $=\boldsymbol{B}$ 的行数),则 $\boldsymbol{A}$,$\boldsymbol{B}$ 可乘,且乘积 $\boldsymbol{AB}$ 是一个 $m\times n$ 矩阵. 记成 $\boldsymbol{C}=\boldsymbol{AB}=[c_{ij}]_{m\times n}$,其中 $\boldsymbol{C}$ 的第 i 行、第 j 列元素 c_{ij} 是 $\boldsymbol{A}$ 的第 i 行 s 个元素和 $\boldsymbol{B}$ 的第 j 列的 s 个对应元素两两乘积之和,即

$$c_{ij}=\sum_{k=1}^{s}a_{ik}b_{kj}=a_{i1}b_{1j}+a_{i2}b_{2j}+\cdots+a_{is}b_{sj}$$

矩阵的乘法可图示如下:

$$i\begin{bmatrix}\cdots & \cdots & \cdots & \cdots\\ \boxed{a_{i1} \quad a_{i2} \quad \cdots \quad a_{is}}\\ \cdots & \cdots & \cdots & \cdots\end{bmatrix}\begin{bmatrix}\vdots & \boxed{\begin{matrix}b_{1j}\\ b_{2j}\\ \vdots\\ b_{sj}\end{matrix}} & \vdots\\ \vdots & & \vdots\end{bmatrix}=\begin{bmatrix} & \vdots & \\ \cdots & \boxed{c_{ij}} & \cdots\\ & \vdots & \end{bmatrix}i$$

$$\qquad\qquad\qquad\qquad\quad j \qquad\qquad\qquad\qquad j$$

$$m\times s \qquad\qquad s\times n \qquad\qquad m\times n$$

特别地,设 $\boldsymbol{A}$ 是一个 n 阶方阵,则记 $\overbrace{\boldsymbol{A}\cdot\boldsymbol{A}\cdots\boldsymbol{A}}^{k个}=\boldsymbol{A}^k$ 称为 $\boldsymbol{A}$ 的 k 次幂.

定义(转置) 将 $m\times n$ 型矩阵 $\boldsymbol{A}=[a_{ij}]_{m\times n}$ 的行列互换得到的 $n\times m$ 矩阵 $[a_{ji}]_{n\times m}$ 称为 $\boldsymbol{A}$ 的转置矩阵,记为 $\boldsymbol{A}^{\mathrm{T}}$,即若

$$\boldsymbol{A}=\begin{bmatrix}a_{11} & a_{12} & \cdots & a_{1n}\\ a_{21} & a_{22} & \cdots & a_{2n}\\ \vdots & \vdots & & \vdots\\ a_{m1} & a_{m2} & \cdots & a_{mn}\end{bmatrix},\text{则 }\boldsymbol{A}^{\mathrm{T}}=\begin{bmatrix}a_{11} & a_{21} & \cdots & a_{m1}\\ a_{12} & a_{22} & \cdots & a_{m2}\\ \vdots & \vdots & & \vdots\\ a_{1n} & a_{2n} & \cdots & a_{mn}\end{bmatrix}$$

运算法则

(1) 加法 $\boldsymbol{A},\boldsymbol{B},\boldsymbol{C}$ 是同型矩阵,则

$\boldsymbol{A}+\boldsymbol{B}=\boldsymbol{B}+\boldsymbol{A}$ 交换律

$(\boldsymbol{A}+\boldsymbol{B})+\boldsymbol{C}=\boldsymbol{A}+(\boldsymbol{B}+\boldsymbol{C})$ 结合律

$\boldsymbol{A}+\boldsymbol{O}=\boldsymbol{A}$ 其中 $\boldsymbol{O}$ 是元素全为零的同型矩阵

$\boldsymbol{A}+(-\boldsymbol{A})=\boldsymbol{O}$

(2) 数乘矩阵

$$k(m\boldsymbol{A})=(km)\boldsymbol{A}=m(k\boldsymbol{A}),\qquad (k+m)\boldsymbol{A}=k\boldsymbol{A}+m\boldsymbol{A}$$

$$k(\boldsymbol{A}+\boldsymbol{B})=k\boldsymbol{A}+k\boldsymbol{B},\qquad 1\boldsymbol{A}=\boldsymbol{A},0\boldsymbol{A}=\boldsymbol{O}$$

(3) 乘法 $\boldsymbol{A},\boldsymbol{B},\boldsymbol{C}$ 满足运算条件时

$$(\boldsymbol{AB})\boldsymbol{C}=\boldsymbol{A}(\boldsymbol{BC})$$

$$\boldsymbol{A}(\boldsymbol{B}+\boldsymbol{C})=\boldsymbol{AB}+\boldsymbol{AC}$$

$$(\boldsymbol{B}+\boldsymbol{C})\boldsymbol{A}=\boldsymbol{BA}+\boldsymbol{CA}$$

(4) 转置

$$(\boldsymbol{A}+\boldsymbol{B})^{\mathrm{T}}=\boldsymbol{A}^{\mathrm{T}}+\boldsymbol{B}^{\mathrm{T}},\qquad (k\boldsymbol{A})^{\mathrm{T}}=k\boldsymbol{A}^{\mathrm{T}}$$

$$(\boldsymbol{AB})^{\mathrm{T}}=\boldsymbol{B}^{\mathrm{T}}\boldsymbol{A}^{\mathrm{T}},\qquad (\boldsymbol{A}^{\mathrm{T}})^{\mathrm{T}}=\boldsymbol{A}$$

3. **常见的矩阵**

设 $\boldsymbol{A}$ 是 n 阶矩阵.

(1) 单位阵:主对角元素为 1,其余元素为 0 的矩阵称为单位阵,记成 $\boldsymbol{E}_n$.

(2) 数量阵:数 k 与单位阵 $\boldsymbol{E}$ 的积 $k\boldsymbol{E}$ 称为数量阵.

(3) 对角阵:非对角元素都是 0 的矩阵(即 $\forall i \neq j$ 恒有 $a_{ij}=0$)称为对角阵,记成 $\boldsymbol{\Lambda}$.

$$\boldsymbol{\Lambda}=\operatorname{diag}[a_1,a_2,\cdots,a_n]$$

(4) 上(下)三角阵:当 $i>j(i<j)$ 时,有 $a_{ij}=0$ 的矩阵称为上(下)三角阵.

(5) 对称阵:满足 $\boldsymbol{A}^{\mathrm{T}}=\boldsymbol{A}$,即 $a_{ij}=a_{ji}$ 的矩阵称为对称阵.

(6) 反对称阵:满足 $\boldsymbol{A}^{\mathrm{T}}=-\boldsymbol{A}$,即 $a_{ij}=-a_{ji}$,$a_{ii}=0$ 的矩阵称为反对称阵.

二、伴随矩阵、可逆矩阵

1. **伴随矩阵的概念与公式**

伴随矩阵:由矩阵 $\boldsymbol{A}$ 的行列式 $|\boldsymbol{A}|$ 所有的代数余子式所构成的形如

$$\begin{bmatrix} A_{11} & A_{21} & \cdots & A_{n1} \\ A_{12} & A_{22} & \cdots & A_{n2} \\ \vdots & \vdots & & \vdots \\ A_{1n} & A_{2n} & \cdots & A_{nn} \end{bmatrix}$$

的矩阵称为矩阵 $\boldsymbol{A}$ 的伴随矩阵,记为 $\boldsymbol{A}^*$.

伴随矩阵的公式:

$$\boldsymbol{A}\boldsymbol{A}^*=\boldsymbol{A}^*\boldsymbol{A}=|\boldsymbol{A}|\boldsymbol{E}$$

$$(\boldsymbol{A}^*)^{-1}=(\boldsymbol{A}^{-1})^*=\frac{1}{|\boldsymbol{A}|}\boldsymbol{A} \quad (|\boldsymbol{A}|\neq 0)$$

$$(k\boldsymbol{A})^*=k^{n-1}\boldsymbol{A}^*$$

$$(\boldsymbol{A}^*)^{\mathrm{T}}=(\boldsymbol{A}^{\mathrm{T}})^*$$

$$|\boldsymbol{A}^*|=|\boldsymbol{A}|^{n-1};\quad (\boldsymbol{A}^*)^*=|\boldsymbol{A}|^{n-2}\boldsymbol{A} \quad (n\geqslant 2)$$

2. **可逆矩阵的概念与定理**

定义 设 $\boldsymbol{A}$ 是 n 阶矩阵,如果存在 n 阶矩阵 $\boldsymbol{B}$ 使得

$$\boldsymbol{AB}=\boldsymbol{BA}=\boldsymbol{E}(\text{单位矩阵})$$

成立,则称 $\boldsymbol{A}$ 是**可逆矩阵**或**非奇异矩阵**,$\boldsymbol{B}$ 是 $\boldsymbol{A}$ 的逆矩阵,记成 $\boldsymbol{A}^{-1}=\boldsymbol{B}$.

定理 若 $\boldsymbol{A}$ 可逆,则 $\boldsymbol{A}$ 的逆矩阵唯一.

定理 $\boldsymbol{A}$ 可逆 $\Leftrightarrow |\boldsymbol{A}|\neq 0$.

3. **逆矩阵的运算性质**

若 $k\neq 0$,则 $(k\boldsymbol{A})^{-1}=\dfrac{1}{k}\boldsymbol{A}^{-1}$;若 $\boldsymbol{A}$,$\boldsymbol{B}$ 可逆,则 $(\boldsymbol{AB})^{-1}=\boldsymbol{B}^{-1}\boldsymbol{A}^{-1}$,特别地 $(\boldsymbol{A}^2)^{-1}=(\boldsymbol{A}^{-1})^2$.

若 A^{T} 可逆，则 $(A^{\mathrm{T}})^{-1}=(A^{-1})^{\mathrm{T}}$；$(A^{-1})^{-1}=A$；$|A^{-1}|=\dfrac{1}{|A|}$.

注意　即使 A,B 和 $A+B$ 都可逆，一般地 $(A+B)^{-1}\neq A^{-1}+B^{-1}$.

三、初等变换、初等矩阵

1. 初等变换与初等矩阵的概念

定义（初等变换）　设 A 是 $m\times n$ 矩阵.

(1) 用某个非零常数 $k(k\neq 0)$ 乘 A 的某行（列）的每个元素；

(2) 互换 A 的某两行（列）的位置；

(3) 将 A 的某行（列）元素的 k 倍加到另一行（列），

称为矩阵的三种初等行（列）变换，且分别称为初等**倍乘**、**互换**、**倍加**行（列）变换，统称**初等变换**.

定义（初等矩阵）　由单位矩阵经一次初等变换得到的矩阵称为**初等矩阵**，它们分别是（以 3 阶为例）：

(1) 倍乘初等矩阵，记 $E(i(k))$.

$$E(2(k))=\begin{bmatrix}1&0&0\\0&k&0\\0&0&1\end{bmatrix}$$

$E(2(k))$ 表示由单位阵 E 的第 2 行（或第 2 列）乘 $k(k\neq 0)$ 倍得到的矩阵.

(2) 互换初等矩阵，记 $E(i,j)$.

$$E(1,2)=\begin{bmatrix}0&1&0\\1&0&0\\0&0&1\end{bmatrix}$$

$E(1,2)$ 表示由单位阵 E 的第 1,2 行（或 1,2 列）互换得到的矩阵.

(3) 倍加初等矩阵，记 $E(ij(k))$.

$$E(31(k))=\begin{bmatrix}1&0&0\\0&1&0\\k&0&1\end{bmatrix}$$

$E(31(k))$ 表示由单位阵 E 的第 1 行的 k 倍加到第 3 行得到的矩阵. 当看成列变换时，应是 E 的第 3 列的 k 倍加到第 1 列得到的矩阵.

定义（等价矩阵）　矩阵 A 经过有限次初等变换变成矩阵 B，则称 A 与 B 等价，记成 $A\cong B$. 若 $A\cong\begin{bmatrix}E_r&O\\O&O\end{bmatrix}$，则后者称为 A 的等价标准形（A 的等价标准形是与 A 等价的所有矩阵中的最简矩阵）.

2. 初等矩阵与初等变换的性质

(1) 初等矩阵的转置仍是初等矩阵.

(2) 初等矩阵均是可逆阵，且其逆矩阵仍是初等矩阵.

$$\boldsymbol{E}(i,j)^{-1}=\boldsymbol{E}(i,j);\boldsymbol{E}(i(k))^{-1}=\boldsymbol{E}\left(i\left(\frac{1}{k}\right)\right);\boldsymbol{E}(ij(k))^{-1}=\boldsymbol{E}(ij(-k))$$

(3) 用初等矩阵 $\boldsymbol{P}$ 左乘(右乘)$\boldsymbol{A}$,其结果 $\boldsymbol{PA}(\boldsymbol{AP})$,相当于对 $\boldsymbol{A}$ 作相应的初等行(列)变换.

(4) 当 $\boldsymbol{A}$ 是可逆阵时,则 $\boldsymbol{A}$ 可作一系列初等行变换化成单位阵,即存在初等矩阵 $\boldsymbol{P}_1,\boldsymbol{P}_2,\cdots,\boldsymbol{P}_N$,使得

$$\boldsymbol{P}_N\cdots\boldsymbol{P}_2\boldsymbol{P}_1\boldsymbol{A}=\boldsymbol{E}$$

四、方阵的行列式

抽象 n 阶方阵行列式公式

若 $\boldsymbol{A}$ 是 n 阶矩阵,$\boldsymbol{A}^{\mathrm{T}}$ 是 $\boldsymbol{A}$ 的转置矩阵,则 $|\boldsymbol{A}^{\mathrm{T}}|=|\boldsymbol{A}|$;

若 $\boldsymbol{A}$ 是 n 阶矩阵,则 $|k\boldsymbol{A}|=k^n|\boldsymbol{A}|$;

若 $\boldsymbol{A},\boldsymbol{B}$ 都是 n 阶矩阵,则 $|\boldsymbol{AB}|=|\boldsymbol{A}||\boldsymbol{B}|$;

特别地 $|\boldsymbol{A}^2|=|\boldsymbol{A}|^2$.

若 $\boldsymbol{A}$ 是 n 阶矩阵,$\boldsymbol{A}^*$ 是 $\boldsymbol{A}$ 的伴随矩阵,则 $|\boldsymbol{A}^*|=|\boldsymbol{A}|^{n-1}$;

若 $\boldsymbol{A}$ 是 n 阶可逆矩阵,$\boldsymbol{A}^{-1}$ 是 $\boldsymbol{A}$ 的逆矩阵,则 $|\boldsymbol{A}^{-1}|=|\boldsymbol{A}|^{-1}$.

第三章　向　量

一、向量的概念

定义　n 个数 $a_1,a_2,\cdots,a_n$ 所组成的有序数组

$$\boldsymbol{\alpha}=[a_1,a_2,\cdots,a_n]^{\mathrm{T}} \text{ 或 } \boldsymbol{\alpha}=[a_1,a_2,\cdots,a_n]$$

叫作 n **维向量**，其中 $a_1,a_2,\cdots,a_n$ 叫作向量 $\boldsymbol{\alpha}$ 的**分量**（或**坐标**），前一个表示式称为**列向量**，后者称为**行向量**.

相等　$\boldsymbol{\alpha}=\boldsymbol{\beta}\Leftrightarrow\boldsymbol{\alpha},\boldsymbol{\beta}$ 同维，且对应分量 $a_i=b_i,i=1,2,\cdots,n$.

向量的基本运算

加法　$\boldsymbol{\alpha}+\boldsymbol{\beta}=[a_1+b_1,a_2+b_2,\cdots,a_n+b_n]$.

数乘　$k\boldsymbol{\alpha}=[ka_1,ka_2,\cdots,ka_n]$.

二、线性表出、线性相关

若干个同维数的行向量（或同维数的列向量）所组成的集合叫作**向量组**.

定义　m 个 n 维向量 $\boldsymbol{\alpha}_1,\boldsymbol{\alpha}_2,\cdots,\boldsymbol{\alpha}_m$ 及 m 个数 $k_1,k_2,\cdots,k_m$，则向量

$$k_1\boldsymbol{\alpha}_1+k_2\boldsymbol{\alpha}_2+\cdots+k_m\boldsymbol{\alpha}_m$$

称为向量 $\boldsymbol{\alpha}_1,\boldsymbol{\alpha}_2,\cdots,\boldsymbol{\alpha}_m$ 的一个**线性组合**，$k_1,k_2,\cdots,k_m$ 称为这个线性组合的系数.

若 $\boldsymbol{\beta}$ 能表示成 $\boldsymbol{\alpha}_1,\boldsymbol{\alpha}_2,\cdots,\boldsymbol{\alpha}_m$ 的线性组合，即

$$\boldsymbol{\beta}=k_1\boldsymbol{\alpha}_1+k_2\boldsymbol{\alpha}_2+\cdots+k_m\boldsymbol{\alpha}_m$$

则称 $\boldsymbol{\beta}$ **能由** $\boldsymbol{\alpha}_1,\boldsymbol{\alpha}_2,\cdots,\boldsymbol{\alpha}_m$ **线性表出**.

定义　对 m 个 n 维向量 $\boldsymbol{\alpha}_1,\boldsymbol{\alpha}_2,\cdots,\boldsymbol{\alpha}_m$，若存在不全为零的数 $k_1,k_2,\cdots,k_m$，使得

$$k_1\boldsymbol{\alpha}_1+k_2\boldsymbol{\alpha}_2+\cdots+k_m\boldsymbol{\alpha}_m=\mathbf{0}$$

成立，则称向量组 $\boldsymbol{\alpha}_1,\boldsymbol{\alpha}_2,\cdots,\boldsymbol{\alpha}_m$ **线性相关**，否则称它们**线性无关**.

显然含有零向量，相等向量或成比例向量的向量组是线性相关的；单个向量时，零向量是线性相关的.

m 个 n 维向量 $\boldsymbol{\alpha}_1,\boldsymbol{\alpha}_2,\cdots,\boldsymbol{\alpha}_m$ 线性无关，下面几种表述等价：

对任意不全为零的数 $k_1,k_2,\cdots,k_m$，均有

$$k_1\boldsymbol{\alpha}_1+k_2\boldsymbol{\alpha}_2+\cdots+k_m\boldsymbol{\alpha}_m\neq\mathbf{0}$$

当且仅当 $k_1=k_2=\cdots=k_m=0$ 时才有

$$k_1\boldsymbol{\alpha}_1+k_2\boldsymbol{\alpha}_2+\cdots+k_m\boldsymbol{\alpha}_m=\mathbf{0}$$

成立.

不存在不全为零的数 $k_1,k_2,\cdots,k_m$,使得

$$k_1\boldsymbol{\alpha}_1+k_2\boldsymbol{\alpha}_2+\cdots+k_m\boldsymbol{\alpha}_m=\mathbf{0}$$

成立.

向量组 $\boldsymbol{\varepsilon}_1=[1,0,\cdots,0],\boldsymbol{\varepsilon}_2=[0,1,0,\cdots,0],\cdots,\boldsymbol{\varepsilon}_n=[0,0,\cdots,0,1]$ 是线性无关的,单个向量是非零向量时,是线性无关的;两个向量不成比例时,是线性无关的.

定理 向量组 $\boldsymbol{\alpha}_1,\boldsymbol{\alpha}_2,\cdots,\boldsymbol{\alpha}_s(s\geqslant 2)$ 线性相关 $\Leftrightarrow$ 至少有一个向量 $\boldsymbol{\alpha}_i$ 可以由其余向量线性表出.

定理 向量组 $\boldsymbol{\alpha}_1,\boldsymbol{\alpha}_2,\cdots,\boldsymbol{\alpha}_m(\boldsymbol{\alpha}_j=[a_{1j},a_{2j},\cdots,a_{nj}]^{\mathrm{T}},j=1,2,\cdots,m)$ 线性相关 $\Leftrightarrow$ 以 $\boldsymbol{\alpha}_j$ 为列向量的齐次线性方程组

$$x_1\boldsymbol{\alpha}_1+x_2\boldsymbol{\alpha}_2+\cdots+x_m\boldsymbol{\alpha}_m=\mathbf{0}$$

即

$$\begin{cases}a_{11}x_1+a_{12}x_2+\cdots+a_{1m}x_m=0\\a_{21}x_1+a_{22}x_2+\cdots+a_{2m}x_m=0\\\qquad\cdots\cdots\\a_{n1}x_1+a_{n2}x_2+\cdots+a_{nm}x_m=0\end{cases}$$

有非零解.

推论 1 $\boldsymbol{\alpha}_1,\boldsymbol{\alpha}_2,\cdots,\boldsymbol{\alpha}_r$ 及 $\boldsymbol{\alpha}_1,\boldsymbol{\alpha}_2,\cdots,\boldsymbol{\alpha}_r,\cdots,\boldsymbol{\alpha}_s$(其中 $s\geqslant r$),称 $\boldsymbol{\alpha}_1,\boldsymbol{\alpha}_2,\cdots,\boldsymbol{\alpha}_r$ 是 $\boldsymbol{\alpha}_1,\boldsymbol{\alpha}_2,\cdots,\boldsymbol{\alpha}_s$ 的部分组,$\boldsymbol{\alpha}_1,\boldsymbol{\alpha}_2,\cdots,\boldsymbol{\alpha}_s$ 是整体组,则任何部分组 $\boldsymbol{\alpha}_1,\boldsymbol{\alpha}_2,\cdots,\boldsymbol{\alpha}_r$ 相关 $\Rightarrow$ 整体组 $\boldsymbol{\alpha}_1,\boldsymbol{\alpha}_2,\cdots,\boldsymbol{\alpha}_r,\cdots,\boldsymbol{\alpha}_s$ 相关,整体组 $\boldsymbol{\alpha}_1,\boldsymbol{\alpha}_2,\cdots,\boldsymbol{\alpha}_r,\cdots,\boldsymbol{\alpha}_s$ 无关 $\Rightarrow$ 任何部分组 $\boldsymbol{\alpha}_1,\boldsymbol{\alpha}_2,\cdots,\boldsymbol{\alpha}_r$ 无关,反之都不成立.

推论 2 向量组

$$\boldsymbol{\alpha}_1=[a_{11},a_{21},\cdots,a_{r1}]^{\mathrm{T}},\boldsymbol{\alpha}_2=[a_{12},a_{22},\cdots,a_{r2}]^{\mathrm{T}},\cdots,\boldsymbol{\alpha}_m=[a_{1m},a_{2m},\cdots,a_{rm}]^{\mathrm{T}}$$

及

$\tilde{\boldsymbol{\alpha}}_1=[a_{11},a_{21},\cdots,a_{r1},\cdots,a_{s1}]^{\mathrm{T}},\tilde{\boldsymbol{\alpha}}_2=[a_{12},a_{22},\cdots,a_{r2},\cdots,a_{s2}]^{\mathrm{T}},\cdots,\tilde{\boldsymbol{\alpha}}_m=[a_{1m},a_{2m},\cdots,a_{rm},\cdots,a_{sm}]^{\mathrm{T}}$

其中 $s\geqslant r$,称 $\tilde{\boldsymbol{\alpha}}_1,\tilde{\boldsymbol{\alpha}}_2,\cdots,\tilde{\boldsymbol{\alpha}}_m$ 为向量组 $\boldsymbol{\alpha}_1,\boldsymbol{\alpha}_2,\cdots,\boldsymbol{\alpha}_m$ 的延伸组(或称 $\boldsymbol{\alpha}_1,\boldsymbol{\alpha}_2,\cdots,\boldsymbol{\alpha}_m$ 是 $\tilde{\boldsymbol{\alpha}}_1,\tilde{\boldsymbol{\alpha}}_2,\cdots,\tilde{\boldsymbol{\alpha}}_m$ 的缩短组),则

$$\boldsymbol{\alpha}_1,\boldsymbol{\alpha}_2,\cdots,\boldsymbol{\alpha}_m \text{ 线性无关} \Rightarrow \tilde{\boldsymbol{\alpha}}_1,\tilde{\boldsymbol{\alpha}}_2,\cdots,\tilde{\boldsymbol{\alpha}}_m \text{ 线性无关};$$

$$\tilde{\boldsymbol{\alpha}}_1,\tilde{\boldsymbol{\alpha}}_2,\cdots,\tilde{\boldsymbol{\alpha}}_m \text{ 线性相关} \Rightarrow \boldsymbol{\alpha}_1,\boldsymbol{\alpha}_2,\cdots,\boldsymbol{\alpha}_m \text{ 线性相关},$$

反之均不成立.

定理 若向量组 $\boldsymbol{\alpha}_1,\boldsymbol{\alpha}_2,\cdots,\boldsymbol{\alpha}_s$ 线性无关,而向量组 $\boldsymbol{\alpha}_1,\boldsymbol{\alpha}_2,\cdots,\boldsymbol{\alpha}_s,\boldsymbol{\beta}$ 线性相关,则 $\boldsymbol{\beta}$ 可由 $\boldsymbol{\alpha}_1,\boldsymbol{\alpha}_2,\cdots,\boldsymbol{\alpha}_s$ 线性表出,且表出法唯一.

定理 设有两个向量组(Ⅰ)$\boldsymbol{\alpha}_1,\boldsymbol{\alpha}_2,\cdots,\boldsymbol{\alpha}_s$,(Ⅱ)$\boldsymbol{\beta}_1,\boldsymbol{\beta}_2,\cdots,\boldsymbol{\beta}_t$.

若 $\boldsymbol{\beta}_i(i=1,2,\cdots,t)$ 均可由(Ⅰ)线性表出,且 $t>s$,则(Ⅱ)$\boldsymbol{\beta}_1,\boldsymbol{\beta}_2,\cdots,\boldsymbol{\beta}_t$ 线性相关.

若 $\boldsymbol{\beta}_i(i=1,2,\cdots,t)$ 均可由(Ⅰ)线性表出,且 $\boldsymbol{\beta}_1,\boldsymbol{\beta}_2,\cdots,\boldsymbol{\beta}_t$ 线性无关,则 $t\leqslant s$.

三、向量组的秩、矩阵的秩

1. 向量组的秩

定义　向量组 $\boldsymbol{\alpha}_{i_1},\boldsymbol{\alpha}_{i_2},\cdots,\boldsymbol{\alpha}_{i_r}(1\leqslant i_r\leqslant s)$ 是向量组 $\boldsymbol{\alpha}_1,\boldsymbol{\alpha}_2,\cdots,\boldsymbol{\alpha}_s$ 的部分组，满足条件

(1) $\boldsymbol{\alpha}_{i_1},\boldsymbol{\alpha}_{i_2},\cdots,\boldsymbol{\alpha}_{i_r}$ 线性无关；

(2) 向量组中任一向量 $\boldsymbol{\alpha}_i(1\leqslant i\leqslant s)$ 均可由 $\boldsymbol{\alpha}_{i_1},\boldsymbol{\alpha}_{i_2},\cdots,\boldsymbol{\alpha}_{i_r}$ 线性表出，

则称向量组 $\boldsymbol{\alpha}_{i_1},\boldsymbol{\alpha}_{i_2},\cdots,\boldsymbol{\alpha}_{i_r}$ 是向量组 $\boldsymbol{\alpha}_1,\boldsymbol{\alpha}_2,\cdots,\boldsymbol{\alpha}_s$ 的**极大线性无关组**.

条件(2)的等价说法是：$\boldsymbol{\alpha}_{i_1},\boldsymbol{\alpha}_{i_2},\cdots,\boldsymbol{\alpha}_{i_r}$ 中加入任一向量 $\boldsymbol{\alpha}_i(1\leqslant i\leqslant s)$，则向量组 $\boldsymbol{\alpha}_{i_1},\boldsymbol{\alpha}_{i_2},\cdots,\boldsymbol{\alpha}_{i_r},\boldsymbol{\alpha}_i$ 线性相关.

向量组的极大无关组一般不唯一，但极大无关组的向量个数是一样的. 只有一个零向量组成的向量组没有极大线性无关组，一个线性无关向量组的极大线性无关组就是该向量组本身.

向量组的极大线性无关组的向量个数称为**向量组的秩**，记为 $r(\boldsymbol{\alpha}_1,\boldsymbol{\alpha}_2,\cdots,\boldsymbol{\alpha}_s)$.

定义　设向量组

$$(\text{Ⅰ})\boldsymbol{\alpha}_1,\boldsymbol{\alpha}_2,\cdots,\boldsymbol{\alpha}_s;\quad (\text{Ⅱ})\boldsymbol{\beta}_1,\boldsymbol{\beta}_2,\cdots,\boldsymbol{\beta}_t$$

若(Ⅰ)中的每个向量 $\boldsymbol{\alpha}_i(i=1,2,\cdots,s)$ 均可由(Ⅱ)线性表出，则称(Ⅰ)可由(Ⅱ)线性表出；若向量组(Ⅰ)，(Ⅱ)可以相互表出，则称向量组(Ⅰ)，(Ⅱ)是**等价向量组**，记成(Ⅰ)$\cong$(Ⅱ).

向量组和它的极大线性无关组是等价向量组.

一个向量组中各极大无关组之间是等价向量组，且向量个数相同.

定理　如果向量组(Ⅰ)可由向量组(Ⅱ)线性表出，则 $r(\text{Ⅰ})\leqslant r(\text{Ⅱ})$.

推论　如果向量组(Ⅰ)和(Ⅱ)等价，则 $r(\text{Ⅰ})=r(\text{Ⅱ})$.

2. 矩阵的秩

定义　在 $m\times n$ 矩阵 $\boldsymbol{A}$ 中，任取 k 行与 k 列 $(k\leqslant m,k\leqslant n)$，位于这些行与列的交叉点上的 k^2 个元素按其在原来矩阵 $\boldsymbol{A}$ 中的次序可构成一个 k 阶行列式，称其为矩阵 $\boldsymbol{A}$ 的一个 k 阶**子式**.

定义(矩阵的秩)　设 $\boldsymbol{A}$ 是 $m\times n$ 矩阵，若 $\boldsymbol{A}$ 中存在 r 阶子式不等于零，r 阶以上子式均等于零，则称矩阵 $\boldsymbol{A}$ 的秩为 r，记成 $r(\boldsymbol{A})$，零矩阵的秩规定为 0.

秩 $r(\boldsymbol{A})=r\Leftrightarrow$ 矩阵 $\boldsymbol{A}$ 中非零子式的最高阶数是 r.

$r(\boldsymbol{A})<r\Leftrightarrow\boldsymbol{A}$ 中每一个 r 阶子式全为 0.

$r(\boldsymbol{A})\geqslant r\Leftrightarrow\boldsymbol{A}$ 中有 r 阶子式不为 0.

特别地，$r(\boldsymbol{A})=0\Leftrightarrow\boldsymbol{A}=\boldsymbol{O}$，

$\boldsymbol{A}\neq\boldsymbol{O}\Leftrightarrow r(\boldsymbol{A})\geqslant 1$.

若 $\boldsymbol{A}$ 是 n 阶矩阵，$r(\boldsymbol{A})=n\Leftrightarrow|\boldsymbol{A}|\neq 0\Leftrightarrow\boldsymbol{A}$ 可逆.

$r(\boldsymbol{A})<n\Leftrightarrow|\boldsymbol{A}|=0\Leftrightarrow\boldsymbol{A}$ 不可逆.

若 $\boldsymbol{A}$ 是 $m\times n$ 矩阵，则 $r(\boldsymbol{A})\leqslant\min(m,n)$.

定理 经初等变换矩阵的秩不变.

矩阵秩的公式

$r(\boldsymbol{A})=r(\boldsymbol{A}^{\mathrm{T}})$;$r(\boldsymbol{A}^{\mathrm{T}}\boldsymbol{A})=r(\boldsymbol{A})$.

当 $k\neq 0$ 时,$r(k\boldsymbol{A})=r(\boldsymbol{A})$;$r(\boldsymbol{A}+\boldsymbol{B})\leqslant r(\boldsymbol{A})+r(\boldsymbol{B})$,

$r(\boldsymbol{AB})\leqslant \min(r(\boldsymbol{A}),r(\boldsymbol{B}))$,$\max(r(\boldsymbol{A}),r(\boldsymbol{B}))\leqslant r(\boldsymbol{A},\boldsymbol{B})\leqslant r(\boldsymbol{A})+r(\boldsymbol{B})$.

若 $\boldsymbol{A}$ 可逆,则 $r(\boldsymbol{AB})=r(\boldsymbol{B})$,$r(\boldsymbol{BA})=r(\boldsymbol{B})$.

若 $\boldsymbol{A}$ 是 $m\times n$ 矩阵,$\boldsymbol{B}$ 是 $n\times s$ 矩阵,$\boldsymbol{AB}=\boldsymbol{O}$,则 $r(\boldsymbol{A})+r(\boldsymbol{B})\leqslant n$.

定理(三秩相等) 设 $\boldsymbol{A}$ 是 $m\times n$ 矩阵,将 $\boldsymbol{A}$ 以行及列分块,得

$$\boldsymbol{A}_{m\times n}=\begin{bmatrix}\boldsymbol{\alpha}_1\\ \boldsymbol{\alpha}_2\\ \vdots\\ \boldsymbol{\alpha}_m\end{bmatrix}=[\boldsymbol{\beta}_1,\boldsymbol{\beta}_2,\cdots,\boldsymbol{\beta}_n]$$

则有 $r(\boldsymbol{A})$(矩阵 $\boldsymbol{A}$ 的秩)$=r(\boldsymbol{\alpha}_1,\boldsymbol{\alpha}_2,\cdots,\boldsymbol{\alpha}_m)$($\boldsymbol{A}$ 的行秩)$=r(\boldsymbol{\beta}_1,\boldsymbol{\beta}_2,\cdots,\boldsymbol{\beta}_n)$($\boldsymbol{A}$ 的列秩).

第四章　线性方程组

一、基本概念

我们称

$$\begin{cases} a_{11}x_1+a_{12}x_2+\cdots+a_{1n}x_n=b_1, \\ a_{21}x_1+a_{22}x_2+\cdots+a_{2n}x_n=b_2, \\ \cdots \\ a_{m1}x_1+a_{m2}x_2+\cdots+a_{mn}x_n=b_m. \end{cases} \quad (\text{I})$$

是 n 个未知数 m 个方程的**非齐次线性方程组**，其中 $x_1,x_2,\cdots,x_n$ 代表 n 个未知数，而 $b_1,b_2,\cdots,b_m$ 是不全为 0 的常数.

利用矩阵乘法，方程组（Ⅰ）可表示为

$$\begin{bmatrix} a_{11} & a_{12} & \cdots & a_{1n} \\ a_{21} & a_{22} & \cdots & a_{2n} \\ \vdots & \vdots & \vdots & \\ a_{m1} & a_{m2} & \cdots & a_{mn} \end{bmatrix}\begin{bmatrix} x_1 \\ x_2 \\ \vdots \\ x_n \end{bmatrix}=\begin{bmatrix} b_1 \\ b_2 \\ \vdots \\ b_m \end{bmatrix}$$

于是方程组（Ⅰ）的矩阵形式：

$$\boldsymbol{Ax}=\boldsymbol{b}$$

称 $\boldsymbol{A}$ 为方程组（Ⅰ）的系数矩阵.

对矩阵 $\boldsymbol{A}$ 按列分块，记 $\boldsymbol{A}=(\boldsymbol{\alpha}_1,\boldsymbol{\alpha}_2,\cdots,\boldsymbol{\alpha}_n)$，则方程组（Ⅰ）有向量形式

$$x_1\boldsymbol{\alpha}_1+x_2\boldsymbol{\alpha}_2+\cdots+x_n\boldsymbol{\alpha}_n=\boldsymbol{\beta}$$

其中 $\boldsymbol{\alpha}_j=(a_{1j},a_{2j},\cdots,a_{mj})^{\mathrm{T}},j=1,2,\cdots,n,\boldsymbol{\beta}=(b_1,b_2,\cdots,b_m)^{\mathrm{T}}$.

如果 $\forall j=1,2,\cdots,m$ 恒有 $b_j=0$，则称

$$\begin{cases} a_{11}x_1+a_{12}x_2+\cdots+a_{1n}x_n=0 \\ a_{21}x_1+a_{22}x_2+\cdots+a_{2n}x_n=0 \\ \cdots \\ a_{m1}x_1+a_{m2}x_2+\cdots+a_{mn}x_n=0 \end{cases} \quad (\text{II})$$

为**齐次线性方程组**（也称（Ⅱ）是（Ⅰ）的**导出组**）. 其矩阵形式为

$$\boldsymbol{Ax}=\boldsymbol{0}$$

而齐次方程组（Ⅱ）的向量形式，则是

$$x_1\boldsymbol{\alpha}_1+x_2\boldsymbol{\alpha}_2+\cdots+x_n\boldsymbol{\alpha}_n=\boldsymbol{0}$$

若将一组数 $c_1,c_2,\cdots,c_n$ 分别代替方程组（Ⅰ）（或（Ⅱ））中的 $x_1,x_2,\cdots,x_n$，使（Ⅰ）（或（Ⅱ））中 m 个等式都成立，则称 $(c_1,c_2,\cdots,c_n)^{\mathrm{T}}$ 是方程组（Ⅰ）（或（Ⅱ））的一个**解**.

解方程组就是要求出方程组的所有的解.

求方程组的解就是要对所给方程组作同解变形,而同解变形的方法:

其一,两个方程互换位置;

其二,用非零常数乘方程的两端;

其三,把某个方程的 k 倍加到另一个方程上.

同解变形所对应的矩阵语言就是矩阵的**初等行变换**.

二、齐次线性方程组

对于齐次线性方程组

$$\begin{cases} a_{11}x_1+a_{12}x_2+\cdots+a_{1n}x_n=0 \\ a_{21}x_1+a_{22}x_2+\cdots+a_{2n}x_n=0 \\ \cdots \\ a_{m1}x_1+a_{m2}x_2+\cdots+a_{mn}x_n=0 \end{cases} \quad (\text{Ⅱ})$$

易见 $x_1=0,x_2=0,\cdots,x_n=0$ 必满足每一个方程. 故 $(0,0,\cdots,0)^{\mathrm{T}}$ 一定是齐次线性方程组的一个解,称其为**零解**. 除去零解之外,如果齐次方程组还有其他的解. 那些解就称为**非零解**.

基础解系 如果 $\boldsymbol{\eta}_1,\boldsymbol{\eta}_2,\cdots,\boldsymbol{\eta}_t$ 是齐次方程组 $\boldsymbol{Ax}=\boldsymbol{0}$ 的解,而且满足

其一,$\boldsymbol{\eta}_1,\boldsymbol{\eta}_2,\cdots,\boldsymbol{\eta}_t$ 线性无关,

其二,$\boldsymbol{Ax}=\boldsymbol{0}$ 的任一个解 $\boldsymbol{\eta}$ 都可由 $\boldsymbol{\eta}_1,\boldsymbol{\eta}_2,\cdots,\boldsymbol{\eta}_t$ 线性表出,

则称 $\boldsymbol{\eta}_1,\boldsymbol{\eta}_2,\cdots,\boldsymbol{\eta}_t$ 是 $\boldsymbol{Ax}=\boldsymbol{0}$ 的一个基础解系.

解的性质 如果 $\boldsymbol{\eta}_1,\boldsymbol{\eta}_2,\cdots,\boldsymbol{\eta}_t$ 是齐次方程组 $\boldsymbol{Ax}=\boldsymbol{0}$ 的解,则对任意常数 $k_1,k_2,\cdots,k_t$,

$$k_1\boldsymbol{\eta}_1+k_2\boldsymbol{\eta}_2+\cdots+k_t\boldsymbol{\eta}_t$$

仍是该齐次方程组的解.

定理 齐次方程组 $\boldsymbol{A}_{m\times n}\boldsymbol{x}=\boldsymbol{0}$ 有非零解 $\Leftrightarrow r(\boldsymbol{A})<n$.

推论 当 $m<n$ 时,$\boldsymbol{Ax}=\boldsymbol{0}$ 必有非零解.

当 $m=n$ 时,$\boldsymbol{Ax}=\boldsymbol{0}$ 有非零解 $\Leftrightarrow |\boldsymbol{A}|=0$.

定理 如齐次线性方程组(Ⅱ)系数矩阵的秩 $r(\boldsymbol{A})=r<n$,则(Ⅱ)有 $n-r$ 个线性无关的解,且(Ⅱ)的任一个解都可由这 $n-r$ 个线性无关的解线性表出(即(Ⅱ)的基础解系由 $n-r$ 个解向量构成).

定理 若 $\boldsymbol{\eta}_1,\boldsymbol{\eta}_2,\cdots,\boldsymbol{\eta}_t$ 是齐次方程组(Ⅱ)的基础解系,则(Ⅱ)的通解是 $k_1\boldsymbol{\eta}_1+k_2\boldsymbol{\eta}_2+\cdots+k_t\boldsymbol{\eta}_t$. $k_1,k_2,\cdots k_t$ 是任意常数.

三、非齐次线性方程组

解的性质 设 $\boldsymbol{\xi}_1,\boldsymbol{\xi}_2$ 是方程组 $\boldsymbol{Ax}=\boldsymbol{b}$ 的两个解,则 $\boldsymbol{\xi}_1-\boldsymbol{\xi}_2$ 是导出组 $\boldsymbol{Ax}=\boldsymbol{0}$ 的解.

设 $\boldsymbol{\xi}$ 是方程组 $\boldsymbol{Ax}=\boldsymbol{b}$ 的解,$\boldsymbol{\eta}$ 是导出组 $\boldsymbol{Ax}=\boldsymbol{0}$ 的解,k 是任意常数,则 $\boldsymbol{\xi}+k\boldsymbol{\eta}$ 是方程组 $\boldsymbol{Ax}=\boldsymbol{b}$ 的解.

定理 $\boldsymbol{Ax}=\boldsymbol{b}$ 有解 $\Leftrightarrow r(\boldsymbol{A})=r(\overline{\boldsymbol{A}})$

$\Leftrightarrow \boldsymbol{b}$ 可由 $\boldsymbol{A}$ 的列向量线性表出.

$\boldsymbol{Ax}=\boldsymbol{b}$ 无解 $\Leftrightarrow r(\boldsymbol{A})+1=r(\overline{\boldsymbol{A}})$.

【注】 $\overline{A}=[A,b]$ 称为方程组 $Ax=b$ 的**增广矩阵**.

定理　（解的结构）设 $\boldsymbol{\alpha}$ 是 $Ax=b$ 的解，$\boldsymbol{\eta}_1,\boldsymbol{\eta}_2,\cdots,\boldsymbol{\eta}_t$ 是导出组 $Ax=0$ 的基础解系. 则方程组 $Ax=b$ 的通解为

$$\boldsymbol{\alpha}+k_1\boldsymbol{\eta}_1+k_2\boldsymbol{\eta}_2+\cdots+k_t\boldsymbol{\eta}_t$$

其中 $k_1,k_2,\cdots,k_t$ 是任意常数.

四、克拉默法则

若 n 个方程 n 个未知量构成的非齐次线性方程组

$$\begin{cases}a_{11}x_1+a_{12}x_2+\cdots+a_{1n}x_n=b_1,\\ a_{21}x_1+a_{22}x_2+\cdots+a_{2n}x_n=b_2,\\ \cdots\cdots\cdots\cdots\\ a_{n1}x_1+a_{n2}x_2+\cdots+a_{nn}x_n=b_n,\end{cases}$$

的系数行列式 $|A|\neq 0$，则方程组有唯一解，且

$$x_i=\frac{|A_i|}{|A|},i=1,2,\cdots,n$$

其中 $|A_i|$ 是 $|A|$ 中第 i 列元素（即 x_i 的系数）替换成方程组右端的常数项 $b_1,b_2,\cdots,b_n$ 所构成的行列式.

推论　若包含 n 个方程 n 个未知量的齐次线性方程组

$$\begin{cases}a_{11}x_1+a_{12}x_2+\cdots+a_{1n}x_n=0,\\ a_{21}x_1+a_{22}x_2+\cdots+a_{2n}x_n=0,\\ \cdots\cdots\cdots\cdots\\ a_{n1}x_1+a_{n2}x_2+\cdots+a_{nn}x_n=0,\end{cases}$$

的系数行列式 $|A|\neq 0$ 的充要条件是方程组有唯一零解.

反之，若齐次线性方程组有非零解，充要条件是其系数行列式 $|A|=0$.

第五章 特征值和特征向量

一、特征值、特征向量

定义 设 $\boldsymbol{A}$ 是 n 阶矩阵，如果存在一个数 λ 及非零的 n 维列向量 $\boldsymbol{\alpha}$，使得

$$\boldsymbol{A\alpha}=\lambda\boldsymbol{\alpha}$$

成立，则称 λ 是矩阵 $\boldsymbol{A}$ 的一个**特征值**，称非零向量 $\boldsymbol{\alpha}$ 是矩阵 $\boldsymbol{A}$ 属于特征值 λ 的一个**特征向量**.

定义 设 $\boldsymbol{A}=[a_{ij}]$ 为一个 n 阶矩阵，则行列式

$$|\lambda\boldsymbol{E}-\boldsymbol{A}|=\begin{vmatrix}\lambda-a_{11} & -a_{12} & \cdots & -a_{1n}\\ -a_{21} & \lambda-a_{22} & \cdots & -a_{2n}\\ \vdots & \vdots & & \vdots\\ -a_{n1} & -a_{n2} & \cdots & \lambda-a_{nn}\end{vmatrix}$$

称为矩阵 $\boldsymbol{A}$ 的**特征多项式**，$|\lambda\boldsymbol{E}-\boldsymbol{A}|=0$ 称为 $\boldsymbol{A}$ 的**特征方程**.

定理 如果 $\boldsymbol{\alpha}_1,\boldsymbol{\alpha}_2,\cdots,\boldsymbol{\alpha}_t$ 都是矩阵 $\boldsymbol{A}$ 的属于特征值 λ 的特征向量，那么当 $k_1\boldsymbol{\alpha}_1+k_2\boldsymbol{\alpha}_2+\cdots+k_t\boldsymbol{\alpha}_t$ 非零时，$k_1\boldsymbol{\alpha}_1+k_2\boldsymbol{\alpha}_2+\cdots+k_t\boldsymbol{\alpha}_t$ 仍是矩阵 $\boldsymbol{A}$ 属于特征值 λ 的特征向量.

定理 如果 $\lambda_1,\lambda_2,\cdots,\lambda_m$ 是矩阵 $\boldsymbol{A}$ 的互不相同的特征值，$\boldsymbol{\alpha}_1,\boldsymbol{\alpha}_2,\cdots,\boldsymbol{\alpha}_m$ 分别是与之对应的特征向量，则 $\boldsymbol{\alpha}_1,\boldsymbol{\alpha}_2,\cdots,\boldsymbol{\alpha}_m$ 线性无关.

定理 设 $\boldsymbol{A}$ 是 n 阶矩阵，$\lambda_1,\lambda_2,\cdots,\lambda_n$ 是矩阵 $\boldsymbol{A}$ 的特征值，则

$\sum\lambda_i=\sum a_{ii}$，

$|\boldsymbol{A}|=\prod\lambda_i$.

定理 实对称矩阵的属于不同特征值对应的特征向量相互正交.

由定义 $\boldsymbol{A\alpha}=\lambda\boldsymbol{\alpha},\boldsymbol{\alpha}\neq\boldsymbol{0}$，即 $(\lambda\boldsymbol{E}-\boldsymbol{A})\boldsymbol{\alpha}=\boldsymbol{0},\boldsymbol{\alpha}\neq\boldsymbol{0}$ 可见特征向量 $\boldsymbol{\alpha}$ 是齐次方程组 $(\lambda\boldsymbol{E}-\boldsymbol{A})\boldsymbol{x}=\boldsymbol{0}$ 的非零解.

求特征值，特征向量方法：

先由 $|\lambda\boldsymbol{E}-\boldsymbol{A}|=0$ 求矩阵 $\boldsymbol{A}$ 的特征值 λ_i（共 n 个）.

再由 $(\lambda_i\boldsymbol{E}-\boldsymbol{A})\boldsymbol{x}=\boldsymbol{0}$ 求基础解系，即矩阵 $\boldsymbol{A}$ 属于特征值 λ_i 的线性无关的特征向量.

二、相似矩阵

定义 设 $\boldsymbol{A},\boldsymbol{B}$ 都是 n 阶矩阵，若存在可逆矩阵 $\boldsymbol{P}$，使得 $\boldsymbol{P}^{-1}\boldsymbol{AP}=\boldsymbol{B}$，则称 $\boldsymbol{B}$ 是 $\boldsymbol{A}$ 的**相似矩阵**，或 $\boldsymbol{A}$ 相似于 $\boldsymbol{B}$，记成 $\boldsymbol{A}\sim\boldsymbol{B}$.

若 $\boldsymbol{A}\sim\boldsymbol{\Lambda}$，其中 $\boldsymbol{\Lambda}$ 是对角阵，则称 $\boldsymbol{A}$ 可相似对角化. $\boldsymbol{\Lambda}$ 是 $\boldsymbol{A}$ 的**相似标准形**.

根据相似的定义，可知

性质 $\boldsymbol{A}\sim\boldsymbol{A}$，反身性.

若 $A \sim B \Rightarrow B \sim A$,对称性.

若 $A \sim B, B \sim C \Rightarrow A \sim C$,传递性.

定理(两个矩阵相似的必要条件)

$$A \sim B \begin{cases} \Rightarrow \text{特征多项式相同,即 } |\lambda E - A| = |\lambda E - B|; \\ \Rightarrow r(A) = r(B); \\ \Rightarrow A,B \text{ 有相同的特征值}; \\ \Rightarrow |A| = |B| = \prod_{i=1}^{n} \lambda_i; \\ \Rightarrow \sum_{i=1}^{n} a_{ii} = \sum_{i=1}^{n} b_{ii} = \sum_{i=1}^{n} \lambda_i. \end{cases}$$

定理 n 阶方阵 A 可对角化的充分必要条件是 A 有 n 个线性无关的特征向量.

推论 若 n 阶矩阵 A 有 n 个不同的特征值 $\lambda_1, \lambda_2, \cdots, \lambda_n$,则 A 可相似对角化,且

$$A \sim \begin{bmatrix} \lambda_1 & & & \\ & \lambda_2 & & \\ & & \ddots & \\ & & & \lambda_n \end{bmatrix}$$

定理 n 阶矩阵 A 可相似对角化的充分必要条件是 A 的每个特征值中,线性无关的特征向量的个数恰好等于该特征值的重数.即

$A \sim \Lambda \Leftrightarrow \lambda_i$ 是 A 的 n_i 重特征值,则 λ_i 有 n_i 个线性无关的特征向量

$\Leftrightarrow$ 秩 $r(\lambda_i E - A) = n - n_i$,$\lambda_i$ 为 n_i 重特征值.

"求可逆矩阵 P 使 $P^{-1}AP = \Lambda$"解题步骤:

第一,求出矩阵 A(设为3阶)的特征值 $\lambda_1, \lambda_2, \lambda_3$(可以有重根),

第二,求出线性无关的特征向量 $\boldsymbol{\alpha}_1, \boldsymbol{\alpha}_2, \boldsymbol{\alpha}_3$,

第三,构造可逆矩阵 $P = (\boldsymbol{\alpha}_1, \boldsymbol{\alpha}_2, \boldsymbol{\alpha}_3)$,

则有 $P^{-1}AP = \Lambda = \begin{bmatrix} \lambda_1 & & \\ & \lambda_2 & \\ & & \lambda_3 \end{bmatrix}$.

注意:由 $A\boldsymbol{\alpha}_1 = \lambda_1 \boldsymbol{\alpha}_1, A\boldsymbol{\alpha}_2 = \lambda_2 \boldsymbol{\alpha}_2, A\boldsymbol{\alpha}_3 = \lambda_3 \boldsymbol{\alpha}_3$

$$\Rightarrow A(\boldsymbol{\alpha}_1, \boldsymbol{\alpha}_2, \boldsymbol{\alpha}_3) = (\lambda_1 \boldsymbol{\alpha}_1, \lambda_2 \boldsymbol{\alpha}_2, \lambda_3 \boldsymbol{\alpha}_3) = (\boldsymbol{\alpha}_1, \boldsymbol{\alpha}_2, \boldsymbol{\alpha}_3) \begin{bmatrix} \lambda_1 & & \\ & \lambda_2 & \\ & & \lambda_3 \end{bmatrix},$$

即 $AP = P\Lambda$,即 $P^{-1}AP = \Lambda$.

练习题

一、选择题

1. 下列行列式中，行列式的值不等于 24 的是

(A) $\begin{vmatrix} 1 & 1 & 1 & 1 \\ 0 & 2 & 2 & 2 \\ 0 & 0 & 3 & 3 \\ 0 & 0 & 0 & 4 \end{vmatrix}$.　　(B) $\begin{vmatrix} 0 & 0 & 0 & 1 \\ 0 & 0 & 2 & 0 \\ 0 & 3 & 0 & 0 \\ 4 & 0 & 0 & 0 \end{vmatrix}$.

(C) $\begin{vmatrix} 0 & 1 & 0 & 0 \\ 2 & 0 & 2 & 0 \\ 3 & 0 & 0 & 0 \\ 0 & 0 & 0 & 4 \end{vmatrix}$.　　(D) $\begin{vmatrix} 0 & 1 & 0 & 0 \\ 0 & 0 & 0 & 2 \\ 3 & 0 & 0 & 0 \\ 0 & 0 & 4 & 0 \end{vmatrix}$.

2. 行列式 $\begin{vmatrix} 1 & a & 0 & 0 \\ -1 & 2-a & a & 0 \\ 0 & -2 & 3-a & a \\ 0 & 0 & -3 & 4-a \end{vmatrix}$ 的值为

(A)24.　　(B)6.　　(C)48.　　(D)12.

3. 已知 $\begin{vmatrix} a_{11} & a_{12} & a_{13} \\ a_{21} & a_{22} & a_{23} \\ a_{31} & a_{32} & a_{33} \end{vmatrix} = 3$，则 $\begin{vmatrix} a_{11} & 2a_{31}-5a_{21} & 3a_{21} \\ a_{12} & 2a_{32}-5a_{22} & 3a_{22} \\ a_{13} & 2a_{33}-5a_{23} & 3a_{23} \end{vmatrix} =$

(A)18.　　(B) -18.　　(C) -15.　　(D)27.

4. 已知 3 阶矩阵 $\boldsymbol{A}=(\boldsymbol{\alpha},\boldsymbol{\beta},\boldsymbol{\gamma}_1)$，$\boldsymbol{B}=(\boldsymbol{\alpha},\boldsymbol{\beta},\boldsymbol{\gamma}_2)$，其中 $\boldsymbol{\alpha},\boldsymbol{\beta},\boldsymbol{\gamma}_1,\boldsymbol{\gamma}_2$ 都是三维列向量，若行列式 $|\boldsymbol{A}|=1$，$|\boldsymbol{B}|=2$，则 $|\boldsymbol{A}+2\boldsymbol{B}|=$

(A)5.　　(B)17.　　(C)45.　　(D)27.

5. 已知 $\boldsymbol{A}$ 和 $\boldsymbol{B}$ 都是 n 阶矩阵，$\boldsymbol{A}^*$ 是 $\boldsymbol{A}$ 的伴随矩阵，$\boldsymbol{B}^{-1}$ 是 $\boldsymbol{B}$ 的逆矩阵，若 $|\boldsymbol{A}|=a$，$|\boldsymbol{B}|=b$，则 $|2\boldsymbol{A}^*\boldsymbol{B}^{-1}|=$

(A) $2ab$.　　(B) $\dfrac{2a^{n-1}}{b}$.　　(C) $\dfrac{2^n a^{n-1}}{b}$.　　(D) $\dfrac{2^{n-1}a^n}{b}$.

6. 设 $\boldsymbol{A},\boldsymbol{B}$ 都是 n 阶矩阵且 $\boldsymbol{AB}=\boldsymbol{O}$，则必有

(A) $(\boldsymbol{A}+\boldsymbol{B})^2=\boldsymbol{A}^2+\boldsymbol{B}^2$.　　(B) $\boldsymbol{A}$ 和 $\boldsymbol{B}$ 都不可逆.

(C) $\boldsymbol{A}=\boldsymbol{O}$ 或 $\boldsymbol{B}=\boldsymbol{O}$.　　(D) $|\boldsymbol{A}|=0$ 或 $|\boldsymbol{B}|=0$.

7. 设 $\boldsymbol{\alpha}=\left(\frac{1}{2},\frac{1}{2},\frac{1}{2},\frac{1}{2}\right)^{\mathrm{T}}$，$\boldsymbol{A}=\boldsymbol{E}-\boldsymbol{\alpha}\boldsymbol{\alpha}^{\mathrm{T}}$，$\boldsymbol{B}=\boldsymbol{E}+2\boldsymbol{\alpha}\boldsymbol{\alpha}^{\mathrm{T}}$，其中 $\boldsymbol{E}$ 是 4 阶单位矩阵，则 $\boldsymbol{AB}=$

(A) $\boldsymbol{E}$.　　(B) $-\boldsymbol{E}$.　　(C) $\boldsymbol{E}+\boldsymbol{\alpha}^{\mathrm{T}}\boldsymbol{\alpha}$.　　(D) $\boldsymbol{A}$.

8. 设 $\boldsymbol{\alpha}=(a,0,0,a)^{\mathrm{T}}$，其中 $a>0$，$\boldsymbol{E}$ 是 4 阶单位矩阵 $\boldsymbol{A}=\boldsymbol{E}-\boldsymbol{\alpha}\boldsymbol{\alpha}^{\mathrm{T}}$，$\boldsymbol{B}=\boldsymbol{E}+\frac{1}{a}\boldsymbol{\alpha}\boldsymbol{\alpha}^{\mathrm{T}}$，如果 $\boldsymbol{A}$ 的逆矩阵为 $\boldsymbol{B}$，则 $a=$

(A) $\frac{1}{2}$.　　(B) 1.　　(C) $\frac{1}{4}$.　　(D) 2.

9. 设 $\boldsymbol{A}=\begin{bmatrix}a_{11}&a_{12}&a_{13}\\a_{21}&a_{22}&a_{23}\\a_{31}&a_{32}&a_{33}\end{bmatrix}$，$\boldsymbol{B}=\begin{bmatrix}a_{21}&a_{22}&a_{23}\\a_{11}&a_{12}&a_{13}\\a_{31}+a_{11}&a_{32}+a_{12}&a_{33}+a_{13}\end{bmatrix}$，

$\boldsymbol{P}_1=\begin{bmatrix}0&1&0\\1&0&0\\0&0&1\end{bmatrix}$，$\boldsymbol{P}_2=\begin{bmatrix}1&0&0\\0&1&0\\1&0&1\end{bmatrix}$，则 $\boldsymbol{B}=$

(A) $\boldsymbol{A}\boldsymbol{P}_1\boldsymbol{P}_2$.　　(B) $\boldsymbol{A}\boldsymbol{P}_2\boldsymbol{P}_1$.　　(C) $\boldsymbol{P}_1\boldsymbol{P}_2\boldsymbol{A}$.　　(D) $\boldsymbol{P}_2\boldsymbol{P}_1\boldsymbol{A}$.

10. 已知 $\boldsymbol{A},\boldsymbol{B}$ 都是 2 阶矩阵，把 $\boldsymbol{A}$ 中第 2 行的 3 倍加到第 1 行得到矩阵 $\boldsymbol{A}_1$，把 $\boldsymbol{B}$ 中第 1 列加到第 2 列得 $\boldsymbol{B}_1$，又知 $\boldsymbol{A}_1\boldsymbol{B}_1=\begin{bmatrix}1&2\\0&3\end{bmatrix}$，则 $\boldsymbol{A}\boldsymbol{B}=$

(A) $\begin{bmatrix}1&12\\0&3\end{bmatrix}$.　　(B) $\begin{bmatrix}1&-8\\0&3\end{bmatrix}$.

(C) $\begin{bmatrix}1&-4\\0&3\end{bmatrix}$.　　(D) $\begin{bmatrix}1&8\\0&3\end{bmatrix}$.

11. 设 $\boldsymbol{A}=\begin{bmatrix}1&a&a&a\\a&1&a&a\\a&a&1&a\\a&a&a&1\end{bmatrix}$，$\boldsymbol{A}^*$ 是 $\boldsymbol{A}$ 的伴随矩阵，如果秩 $r(\boldsymbol{A}^*)=1$，则 a 必为

(A) 1.　　(B) $\frac{1}{3}$.　　(C) $-\frac{1}{3}$.　　(D) -1.

12. 设 $\boldsymbol{A}=\begin{bmatrix}1&1&1&1\\0&1&-1&a\\2&3&a&4\\3&5&1&9\end{bmatrix}$，$\boldsymbol{A}^*$ 是 $\boldsymbol{A}$ 的伴随矩阵，则 $a=3$ 是 $r(\boldsymbol{A}^*)=1$ 的

(A) 充分而非必要条件.　　(B) 必要而非充分条件.

(C) 充分且必要条件.　　(D) 既不充分也不必要条件.

13. 设 $\boldsymbol{\alpha}_1=(1,0,1,c_1)^{\mathrm{T}}$，$\boldsymbol{\alpha}_2=(0,1,0,c_2)^{\mathrm{T}}$，$\boldsymbol{\alpha}_3=(1,0,-1,c_3)^{\mathrm{T}}$，$\boldsymbol{\alpha}_4=(0,0,0,c_4)^{\mathrm{T}}$，其中 c_1,c_2,c_3,c_4 是任意实数，则

(A) $\boldsymbol{\alpha}_1,\boldsymbol{\alpha}_2,\boldsymbol{\alpha}_3$ 必线性相关.　　(B) $\boldsymbol{\alpha}_1,\boldsymbol{\alpha}_2,\boldsymbol{\alpha}_3$ 必线性无关.

(C) $\boldsymbol{\alpha}_2,\boldsymbol{\alpha}_3,\boldsymbol{\alpha}_4$ 线性相关.　　(D) $\boldsymbol{\alpha}_1,\boldsymbol{\alpha}_2,\boldsymbol{\alpha}_3,\boldsymbol{\alpha}_4$ 必线性无关.

14. 设 $\boldsymbol{\alpha}_1=(1,2,3,1)^{\mathrm{T}}$，$\boldsymbol{\alpha}_2=(3,4,7,-1)^{\mathrm{T}}$，$\boldsymbol{\alpha}_3=(2,6,a,6)^{\mathrm{T}}$，$\boldsymbol{\alpha}_4=(0,1,3,a)^{\mathrm{T}}$，那么 $a=2$ 是向量组 $\boldsymbol{\alpha}_1,\boldsymbol{\alpha}_2,\boldsymbol{\alpha}_3,\boldsymbol{\alpha}_4$ 线性相关的

(A) 充分必要条件.　　(B) 充分而非必要条件.

(C) 必要而非充分条件.　　(D) 既不充分也非必要条件.

15. 设 $\boldsymbol{\alpha}_1,\boldsymbol{\alpha}_2,\boldsymbol{\alpha}_3,\boldsymbol{\beta}$ 都是三维向量，则

(A) 若 $\boldsymbol{\beta}$ 不能由 $\boldsymbol{\alpha}_1,\boldsymbol{\alpha}_2,\boldsymbol{\alpha}_3$ 线性表示，则 $\boldsymbol{\alpha}_1,\boldsymbol{\alpha}_2,\boldsymbol{\alpha}_3$ 线性相关.

(B) 若 $\boldsymbol{\alpha}_1,\boldsymbol{\alpha}_2,\boldsymbol{\alpha}_3$ 线性相关，则 $\boldsymbol{\beta}$ 不能由 $\boldsymbol{\alpha}_1,\boldsymbol{\alpha}_2,\boldsymbol{\alpha}_3$ 线性表示.

(C) 若 $\boldsymbol{\beta}$ 能由 $\boldsymbol{\alpha}_1,\boldsymbol{\alpha}_2,\boldsymbol{\alpha}_3$ 线性表示，则 $\boldsymbol{\alpha}_1,\boldsymbol{\alpha}_2,\boldsymbol{\alpha}_3$ 线性无关.

(D) 若 $\boldsymbol{\beta}$ 能由 $\boldsymbol{\alpha}_1,\boldsymbol{\alpha}_2,\boldsymbol{\alpha}_3$ 线性表示，则 $\boldsymbol{\alpha}_1,\boldsymbol{\alpha}_2,\boldsymbol{\alpha}_3$ 线性相关.

16. 已知 $\boldsymbol{\alpha}_1,\boldsymbol{\alpha}_2,\boldsymbol{\alpha}_3$ 是齐次方程组 $\boldsymbol{Ax}=\boldsymbol{0}$ 的基础解系，则 $\boldsymbol{Ax}=\boldsymbol{0}$ 的基础解系还可以是

(A) $\boldsymbol{\alpha}_1-\boldsymbol{\alpha}_2,\boldsymbol{\alpha}_2-\boldsymbol{\alpha}_3,\boldsymbol{\alpha}_3-\boldsymbol{\alpha}_1$.

(B) $\boldsymbol{\alpha}_1-\boldsymbol{\alpha}_2,\boldsymbol{\alpha}_2+\boldsymbol{\alpha}_3,\boldsymbol{\alpha}_3+\boldsymbol{\alpha}_1$.

(C) $\boldsymbol{\alpha}_1+\boldsymbol{\alpha}_2,3\boldsymbol{\alpha}_1-5\boldsymbol{\alpha}_2,\boldsymbol{\alpha}_1+4\boldsymbol{\alpha}_2$.

(D) $\boldsymbol{\alpha}_1+\boldsymbol{\alpha}_2,\boldsymbol{\alpha}_2+\boldsymbol{\alpha}_3,\boldsymbol{\alpha}_1-\boldsymbol{\alpha}_2+\boldsymbol{\alpha}_3$.

17. 设 $\boldsymbol{\alpha}_1,\boldsymbol{\alpha}_2,\boldsymbol{\alpha}_3$ 是 4 元非齐次线性方程组 $\boldsymbol{Ax}=\boldsymbol{b}$ 的三个解向量，且秩 $r(\boldsymbol{A})=3$，$\boldsymbol{\alpha}_1+\boldsymbol{\alpha}_2=(1,2,3,4)^{\mathrm{T}},\boldsymbol{\alpha}_2+2\boldsymbol{\alpha}_3=(2,3,4,5)^{\mathrm{T}}$，$k$ 是任意常数，则 $\boldsymbol{Ax}=\boldsymbol{b}$ 的通解 $\boldsymbol{x}=$

(A) $\begin{bmatrix}1\\2\\3\\4\end{bmatrix}+k\begin{bmatrix}-1\\0\\1\\2\end{bmatrix}$.

(B) $\frac{1}{2}\begin{bmatrix}1\\2\\3\\4\end{bmatrix}+k\begin{bmatrix}1\\1\\1\\1\end{bmatrix}$.

(C) $\begin{bmatrix}1\\1\\1\\1\end{bmatrix}+k\begin{bmatrix}-1\\0\\1\\2\end{bmatrix}$.

(D) $\begin{bmatrix}0\\1\\2\\3\end{bmatrix}+k\begin{bmatrix}1\\1\\1\\1\end{bmatrix}$.

18. 设 $\lambda=2$ 是可逆矩阵 $\boldsymbol{A}$ 的一个特征值，则矩阵 $\left(\frac{1}{3}\boldsymbol{A}^2\right)^{-1}$ 有一个特征值是

(A) $\frac{4}{3}$.　(B) $\frac{3}{4}$.　(C) $\frac{3}{2}$.　(D) 6.

19. 已知 $\boldsymbol{\alpha}=(1,-2,3)^{\mathrm{T}}$ 是矩阵 $\boldsymbol{A}=\begin{bmatrix}3&2&-1\\a&-2&2\\3&b&-1\end{bmatrix}$ 的一个特征向量，则

(A) $a=-2,b=6$.

(B) $a=2,b=-6$.

(C) $a=-2,b=-6$.

(D) $a=2,b=6$.

20. 设 $\boldsymbol{A}$ 是 3 阶矩阵，特征值为 $1,3,-5$，相应的特征向量依次为 $\boldsymbol{\alpha}_1,\boldsymbol{\alpha}_2,\boldsymbol{\alpha}_3$，若 $\boldsymbol{P}=(\boldsymbol{\alpha}_1,2\boldsymbol{\alpha}_3,-\boldsymbol{\alpha}_2)$，则 $\boldsymbol{P}^{-1}\boldsymbol{AP}=$

(A) $\begin{bmatrix}1&&\\&3&\\&&-5\end{bmatrix}$.

(B) $\begin{bmatrix}1&&\\&-5&\\&&3\end{bmatrix}$.

(C) $\begin{bmatrix}1&&\\&6&\\&&5\end{bmatrix}$.

(D) $\begin{bmatrix}1&&\\&-5&\\&&6\end{bmatrix}$.

二、填空题

1. 设 $\boldsymbol{A}=\begin{bmatrix}1\\0\\-1\end{bmatrix}[1,0,-1]$，则 $|2\boldsymbol{E}-\boldsymbol{A}^2|=$ ________.

2. 已知 $\boldsymbol{A}=\begin{bmatrix}1 & 0 & 1\\ 0 & 2 & 0\\ -1 & 0 & 1\end{bmatrix}$，若 $\boldsymbol{A}^*\boldsymbol{B}=2\boldsymbol{A}^{-1}+3\boldsymbol{B}$，其中 $\boldsymbol{A}^*$ 是 $\boldsymbol{A}$ 的伴随矩阵，则行列式 $|\boldsymbol{B}|=$ ________.

3. 设 $\boldsymbol{A}$ 是 3 阶矩阵，特征值为 1,2,3，若 $\boldsymbol{A}$ 和 $\boldsymbol{B}$ 相似，则 $|\boldsymbol{B}+\boldsymbol{E}|=$ ________.

4. 设 $\boldsymbol{A}=\begin{bmatrix}1 & 0 & 0\\ 2 & 2 & 0\\ 3 & 3 & 3\end{bmatrix}$，$\boldsymbol{A}^*$ 是 $\boldsymbol{A}$ 的伴随矩阵，则 $|\boldsymbol{A}-(\boldsymbol{A}^*)^{-1}|=$ ________.

5. 如 $\begin{bmatrix}1 & 1\\ 0 & 1\end{bmatrix}\boldsymbol{X}=\begin{bmatrix}1 & 2 & 3\\ 4 & 5 & 6\end{bmatrix}$，则 $\boldsymbol{X}=$ ________.

6. 设 $\boldsymbol{A},\boldsymbol{B}$ 均为 3 阶矩阵，$\boldsymbol{E}$ 是 3 阶单位矩阵. 已知 $\boldsymbol{AB}=\boldsymbol{A}+\boldsymbol{B}$，其中 $\boldsymbol{B}=\begin{bmatrix}2 & 0 & 2\\ 0 & 3 & 0\\ 2 & 0 & 2\end{bmatrix}$，则 $(\boldsymbol{A}-\boldsymbol{E})^{-1}=$ ________.

7. 设矩阵 $\boldsymbol{A}$ 和 $\boldsymbol{B}$ 满足 $\boldsymbol{A}^*\boldsymbol{BA}=2\boldsymbol{BA}-4\boldsymbol{E}$，其中 $\boldsymbol{A}=\begin{bmatrix}1 & 0 & 0\\ 0 & -2 & 0\\ 0 & 0 & 1\end{bmatrix}$，则 $\boldsymbol{B}=$ ________.

8. 设 $\boldsymbol{A}=\begin{bmatrix}1 & 1 & 1 & 1\\ 0 & 1 & 1 & 1\\ 0 & 0 & 1 & 1\\ 0 & 0 & 0 & 1\end{bmatrix}$，则秩 $r(\boldsymbol{A}^2-\boldsymbol{A})=$ ________.

9. 已知向量组 $\boldsymbol{\alpha}_1=(1,2,-1,1)^{\mathrm{T}}$，$\boldsymbol{\alpha}_2=(2,0,a,0)^{\mathrm{T}}$，$\boldsymbol{\alpha}_3=(0,4,-5,2)^{\mathrm{T}}$ 线性相关，则 $a=$ ________.

10. 已知 $\boldsymbol{\alpha}_1=(1,4,2)^{\mathrm{T}}$，$\boldsymbol{\alpha}_2=(2,7,3)^{\mathrm{T}}$，$\boldsymbol{\alpha}_3=(0,1,a)^{\mathrm{T}}$ 可以表示任意一个三维向量，则 a 的取值为________.

11. 设 $\boldsymbol{A}=\begin{bmatrix}2 & -1 & 3\\ 4 & 2 & a\\ 2 & 0 & 2\end{bmatrix}$，$\boldsymbol{B}$ 是 3 阶非零矩阵，满足 $\boldsymbol{AB}=\boldsymbol{O}$，则 $a=$ ________.

12. 已知方程组 $\begin{bmatrix}1 & 2 & 1\\ 2 & 3 & a+2\\ 1 & a & -2\end{bmatrix}\begin{bmatrix}x_1\\ x_2\\ x_3\end{bmatrix}=\begin{bmatrix}1\\ 3\\ 0\end{bmatrix}$ 有无穷多解，则 $a=$ ________.

13. $\boldsymbol{A}$ 是 3 阶矩阵，且各行元素之和都为 5，则矩阵 $\boldsymbol{A}$ 必有特征向量________.

14. 设 $\boldsymbol{A}$ 是 3 阶矩阵，特征值是 0,1,2. 若 $\boldsymbol{B}=\boldsymbol{A}^2+\boldsymbol{A}-2\boldsymbol{E}$，则和矩阵 $\boldsymbol{B}$ 相似的对角矩阵是________.

15. 已知矩阵 $\boldsymbol{A}=\begin{bmatrix}1 & 0 & 1\\ 1 & 2 & a\\ 0 & 0 & 2\end{bmatrix}$ 和对角矩阵相似，则 $a=$ ________.

三、解答题

1. 已知 $\boldsymbol{A}=\begin{bmatrix}1&0&1\\0&3&0\\3&0&1\end{bmatrix}$，$\boldsymbol{B}=\begin{bmatrix}1&0&0\\0&1&0\\0&0&0\end{bmatrix}$，若 $\boldsymbol{X}$ 满足 $\boldsymbol{AX}+\boldsymbol{B}=\boldsymbol{BA}+\boldsymbol{X}$，求 $\boldsymbol{X}^3$.

2. 设 $\boldsymbol{A},\boldsymbol{B}$ 是 n 阶矩阵，如果 $\boldsymbol{AB}=\boldsymbol{BA}$，则称 $\boldsymbol{A}$ 与 $\boldsymbol{B}$ 可交换，若 $\boldsymbol{A}=\begin{bmatrix}1&-1\\2&3\end{bmatrix}$，求与 $\boldsymbol{A}$ 可交换的所有矩阵.

3. 已知矩阵 $\boldsymbol{A}=\begin{bmatrix}1&1\\2&2\\0&3\end{bmatrix}$ 和 $\boldsymbol{B}=\begin{bmatrix}1&0\\0&1\\0&0\end{bmatrix}$，求可逆矩阵 $\boldsymbol{P}$ 和 $\boldsymbol{Q}$ 使 $\boldsymbol{PAQ}=\boldsymbol{B}$.

4. 已知 $\boldsymbol{\alpha}_1=(1,-1,1)^{\mathrm{T}}$，$\boldsymbol{\alpha}_2=(1,a,-1)^{\mathrm{T}}$，$\boldsymbol{\alpha}_3=(a,1,2)^{\mathrm{T}}$，$\boldsymbol{\beta}=(4,a^2,-4)^{\mathrm{T}}$，

(Ⅰ) 当 a 取何值时，向量组 $\boldsymbol{\alpha}_1,\boldsymbol{\alpha}_2,\boldsymbol{\alpha}_3$ 线性相关？

(Ⅱ) 当 $\boldsymbol{\alpha}_1,\boldsymbol{\alpha}_2,\boldsymbol{\alpha}_3$ 线性相关时，$\boldsymbol{\beta}$ 能否由 $\boldsymbol{\alpha}_1,\boldsymbol{\alpha}_2,\boldsymbol{\alpha}_3$ 线性表示？如能线性表示就写出其表达式.

5. 已知 $\boldsymbol{\alpha}_1=(2,3,3)^{\mathrm{T}}$，$\boldsymbol{\alpha}_2=(1,0,3)^{\mathrm{T}}$，$\boldsymbol{\alpha}_3=(3,5,a+2)^{\mathrm{T}}$，若 $\boldsymbol{\beta}_1=(4,-3,15)^{\mathrm{T}}$ 可由 $\boldsymbol{\alpha}_1,\boldsymbol{\alpha}_2,\boldsymbol{\alpha}_3$ 线性表出，但 $\boldsymbol{\beta}_2=(2,5,a)^{\mathrm{T}}$ 不能由 $\boldsymbol{\alpha}_1,\boldsymbol{\alpha}_2,\boldsymbol{\alpha}_3$ 线性表出.

(Ⅰ) 求 a 的值；

(Ⅱ) 写出 $\boldsymbol{\beta}_1$ 由 $\boldsymbol{\alpha}_1,\boldsymbol{\alpha}_2,\boldsymbol{\alpha}_3$ 线性表出的表达式.

6. 已知齐次方程组

$$\begin{cases}2x_1+3x_2-x_3=0\\x_1+2x_2+x_3-x_4=0\end{cases}$$

(Ⅰ) 求方程组的基础解系；

(Ⅱ) 求出满足 $x_1=-x_2$ 的所有解.

7. 已知方程组

$$\begin{cases}x_1+x_2+x_3=2\\2x_1+x_2-3x_3=b\\4x_1+3x_2+ax_3=2\end{cases}$$

(Ⅰ) 方程组何时无解？

(Ⅱ) 方程组何时有唯一解？

(Ⅲ) 当方程组有无穷多解时求其所有解.

8. 已知方程组

$$\begin{cases}-2x_1+x_2+x_3=-2\\x_1-2x_2+x_3=a\\x_1+x_2-2x_3=a^2\end{cases}$$

当 a 取何值时方程组有解？并求其通解.

9. 设 $\boldsymbol{A}=(\boldsymbol{\alpha}_1,\boldsymbol{\alpha}_2,\boldsymbol{\alpha}_3,\boldsymbol{\alpha}_4)$ 是 4 阶矩阵，$\boldsymbol{\alpha}_1,\boldsymbol{\alpha}_2,\boldsymbol{\alpha}_3,\boldsymbol{\alpha}_4$ 均为四维列向量，其中 $\boldsymbol{\alpha}_2,\boldsymbol{\alpha}_3,\boldsymbol{\alpha}_4$ 线性无关，而 $\boldsymbol{\alpha}_1-\boldsymbol{\alpha}_2+\boldsymbol{\alpha}_3=\boldsymbol{0}$，如果 $\boldsymbol{\beta}=\boldsymbol{\alpha}_1+3\boldsymbol{\alpha}_2+5\boldsymbol{\alpha}_3+7\boldsymbol{\alpha}_4$，求方程组 $\boldsymbol{Ax}=\boldsymbol{\beta}$ 的通解.

10. 已知 $A=\begin{bmatrix}1 & 1 & -2\\1 & 5 & 0\\-2 & 0 & 5\end{bmatrix}$,

(Ⅰ)求 A 的特征值和特征向量；

(Ⅱ)求行列式 $|A-E|$ 的值.

11. 已知矩阵 $A=\begin{bmatrix}2 & a & 2\\5 & b & 3\\-1 & 1 & -1\end{bmatrix}$ 有特征值 $1,-1$.

(Ⅰ)求 a,b 的值；

(Ⅱ)求 A 的第 3 个特征值；

(Ⅲ)求秩 $r(A+2E)$.

12. 已知 $A=\begin{bmatrix}0 & 0 & 1\\0 & 1 & 0\\1 & 0 & 0\end{bmatrix}$,

(Ⅰ)求矩阵 A 的特征值、特征向量；

(Ⅱ)求可逆矩阵 P 和对角矩阵 Λ,使 $P^{-1}AP=\Lambda$;

(Ⅲ)求 A^n.

13. 设 A 为 3 阶矩阵,$\alpha_1,\alpha_2,\alpha_3$ 是线性无关的三维列向量,且满足

$$A\alpha_1=\alpha_1+\alpha_2+\alpha_3,A\alpha_2=4\alpha_2+2\alpha_3,A\alpha_3=-5\alpha_2-3\alpha_3$$

(Ⅰ)求矩阵 B,使得 $A(\alpha_1,\alpha_2,\alpha_3)=(\alpha_1,\alpha_2,\alpha_3)B$;

(Ⅱ)求矩阵 A 的特征值；

(Ⅲ)如矩阵 $A+kE$ 不可逆,求 k.

14. 设 A 是 3 阶实对称矩阵,特征值是 1,3,7. 若 $\lambda=1$ 的特征向量是 $\alpha_1=(1,-1,-1)^T$, $\lambda=3$ 的特征向量是 $\alpha_2=(1,1,0)^T$,

(Ⅰ)求矩阵 A 关于特征 $\lambda=7$ 的特征向量；

(Ⅱ)求矩阵 A.

15. 已知 A 是 3 阶矩阵,特征值为 $\lambda_1=1,\lambda_2=3,\lambda_3=0$,对应的特征向量依次为 $\alpha_1=(1,0,-1)^T,\alpha_2=(1,-2,1)^T,\alpha_3=(1,1,1)^T$,又向量 $\beta=(2,-8,0)^T$.

(Ⅰ)将 β 用 $\alpha_1,\alpha_2,\alpha_3$ 线性表出；

(Ⅱ)求 $A^2\beta$;

(Ⅲ)求齐次方程组 $Ax=0$ 的通解.

练习题答案及解析

一、选择题

1. **答案** D

解析

$$\begin{vmatrix}0&1&0&0\\0&0&0&2\\3&0&0&0\\0&0&4&0\end{vmatrix}=1\cdot(-1)^{1+2}\begin{vmatrix}0&0&2\\3&0&0\\0&4&0\end{vmatrix}=-24$$

注意(B)中

$$\begin{vmatrix}0&0&0&1\\0&0&2&0\\0&3&0&0\\4&0&0&0\end{vmatrix}=(-1)^{\frac{1}{2}\cdot 4\cdot 3}1\cdot 2\cdot 3\cdot 4=24$$

不要与3阶行列式的计算方法相混淆.

2. **答案** A

解析 用逐行相加的技巧,把第一行加至第二行,再把第二行加到第三行,……

$$\begin{vmatrix}1&a&0&0\\-1&2-a&a&0\\0&-2&3-a&a\\0&0&-3&4-a\end{vmatrix}=\begin{vmatrix}1&a&0&0\\0&2&a&0\\0&-2&3-a&a\\0&0&-3&4-a\end{vmatrix}=\begin{vmatrix}1&a&0&0\\0&2&a&0\\0&0&3&a\\0&0&-3&4-a\end{vmatrix}$$

$$=\begin{vmatrix}1&a&0&0\\0&2&a&0\\0&0&3&a\\0&0&0&4\end{vmatrix}$$

3. **答案** B

解析 用行列式性质,化简有

$$\begin{vmatrix}a_{11}&2a_{31}-5a_{21}&3a_{21}\\a_{12}&2a_{32}-5a_{22}&3a_{22}\\a_{13}&2a_{33}-5a_{23}&3a_{23}\end{vmatrix}=3\begin{vmatrix}a_{11}&2a_{31}-5a_{21}&a_{21}\\a_{12}&2a_{32}-5a_{22}&a_{22}\\a_{13}&2a_{33}-5a_{23}&a_{23}\end{vmatrix}$$

$$=3\begin{vmatrix}a_{11}&2a_{31}&a_{21}\\a_{12}&2a_{32}&a_{22}\\a_{13}&2a_{33}&a_{23}\end{vmatrix}=6\begin{vmatrix}a_{11}&a_{31}&a_{21}\\a_{12}&a_{32}&a_{22}\\a_{13}&a_{33}&a_{23}\end{vmatrix}$$

$$=-6\begin{vmatrix} a_{11} & a_{21} & a_{31} \\ a_{12} & a_{22} & a_{32} \\ a_{13} & a_{23} & a_{33} \end{vmatrix}=-6\begin{vmatrix} a_{11} & a_{12} & a_{13} \\ a_{21} & a_{22} & a_{23} \\ a_{31} & a_{32} & a_{33} \end{vmatrix}=-18.$$

请说出每一步的理由.

4. 答案 C

解析 由 $\boldsymbol{A}+2\boldsymbol{B}=(\boldsymbol{\alpha},\boldsymbol{\beta},\boldsymbol{\gamma}_1)+(2\boldsymbol{\alpha},2\boldsymbol{\beta},2\boldsymbol{\gamma}_2)=(3\boldsymbol{\alpha},3\boldsymbol{\beta},\boldsymbol{\gamma}_1+2\boldsymbol{\gamma}_2)$ 知

$$|\boldsymbol{A}+2\boldsymbol{B}|=9|\boldsymbol{\alpha},\boldsymbol{\beta},\boldsymbol{\gamma}_1+2\boldsymbol{\gamma}_2|=9(|\boldsymbol{\alpha},\boldsymbol{\beta},\boldsymbol{\gamma}_1|+2|\boldsymbol{\alpha},\boldsymbol{\beta},\boldsymbol{\gamma}_2|)$$

5. 答案 C

解析 由 $|k\boldsymbol{A}|=k^n|\boldsymbol{A}|$，$|\boldsymbol{AB}|=|\boldsymbol{A}||\boldsymbol{B}|$，$|\boldsymbol{A}^*|=|\boldsymbol{A}|^{n-1}$，$|\boldsymbol{A}^{-1}|=\dfrac{1}{|\boldsymbol{A}|}$，

易见 $|2\boldsymbol{A}^*\boldsymbol{B}^{-1}|=2^n|\boldsymbol{A}^*||\boldsymbol{B}^{-1}|=\dfrac{2^n a^{n-1}}{b}$.

6. 答案 D

解析 由 $\boldsymbol{AB}=\boldsymbol{O}\Rightarrow|\boldsymbol{AB}|=0\Rightarrow|\boldsymbol{A}|\cdot|\boldsymbol{B}|=0$.

因为 $|\boldsymbol{A}|=0$ 或 $|\boldsymbol{B}|=0$，即(D) 正确.

注意由 $\boldsymbol{AB}=\boldsymbol{O}\not\Rightarrow\boldsymbol{BA}=\boldsymbol{O}$，而$(\boldsymbol{A}+\boldsymbol{B})^2=\boldsymbol{A}^2+\boldsymbol{AB}+\boldsymbol{BA}+\boldsymbol{B}^2$，故(A) 不正确.

如 $\boldsymbol{A}=\boldsymbol{E},\boldsymbol{B}=\boldsymbol{O}$，有 $\boldsymbol{AB}=\boldsymbol{O}$，知(B) 不正确.

由$\begin{bmatrix} 1 & 1 \\ 1 & 1 \end{bmatrix}\begin{bmatrix} 1 & 1 \\ -1 & -1 \end{bmatrix}=\begin{bmatrix} 0 & 0 \\ 0 & 0 \end{bmatrix}$，知(C) 不正确.

假如 $\boldsymbol{A},\boldsymbol{B}$ 均是非零矩阵且$\boldsymbol{AB}=\boldsymbol{O}$，则 $r(\boldsymbol{A})+r(\boldsymbol{B})\leqslant n$，必有 $1<r(\boldsymbol{A})<n,1<r(\boldsymbol{B})<n$，而知此时(B) 正确.

7. 答案 D

解析 由 $\boldsymbol{\alpha}^{\mathrm{T}}\boldsymbol{\alpha}=\left(\dfrac{1}{2},\dfrac{1}{2},\dfrac{1}{2},\dfrac{1}{2}\right)\begin{bmatrix} \frac{1}{2} \\ \frac{1}{2} \\ \frac{1}{2} \\ \frac{1}{2} \end{bmatrix}=1$，

$$\begin{aligned}\text{那么 } \boldsymbol{AB}&=(\boldsymbol{E}-\boldsymbol{\alpha\alpha}^{\mathrm{T}})(\boldsymbol{E}+2\boldsymbol{\alpha\alpha}^{\mathrm{T}})=\boldsymbol{E}+2\boldsymbol{\alpha\alpha}^{\mathrm{T}}-\boldsymbol{\alpha\alpha}^{\mathrm{T}}-2\boldsymbol{\alpha\alpha}^{\mathrm{T}}\boldsymbol{\alpha\alpha}^{\mathrm{T}}\\&=\boldsymbol{E}+\boldsymbol{\alpha\alpha}^{\mathrm{T}}-2\boldsymbol{\alpha}(\boldsymbol{\alpha}^{\mathrm{T}}\boldsymbol{\alpha})\boldsymbol{\alpha}^{\mathrm{T}}=\boldsymbol{E}-\boldsymbol{\alpha\alpha}^{\mathrm{T}}=\boldsymbol{A}.\end{aligned}$$

8. 答案 A

解析 $\boldsymbol{\alpha}^{\mathrm{T}}\boldsymbol{\alpha}=(a,0,0,a)\begin{bmatrix} a \\ 0 \\ 0 \\ a \end{bmatrix}=2a^2$

$$AB=(E-\alpha\alpha^{T})(E+\frac{1}{a}\alpha\alpha^{T})=E+\frac{1}{a}\alpha\alpha^{T}-\alpha\alpha^{T}-\frac{1}{a}\alpha\alpha^{T}\alpha\alpha^{T}$$

故 $AB=E\Leftrightarrow\frac{1}{a}\alpha\alpha^{T}-\alpha\alpha^{T}-\frac{1}{a}\alpha(\alpha^{T}\alpha)\alpha^{T}=O$

$$\Leftrightarrow\left(\frac{1}{a}-1-2a\right)\alpha\alpha^{T}=O$$

$$\Leftrightarrow\frac{1}{a}-1-2a=0$$

$$\Leftrightarrow a=\frac{1}{2}\text{ 或 }-1.$$

9. **答案** C

解析 观察出矩阵 A 需经过两次行变换得到 B，故应排除(A) 和(B). P_1 表示一、二两行互换，P_2 表示第一行加到第三行. 而 A 可以先把第一行加到第三行，再一、二两行互换，得到 B. 故应选(C).

本题 A 也可先一、二两行互换，然后把第二行加到第三行，写出来是

$$B=\begin{bmatrix}1&0&0\\0&1&0\\0&1&1\end{bmatrix}\begin{bmatrix}0&1&0\\1&0&0\\0&0&1\end{bmatrix}A$$

本题的 $P_2P_1A=?$

10. **答案** B

解析 按题意 $A_1=PA$，$B_1=BQ$，其中 $P=\begin{bmatrix}1&3\\0&1\end{bmatrix}$，$Q=\begin{bmatrix}1&1\\0&1\end{bmatrix}$，

于是 $A_1B_1=PABQ$，那么

$$AB=P^{-1}A_1B_1Q^{-1}=\begin{bmatrix}1&-3\\0&1\end{bmatrix}\begin{bmatrix}1&2\\0&3\end{bmatrix}\begin{bmatrix}1&-1\\0&1\end{bmatrix}=\begin{bmatrix}1&-8\\0&3\end{bmatrix}$$

11. **答案** C

解析 由 $r(A^*)=\begin{cases}n, & \text{如 } r(A)=n\\1, & \text{如 } r(A)=n-1\\0, & \text{如 } r(A)<n-1\end{cases}$，可见 $r(A^*)=1\Leftrightarrow r(A)=3$.

又 $|A|=\begin{vmatrix}1&a&a&a\\a&1&a&a\\a&a&1&a\\a&a&a&1\end{vmatrix}=(3a+1)(1-a)^3$，

若 $a=1$ 易见 $r(A)=1$，故必有 $a=-\frac{1}{3}$.

12. **答案** A

解析 由 $r(\boldsymbol{A}^*)=\begin{cases}n, & \text{如 } r(\boldsymbol{A})=n\\ 1, & \text{如 } r(\boldsymbol{A})=n-1\text{,可见 } r(\boldsymbol{A}^*)=1\Leftrightarrow r(\boldsymbol{A})=3.\\ 0, & \text{如 } r(\boldsymbol{A})<n-1\end{cases}$

$$\boldsymbol{A}=\begin{bmatrix}1&1&1&1\\0&1&-1&a\\2&3&a&4\\3&5&1&9\end{bmatrix}\to\begin{bmatrix}1&1&1&1\\0&1&-1&a\\0&1&a-2&2\\0&2&-2&6\end{bmatrix}\to\begin{bmatrix}1&1&1&1\\0&1&-1&a\\0&0&a-1&2-a\\0&0&0&6-2a\end{bmatrix}$$

当 $a=3$ 时,$r(\boldsymbol{A})=3$,但当 $a=1$ 时仍有 $r(\boldsymbol{A})=3$,

所以 $a=3$ 是 $r(\boldsymbol{A}^*)=1$ 的充分而非必要条件.

13. **答案** B

解析 考查 $\boldsymbol{\alpha}_1,\boldsymbol{\alpha}_2,\boldsymbol{\alpha}_3$ 中前三个分量所构成的向量,由于

$$|\boldsymbol{\alpha}_1',\boldsymbol{\alpha}_2',\boldsymbol{\alpha}_3'|=\begin{vmatrix}1&0&1\\0&1&0\\1&0&-1\end{vmatrix}\neq 0$$

知 $\boldsymbol{\alpha}_1',\boldsymbol{\alpha}_2',\boldsymbol{\alpha}_3'$ 线性无关,从而延伸组 $\boldsymbol{\alpha}_1,\boldsymbol{\alpha}_2,\boldsymbol{\alpha}_3$ 必线性无关.

注意,若(D) 正确,则(B) 必正确,因而(D) 一定不正确,其实

$$|\boldsymbol{\alpha}_1,\boldsymbol{\alpha}_2,\boldsymbol{\alpha}_3,\boldsymbol{\alpha}_4|=\begin{vmatrix}1&0&1&0\\0&1&0&0\\1&0&-1&0\\c_1&c_2&c_3&c_4\end{vmatrix}=-2c_4$$

当 $c_4=0$ 时,向量组 $\boldsymbol{\alpha}_1,\boldsymbol{\alpha}_2,\boldsymbol{\alpha}_3,\boldsymbol{\alpha}_4$ 是线性相关的.

又 $r(\boldsymbol{\alpha}_2,\boldsymbol{\alpha}_3,\boldsymbol{\alpha}_4)=r\left(\begin{bmatrix}0&1&0\\1&0&0\\0&-1&0\\c_2&c_3&c_4\end{bmatrix}\right)=r\left(\begin{bmatrix}1&0&0\\0&1&0\\0&0&0\\0&0&c_4\end{bmatrix}\right)$ 为 2 或 3,故向量组 $\boldsymbol{\alpha}_2,\boldsymbol{\alpha}_3,\boldsymbol{\alpha}_4$ 的线性相关性也是不确定的.

14. **答案** B

解析 n 个 n 维向量线性相关的判定用行列式 $|\boldsymbol{\alpha}_1,\boldsymbol{\alpha}_2,\cdots,\boldsymbol{\alpha}_n|=0$ 较方便. 本题

$$|\boldsymbol{\alpha}_1,\boldsymbol{\alpha}_2,\boldsymbol{\alpha}_3,\boldsymbol{\alpha}_4|=\begin{vmatrix}1&3&2&0\\2&4&6&1\\3&7&a&3\\1&-1&6&a\end{vmatrix}=\begin{vmatrix}1&0&0&0\\2&-2&2&1\\3&-2&a-6&3\\1&-4&4&a\end{vmatrix}=\begin{vmatrix}-2&0&1\\-2&a-8&3\\-4&0&a\end{vmatrix}$$

$$=(a-8)(4-2a).$$

当 $a=2$ 时,行列式 $|\boldsymbol{\alpha}_1,\boldsymbol{\alpha}_2,\boldsymbol{\alpha}_3,\boldsymbol{\alpha}_4|=0$,向量组 $\boldsymbol{\alpha}_1,\boldsymbol{\alpha}_2,\boldsymbol{\alpha}_3,\boldsymbol{\alpha}_4$ 线性相关.

但当 $a=8$ 时,仍有行列式 $|\boldsymbol{\alpha}_1,\boldsymbol{\alpha}_2,\boldsymbol{\alpha}_3,\boldsymbol{\alpha}_4|=0$,向量组 $\boldsymbol{\alpha}_1,\boldsymbol{\alpha}_2,\boldsymbol{\alpha}_3,\boldsymbol{\alpha}_4$ 也是线性相关的.

所以 $a=2$ 是向量组 $\boldsymbol{\alpha}_1,\boldsymbol{\alpha}_2,\boldsymbol{\alpha}_3,\boldsymbol{\alpha}_4$ 线性相关的充分而非必要条件.

15. **答案** A

解析 $\boldsymbol{\beta}$ 能由 $\boldsymbol{\alpha}_1,\boldsymbol{\alpha}_2,\boldsymbol{\alpha}_3$ 线性表示$\Leftrightarrow$ 方程组 $x_1\boldsymbol{\alpha}_1+x_2\boldsymbol{\alpha}_2+x_3\boldsymbol{\alpha}_3=\boldsymbol{\beta}$ 有解

$$\Leftrightarrow r(\boldsymbol{\alpha}_1,\boldsymbol{\alpha}_2,\boldsymbol{\alpha}_3)=r(\boldsymbol{\alpha}_1,\boldsymbol{\alpha}_2,\boldsymbol{\alpha}_3,\boldsymbol{\beta})\leqslant 3$$

可知 $\boldsymbol{\alpha}_1,\boldsymbol{\alpha}_2,\boldsymbol{\alpha}_3$ 既可能线性相关也可能线性无关,是不确定的.故(C),(D) 均错误.

(B) 和(C) 是逆否命题的关系,因而(B) 也不正确.

因为 4 个三维向量必线性相关,如果 $\boldsymbol{\alpha}_1,\boldsymbol{\alpha}_2,\boldsymbol{\alpha}_3$ 线性无关,但 $\boldsymbol{\alpha}_1,\boldsymbol{\alpha}_2,\boldsymbol{\alpha}_3,\boldsymbol{\beta}$ 必线性相关,因此 $\boldsymbol{\beta}$ 必能由 $\boldsymbol{\alpha}_1,\boldsymbol{\alpha}_2,\boldsymbol{\alpha}_3$ 线性表示.

现在 $\boldsymbol{\beta}$ 不能由 $\boldsymbol{\alpha}_1,\boldsymbol{\alpha}_2,\boldsymbol{\alpha}_3$ 线性表示,故 $\boldsymbol{\alpha}_1,\boldsymbol{\alpha}_2,\boldsymbol{\alpha}_3$ 必然线性相关.

即(A) 肯定是正确的.

16. **答案** D

解析 由观察法易见

$$(\boldsymbol{\alpha}_1-\boldsymbol{\alpha}_2)+(\boldsymbol{\alpha}_2-\boldsymbol{\alpha}_3)+(\boldsymbol{\alpha}_3-\boldsymbol{\alpha}_1)=\boldsymbol{0}$$
$$(\boldsymbol{\alpha}_1-\boldsymbol{\alpha}_2)+(\boldsymbol{\alpha}_2+\boldsymbol{\alpha}_3)-(\boldsymbol{\alpha}_3+\boldsymbol{\alpha}_1)=\boldsymbol{0}$$

知(A),(B) 均线性相关,不可能是 $\boldsymbol{A}\boldsymbol{x}=\boldsymbol{0}$ 的基础解系.

关于(C),可设想为 $\boldsymbol{\beta}_1=\boldsymbol{\alpha}_1+\boldsymbol{\alpha}_2,\boldsymbol{\beta}_2=3\boldsymbol{\alpha}_1-5\boldsymbol{\alpha}_2,\boldsymbol{\beta}_3=\boldsymbol{\alpha}_1+4\boldsymbol{\alpha}_2$,

即 $\boldsymbol{\beta}_1,\boldsymbol{\beta}_2,\boldsymbol{\beta}_3$ 三个向量可由 $\boldsymbol{\alpha}_1,\boldsymbol{\alpha}_2$ 两个向量线性表出,所以 $\boldsymbol{\beta}_1,\boldsymbol{\beta}_2,\boldsymbol{\beta}_3$ 必线性相关,

即 $\boldsymbol{\alpha}_1+\boldsymbol{\alpha}_2,3\boldsymbol{\alpha}_1-5\boldsymbol{\alpha}_2,\boldsymbol{\alpha}_1+4\boldsymbol{\alpha}_2$ 必线性相关.

由排除法可确定选(D).

或者,直接地

$$(\boldsymbol{\alpha}_1+\boldsymbol{\alpha}_2,\boldsymbol{\alpha}_2+\boldsymbol{\alpha}_3,\boldsymbol{\alpha}_1-\boldsymbol{\alpha}_2+\boldsymbol{\alpha}_3)=(\boldsymbol{\alpha}_1,\boldsymbol{\alpha}_2,\boldsymbol{\alpha}_3)\begin{bmatrix}1&0&1\\1&1&-1\\0&1&1\end{bmatrix}$$

又矩阵 $\begin{bmatrix}1&0&1\\1&1&-1\\0&1&1\end{bmatrix}$ 可逆,于是

$$r(\boldsymbol{\alpha}_1+\boldsymbol{\alpha}_2,\boldsymbol{\alpha}_2+\boldsymbol{\alpha}_3,\boldsymbol{\alpha}_1-\boldsymbol{\alpha}_2+\boldsymbol{\alpha}_3)=r(\boldsymbol{\alpha}_1,\boldsymbol{\alpha}_2,\boldsymbol{\alpha}_3)=3$$

知 $\boldsymbol{\alpha}_1+\boldsymbol{\alpha}_2,\boldsymbol{\alpha}_2+\boldsymbol{\alpha}_3,\boldsymbol{\alpha}_1-\boldsymbol{\alpha}_2+\boldsymbol{\alpha}_3$ 必线性无关.

17. **答案** C

解析 由 $n-r(\boldsymbol{A})=4-3=1$,知方程组 $\boldsymbol{A}\boldsymbol{x}=\boldsymbol{b}$ 的通解形式:$\boldsymbol{\alpha}+k\boldsymbol{\eta}$.

因为方程组 $\boldsymbol{A}\boldsymbol{x}=\boldsymbol{b}$ 的特解不唯一,故可由 $\boldsymbol{A}\boldsymbol{x}=\boldsymbol{0}$ 的解入手.因

$$3(\boldsymbol{\alpha}_1+\boldsymbol{\alpha}_2)-2(\boldsymbol{\alpha}_2+2\boldsymbol{\alpha}_3)=3\boldsymbol{\alpha}_1+\boldsymbol{\alpha}_2-4\boldsymbol{\alpha}_3=3(\boldsymbol{\alpha}_1-\boldsymbol{\alpha}_3)+(\boldsymbol{\alpha}_2-\boldsymbol{\alpha}_3)$$

是齐次方程组 $\boldsymbol{A}\boldsymbol{x}=\boldsymbol{0}$ 的解,即

$3(1,2,3,4)^{\mathrm{T}}-2(2,3,4,5)^{\mathrm{T}}=(-1,0,1,2)^{\mathrm{T}}$ 是 $\boldsymbol{A}\boldsymbol{x}=\boldsymbol{0}$ 的解,可排除(B)(D).

又 $\boldsymbol{A}[(\boldsymbol{\alpha}_2+2\boldsymbol{\alpha}_3)-(\boldsymbol{\alpha}_1+\boldsymbol{\alpha}_2)]=\boldsymbol{A}(2\boldsymbol{\alpha}_3-\boldsymbol{\alpha}_1)=\boldsymbol{b}$,即 $(1,1,1,1)^{\mathrm{T}}$ 是非齐次方程组 $\boldsymbol{A}\boldsymbol{x}=$

$\boldsymbol{b}$ 的解，故应选(C).

评注　本题中 $\frac{1}{2}(\boldsymbol{\alpha}_1+\boldsymbol{\alpha}_2)$ 和 $2(\boldsymbol{\alpha}_1+\boldsymbol{\alpha}_2)-(\boldsymbol{\alpha}_2+2\boldsymbol{\alpha}_3)$ 即 $\frac{1}{2}\begin{bmatrix}1\\2\\3\\4\end{bmatrix}$ 和 $\begin{bmatrix}1\\1\\1\\1\end{bmatrix}$ 都是非齐次方程组 $\boldsymbol{Ax}=\boldsymbol{b}$ 的解.

18. 答案　B

解析　本题是考查用定义法，分析特征值.

由 $\boldsymbol{A\alpha}=\lambda\boldsymbol{\alpha},\boldsymbol{\alpha}\neq\boldsymbol{0}$，有 $\boldsymbol{A}^2\boldsymbol{\alpha}=\lambda^2\boldsymbol{\alpha}$，故

$$\frac{1}{3}\boldsymbol{A}^2\boldsymbol{\alpha}=\frac{1}{3}\lambda^2\boldsymbol{\alpha}$$

即若 λ 是 $\boldsymbol{A}$ 的特征值，则 $\frac{1}{3}\lambda^2$ 是矩阵 $\frac{1}{3}\boldsymbol{A}^2$ 的特征值.

因此矩阵 $\frac{1}{3}\boldsymbol{A}^2$ 有特征值 $\frac{4}{3}$.

再由 $\boldsymbol{A\alpha}=\lambda\boldsymbol{\alpha}$ 有 $\boldsymbol{A}^{-1}\boldsymbol{\alpha}=\frac{1}{\lambda}\boldsymbol{\alpha}$，

即 $\boldsymbol{A}$ 和 $\boldsymbol{A}^{-1}$ 特征值互为倒数，而知 $\frac{3}{4}$ 是矩阵 $\left(\frac{1}{3}\boldsymbol{A}^2\right)^{-1}$ 的一个特征值.

19. 答案　A

解析　由特征值、特征向量定义，有

$$\begin{bmatrix}3&2&-1\\a&-2&2\\3&b&-1\end{bmatrix}\begin{bmatrix}1\\-2\\3\end{bmatrix}=\lambda\begin{bmatrix}1\\-2\\3\end{bmatrix}$$

即 $\begin{cases}3-4-3=\lambda\\a+4+6=-2\lambda\\3-2b-3=3\lambda\end{cases}$，可解出 $a=-2,b=6$.

20. 答案　B

解析　$\boldsymbol{P}^{-1}\boldsymbol{AP}=\boldsymbol{\Lambda}$，$\boldsymbol{\Lambda}$ 是 $\boldsymbol{A}$ 的特征值，故必排除(C)，(D).

问题是 $\boldsymbol{P}$ 中特征向量与 $\boldsymbol{A}$ 的特征值的顺序不能错位要对应正确.

由 $\boldsymbol{A\alpha}_2=3\boldsymbol{\alpha}_2$ 有 $\boldsymbol{A}(-\boldsymbol{\alpha}_2)=3(-\boldsymbol{\alpha}_2)$，即 $-\boldsymbol{\alpha}_2$ 仍是 $\boldsymbol{A}$ 关于 $\lambda=3$ 的特征向量，

$\boldsymbol{A\alpha}_3=-5\boldsymbol{\alpha}_3$ 有 $\boldsymbol{A}(2\boldsymbol{\alpha}_3)=-5(2\boldsymbol{\alpha}_3)$，即 $2\boldsymbol{\alpha}_3$ 仍是 $\boldsymbol{A}$ 关于 $\lambda=-5$ 的特征向量，

所以 $\boldsymbol{P}^{-1}\boldsymbol{AP}=\begin{bmatrix}1&&\\&-5&\\&&3\end{bmatrix}$.

二、填空题

1. **答案** -8

解析 $A=\begin{bmatrix}1\\0\\-1\end{bmatrix}[1,0,-1]=\begin{bmatrix}1&0&-1\\0&0&0\\-1&0&1\end{bmatrix}$,又

$$[1,0,-1]\begin{bmatrix}1\\0\\-1\end{bmatrix}=1+0+1=2$$

那么
$$A^2=\begin{bmatrix}1\\0\\-1\end{bmatrix}[1,0,-1]\begin{bmatrix}1\\0\\-1\end{bmatrix}[1,0,-1]=2A$$

故 $|2E-A^2|=|2E-2A|=2^3|E-A|=2^3\begin{vmatrix}0&0&1\\0&1&0\\1&0&0\end{vmatrix}=-8$.

2. **答案** $-\dfrac{2}{5}$

解析 由 $AA^*=|A|E$,又 $|A|=4$,对 $A^*B=2A^{-1}+3B$ 左乘 A 得到

$4B=2E+3AB\Rightarrow(4E-3A)B=2E\Rightarrow|4E-3A|\cdot|B|=8$

而 $|4E-3A|=\begin{vmatrix}1&0&-3\\0&-2&0\\3&0&1\end{vmatrix}=-20$,所以 $|B|=-\dfrac{2}{5}$.

3. **答案** 24

解析 由 $A\sim B$,知矩阵 B 的特征值为 1,2,3,

那么 $B+E$ 的特征值为 2,3,4,故 $|B+E|=2\cdot3\cdot4=24$.

4. **答案** $\dfrac{125}{36}$

解析 由 $AA^*=A^*A=|A|E$,有 $\dfrac{A}{|A|}\cdot A^*=A^*\cdot\dfrac{A}{|A|}=E$,

知 $(A^*)^{-1}=\dfrac{A}{|A|}$,本题 $|A|=6$,从而

$$|A-(A^*)^{-1}|=\left|A-\frac{1}{6}A\right|=\left(\frac{5}{6}\right)^3|A|=\frac{125}{36}$$

5. **答案** $\begin{bmatrix}-3&-3&-3\\4&5&6\end{bmatrix}$.

解析 $X=\begin{bmatrix}1&1\\0&1\end{bmatrix}^{-1}\begin{bmatrix}1&2&3\\4&5&6\end{bmatrix}=\begin{bmatrix}1&-1\\0&1\end{bmatrix}\begin{bmatrix}1&2&3\\4&5&6\end{bmatrix}=\begin{bmatrix}-3&-3&-3\\4&5&6\end{bmatrix}$.

6. 答案 $\begin{bmatrix}1&0&2\\0&2&0\\2&0&1\end{bmatrix}$.

解析 由 $\boldsymbol{AB}=\boldsymbol{A}+\boldsymbol{B}$ 得

$$\boldsymbol{AB}-\boldsymbol{B}-\boldsymbol{A}+\boldsymbol{E}=\boldsymbol{E}\quad 即\quad (\boldsymbol{A}-\boldsymbol{E})(\boldsymbol{B}-\boldsymbol{E})=\boldsymbol{E}$$

故 $(\boldsymbol{A}-\boldsymbol{E})^{-1}=\boldsymbol{B}-\boldsymbol{E}=\begin{bmatrix}1&0&2\\0&2&0\\2&0&1\end{bmatrix}$.

7. 答案 $\begin{bmatrix}1&0&0\\0&-2&0\\0&0&1\end{bmatrix}$

解析 先化简矩阵方程,左乘 $\boldsymbol{A}$ 并右乘 $\boldsymbol{A}^{-1}$ 有

$$\boldsymbol{A}(\boldsymbol{A}^*\boldsymbol{BA})\boldsymbol{A}^{-1}=\boldsymbol{A}(2\boldsymbol{BA})\boldsymbol{A}^{-1}-\boldsymbol{A}(4\boldsymbol{E})\boldsymbol{A}^{-1}$$

利用 $\boldsymbol{AA}^*=|\boldsymbol{A}|\boldsymbol{E}$,及本题 $|\boldsymbol{A}|=-2$ 得 $\boldsymbol{AB}+\boldsymbol{B}=2\boldsymbol{E}$,

$$\boldsymbol{B}=2(\boldsymbol{A}+\boldsymbol{E})^{-1}=2\begin{bmatrix}2&0&0\\0&-1&0\\0&0&2\end{bmatrix}^{-1}=\begin{bmatrix}1&0&0\\0&-2&0\\0&0&1\end{bmatrix}$$

8. 答案 3

解析 因为 $\boldsymbol{A}^2-\boldsymbol{A}=\boldsymbol{A}(\boldsymbol{A}-\boldsymbol{E})$,又 $\boldsymbol{A}$ 是可逆矩阵.

故 $r(\boldsymbol{A}^2-\boldsymbol{A})=r(\boldsymbol{A}-\boldsymbol{E})=r\begin{pmatrix}0&1&1&1\\0&0&1&1\\0&0&0&1\\0&0&0&0\end{pmatrix}=3$.

9. 答案 3

解析 $\boldsymbol{\alpha}_1,\boldsymbol{\alpha}_2,\boldsymbol{\alpha}_3$ 线性相关 $\Leftrightarrow$ 齐次方程组 $x_1\boldsymbol{\alpha}_1+x_2\boldsymbol{\alpha}_2+x_3\boldsymbol{\alpha}_3=\boldsymbol{0}$ 有非零解

$$(\boldsymbol{\alpha}_1,\boldsymbol{\alpha}_2,\boldsymbol{\alpha}_3)=\begin{bmatrix}1&2&0\\2&0&4\\-1&a&-5\\1&0&2\end{bmatrix}\to\begin{bmatrix}1&2&0\\0&-4&4\\0&a+2&-5\\0&-2&2\end{bmatrix}\to\begin{bmatrix}1&2&0\\0&1&-1\\0&0&a-3\\0&0&0\end{bmatrix}$$

可见 $a=3$ 时,秩 $r(\boldsymbol{\alpha}_1,\boldsymbol{\alpha}_2,\boldsymbol{\alpha}_3)<3$,即 $\boldsymbol{\alpha}_1,\boldsymbol{\alpha}_2,\boldsymbol{\alpha}_3$ 线性相关.

10. 答案 $a\neq 1$

解析 $\boldsymbol{\alpha}_1,\boldsymbol{\alpha}_2,\boldsymbol{\alpha}_3$ 可以表示任一个三维向量

$\Leftrightarrow\boldsymbol{\alpha}_1,\boldsymbol{\alpha}_2,\boldsymbol{\alpha}_3$ 与向量组 $(1,0,0)^{\mathrm{T}},(0,1,0)^{\mathrm{T}},(0,0,1)^{\mathrm{T}}$ 等价

$\Leftrightarrow r(\boldsymbol{\alpha}_1,\boldsymbol{\alpha}_2,\boldsymbol{\alpha}_3)=3$.

由 $|\boldsymbol{\alpha}_1,\boldsymbol{\alpha}_2,\boldsymbol{\alpha}_3|=\begin{vmatrix}1&2&0\\4&7&1\\2&3&a\end{vmatrix}=1-a$，所以 $a\neq 1$.

11. **答案** 2

解析 $\boldsymbol{AB}=\boldsymbol{O},\boldsymbol{B}\neq\boldsymbol{O}$，意味着齐次方程组 $\boldsymbol{Ax}=\boldsymbol{0}$ 有非零解，于是 $r(\boldsymbol{A})<3$.

又 $|\boldsymbol{A}|=\begin{vmatrix}2&-1&3\\4&2&a\\2&0&2\end{vmatrix}=2(2-a)$，所以 $a=2$.

12. **答案** 3

解析 方程组 $\boldsymbol{Ax}=\boldsymbol{b}$ 有无穷多解 $\Leftrightarrow r(\boldsymbol{A})=r(\overline{\boldsymbol{A}})<n$.

$$\overline{\boldsymbol{A}}=\left[\begin{array}{ccc:c}1&2&1&1\\2&3&a+2&3\\1&a&-2&0\end{array}\right]\to\left[\begin{array}{ccc:c}1&2&1&1\\0&-1&a&1\\0&a-2&-3&-1\end{array}\right]\to\left[\begin{array}{ccc:c}1&2&1&1\\0&-1&a&1\\0&0&a^2-2a-3&a-3\end{array}\right]$$

故当 $a=3$ 时，$r(\boldsymbol{A})=r(\overline{\boldsymbol{A}})=2<3$，方程组有无穷多解.

评注 $|\boldsymbol{A}|=0$ 是方程组 $\boldsymbol{Ax}=\boldsymbol{b}$ 有无穷多解的必要条件，

那么 $|\boldsymbol{A}|=\begin{vmatrix}1&2&1\\2&3&a+2\\1&a&-2\end{vmatrix}=(a+1)(3-a)$，然后把 $a=-1$ 和 $a=3$ 分别代入到方程组中判断方程组是无穷多解或无解亦可.

13. **答案** $(1,1,1)^{\mathrm{T}}$

解析 $\boldsymbol{A}$ 矩阵各行元素之和都为 5，即

$$\begin{cases}a_{11}+a_{12}+a_{13}=5\\a_{21}+a_{22}+a_{23}=5\\a_{31}+a_{32}+a_{33}=5\end{cases}$$

用矩阵表示为

$$\begin{bmatrix}a_{11}&a_{12}&a_{13}\\a_{21}&a_{22}&a_{23}\\a_{31}&a_{32}&a_{33}\end{bmatrix}\begin{bmatrix}1\\1\\1\end{bmatrix}=\begin{bmatrix}5\\5\\5\end{bmatrix}$$

即

$$\boldsymbol{A}\begin{bmatrix}1\\1\\1\end{bmatrix}=5\begin{bmatrix}1\\1\\1\end{bmatrix}$$

14. **答案** $\begin{bmatrix}4&&\\&0&\\&&-2\end{bmatrix}$

解析 由 $A\alpha = \lambda\alpha$ 知 $A^2\alpha = \lambda^2\alpha$ 那么

$$B\alpha = (A^2 + A - 2E)\alpha = (\lambda^2 + \lambda - 2)\alpha$$

即矩阵 A 的特征值是λ时，矩阵 B 的特征值为$\lambda^2 + \lambda - 2$. 把 0,1,2 代入得到 B 的特征值：-2，0,4，故 $B \sim \begin{bmatrix} 4 & & \\ & 0 & \\ & & -2 \end{bmatrix}$.

15. **答案** -1

解析 $A \sim \Lambda \Leftrightarrow A$ 有 n 个线性无关的特征向量.

由 A 的特征多项式

$$|\lambda E - A| = \begin{vmatrix} \lambda - 1 & 0 & -1 \\ -1 & \lambda - 2 & -a \\ 0 & 0 & \lambda - 2 \end{vmatrix} = (\lambda - 1)(\lambda - 2)^2$$

现 $\lambda = 2$ 是二重特征值，那么 $\lambda = 2$ 必有 2 个线性无关的特征向量时，矩阵 A 才能和对角矩阵相似，亦即 $(2E - A)x = 0$ 必有 2 个线性无关的解. 由

$$2E - A = \begin{bmatrix} 1 & 0 & -1 \\ -1 & 0 & -a \\ 0 & 0 & 0 \end{bmatrix} \to \begin{bmatrix} 1 & 0 & -1 \\ 0 & 0 & a+1 \\ 0 & 0 & 0 \end{bmatrix}$$

故 $a = -1$ 时 $A \sim \Lambda$.

三、解答题

1. **解** 由 $AX + B = BA + X$，有

$$(A - E)X = B(A - E)$$

因 $A - E = \begin{bmatrix} 0 & 0 & 1 \\ 0 & 2 & 0 \\ 3 & 0 & 0 \end{bmatrix}$ 可逆，故

$$X = (A - E)^{-1}B(A - E)$$

那么 $X^3 = (A - E)^{-1}B^3(A - E)$

$$= \begin{bmatrix} 0 & 0 & 1 \\ 0 & 2 & 0 \\ 3 & 0 & 0 \end{bmatrix}^{-1} \begin{bmatrix} 1 & 0 & 0 \\ 0 & 1 & 0 \\ 0 & 0 & 0 \end{bmatrix} \begin{bmatrix} 0 & 0 & 1 \\ 0 & 2 & 0 \\ 3 & 0 & 0 \end{bmatrix}$$

$$= \begin{bmatrix} 0 & 0 & \frac{1}{3} \\ 0 & \frac{1}{2} & 0 \\ 1 & 0 & 0 \end{bmatrix} \begin{bmatrix} 1 & 0 & 0 \\ 0 & 1 & 0 \\ 0 & 0 & 0 \end{bmatrix} \begin{bmatrix} 0 & 0 & 1 \\ 0 & 2 & 0 \\ 3 & 0 & 0 \end{bmatrix} = \begin{bmatrix} 0 & 0 & 0 \\ 0 & 1 & 0 \\ 0 & 0 & 1 \end{bmatrix}$$

2. **解** 设 $X=\begin{bmatrix}x_1 & x_2\\ x_3 & x_4\end{bmatrix}$与 A 可交换,则

$$\begin{bmatrix}1 & -1\\ 2 & 3\end{bmatrix}\begin{bmatrix}x_1 & x_2\\ x_3 & x_4\end{bmatrix}=\begin{bmatrix}x_1 & x_2\\ x_3 & x_4\end{bmatrix}\begin{bmatrix}1 & -1\\ 2 & 3\end{bmatrix}$$

即
$$\begin{bmatrix}x_1-x_3 & x_2-x_4\\ 2x_1+3x_3 & 2x_2+3x_4\end{bmatrix}=\begin{bmatrix}x_1+2x_2 & -x_1+3x_2\\ x_3+2x_4 & -x_3+3x_4\end{bmatrix}$$

即
$$\begin{cases}2x_2+x_3=0\\ x_1-2x_2-x_4=0\\ 2x_1+2x_3-2x_4=0\\ 2x_2+x_3=0\end{cases}$$

对系数矩阵作初等行变换,有

$$\begin{bmatrix}0 & 2 & 1 & 0\\ 1 & -2 & 0 & -1\\ 2 & 0 & 2 & -2\\ 0 & 2 & 1 & 0\end{bmatrix}\to\begin{bmatrix}1 & -2 & 0 & -1\\ 0 & 2 & 1 & 0\\ 0 & 0 & 0 & 0\\ 0 & 0 & 0 & 0\end{bmatrix}$$

得方程组通解为 $k_1(2,1,-2,0)^{\mathrm T}+k_2(1,0,0,1)^{\mathrm T}$,故和矩阵 A 可交换的矩阵是 $\begin{bmatrix}2k_1+k_2 & k_1\\ -2k_1 & k_2\end{bmatrix}$,其中 k_1,k_2 是任意实数.

3. **解** 可先对 A 作 3 次初等行变换,得到 B_1,即

$$P_3P_2P_1A=\begin{bmatrix}1 & 0 & 0\\ 0 & \frac{1}{3} & 0\\ 0 & 0 & 1\end{bmatrix}\begin{bmatrix}1 & 0 & 0\\ 0 & 0 & 1\\ 0 & 1 & 0\end{bmatrix}\begin{bmatrix}1 & 0 & 0\\ -2 & 1 & 0\\ 0 & 0 & 1\end{bmatrix}\begin{bmatrix}1 & 1\\ 2 & 2\\ 0 & 3\end{bmatrix}=\begin{bmatrix}1 & 1\\ 0 & 1\\ 0 & 0\end{bmatrix}=B_1$$

再对 B_1 作一次列变换,可得到 B. 即

$$B_1Q=\begin{bmatrix}1 & 1\\ 0 & 1\\ 0 & 0\end{bmatrix}\begin{bmatrix}1 & -1\\ 0 & 1\end{bmatrix}=\begin{bmatrix}1 & 0\\ 0 & 1\\ 0 & 0\end{bmatrix}$$

故 $P=\begin{bmatrix}1 & 0 & 0\\ 0 & \frac{1}{3} & 0\\ 0 & 0 & 1\end{bmatrix}\begin{bmatrix}1 & 0 & 0\\ 0 & 0 & 1\\ 0 & 1 & 0\end{bmatrix}\begin{bmatrix}1 & 0 & 0\\ -2 & 1 & 0\\ 0 & 0 & 1\end{bmatrix}=\begin{bmatrix}1 & 0 & 0\\ 0 & 0 & \frac{1}{3}\\ -2 & 1 & 0\end{bmatrix}$

$Q=\begin{bmatrix}1 & -1\\ 0 & 1\end{bmatrix}$

为所求.

评注 把 A 初等变换化为 B 的方法是不唯一的. 因此 P,Q 的答案不唯一. 例如

$$P=\begin{bmatrix}1&0&0\\0&0&1\\-2&1&0\end{bmatrix},Q=\begin{bmatrix}1&-1\\0&\frac{1}{3}\end{bmatrix}$$

4. **解** （Ⅰ）n 个 n 维向量 $\boldsymbol{\alpha}_1,\boldsymbol{\alpha}_2,\cdots,\boldsymbol{\alpha}_n$ 线性相关 $\Leftrightarrow$ 行列式 $|\boldsymbol{\alpha}_1,\boldsymbol{\alpha}_2,\cdots,\boldsymbol{\alpha}_n|=0$

$$|\boldsymbol{\alpha}_1,\boldsymbol{\alpha}_2,\boldsymbol{\alpha}_3|=\begin{vmatrix}1&1&a\\-1&a&1\\1&-1&2\end{vmatrix}=\begin{vmatrix}1&1&a\\0&a+1&a+1\\0&-2&2-a\end{vmatrix}=(a+1)(4-a)$$

所以 $a=4$ 或 $a=-1$ 时向量组 $\boldsymbol{\alpha}_1,\boldsymbol{\alpha}_2,\boldsymbol{\alpha}_3$ 线性相关.

（Ⅱ）当 $a=4$ 时

$$[\boldsymbol{\alpha}_1,\boldsymbol{\alpha}_2,\boldsymbol{\alpha}_3,\boldsymbol{\beta}]=\left[\begin{array}{ccc:c}1&1&4&4\\-1&4&1&16\\1&-1&2&-4\end{array}\right]\to\left[\begin{array}{ccc:c}1&0&3&0\\0&1&1&4\\0&0&0&0\end{array}\right]$$

$r(\mathbf{A})=r(\overline{\mathbf{A}})=2$，方程组有无穷多解，$\boldsymbol{\beta}$ 可由 $\boldsymbol{\alpha}_1,\boldsymbol{\alpha}_2,\boldsymbol{\alpha}_3$ 线性表示.

令 $x_3=t$ 得 $x_1=-3t,x_2=4-t$.

$$\boldsymbol{\beta}=-3t\boldsymbol{\alpha}_1+(4-t)\boldsymbol{\alpha}_2+t\boldsymbol{\alpha}_3,t\text{ 为任意常数}$$

当 $a=-1$ 时

$$[\boldsymbol{\alpha}_1,\boldsymbol{\alpha}_2,\boldsymbol{\alpha}_3,\boldsymbol{\beta}]=\left[\begin{array}{ccc:c}1&1&-1&4\\-1&-1&1&1\\1&-1&2&-4\end{array}\right]\to\left[\begin{array}{ccc:c}1&1&-1&4\\0&2&-3&8\\0&0&0&1\end{array}\right]$$

$r(\mathbf{A})\neq r(\overline{\mathbf{A}})$ 方程组无解，$\boldsymbol{\beta}$ 不能由 $\boldsymbol{\alpha}_1,\boldsymbol{\alpha}_2,\boldsymbol{\alpha}_3$ 线性表示.

5. **解** （Ⅰ）$\boldsymbol{\beta}_1$ 可由 $\boldsymbol{\alpha}_1,\boldsymbol{\alpha}_2,\boldsymbol{\alpha}_3$ 线性表示，即方程组 $x_1\boldsymbol{\alpha}_1+x_2\boldsymbol{\alpha}_2+x_3\boldsymbol{\alpha}_3=\boldsymbol{\beta}_1$ 有解，

$\boldsymbol{\beta}_2$ 不能由 $\boldsymbol{\alpha}_1,\boldsymbol{\alpha}_2,\boldsymbol{\alpha}_3$ 线性表示，即方程组 $y_1\boldsymbol{\alpha}_1+y_2\boldsymbol{\alpha}_2+y_3\boldsymbol{\alpha}_3=\boldsymbol{\beta}_2$ 无解.

$$[\boldsymbol{\alpha}_1,\boldsymbol{\alpha}_2,\boldsymbol{\alpha}_3\mid\boldsymbol{\beta}_1,\boldsymbol{\beta}_2]=\left[\begin{array}{ccc:cc}2&1&3&4&2\\3&0&5&-3&5\\3&3&a+2&15&a\end{array}\right]\to\left[\begin{array}{ccc:cc}-1&1&-2&7&-3\\3&0&5&-3&5\\3&3&a+2&15&a\end{array}\right]$$

$$\to\left[\begin{array}{ccc:cc}-1&1&-2&7&-3\\0&3&-1&18&-4\\0&6&a-4&36&a-9\end{array}\right]\to\left[\begin{array}{ccc:cc}1&-1&2&-7&3\\0&3&-1&18&-4\\0&0&a-2&0&a-1\end{array}\right]$$

$\forall a$，方程组 $\left[\begin{array}{ccc:c}1&-1&2&-7\\0&3&-1&18\\0&0&a-2&0\end{array}\right]$ 总有解，即 $\forall a$，$\boldsymbol{\beta}_1$ 一定能由 $\boldsymbol{\alpha}_1,\boldsymbol{\alpha}_2,\boldsymbol{\alpha}_3$ 线性表出.

而方程组 $\left[\begin{array}{ccc:c}1&-1&2&3\\0&3&-1&-4\\0&0&a-2&a-1\end{array}\right]$ 在 $a=2$ 时无解.

即 $a=2$ 时 $\boldsymbol{\beta}_2$ 不能由 $\boldsymbol{\alpha}_1,\boldsymbol{\alpha}_2,\boldsymbol{\alpha}_3$ 线性表示.

从而 $a=2$ 时，$\boldsymbol{\beta}_1$ 可由 $\boldsymbol{\alpha}_1,\boldsymbol{\alpha}_2,\boldsymbol{\alpha}_3$ 线性表示，$\boldsymbol{\beta}_2$ 不能由 $\boldsymbol{\alpha}_1,\boldsymbol{\alpha}_2,\boldsymbol{\alpha}_3$ 线性表示.

(Ⅱ)当 $a=2$ 时

$$\overline{\mathbf{A}}\to\left[\begin{array}{ccc:c}1&-1&2&-7\\0&3&-1&18\\0&0&0&0\end{array}\right]\to\left[\begin{array}{ccc:c}1&5&0&29\\0&-3&1&-18\\0&0&0&0\end{array}\right]$$

得方程组通解 $\boldsymbol{x}=(29,0,-18)^{\mathrm{T}}+k(-5,1,3)^{\mathrm{T}}$.

故 $(-5k+29)\boldsymbol{\alpha}_1+k\boldsymbol{\alpha}_2+(3k-18)\boldsymbol{\alpha}_3=\boldsymbol{\beta}_1$,$k$ 为任意实数.

6. **解** (Ⅰ)对系数矩阵作初等行变换

$$\mathbf{A}=\begin{bmatrix}2&3&-1&0\\1&2&1&-1\end{bmatrix}\to\begin{bmatrix}1&2&1&-1\\0&1&3&-2\end{bmatrix}\to\begin{bmatrix}1&0&-5&3\\0&1&3&-2\end{bmatrix}$$

由 $n-r(\mathbf{A})=4-2=2$,得基础解系

$$\boldsymbol{\alpha}_1=(5,-3,1,0)^{\mathrm{T}},\boldsymbol{\alpha}_2=(-3,2,0,1)^{\mathrm{T}}$$

(Ⅱ)由(Ⅰ)知方程组通解为

$$k_1(5,-3,1,0)^{\mathrm{T}}+k_2(-3,2,0,1)^{\mathrm{T}}=(5k_1-3k_2,-3k_1+2k_2,k_1,k_2)^{\mathrm{T}}$$

那么由 $x_1=-x_2$ 得

$$5k_1-3k_2=3k_1-2k_2$$

即 $2k_1=k_2$.

所以满足 $x_1=-x_2$ 的所有解为:$t(-1,1,1,2)^{\mathrm{T}}$,t 为任意实数.

7. **解** (Ⅰ)对增广矩阵作初等行变换,有

$$\overline{\mathbf{A}}=\left[\begin{array}{ccc:c}1&1&1&2\\2&1&-3&b\\4&3&a&2\end{array}\right]\to\left[\begin{array}{ccc:c}1&1&1&2\\0&-1&-5&b-4\\0&-1&a-4&-6\end{array}\right]\to\left[\begin{array}{ccc:c}1&1&1&2\\0&1&5&4-b\\0&0&a+1&-b-2\end{array}\right]$$

当 $a=-1$ 且 $b\neq-2$ 时,方程组无解.

(Ⅱ)当 $a\neq-1$ 时,$\forall b$,$r(\mathbf{A})=r(\overline{\mathbf{A}})=3$,方程组有唯一解.

(Ⅲ)当 $a=-1,b=-2$ 时,$r(\mathbf{A})=r(\overline{\mathbf{A}})=2<3$,方程组有无穷多解.

$$\overline{\mathbf{A}}\to\left[\begin{array}{ccc:c}1&1&1&2\\0&1&5&2\\0&0&0&0\end{array}\right]\to\left[\begin{array}{ccc:c}1&0&-4&0\\0&1&5&2\\0&0&0&0\end{array}\right]$$

方程组通解:$(0,2,0)^{\mathrm{T}}+k(0,-5,1)^{\mathrm{T}}$,$k$ 为任意常数.

8. **解** 对增广矩阵作初等行变换,有

$$\overline{\mathbf{A}}=\left[\begin{array}{ccc:c}-2&1&1&-2\\1&-2&1&a\\1&1&-2&a^2\end{array}\right]\to\left[\begin{array}{ccc:c}1&-2&1&a\\0&3&-3&a^2-a\\0&0&0&a^2+a-2\end{array}\right]$$

当 $a\neq1$ 且 $a\neq-2$ 时,方程组无解.

当 $a=1$ 时

$$\overline{A} \to \begin{bmatrix} 1 & -2 & 1 & \vdots & 1 \\ 0 & 1 & -1 & \vdots & 0 \\ 0 & 0 & 0 & \vdots & 0 \end{bmatrix} \to \begin{bmatrix} 1 & 0 & -1 & \vdots & 1 \\ 0 & 1 & -1 & \vdots & 0 \\ 0 & 0 & 0 & \vdots & 0 \end{bmatrix}$$

方程组通解为：$(1,0,0)^T + k(1,1,1)^T$，k 为任意常数.

当 $a = -2$ 时

$$\overline{A} \to \begin{bmatrix} 1 & -2 & 1 & \vdots & -2 \\ 0 & 3 & -3 & \vdots & 6 \\ 0 & 0 & 0 & \vdots & 0 \end{bmatrix} \to \begin{bmatrix} 1 & 0 & -1 & \vdots & 2 \\ 0 & 1 & -1 & \vdots & 2 \\ 0 & 0 & 0 & \vdots & 0 \end{bmatrix}$$

方程组通解为：$(2,2,0)^T + k(1,1,1)^T$，k 为任意常数.

9. 解　由 $\boldsymbol{\alpha}_1 - \boldsymbol{\alpha}_2 + \boldsymbol{\alpha}_3 = \boldsymbol{0}$ 知 $\boldsymbol{\alpha}_1, \boldsymbol{\alpha}_2, \boldsymbol{\alpha}_3$ 为线性相关，而 $\boldsymbol{\alpha}_2, \boldsymbol{\alpha}_3, \boldsymbol{\alpha}_4$ 线性无关，故 $r(\boldsymbol{A}) = r(\boldsymbol{\alpha}_1, \boldsymbol{\alpha}_2, \boldsymbol{\alpha}_3, \boldsymbol{\alpha}_4) = 3$. 那么 $n - r(\boldsymbol{A}) = 4 - 3 = 1$.

$$\boldsymbol{A}\begin{bmatrix} 1 \\ -1 \\ 1 \\ 0 \end{bmatrix} = (\boldsymbol{\alpha}_1, \boldsymbol{\alpha}_2, \boldsymbol{\alpha}_3, \boldsymbol{\alpha}_4)\begin{bmatrix} 1 \\ -1 \\ 1 \\ 0 \end{bmatrix} = \boldsymbol{\alpha}_1 - \boldsymbol{\alpha}_2 + \boldsymbol{\alpha}_3 = \boldsymbol{0}$$

知 $\boldsymbol{Ax} = \boldsymbol{0}$ 的基础解系是 $(1,-1,1,0)^T$.

又 $\boldsymbol{A}\begin{bmatrix} 1 \\ 3 \\ 5 \\ 7 \end{bmatrix} = (\boldsymbol{\alpha}_1, \boldsymbol{\alpha}_2, \boldsymbol{\alpha}_3, \boldsymbol{\alpha}_4)\begin{bmatrix} 1 \\ 3 \\ 5 \\ 7 \end{bmatrix} = \boldsymbol{\alpha}_1 + 3\boldsymbol{\alpha}_2 + 5\boldsymbol{\alpha}_3 + 7\boldsymbol{\alpha}_4 = \boldsymbol{\beta}$，知 $(1,3,5,7)^T$ 是非齐次方程组 $\boldsymbol{Ax} = \boldsymbol{\beta}$ 的一个解.

那么 $\boldsymbol{Ax} = \boldsymbol{\beta}$ 的通解：$(1,3,5,7) + k(1,-1,1,0)$，k 是任意常数.

10. 解　（Ⅰ）由 $\boldsymbol{A}$ 的特征多项式，

$$|\lambda\boldsymbol{E} - \boldsymbol{A}| = \begin{vmatrix} \lambda-1 & -1 & 2 \\ -1 & \lambda-5 & 0 \\ 2 & 0 & \lambda-5 \end{vmatrix} = \begin{vmatrix} \lambda-1 & -1 & 2 \\ -1 & \lambda-5 & 0 \\ 0 & 2(\lambda-5) & \lambda-5 \end{vmatrix}$$

$$= \begin{vmatrix} \lambda-1 & -5 & 2 \\ -1 & \lambda-5 & 0 \\ 0 & 0 & \lambda-5 \end{vmatrix} = (\lambda-5)(\lambda^2-6\lambda)$$

矩阵 $\boldsymbol{A}$ 的特征值：5，6，0.

当 $\lambda = 5$ 时，由 $(5\boldsymbol{E} - \boldsymbol{A})\boldsymbol{x} = \boldsymbol{0}$，

$$\begin{bmatrix} 4 & -1 & 2 \\ -1 & 0 & 0 \\ 2 & 0 & 0 \end{bmatrix} \to \begin{bmatrix} 1 & 0 & 0 \\ 0 & 1 & -2 \\ 0 & 0 & 0 \end{bmatrix}$$

得基础解系 $\boldsymbol{\alpha}_1 = (0,2,1)^T$.

当 $\lambda = 6$ 时，由 $(6\boldsymbol{E} - \boldsymbol{A})\boldsymbol{x} = \boldsymbol{0}$，

$$\begin{bmatrix}5 & -1 & 2\\-1 & 1 & 0\\2 & 0 & 1\end{bmatrix}\to\begin{bmatrix}1 & -1 & 0\\0 & 2 & 1\\0 & 0 & 0\end{bmatrix}$$

得基础解系：$\boldsymbol{\alpha}_2=(1,1,-2)^{\mathrm{T}}$.

当 $\lambda=0$ 时，由 $(0\boldsymbol{E}-\boldsymbol{A})\boldsymbol{x}=\boldsymbol{0}$,

$$\begin{bmatrix}-1 & -1 & 2\\-1 & -5 & 0\\2 & 0 & -5\end{bmatrix}\to\begin{bmatrix}1 & 5 & 0\\0 & 2 & 1\\0 & 0 & 0\end{bmatrix}$$

得基础解系：$\boldsymbol{\alpha}_3=(5,-1,2)^{\mathrm{T}}$.

故矩阵 $\boldsymbol{A}$ 关于特征值 5,6,0 的特征向量依次为 $k_1\boldsymbol{\alpha}_1,k_2\boldsymbol{\alpha}_2,k_3\boldsymbol{\alpha}_3$，其中 k_1,k_2,k_3 均不为 0.

（Ⅱ）因矩阵 $\boldsymbol{A}$ 的特征值为 5,6,0，故 $\boldsymbol{A}-\boldsymbol{E}$ 的特征值是 $4,5,-1$，

那么 $|\boldsymbol{A}-\boldsymbol{E}|=4\cdot5\cdot(-1)=-20$.

11. **解**（Ⅰ）由于 $1,-1$ 是 $\boldsymbol{A}$ 的特征值，有

$$|\boldsymbol{E}-\boldsymbol{A}|=\begin{vmatrix}-1 & -a & -2\\-5 & 1-b & -3\\1 & -1 & 2\end{vmatrix}=-7(a+1)=0$$

$$|-\boldsymbol{E}-\boldsymbol{A}|=\begin{vmatrix}-3 & -a & -2\\-5 & -1-b & -3\\1 & -1 & 0\end{vmatrix}=3a-2b-3=0$$

解出 $a=-1,b=-3$.

（Ⅱ）由特征值之和为矩阵的迹，有

$$1+(-1)+\lambda=2+(-3)+(-1)$$

故矩阵 $\boldsymbol{A}$ 的第 3 个特征值为：-2.

（Ⅲ）因为 $\boldsymbol{A}$ 有 3 个不同的特征值，故

$$\boldsymbol{A}\sim\boldsymbol{\Lambda}=\begin{bmatrix}1 & & \\ & -1 & \\ & & -2\end{bmatrix}$$

那么
$$\boldsymbol{A}+2\boldsymbol{E}\sim\boldsymbol{\Lambda}+2\boldsymbol{E}=\begin{bmatrix}3 & & \\ & 1 & \\ & & 0\end{bmatrix}$$

所以
$$r(\boldsymbol{A}+2\boldsymbol{E})=r(\boldsymbol{\Lambda}+2\boldsymbol{E})=2$$

12. **解**（Ⅰ）由 $\boldsymbol{A}$ 的特征多项式

$$|\lambda\boldsymbol{E}-\boldsymbol{A}|=\begin{vmatrix}\lambda & 0 & -1\\0 & \lambda-1 & 0\\-1 & 0 & \lambda\end{vmatrix}=(\lambda-1)(\lambda^2-1)$$

得到矩阵 $\boldsymbol{A}$ 的特征值：$1,1,-1$.

对 $\lambda = 1$，由 $(\boldsymbol{E}-\boldsymbol{A})\boldsymbol{x}=\boldsymbol{0}$，

$$\begin{bmatrix}1&0&-1\\0&0&0\\-1&0&1\end{bmatrix}\to\begin{bmatrix}1&0&-1\\0&0&0\\0&0&0\end{bmatrix}$$

基础解系为：$\boldsymbol{\alpha}_1=(0,1,0)^{\mathrm{T}}$，$\boldsymbol{\alpha}_2=(1,0,1)^{\mathrm{T}}$.

对 $\lambda=-1$ 由 $(-\boldsymbol{E}-\boldsymbol{A})\boldsymbol{x}=\boldsymbol{0}$，

$$\begin{bmatrix}-1&0&-1\\0&-2&0\\-1&0&-1\end{bmatrix}\to\begin{bmatrix}1&0&1\\0&1&0\\0&0&0\end{bmatrix}$$

基础解系为：$\boldsymbol{\alpha}_3=(-1,0,1)^{\mathrm{T}}$.

故矩阵 $\boldsymbol{A}$ 关于 $\lambda=1$ 的特征向量为：$k_1(0,1,0)^{\mathrm{T}}+k_2(1,0,1)^{\mathrm{T}}$，$k_1,k_2$ 不全为 0.

关于 $\lambda=-1$ 的特征向量为：$k_3(-1,0,1)^{\mathrm{T}}$，$k_3\neq 0$.

（Ⅱ）令 $\boldsymbol{P}=(\boldsymbol{\alpha}_1,\boldsymbol{\alpha}_2,\boldsymbol{\alpha}_3)=\begin{bmatrix}0&1&-1\\1&0&0\\0&1&1\end{bmatrix}$ 有 $\boldsymbol{P}^{-1}\boldsymbol{A}\boldsymbol{P}=\boldsymbol{\Lambda}=\begin{bmatrix}1&&\\&1&\\&&-1\end{bmatrix}$.

（Ⅲ）由 $\boldsymbol{P}^{-1}\boldsymbol{A}\boldsymbol{P}=\boldsymbol{\Lambda}$ 得 $\boldsymbol{P}^{-1}\boldsymbol{A}^n\boldsymbol{P}=\boldsymbol{\Lambda}^n$，

$$\boldsymbol{A}^n=\boldsymbol{P}\boldsymbol{\Lambda}^n\boldsymbol{P}^{-1}=\begin{bmatrix}0&1&-1\\1&0&0\\0&1&1\end{bmatrix}\begin{bmatrix}1&&\\&1&\\&&(-1)^n\end{bmatrix}\frac{1}{2}\begin{bmatrix}0&2&0\\1&0&1\\-1&0&1\end{bmatrix}$$

$$=\frac{1}{2}\begin{bmatrix}1+(-1)^n&0&1+(-1)^{n+1}\\0&2&0\\1+(-1)^{n+1}&0&1+(-1)^n\end{bmatrix}.$$

13. **解**（Ⅰ）按已知条件，有

$$\boldsymbol{A}(\boldsymbol{\alpha}_1,\boldsymbol{\alpha}_2,\boldsymbol{\alpha}_3)=(\boldsymbol{\alpha}_1+\boldsymbol{\alpha}_2+\boldsymbol{\alpha}_3,4\boldsymbol{\alpha}_2+2\boldsymbol{\alpha}_3,-5\boldsymbol{\alpha}_2-3\boldsymbol{\alpha}_3)$$

$$=(\boldsymbol{\alpha}_1,\boldsymbol{\alpha}_2,\boldsymbol{\alpha}_3)\begin{bmatrix}1&0&0\\1&4&-5\\1&2&-3\end{bmatrix}$$

所以矩阵 $\boldsymbol{B}=\begin{bmatrix}1&0&0\\1&4&-5\\1&2&-3\end{bmatrix}$.

（Ⅱ）因 $\boldsymbol{\alpha}_1,\boldsymbol{\alpha}_2,\boldsymbol{\alpha}_3$ 线性无关，矩阵 $\boldsymbol{P}=(\boldsymbol{\alpha}_1,\boldsymbol{\alpha}_2,\boldsymbol{\alpha}_3)$ 可逆.

由 $\boldsymbol{A}\boldsymbol{P}=\boldsymbol{P}\boldsymbol{B}$ 得 $\boldsymbol{P}^{-1}\boldsymbol{A}\boldsymbol{P}=\boldsymbol{B}$，即 $\boldsymbol{A}$ 和 $\boldsymbol{B}$ 相似.

$$|\lambda\boldsymbol{E}-\boldsymbol{B}|=\begin{vmatrix}\lambda-1&0&0\\-1&\lambda-4&5\\-1&-2&\lambda+3\end{vmatrix}=(\lambda-1)(\lambda^2-\lambda-2)$$

知矩阵 $\boldsymbol{B}$ 的特征值：1，2，−1.

所以矩阵 $\boldsymbol{A}$ 的特征值：1，2，−1.

（Ⅲ）因 $\boldsymbol{A}+k\boldsymbol{E}$ 的特征值为 $k+1,k+2,k-1$，

$$|\boldsymbol{A}+k\boldsymbol{E}|=(k+1)(k+2)(k-1)=0$$

当 $k=\pm 1$ 或 $k=-2$ 时矩阵不可逆.

14. **解** （Ⅰ）实对称矩阵特征值不同，特征向量相互正交.

设 $\lambda=7$ 的特征向量是 $(x_1,x_2,x_3)^{\mathrm{T}}$，则

$$\begin{cases}x_1-x_2-x_3=0\\x_1+x_2\qquad\ \ =0\end{cases}$$

基础解系为：$(1,-1,2)^{\mathrm{T}}$.

所以矩阵 $\boldsymbol{A}$ 关于特征值 $\lambda=7$ 的特征向量是 $k(1,-1,2)^{\mathrm{T}},k\neq 0$.

（Ⅱ）令 $\boldsymbol{\alpha}_3=(1,-1,2)^{\mathrm{T}}$. 由 $\boldsymbol{A\alpha}_1=\boldsymbol{\alpha}_1,\boldsymbol{A\alpha}_2=3\boldsymbol{\alpha}_2,\boldsymbol{A\alpha}_3=7\boldsymbol{\alpha}_3$ 有

$$\boldsymbol{A}(\boldsymbol{\alpha}_1,\boldsymbol{\alpha}_2,\boldsymbol{\alpha}_3)=(\boldsymbol{\alpha}_1,3\boldsymbol{\alpha}_2,7\boldsymbol{\alpha}_3)$$

故 $\boldsymbol{A}=(\boldsymbol{\alpha}_1,3\boldsymbol{\alpha}_2,7\boldsymbol{\alpha}_3)(\boldsymbol{\alpha}_1,\boldsymbol{\alpha}_2,\boldsymbol{\alpha}_3)^{-1}$

$$=\begin{bmatrix}1&3&7\\-1&3&-7\\-1&0&14\end{bmatrix}\begin{bmatrix}1&1&1\\-1&1&-1\\-1&0&2\end{bmatrix}^{-1}=\begin{bmatrix}1&3&7\\-1&3&-7\\-1&0&14\end{bmatrix}\frac{1}{6}\begin{bmatrix}2&-2&-2\\3&3&0\\1&-1&2\end{bmatrix}$$

$$=\begin{bmatrix}3&0&2\\0&3&-2\\2&-2&5\end{bmatrix}.$$

15. **解** （Ⅰ）设 $x_1\boldsymbol{\alpha}_1+x_2\boldsymbol{\alpha}_2+x_3\boldsymbol{\alpha}_3=\boldsymbol{\beta}$，对增广矩阵 $(\boldsymbol{\alpha}_1,\boldsymbol{\alpha}_2,\boldsymbol{\alpha}_3\ \vdots\ \boldsymbol{\beta})$ 作初等行变换

$$\left[\begin{array}{ccc:c}1&1&1&2\\0&-2&1&-8\\-1&1&1&0\end{array}\right]\to\left[\begin{array}{ccc:c}1&1&1&2\\0&1&1&1\\0&0&1&-2\end{array}\right]$$

解出 $x_3=-2,x_2=3,x_1=1$. 即 $\boldsymbol{\beta}=\boldsymbol{\alpha}_1+3\boldsymbol{\alpha}_2-2\boldsymbol{\alpha}_3$.

（Ⅱ）由 $\boldsymbol{A\alpha}=\lambda\boldsymbol{\alpha}$ 有 $\boldsymbol{A}^2\boldsymbol{\alpha}=\lambda^2\boldsymbol{\alpha}$，那么

$$\begin{aligned}\boldsymbol{A}^2\boldsymbol{\beta}&=\boldsymbol{A}^2(\boldsymbol{\alpha}_1+3\boldsymbol{\alpha}_2-2\boldsymbol{\alpha}_3)=\lambda_1^2\boldsymbol{\alpha}_1+3\lambda_2^2\boldsymbol{\alpha}_2-2\lambda_3^2\boldsymbol{\alpha}_3\\&=\boldsymbol{\alpha}_1+27\boldsymbol{\alpha}_2=(28,-54,26)^{\mathrm{T}}\end{aligned}$$

（Ⅲ）由于 $\boldsymbol{A}\sim\boldsymbol{\Lambda}=\begin{bmatrix}1&&\\&3&\\&&0\end{bmatrix}$ 知 $r(\boldsymbol{A})=r(\boldsymbol{\Lambda})=2$，

那么 $n-r(\boldsymbol{A})=3-2=1$，又 $\boldsymbol{A\alpha}_3=0\boldsymbol{\alpha}_3=\boldsymbol{0}$. 故 $\boldsymbol{Ax}=\boldsymbol{0}$ 的通解为：$k(1,1,1)^{\mathrm{T}}$，k 为任意实数.

第三篇　概率论与数理统计

第一章　随机事件和概率

一、随机事件与样本空间

1. 随机试验

定义　对随机现象进行观察或实验称为随机试验，简称试验，记作 E. 它具有如下特点：

(1) 可以在相同条件下重复进行；

(2) 所得的可能结果不止一个，且所有可能结果都能事前已知；

(3) 每次具体实验之前无法预知会出现哪个结果.

2. 样本空间

定义　随机试验的每一可能结果称为样本点，记作 ω. 由所有样本点全体组成的集合称为样本空间，记作 Ω.

显然，样本点是组成样本空间的元素，于是有 $\omega \in \Omega$.

3. 随机事件

定义　样本空间的子集称为**随机事件**，简称**事件**，常用字母 A,B,C 等表示.

如果一次试验的结果为某一样本点出现，就称该样本点出现或发生. 如果组成事件 A 的一个样本点出现或发生，也称事件 A 出现或发生.

把 Ω 看成一事件，则每次试验必有 Ω 中某一样本点发生，也就是每次试验 Ω 必然发生，称 Ω 为**必然事件**.

把不包含任何样本点的空集 $\varnothing$ 看成一个事件. 每次试验 $\varnothing$ 必不发生，称 $\varnothing$ 为**不可能事件**.

二、事件间的关系与运算

1. 事件的包含

定义　如果事件 A 发生必然导致事件 B 发生，则称事件 B 包含事件 A，或称事件 A 包含

于事件 B,记为 $B \supset A$ 或 $A \subset B$.

从集合关系来说,$A \subset B$ 就是 A 中的每一个样本点都属于 B.

2. **事件的相等**

定义　如果 $A \supset B$ 与 $B \supset A$ 同时成立,则称事件 A 与事件 B 相等,记作 $A = B$.

$A = B$ 表示事件 A 与事件 B 有完全相同的样本点.

3. **事件的交**

定义　如果事件 A 与事件 B 同时发生,则称这样的一个事件为事件 A 与事件 B 的交或积,记为$A \cap B$ 或 AB.

集合 $A \cap B$ 是由同时属于 A 与 B 的所有公共样本点构成.

事件的交可以推广到多个事件的情形:

$$\bigcap_{i=1}^{n} A_i = A_1 \cap A_2 \cap \cdots \cap A_n = A_1 A_2 \cdots A_n$$

4. **互斥事件**

定义　如果事件 A 与事件 B 满足关系 $AB = \varnothing$,即 A 与 B 同时发生是不可能事件,则称事件 A 和事件 B 为**互斥**或**互不相容**.

互斥的两事件没有公共样本点.

事件的互斥可以推广到有限多个事件的情形:

若 n 个事件 $A_1, A_2, \cdots, A_n$ 中任意两个事件均互斥,即 $A_iA_j = \varnothing, i \neq j, i, j = 1, 2, \cdots, n$,则称这 n 个事件是两两互斥或两两互不相容.

5. **事件的并**

定义　如果事件 A 与事件 B 至少有一个发生,则称这样一个事件为事件 A 与事件 B 的并或和,记为 $A \cup B$.

集合 $A \cup B$ 是由属于 A 与 B 的所有样本点构成.

事件的并可推广到有限多个事件的情形:

$$\bigcup_{i=1}^{n} A_i = A_1 \cup A_2 \cup \cdots \cup A_n$$

6. **对立事件**

定义　如果事件 A 与事件 B 有且仅有一个发生,则称事件 A 与事件 B 为**对立事件**或**互逆事件**,记为 $\overline{A} = B$ 或 $\overline{B} = A$.

如果 A 与 B 为对立事件,则 A, B 不能同时发生,且必有一个发生,即 A, B 满足 $A \cup B = \Omega$ 且 $A \cap B = \varnothing$.

在样本空间中，集合 $\overline{A}$ 是由所有不属于事件 A 的样本点构成的集合.

7. 事件的差

定义　事件 A 发生而事件 B 不发生的事件称为事件 A 与事件 B 的差，记为 $A-B$.

在样本空间中集合 $A-B$ 是由属于事件 A 而不属于事件 B 的所有样本点构成的集合. 显然 $A-B=A\overline{B}$.

8. 文氏图

直观上常用几何图形表示集合. 事件间的关系与运算也可以用几何图形直观表示. 这类图形称文氏图，如图 1-1 所示.

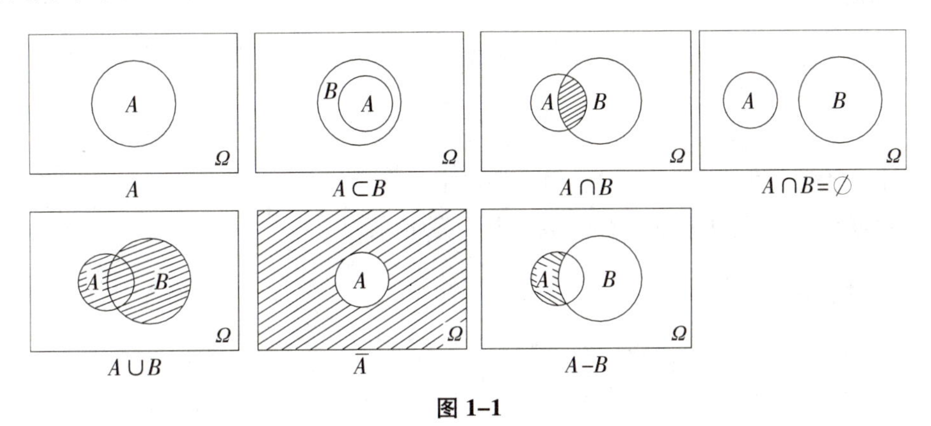

图 1-1

9. 事件的运算规律

交换律　$A\cup B=B\cup A$, $A\cap B=B\cap A$.

结合律　$A\cup(B\cup C)=(A\cup B)\cup C$, $A\cap(B\cap C)=(A\cap B)\cap C$.

分配律　$A\cap(B\cup C)=(A\cap B)\cup(A\cap C)$,

$A\cup(B\cap C)=(A\cup B)\cap(A\cup C)$.

对偶律　$\overline{A\cup B}=\overline{A}\cap\overline{B}$, $\overline{A\cap B}=\overline{A}\cup\overline{B}$, $\overline{\bigcup_{i=1}^{n}A_i}=\bigcap_{i=1}^{n}\overline{A_i}$, $\overline{\bigcap_{i=1}^{n}A_i}=\bigcup_{i=1}^{n}\overline{A_i}$,

$\overline{A-B}=\overline{A\overline{B}}=\overline{A}\cup B$.

三、概率、条件概率、事件独立性和五大公式

1. 概率公理

设试验 E 的样本空间为 Ω，称实值函数 P 为概率，如果 P 满足如下三条件：

(1) 对于任意事件 A，有 $P(A)\geqslant 0$；

(2) 对于必然事件 Ω，有 $P(\Omega)=1$；

(3) 对于两两互斥的可数无穷个事件 $A_1,A_2,\cdots,A_n,\cdots$，有 $P(A_1\cup A_2\cdots\cup A_n\cup\cdots)=$

$P(A_1)+P(A_2)+\cdots+P(A_n)+\cdots$,称 $P(A)$ 为事件 A 的概率.

2. 概率性质

(1)$P(\varnothing)=0$;

(2) 若 $A_1,A_2,\cdots,A_n$ 两两互斥,则有

$$P(A_1\cup A_2\cup\cdots\cup A_n)=P(A_1)+P(A_2)+\cdots+P(A_n);$$

(3)$P(\overline{A})=1-P(A)$;

(4)$A\subset B$,则 $P(A)\leqslant P(B)$;

(5)$0\leqslant P(A)\leqslant 1$.

3. 条件概率

定义 设 A,B 为两事件,且 $P(A)>0$,称

$$P(B\mid A)=\frac{P(AB)}{P(A)}$$

为在事件 A 发生的条件下事件 B 发生的条件概率.

对固定的事件 A,条件概率也有概率相应的各性质.

4. 事件独立性

定义 设 A,B 两事件满足等式

$$P(AB)=P(A)P(B)$$

则称 A 与 B 相互独立.

对 n 个事件 $A_1,A_2,\cdots,A_n$,如果对任意 $k(1<k\leqslant n)$,任意 $1\leqslant i_1<i_2<\cdots<i_k\leqslant n$ 满足等式

$$P(A_{i_1}A_{i_2}\cdots A_{i_k})=P(A_{i_1})P(A_{i_2})\cdots P(A_{i_k})$$

则称 $A_1,A_2,\cdots,A_n$ 为相互独立的事件.

5. 相互独立的性质

(1)A 与 B 相互独立的充要条件是 A 与 $\overline{B}$ 或 $\overline{A}$ 与 B 或 $\overline{A}$ 与 $\overline{B}$ 相互独立.

将相互独立的 n 个事件中任何几个事件换成它们相应的对立事件,则新组成的 n 个事件也相互独立.

(2) 当 $0<P(A)<1$ 时,A 与 B 独立等价于 $P(B\mid A)=P(B)$ 或 $P(B\mid A)=P(B\mid\overline{A})$ 成立.

(3) 若 $A_1,A_2,\cdots,A_n$ 相互独立,则 $A_1,A_2,\cdots,A_n$ 必两两独立. 反之,若 $A_1,A_2,\cdots,A_n$ 两两独立,则 $A_1,A_2,\cdots,A_n$ 不一定相互独立.

(4) 当 $A_1,A_2,\cdots,A_n$ 相互独立时,它们的部分事件也是相互独立的.

6. 五大公式

(1) **加法公式** $P(A\cup B)=P(A)+P(B)-P(AB)$;

$P(A \cup B \cup C) = P(A) + P(B) + P(C) - P(AB) - P(BC) - P(AC) + P(ABC)$.

(2) 减法公式　$P(A - B) = P(A) - P(AB)$.

(3) 乘法公式　当 $P(A) > 0$ 时，$P(AB) = P(A)P(B \mid A)$；

当 $P(A_1 A_2 \cdots A_{n-1}) > 0$ 时，

$$P(A_1 A_2 \cdots A_n) = P(A_1)P(A_2 \mid A_1) \cdots P(A_n \mid A_1 A_2 \cdots A_{n-1})$$

(4) 全概率公式

设两两互斥的 $B_1, B_2, \cdots, B_n$，它们的概率均不为零且 $\bigcup_{i=1}^{n} B_i = \Omega$，则对任意事件 A，有

$$P(A) = \sum_{i=1}^{n} P(B_i)P(A \mid B_i)$$

(5) 贝叶斯公式

设两两互斥的 $B_1, B_2, \cdots, B_n$，它们的概率均不为零且 $\bigcup_{i=1}^{n} B_i = \Omega$，则对任意事件 A，且 $P(A) > 0$ 有

$$P(B_j \mid A) = \frac{P(B_j)P(A \mid B_j)}{\sum_{i=1}^{n} P(B_i)P(A \mid B_i)}, j = 1, 2, \cdots, n.$$

四、古典型和几何型概率、伯努利试验

1. 古典型概率

定义　当试验结果为有限 n 个样本点，且每个样本点的发生具有相等的可能性，称这种有限等可能试验为古典概型. 此时如果事件 A 由 n_A 个样本点组成，则事件 A 的概率

$$P(A) = \frac{n_A}{n} = \frac{A\text{ 中所包含的样本点数}}{\Omega\text{ 中样本点总数}}$$

称 $P(A)$ 为事件 A 的古典型概率.

2. n 重伯努利试验

定义　把一随机试验独立重复作若干次，即各次试验所联系的事件之间相互独立，且同一事件在各个试验中出现的概率相同，称为独立重复试验.

如果每次试验只有两个结果 A 和 $\overline{A}$，则称这种试验为**伯努利试验**. 将伯努利试验独立重复进行 n 次，称为 **n 重伯努利试验**.

设在每次试验中，概率 $P(A) = p(0 < p < 1)$，则在 n 重伯努利试验中事件 A 发生 k 次的概率，又称为**二项概率公式**：$C_n^k p^k (1-p)^{n-k}, k = 0, 1, 2, \cdots, n$.

本章小结

本章的知识结构可表示为

随机试验 → 样本点 ω 样本空间 Ω → 随机事件 A,B,C → 事件的概率 $P(A)$ ↗古典型概率 ↘独立重复试验

随机事件：事件的关系、事件的运算、运算规律

事件的概率：概率定义、概率性质、五大公式、条件概率

本章的基本概念和知识点较多，但重点应关注以下四个方面：

第一，对偶律 $\overline{A\cup B}=\overline{A}\cap\overline{B}$，$\overline{A\cap B}=\overline{A}\cup\overline{B}$，$\overline{A-B}=\overline{A}\cup B$；

第二，$P(\overline{A})=1-P(A)$；

第三，五大公式；

第四，简单的古典型概率，独立重复试验.

第二章　随机变量及其分布

一、随机变量及其分布函数

1. 随机变量

定义　在样本空间 Ω 上的实值函数 $X = X(\omega), \omega \in \Omega$，称 $X(\omega)$ 为随机变量，简记 X. 常用 X, Y, Z 等表示随机变量. 随机变量的定义域是 Ω.

2. 分布函数

定义　对于任意实数 x，记函数 $F(x) = P\{X \leqslant x\}, -\infty < x < +\infty$，称 $F(x)$ 为随机变量 X 的分布函数.

分布函数 $F(x)$ 是定义在 $(-\infty, +\infty)$ 上的一个实值函数，$F(x)$ 的值等于随机变量 X 在区间 $(-\infty, x]$ 内取值的概率，即事件"$X \leqslant x$"的概率.

3. 分布函数性质

(1) $0 \leqslant F(x) \leqslant 1$；$F(x)$ 是单调非减函数，即当 $x_1 < x_2$ 时，$F(x_1) \leqslant F(x_2)$；

(2) $\lim\limits_{x \to -\infty} F(x) = 0$，记为 $F(-\infty) = 0$；$\lim\limits_{x \to +\infty} F(x) = 1$，记为 $F(+\infty) = 1$.

(3) $F(x)$ 是右连续的，即 $F(x+0) = F(x)$.

(4) 对任意 $x_1 < x_2$，有 $P\{x_1 < X \leqslant x_2\} = F(x_2) - F(x_1)$.

(5) 对任意的 x，$P\{X = x\} = F(x) - F(x-0)$.

由 $F(x)$ 单调性和 $F(-\infty) = 0, F(+\infty) = 1$ 可以推出 $0 \leqslant F(x) \leqslant 1$，所以性质(1)(2)(3)可以简化成：

(1) $F(x)$ 单调非减；

(2) $F(-\infty) = 0, F(+\infty) = 1$；

(3) $F(x)$ 是右连续的.

这恰是函数 $F(x)$ 成为某一随机变量的分布函数的充分必要条件.

当 $F(x)$ 在 x 处连续时，$F(x) - F(x-0) = 0$，根据性质(5)，就有 $P\{X = x\} = 0$.

有了分布函数，关于随机变量 X 的许多概率都能方便计算，例如

$P\{X = x\} = F(x) - F(x-0)$，　　$P\{X < x\} = F(x-0)$，

$P\{X > x\} = 1 - F(x)$，　　$P\{X \geqslant x\} = 1 - F(x-0)$，

对任意 $x_1 < x_2$，$P\{x_1 < X < x_2\} = F(x_2 - 0) - F(x_1)$，

$P\{x_1 \leqslant X < x_2\} = F(x_2 - 0) - F(x_1 - 0)$，$P\{x_1 \leqslant X \leqslant x_2\} = F(x_2) - F(x_1 - 0)$.

二、离散型随机变量

1. 离散型随机变量

定义 如果一个随机变量的可能取值是有限多个或可数无穷多个，则称它为离散型随机变量.

2. 离散型随机变量 X 的概率分布

定义 设离散型随机变量 X 的可能取值是 $x_1,x_2,\cdots,x_n,\cdots$，$X$ 取各可能值的概率为

$$P\{X=x_k\}=p_k,k=1,2,\cdots$$

称上式为离散型随机变量 X 的概率分布或分布律.

分布律也有用列表方式给出的：

X	x_1	x_2	x_3	$\cdots$	x_n	$\cdots$
P	p_1	p_2	p_3	$\cdots$	p_n	$\cdots$

或者

$$X\sim\begin{bmatrix}x_1 & x_2 & \cdots & x_n & \cdots\\ p_1 & p_2 & \cdots & p_n & \cdots\end{bmatrix}$$

这里只给出 X 可能取值可数无穷多个的情形.不难给出 X 可能取值有限个的情形.

3. 分布律性质

(1) $p_k\geqslant 0,k=1,2,\cdots$；

(2) $\sum\limits_k p_k=1$.

性质(1) 和(2) 也是分布律的充要条件.

4. 离散型随机变量 X 的分布函数

设 X 的分布律为 $P\{X=x_k\}=p_k,k=1,2,\cdots$，则 X 的分布函数为

$$F(x)=P\{X\leqslant x\}=\sum_{x_k\leqslant x}p_k\text{，或者 }F(x)=\begin{cases}0, & x<x_1\\ p_1, & x_1\leqslant x<x_2\\ p_1+p_2, & x_2\leqslant x<x_3\\ \vdots & \vdots\end{cases}$$

三、连续型随机变量

1. 连续型随机变量及其概率密度

定义 如果对随机变量 X 的分布函数 $F(x)$，存在一个非负可积函数 $f(x)$，使得对任意实数 x，都有

$$F(x)=\int_{-\infty}^{x}f(t)\mathrm{d}t,-\infty<x<+\infty$$

称 X 为连续型随机变量，函数 $f(x)$ 称为 X 的概率密度.

由于连续型随机变量的分布函数 $F(x)$ 必可表示成 $F(x)=\int_{-\infty}^{x} f(t)\mathrm{d}t$，即定积分变上限函数，所以 $F(x)$ 一定是 $(-\infty,+\infty)$ 上的连续函数，但 $f(x)$ 不一定是连续函数. 反之，不能说凡是连续的 $F(x)$ 对应的 X 一定是连续型随机变量.

2. **概率密度 $f(x)$ 的性质**

(1) $f(x)\geqslant 0$；

(2) $\int_{-\infty}^{+\infty} f(x)\mathrm{d}x=1$；

(3) 对任意实数 $x_1<x_2$，有 $P\{x_1<X\leqslant x_2\}=\int_{x_1}^{x_2} f(t)\mathrm{d}t$；

(4) 在 $f(x)$ 的连续点处有 $F'(x)=f(x)$.

函数 $f(x)$ 成为某一连续型随机变量的概率密度的充要条件是 $f(x)$ 具有性质(1)和(2).

对连续型随机变量 X，由于 $F(x)$ 是连续函数，性质(3)可以改写成对任意实数 $x_1<x_2$，有

$$\begin{aligned}P\{x_1<X\leqslant x_2\}&=P\{x_1\leqslant X\leqslant x_2\}=P\{x_1\leqslant X<x_2\}\\&=P\{x_1<X<x_2\}=\int_{x_1}^{x_2} f(t)\mathrm{d}t\end{aligned}$$

四、常用分布

1. **0－1 分布**

定义　如果随机变量 X 有分布律

X	0	1
P	$1-p$	p

$0<p<1$，则称 X 服从参数为 p 的 0－1 分布，或称 X 具有 0－1 分布.

2. **二项分布**

定义　如果随机变量 X 有分布律

$$P\{X=k\}=\mathrm{C}_n^k p^k q^{n-k},\ k=0,1,2,\cdots,n$$

其中 $0<p<1$，$q=1-p$，则称 X 服从参数为 n,p 的二项分布，记作 $X\sim B(n,p)$.

在 n 重伯努利试验中，若每次试验成功率为 $p(0<p<1)$，则在 n 次独立重复试验中成功的总次数 X 服从二项分布.

当 $n=1$ 时，不难验证二项分布就退化成 0－1 分布. 所以 0－1 分布也可以记为 $B(1,p)$.

3. **泊松分布**

定义　如果随机变量 X 的分布律为

$$P\{X=k\}=\frac{\lambda^k}{k!}\mathrm{e}^{-\lambda},\ k=0,1,2,\cdots,\text{其中 }\lambda>0\text{ 为常数},$$

则称随机变量 X 服从参数为 λ 的泊松分布，记为 $X \sim P(\lambda)$.

4. **均匀分布**

定义　如果连续型随机变量 X 的概率密度为

$$f(x)=\begin{cases}\dfrac{1}{b-a}, & a \leqslant x \leqslant b \\ 0, & \text{其他}\end{cases}$$

则称 X 在区间 $[a,b]$ 上服从均匀分布，记作 $X \sim U[a,b]$.

如果概率密度为

$$f(x)=\begin{cases}\dfrac{1}{b-a}, & a < x < b \\ 0, & \text{其他}\end{cases}$$

则称 X 在区间 (a,b) 上服从均匀分布，记作 $X \sim U(a,b)$.

无论 $X \sim U[a,b]$ 或 $X \sim U(a,b)$，它们的分布函数均为

$$F(x)=\begin{cases}0, & x<a \\ \dfrac{x-a}{b-a}, & a \leqslant x<b \\ 1, & b \leqslant x\end{cases}$$

5. **指数分布**

定义　如果连续型随机变量 X 的概率密度为

$$f(x)=\begin{cases}\lambda \mathrm{e}^{-\lambda x}, & x>0, \\ 0, & x \leqslant 0,\end{cases} \quad \lambda>0$$

则称 X 服从参数为 λ 的指数分布，记作 $X \sim E(\lambda)$.

设 $X \sim E(\lambda)$，则 X 的分布函数为

$$F(x)=\begin{cases}1-\mathrm{e}^{-\lambda x}, & x>0, \\ 0, & x \leqslant 0,\end{cases} \quad \lambda>0$$

指数分布有很多应用，有许多种寿命的分布都可看成服从指数分布.

6. **正态分布**

定义　如果随机变量 X 的概率密度为

$$f(x)=\frac{1}{\sqrt{2\pi}\sigma} \mathrm{e}^{-\frac{(x-\mu)^2}{2\sigma^2}}, -\infty<x<+\infty$$

其中 μ, σ 为常数且 $\sigma>0$，则称 X 服从参数为 μ, σ 的正态分布，记作 $X \sim N(\mu, \sigma^2)$.

当 $\mu=0, \sigma^2=1$ 时，即 $X \sim N(0,1)$，称 X 服从标准正态分布，此时用 $\varphi(x)$ 表示 X 的概率密度，即

$$\varphi(x)=\frac{1}{\sqrt{2\pi}} \mathrm{e}^{-\frac{x^2}{2}}, -\infty<x<+\infty$$

$X \sim N(\mu,\sigma^2)$，其分布函数为

$$F(x)=\frac{1}{\sqrt{2\pi}\sigma}\int_{-\infty}^{x}e^{-\frac{(t-\mu)^2}{2\sigma^2}}dt$$

当 $X \sim N(0,1)$ 时，分布函数用 $\Phi(x)$ 表示

$$\Phi(x)=\frac{1}{\sqrt{2\pi}}\int_{-\infty}^{x}e^{-\frac{t^2}{2}}dt$$

五、常用性质

设 $X \sim U[a,b]$，则对 $a \leqslant c < d \leqslant b$，有

$$P\{c \leqslant X \leqslant d\}=\frac{d-c}{b-a}$$

即随机变量落入$[a,b]$中某区间$[c,d]$的概率等于该区间长度与$[a,b]$长度之比.

此结论对开区间或半开半闭区间也成立.

设 $X \sim E(\lambda)$，则有

$$P\{X>t\}=\int_{t}^{+\infty}\lambda e^{-\lambda t}dt=e^{-\lambda t},\ t>0.$$

$$P\{X>t+s \mid X>s\}=\frac{P\{X>t+s,X>s\}}{P\{X>s\}}=\frac{P\{X>t+s\}}{P\{X>s\}}=\frac{e^{-\lambda(t+s)}}{e^{-\lambda s}}$$

$$=e^{-\lambda t}=P\{X>t\},\ t,s>0$$

此性质称为指数分布具有“无记忆性”.

设 $X \sim N(\mu,\sigma^2)$，其分布函数为 $F(x)$，则

$$F(x)=\Phi\left(\frac{x-\mu}{\sigma}\right),\frac{X-\mu}{\sigma}\sim N(0,1)$$

当 $x_1<x_2$ 时，$P\{x_1<X\leqslant x_2\}=\Phi\left(\frac{x_2-\mu}{\sigma}\right)-\Phi\left(\frac{x_1-\mu}{\sigma}\right)$.

概率密度 $f(x)$ 关于 $x=\mu$ 对称，$\varphi(x)$ 是偶函数.

$\Phi(-x)=1-\Phi(x),\Phi(0)=\frac{1}{2}$.

当 $x \sim N(0,1)$ 时，$P\{|X|\leqslant a\}=2\Phi(a)-1,a>0$.

六、随机变量函数的分布

1. 离散型随机变量的函数分布

设 X 的分布律为

$$P\{X=x_k\}=p_k,k=1,2,\cdots$$

则 X 的函数 $Y=g(X)$ 的分布律为

$$P\{Y=g(x_k)\}=p_k,k=1,2,\cdots$$

如果在 $g(x_k)$ 中有相同的数值，则将它们相应的概率和作为 Y 取该值的概率.

2. 连续型随机变量的函数分布

(1) 公式法

设 X 是一个具有概率密度 $f_X(x)$ 的随机变量,又设 $y=g(x)$ 是单调,导数不为零的可导函数,$h(y)$ 为它的反函数,则 $Y=g(X)$ 的概率密度为

$$f_Y(y)=\begin{cases}|h'(y)|f_X(h(y)), & \alpha<y<\beta \\ 0, & \text{其他}\end{cases}$$

其中(α,β)是函数 $g(X)$ 在 X 可能取值的区间上的值域.

(2) 定义法

先求 Y 的分布函数

$$F_Y(y)=P\{Y\leqslant y\}=P\{g(X)\leqslant y\}=\int_{g(x)\leqslant y}f_X(x)\mathrm{d}x$$

然后 $f_Y(y)=F_Y'(y)$.

一般说,用公式法时,因要求条件较多:单调,可导,导数不为零,反函数存在等.实际求解比较麻烦.用定义法时,实际上就是求积分$\int_{g(x)\leqslant y}f_X(x)\mathrm{d}x$,只要掌握好 y 变化的范围,不同范围和不同积分限的求积就不难求得 $F_Y(y)$.

本章小结

本章的知识结构可表示为

样本空间 Ω → 随机变量 $X(\omega)$ → 离散型随机变量 / 连续型随机变量 → 常见分布

随机变量 $X(\omega)$ ↓

分布函数 → 随机变量函数的分布

本章的基本概念和知识点很多.重点关注以下三方面:

第一,分布函数,分布律和概率密度的充要条件和性质;

第二,常见分布:二项分布,泊松分布,均匀分布,指数分布和正态分布;

第三,随机变量函数的分布.

第三章　二维随机变量及其分布

一、二维随机变量及其分布

1. 二维随机变量

定义　设 $X = X(\omega), Y = Y(\omega)$ 是定义在样本空间 Ω 上的两个随机变量，则称向量 (X, Y) 为二维随机变量，或随机向量.

2. 二维随机变量 (X,Y) 的分布

定义　$F(x,y) = P\{X \leqslant x, Y \leqslant y\}, -\infty < x < +\infty, -\infty < y < +\infty$.

3. $F(x,y)$ 的性质

(1) 对任意 x,y，均有 $0 \leqslant F(x,y) \leqslant 1$；

(2) $F(-\infty, y) = F(x, -\infty) = F(-\infty, -\infty) = 0, F(+\infty, +\infty) = 1$；

(3) $F(x,y)$ 关于 x 和关于 y 均单调不减；

(4) $F(x,y)$ 关于 x 和关于 y 是右连续的；

(5) $P\{a < X \leqslant b, c < Y \leqslant d\} = F(b,d) - F(b,c) - F(a,d) + F(a,c)$.

4. 二维随机变量的边缘分布

二维随机变量 (X,Y) 的分布函数为 $F(x,y)$，分别称 $F_X(x) = P\{X \leqslant x\}$ 和 $F_Y(y) = P\{Y \leqslant y\}$ 为 (X,Y) 关于 X 和关于 Y 的边缘分布.

显然，边缘分布 $F_X(x)$ 和 $F_Y(y)$ 与二维随机变量 $F(x,y)$ 有如下关系：

$$F_X(x) = P\{X \leqslant x\} = P\{X \leqslant x, y < +\infty\} = F(x, +\infty)$$

$$F_Y(y) = P\{Y \leqslant y\} = P\{X < +\infty, Y \leqslant y\} = F(+\infty, y)$$

这里 $F(x, +\infty)$ 应理解为 $\lim\limits_{y \to +\infty} F(x,y)$，$F(+\infty, y)$ 应理解为 $\lim\limits_{x \to +\infty} F(x,y)$.

5. 二维离散型随机变量

定义　如果随机变量 (X,Y) 可能取值为有限个或可数无穷个 $(x_i, y_j)(i,j = 1,2,\cdots)$，则称 (X,Y) 为二维离散型随机变量.

6. 二维离散型随机变量的概率分布

定义　二维离散型随机变量 (X,Y) 的可能取值为 $(x_i, y_j)(i,j = 1,2,\cdots)$ 称

$$P\{X=x_i,Y=y_j\}=p_{ij},\quad i,j=1,2,\cdots$$

为二维离散型随机变量(X,Y)的概率分布或分布律.

也可以用表格形式表示分布律：

$X \backslash Y$	y_1	y_2	$\cdots$	y_j	$\cdots$
x_1	p_{11}	p_{12}	$\cdots$	p_{1j}	$\cdots$
x_2	p_{21}	p_{22}	$\cdots$	p_{2j}	$\cdots$
$\vdots$	$\vdots$	$\vdots$		$\vdots$	
x_i	p_{i1}	p_{i2}	$\cdots$	p_{ij}	$\cdots$
$\vdots$	$\vdots$	$\vdots$		$\vdots$	

7. $P\{X=x_i,Y=y_j\}=p_{ij}$ **的性质**

(1) $p_{ij}\geqslant 0,\quad i,j=1,2,\cdots$；

(2) $\sum\limits_i\sum\limits_j p_{ij}=1$.

8. 二维离散型随机变量的边缘分布

定义
$$p_{i\cdot}=P\{X=x_i\},\quad i=1,2,\cdots$$
和
$$p_{\cdot j}=P\{Y=y_j\},\quad j=1,2,\cdots$$
分别被称为(X,Y)关于X和关于Y的边缘分布.

显然,边缘分布$p_{i\cdot}$和$p_{\cdot j}$与二维概率分布p_{ij}有如下关系：

$$p_{i\cdot}=P\{X=x_i\}=\sum_{j=1}^{+\infty}P\{X=x_i,Y=y_j\}=\sum_{j=1}^{+\infty}p_{ij},i=1,2,\cdots$$

$$p_{\cdot j}=P\{Y=y_j\}=\sum_{i=1}^{+\infty}P\{X=x_i,Y=y_j\}=\sum_{i=1}^{+\infty}p_{ij},j=1,2,\cdots$$

9. 二维连续型随机变量及其概率密度

定义 如果对随机变量(X,Y)的分布$F(x,y)$存在非负函数$f(x,y)$,使得对于任意实数x和y,都有

$$F(x,y)=\int_{-\infty}^{x}\int_{-\infty}^{y}f(u,v)\mathrm{d}u\mathrm{d}v,\quad -\infty<x,y<+\infty$$

则称(X,Y)为二维连续型随机变量,函数$f(x,y)$称为(X,Y)的概率密度.

对连续型随机变量(X,Y),设它的概率密度为$f(x,y)$,由

$$F_X(x)=F(x,+\infty)=\int_{-\infty}^{x}\left[\int_{-\infty}^{+\infty}f(x,y)\mathrm{d}y\right]\mathrm{d}x$$

知道,X也是一个连续型变量,且其概率密度为$f_X(x)=\int_{-\infty}^{+\infty}f(x,y)\mathrm{d}y$.

10. $f(x,y)$ 的性质

(1) $f(x,y) \geqslant 0$;

(2) $\int_{-\infty}^{+\infty}\int_{-\infty}^{+\infty} f(x,y)\mathrm{d}x\mathrm{d}y = 1$;

(3) 随机变量(X,Y) 落在区域 D 内的概率

$$P\{(X,Y) \in D\} = \iint_D f(x,y)\mathrm{d}x\mathrm{d}y$$

11. 二维连续型随机变量的边缘密度

定义 $$f_X(x) = \int_{-\infty}^{+\infty} f(x,y)\mathrm{d}y \text{ 和 } f_Y(y) = \int_{-\infty}^{+\infty} f(x,y)\mathrm{d}x$$

被分别称为(X,Y) 关于 X 和关于 Y 的边缘密度.

二、随机变量的独立性

1. 随机变量的独立性

定义 如果对任意 x,y 都有

$$P\{X \leqslant x, Y \leqslant y\} = P\{X \leqslant x\}P\{Y \leqslant y\}$$

即

$$F(x,y) = F_X(x)F_Y(y)$$

则称随机变量 X 与 Y 相互独立.

2. 随机变量相互独立的充要条件

(1) 离散型随机变量 X 和 Y 相互独立的充要条件:对任意 $i,j = 1,2,\cdots$

$$P\{X = x_i, Y = y_j\} = P\{X = x_i\}P\{Y = y_j\} \text{ 成立}$$

即

$$p_{ij} = p_{i\cdot}\, p_{\cdot j} \text{ 成立}$$

(2) 连续型随机变量 X 和 Y 相互独立的充要条件:对任意的 x,y,

$$f(x,y) = f_X(x)\, f_Y(y) \text{ 成立}$$

可将两个随机变量的独立性推广到两个以上随机变量的情形.

三、二维均匀分布和二维正态分布

1. 二维均匀分布

定义 如果二维连续型随机变量(X,Y) 的概率密度为

$$f(x,y) = \begin{cases} \dfrac{1}{A}, (x,y) \in G \\ 0, \text{其他} \end{cases}$$

其中 A 是平面有界区域 G 的面积，则称 (X,Y) 服从区域 G 上的均匀分布.

2. 二维正态分布

定义 如果二维连续型随机变量 (X,Y) 的概率密度为

$$f(x,y)=\frac{1}{2\pi\sigma_1\sigma_2\sqrt{1-\rho^2}}e^{-\frac{1}{2(1-\rho^2)}\left[\frac{(x-\mu_1)^2}{\sigma_1^2}-\frac{2\rho(x-\mu_1)(y-\mu_2)}{\sigma_1\sigma_2}+\frac{(y-\mu_2)^2}{\sigma_2^2}\right]},-\infty<x<+\infty,-\infty<y<+\infty$$

其中 $\mu_1,\mu_2,\sigma_1>0,\sigma_2>0,-1<\rho<1$ 均为常数，则称 (X,Y) 服从参数为 $\mu_1,\mu_2,\sigma_1,\sigma_2$ 和 ρ 的二维正态分布，记作

$$(X,Y)\sim N(\mu_1,\mu_2;\sigma_1^2,\sigma_2^2;\rho)$$

3. 重要性质

(1) 设 (X,Y) 在 G 上服从均匀分布，D 是 G 中的一个部分区域，记它们的面积分别为 S_D 和 S_G，则 $P\{(X,Y)\in D\}=\frac{S_D}{S_G}$.

如果设 (X,Y) 的概率密度为 $f(x,y)$，显然

$$f(x,y)=\begin{cases}\frac{1}{S_G}, & (x,y)\in G\\ 0, & \text{其他}\end{cases}$$

而 $P\{(X,Y)\in D\}=\iint\limits_D f(x,y)\mathrm{d}x\mathrm{d}y=\iint\limits_D\frac{1}{S_G}\mathrm{d}x\mathrm{d}y=\frac{S_D}{S_G}$.

(2) 设 $(X,Y)\sim N(\mu_1,\mu_2;\sigma_1^2,\sigma_2^2;\rho)$，则

①$X\sim N(\mu_1,\sigma_1^2),Y\sim N(\mu_2,\sigma_2^2)$；

②X 与 Y 相互独立的充分必要条件是 $\rho=0$.

如果 (X,Y) 二维正态可保证 X 与 Y 均一维正态，反之则不能成立，即已知 X 与 Y 均正态，并不能保证 (X,Y) 正态.

③$aX+bY\sim N(a\mu_1+b\mu_2,a^2\sigma_1^2+2ab\sigma_1\sigma_2\rho+b^2\sigma_2^2)$.

在数理统计中，常有随机变量 $X_1,X_2,\cdots,X_n$ 相互独立，且 $X_i\sim N(\mu,\sigma^2)(i=1,2,\cdots,n)$，则有 $\sum\limits_{i=1}^{n}c_iX_i\sim N(\sum\limits_{i=1}^{n}c_i\mu,\sum\limits_{j=1}^{n}c_j^2\sigma^2)$.

如果 $X_1,X_2,\cdots,X_n$ 相互独立且 $X_i\sim N(\mu_i,\sigma_i^2)(i=1,2,\cdots,n)$，则有

$$\sum_{i=1}^{n}c_iX_i\sim N(\sum_{i=1}^{n}c_i\mu_i,\sum_{j=1}^{n}c_j^2\sigma_j^2)$$

四、两个随机变量函数 $Z=g(X,Y)$ 的分布

1. X,Y 均为离散型随机变量

Z 的分布律的求法与一维离散型类似.

2. **X,Y 均为连续型随机变量**

$F_Z(z)$ 的求法,可用公式

$$F_Z(z)=P\{Z\leqslant z\}=P\{g(X,Y)\leqslant z\}=\iint\limits_{g(x,y)\leqslant z} f(x,y)\mathrm{d}x\mathrm{d}y$$

特别当 $Z=X+Y$ 时,

$$F_Z(z)=P\{X+Y\leqslant z\}=\iint\limits_{x+y\leqslant z} f(x,y)\mathrm{d}x\mathrm{d}y$$

$$=\int_{-\infty}^{+\infty}\mathrm{d}x\int_{-\infty}^{z-x} f(x,y)\mathrm{d}y\left(\text{或}\int_{-\infty}^{+\infty}\mathrm{d}y\int_{-\infty}^{z-y} f(x,y)\mathrm{d}x\right)$$

由此可得 $Z=X+Y$ 的概率密度为

$$f_Z(z)=\int_{-\infty}^{+\infty} f(x,z-x)\mathrm{d}x$$

或

$$f_Z(z)=\int_{-\infty}^{+\infty} f(z-y,y)\mathrm{d}y$$

特别是当 X 和 Y 相互独立时,$f(x,y)=f_X(x)f_Y(y)$,则

$$f_Z(z)=\int_{-\infty}^{+\infty} f_X(x)f_Y(z-x)\mathrm{d}x$$

或

$$f_Z(z)=\int_{-\infty}^{+\infty} f_X(z-y)f_Y(y)\mathrm{d}y$$

这两个公式称为卷积公式,记为 $f_X * f_Y$.

本章小结

本章是概率统计的重点.每年必考的内容.

本章可以看成是第二章一维随机变量向多维的推广.重点关注以下三方面:

第一,二维均匀分布和二维正态分布;

第二,二个随机变量函数 $Z=X+Y$ 的分布;

第三,二维随机变量 (X,Y) 中,X 与 Y 的关系——独立的条件.

第四章 随机变量的数字特征

一、随机变量的数学期望

1. 数学期望

定义 (1) 离散型随机变量 X 的数学期望

设随机变量 X 的概率分布为

$$P\{X=x_k\}=p_k,\quad k=1,2,\cdots$$

如果级数 $\sum_{k=1}^{+\infty}x_kp_k$ 绝对收敛,则称此级数为随机变量 X 的数学期望或均值,记作 $E(X)$,即 $E(X)=\sum_{k=1}^{+\infty}x_kp_k$.

(2) 连续型随机变量 X 的数学期望

设随机变量 X 的概率密度为 $f(x)$,如果积分 $\int_{-\infty}^{+\infty}xf(x)\mathrm{d}x$ 绝对收敛,则称此积分为随机变量 X 的数学期望或均值,记作 $E(X)$,即

$$E(X)=\int_{-\infty}^{+\infty}xf(x)\mathrm{d}x$$

2. 数学期望的性质

(1) 设 C 是常数,则有 $E(C)=C$.

(2) 设 X 是随机变量,C 是常数,则有

$$E(CX)=CE(X)$$

(3) 设 X 和 Y 是任意两个随机变量,则有

$$E(X\pm Y)=E(X)\pm E(Y)$$

(4) 设 X 与 Y 是任意两个随机变量,则

$$E(XY)=E(X)E(Y)$$

成立的充要条件是 X 与 Y 不相关.

3. 随机变量 X 的简单函数 $Y=g(X)$ 的数学期望

(1) 设随机变量 X 的概率分布为

$$P\{X=x_k\}=p_k,k=1,2,\cdots$$

如果级数 $\sum_{k=1}^{+\infty}g(x_k)p_k$ 绝对收敛,则随机变量 $Y=g(X)$ 的数学期望为

$$E(Y)=E[g(X)]=\sum_{k=1}^{+\infty}g(x_k)p_k$$

(2) 设随机变量 X 的概率密度为 $f(x)$，如果积分 $\int_{-\infty}^{+\infty} g(x)f(x)\mathrm{d}x$ 绝对收敛，则随机变量 $Y=g(X)$ 的数学期望为

$$E(Y)=E[g(X)]=\int_{-\infty}^{+\infty} g(x)f(x)\mathrm{d}x$$

4. **随机变量 (X,Y) 的简单函数 $Z=g(X,Y)$ 的数学期望**

(1) 设随机变量 (X,Y) 的概率分布为

$$P\{X=x_i,Y=y_j\}=p_{ij},i,j=1,2,\cdots$$

如果级数 $\sum\limits_{i=1}^{+\infty}\sum\limits_{j=1}^{+\infty} g(x_i,y_j)p_{ij}$ 绝对收敛，则随机变量 $Z=g(X,Y)$ 的数学期望为

$$E(Z)=E[g(X,Y)]=\sum_{i=1}^{+\infty}\sum_{j=1}^{+\infty} g(x_i,y_j)p_{ij}$$

(2) 设随机变量 (X,Y) 的概率密度为 $f(x,y)$，如果积分 $\int_{-\infty}^{+\infty}\int_{-\infty}^{+\infty} g(x,y)f(x,y)\mathrm{d}x\mathrm{d}y$ 绝对收敛，则随机变量 $Z=g(X,Y)$ 的数学期望为

$$E(Z)=E[g(X,Y)]=\int_{-\infty}^{+\infty}\int_{-\infty}^{+\infty} g(x,y)f(x,y)\mathrm{d}x\mathrm{d}y$$

注：简单函数通常包括线性函数、初等函数、最大值、最小值、绝对值等.

二、随机变量的方差

1. **方差**

定义　设 X 是随机变量，如果数学期望 $E\{[X-E(X)]^2\}$ 存在，则称之为 X 的方差，记作 $D(X)$，即

$$D(X)=E\{[X-E(X)]^2\}$$

称 $\sqrt{D(X)}$ 为随机变量 X 的标准差或均方差，记作 $\sigma(X)$，即 $\sigma(X)=\sqrt{D(X)}$.

2. **方差计算公式**

$$D(X)=E(X^2)-[E(X)]^2$$

3. **方差的性质**

(1) 设 C 为常数，则 $D(C)=0$，反之，从 $D(X)=0$ 并不能得出 X 为常数的结论.

(2) 设 X 是随机变量，a 和 b 是常数，则有

$$D(aX+b)=a^2D(X)$$

(3) 设 X 与 Y 是任意两个随机变量，则

$$D(X\pm Y)=D(X)+D(Y)$$

成立的充要条件是 X 和 Y 不相关.

三、常用随机变量的数学期望和方差

1. **0－1 分布**

$E(X)=p$，　$D(X)=p(1-p)$.

2. **二项分布**，$X \sim B(n,p)$

$E(X)=np$，$D(X)=np(1-p)$.

3. **泊松分布**，$X \sim P(\lambda)$

$E(X)=\lambda$，$D(X)=\lambda$.

4. **均匀分布**，$X \sim U(a,b)$

$E(X)=\frac{a+b}{2}$，$D(X)=\frac{(b-a)^2}{12}$.

5. **指数分布**，$X \sim E(\lambda)$

$E(X)=\frac{1}{\lambda}$，$D(X)=\frac{1}{\lambda^2}$.

6. **正态分布**，$X \sim N(\mu,\sigma^2)$

$E(X)=\mu$，$D(X)=\sigma^2$.

二维正态分布，$(X,Y) \sim N(\mu_1,\mu_2;\sigma_1^2,\sigma_2^2;\rho)$

$E(X)=\mu_1,E(Y)=\mu_2,D(X)=\sigma_1^2,D(Y)=\sigma_2^2$.

四、矩、协方差和相关系数

1. **矩**

定义 (1) 设 X 是随机变量，如果

$$E(X^k),\quad k=1,2,\cdots$$

存在，则称之为 X 的 k 阶原点矩.

(2) 设 X 是随机变量，如果

$$E\{[X-E(X)]^k\},\quad k=1,2,\cdots$$

存在，则称之为 X 的 k 阶中心矩.

(3) 设 X 和 Y 是两个随机变量，如果

$$E(X^kY^l),\quad k,l=1,2,\cdots$$

存在，则称之为 X 和 Y 的 $k+l$ 阶混合矩.

(4) 设 X 和 Y 是两个随机变量，如果

$$E\{[X-E(X)]^k[Y-E(Y)]^l\},\quad k,l=1,2,\cdots$$

存在，则称之为 X 和 Y 的 $k+l$ 阶混合中心矩.

2. **协方差**

定义 对于随机变量 X 和 Y，如果 $E\{[X-E(X)][Y-E(Y)]\}$ 存在，则称之为 X 和 Y 的协方差，记作 $\mathrm{Cov}(X,Y)$，即

$$\mathrm{Cov}(X,Y)=E\{[X-E(X)][Y-E(Y)]\}$$

3. **相关系数**

定义 对于随机变量 X 和 Y，如果 $D(X)D(Y)\neq 0$，则称 $\frac{\mathrm{Cov}(X,Y)}{\sqrt{D(X)}\sqrt{D(Y)}}$ 为 X 和 Y 的相关系数，记为 ρ_{XY}，即

$$\rho_{XY}=\frac{\mathrm{Cov}(X,Y)}{\sqrt{D(X)}\sqrt{D(Y)}}$$

如果 $D(X)D(Y)=0$，则 $\rho_{XY}=0$.

4. **不相关**

定义 如果随机变量 X 和 Y 的相关系数 $\rho_{XY}=0$，则称 X 和 Y 不相关.

5. **协方差的公式和性质**

(1) $\mathrm{Cov}(X,Y)=E(XY)-E(X)E(Y)$.
(2) $D(X\pm Y)=D(X)+D(Y)\pm 2\mathrm{Cov}(X,Y)$.
(3) 协方差性质.
① $\mathrm{Cov}(X,Y)=\mathrm{Cov}(Y,X)$；
② $\mathrm{Cov}(aX,bY)=ab\mathrm{Cov}(X,Y)$，其中 a,b 是常数；
③ $\mathrm{Cov}(X_1+X_2,Y)=\mathrm{Cov}(X_1,Y)+\mathrm{Cov}(X_2,Y)$.

6. **相关系数性质**

(1) $|\rho_{XY}|\leqslant 1$；

(2) $|\rho_{XY}|=1$ 的充分必要条件是存在不全为零的常数 a 和 b，使得

$$P\{aX+bY=1\}=1$$

7. **独立与不相关**

(1) 如果随机变量 X 和 Y 相互独立，则 X 和 Y 必不相关；反之，X 和 Y 不相关时，X 和 Y 却不一定相互独立.

(2) 对二维正态随机变量 $(X,Y)\sim N(\mu_1,\mu_2;\sigma_1^2,\sigma_2^2;\rho)$，$X$ 和 Y 的相关系数就是 ρ，X 和 Y 相互独立的充分必要条件是 $\rho=0$.

(3) 对二维正态随机变量 (X,Y)，X 和 Y 相互独立与 X 和 Y 不相关是等价的.

本章小结

本章也是概率统计重点和必考内容，应重点关注：
第一，数学期望、方差、协方差和相关系数的定义，性质，计算；
第二，常考分布的数学期望和方差；
第三，随机变量简单函数的期望 $E(g(X,Y))$ 的计算.

第五章　大数定律和中心极限定理

一、切比雪夫不等式

设随机变量 X 的数学期望 $E(X)$ 和方差 $D(X)$ 存在,则对任意的 $\varepsilon > 0$,总有

$$P\{|X-E(X)|\geqslant\varepsilon\}\leqslant\frac{D(X)}{\varepsilon^2}$$

二、大数定律

1. 切比雪夫大数定律

设 $X_1,X_2,\cdots,X_n,\cdots$ 为两两不相关的随机变量序列,存在常数 C,使 $D(X_i)\leqslant C\quad(i=1,2,\cdots)$,则对任意 $\varepsilon>0$,有

$$\lim_{n\to\infty}P\left\{\left|\frac{1}{n}\sum_{i=1}^{n}X_i-\frac{1}{n}\sum_{i=1}^{n}E(X_i)\right|<\varepsilon\right\}=1$$

2. 伯努利大数定律

设随机变量 $X_n\sim B(n,p)$,$n=1,2,\cdots$,则对于任意 $\varepsilon>0$,有

$$\lim_{n\to\infty}P\left\{\left|\frac{X_n}{n}-p\right|<\varepsilon\right\}=1$$

三、中心极限定理

1. 棣莫弗-拉普拉斯中心极限定理

设随机变量 $X_n\sim B(n,p)(n=1,2,\cdots)$,则对于任意实数 x,有

$$\lim_{n\to\infty}P\left\{\frac{X_n-np}{\sqrt{np(1-p)}}\leqslant x\right\}=\Phi(x)$$

其中 $\Phi(x)$ 是标准正态的分布函数.

定理表明当 n 充分大时,服从 $B(n,p)$ 的随机变量 X_n 经标准化后得 $\frac{X_n-np}{\sqrt{np(1-p)}}$,近似服从标准正态分布 $N(0,1)$,或者说 X_n 近似地服从 $N(np,np(1-p))$.

2. 列维-林德伯格中心极限定理

设随机变量 $X_1,X_2,\cdots,X_n,\cdots$ 独立同分布,具有数学期望与方差,$E(X_n)=\mu$,$D(X_n)=\sigma^2$,

$n=1,2,\cdots$，则对于任意实数 x，有 $\lim\limits_{n\to\infty}P\left\{\dfrac{\sum\limits_{i=1}^{n}X_i-n\mu}{\sqrt{n}\sigma}\leqslant x\right\}=\Phi(x)$.

定理表明当 n 充分大时 $\sum\limits_{i=1}^{n}X_i$ 的标准化 $\dfrac{\sum\limits_{i=1}^{n}X_i-n\mu}{\sqrt{n}\sigma}$ 近似服从标准正态分布 $N(0,1)$，或者说 $\sum\limits_{i=1}^{n}X_i$ 近似地服从 $N(n\mu,n\sigma^2)$.

本章小结

本章虽不是重点，但应该记住：

第一，切比雪夫不等式；

第二，切比雪夫大数定律和伯努利大数定律的条件和结论；

第三，棣莫弗-拉普拉斯和列维-林德伯格中心极限定理的条件和结论.

第六章　数理统计的基本概念

一、总体和样本

1. 总体

定义　所研究对象的某项数量指标 X 的全体称为总体.总体中的每个元素称为个体.

2. 样本

定义　$X_1,X_2,\cdots,X_n$ 相互独立且都与总体 X 同分布,则称 $X_1,X_2,\cdots,X_n$ 为来自总体 X 的简单随机样本,简称为样本.n 为样本容量,样本的具体观测值 $x_1,x_2,\cdots,x_n$ 称为样本值,或称总体 X 的 n 个独立观测值.

如 X 的分布为 $F(x)$,则样本 $X_1,X_2,\cdots,X_n$ 的分布为

$$F_n(x_1,x_2,\cdots,x_n)=\prod_{i=1}^{n}F(x_i)$$

如 X 有密度 $f(x)$,则样本 $X_1,X_2,\cdots,X_n$ 的密度为

$$f_n(x_1,x_2,\cdots,x_n)=\prod_{i=1}^{n}f(x_i)$$

如 X 的分布 $P\{X=a_j\}=p_j,j=1,2,\cdots$,则样本 $X_1,X_2,\cdots,X_n$ 的分布为

$$P\{X_1=x_1,X_2=x_2,\cdots,X_n=x_n\}=\prod_{i=1}^{n}P\{X_i=x_i\}$$

其中 x_i 取 $a_1,a_2,\cdots$ 中的某一个数.

二、统计量和样本数字特征

1. 统计量 T

定义　样本 $X_1,X_2,\cdots,X_n$ 的不含未知参数的函数 $T=T(X_1,X_2,\cdots,X_n)$ 称为统计量.

如果 $x_1,x_2,\cdots,x_n$ 是样本 $X_1,X_2,\cdots,X_n$ 的样本值,则数值 $T(x_1,x_2,\cdots,x_n)$ 为统计量 $T(X_1,X_2,\cdots,X_n)$ 的观测值.

2. 样本 $X_1,X_2,\cdots,X_n$ 的数字特征

(1) 样本均值　$\overline{X}=\dfrac{1}{n}\sum\limits_{i=1}^{n}X_i$;

(2) 样本方差　$S^2=\dfrac{1}{n-1}\sum\limits_{i=1}^{n}(X_i-\overline{X})^2$;

样本标准差　$S=\sqrt{\frac{1}{n-1}\sum_{i=1}^{n}(X_i-\overline{X})^2}$.

3. **样本数字特征的性质**

(1) 如果总体 X 有数学期望 $E(X)=\mu$,则 $E(\overline{X})=E(X)=\mu$.

(2) 如果总体 X 有方差 $D(X)$,则 $D(\overline{X})=\frac{1}{n}D(X)$,$E(S^2)=D(X)$.

三、常用统计抽样分布和正态总体的抽样分布

1. **χ^2 分布**

定义　设 $X_1,X_2,\cdots,X_n$ 相互独立且均服从标准正态分布 $N(0,1)$,则称随机变量

$$\chi^2=X_1^2+X_2^2+\cdots+X_n^2$$

服从自由度(或参数)为 n 的 χ^2 分布,记作 $\chi^2\sim\chi^2(n)$.

满足 X_i 相互独立,且 $X_i\sim N(0,1)$ 二条件的 $\chi^2=\sum_{i=1}^{n}X_i^2$ 称为 $\chi^2(n)$ 的典型模式.

2. **χ^2 分布的性质**

(1) 设 $\chi^2\sim\chi^2(n)$,对给定的 $\alpha(0<\alpha<1)$,称满足条件

$$P\{\chi^2>\chi_\alpha^2(n)\}=\int_{\chi_\alpha^2(n)}^{+\infty}f(x)\mathrm{d}x=\alpha$$

的点 $\chi_\alpha^2(n)$ 为 $\chi^2(n)$ 分布的上 α 分位点,如图 6-1 所示.对不同的 α 和 n,$\chi_\alpha^2(n)$ 通常通过查表求得.

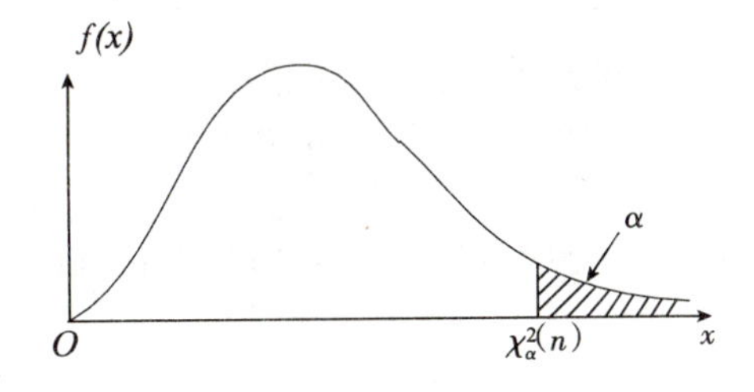

图 6-1

(2) 设 $\chi^2\sim\chi^2(n)$,则 $E(\chi^2)=n$,$D(\chi^2)=2n$.

(3) 设 $\chi_1^2\sim\chi^2(n_1)$,$\chi_2^2\sim\chi^2(n_2)$,且 χ_1^2 和 χ_2^2 相互独立,则 $\chi_1^2+\chi_2^2\sim\chi^2(n_1+n_2)$.

3. **t 分布**

定义　设随机变量 X 和 Y 相互独立,且 $X\sim N(0,1)$,$Y\sim\chi^2(n)$,则称随机变量

$$T=\frac{X}{\sqrt{Y/n}}$$

服从自由度为 n 的 t 分布,记作 $T\sim t(n)$.

满足 X,Y 独立，$X \sim N(0,1)$，$Y \sim \chi^2(n)$ 三条件的 $T=\dfrac{X}{\sqrt{Y/n}}$ 称为 $t(n)$ 的典型模式.

4. **t 分布的性质**

(1)t 分布的概率密度 $f(x)$ 是偶函数，即 $f(x)=f(-x)$，且当 n 充分大时，$t(n)$ 分布近似于 $N(0,1)$ 分布.

(2) 设 $T \sim t(n)$，对给定的 $\alpha(0<\alpha<1)$，称满足条件

$$P\{T>t_\alpha(n)\}=\int_{t_\alpha(n)}^{+\infty} f(x)\mathrm{d}x=\alpha$$

的点 $t_\alpha(n)$ 为 $t(n)$ 分布的上 α 分位点.

(3) 由于 $t(n)$ 分布的概率密度为偶函数，可知 t 分布的双侧 α 分位点 $t_{\alpha/2}(n)$，即

$$P\{|T|>t_{\alpha/2}(n)\}=\alpha$$

如图 6-2 所示，显然 $t_{1-\alpha}(n)=-t_\alpha(n)$.

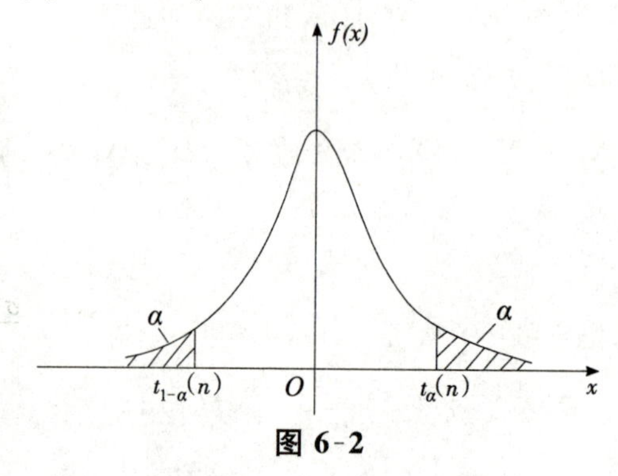

图 6-2

5. **F 分布**

定义 设随机变量 X 和 Y 相互独立，且 $X \sim \chi^2(n_1)$，$Y \sim \chi^2(n_2)$，则称随机变量

$$F=\frac{X/n_1}{Y/n_2}$$

服从自由度为 (n_1,n_2) 的 F 分布，记作 $F \sim F(n_1,n_2)$，其中 n_1 和 n_2 分别称为第一自由度和第二自由度.

满足 X,Y 独立，$X \sim \chi^2(n_1)$，$Y \sim \chi^2(n_2)$ 三条件的 $F=\dfrac{X/n_1}{Y/n_2}$ 称为 $F(n_1,n_2)$ 的典型模式.

6. **F 分布的性质**

(1) 设 $F \sim F(n_1,n_2)$，对给定的 $\alpha(0<\alpha<1)$，称满足条件

$$P\{F>F_\alpha(n_1,n_2)\}=\int_{F_\alpha(n_1,n_2)}^{+\infty} f(x)\mathrm{d}x=\alpha$$

的点 $F_\alpha(n_1,n_2)$ 为 $F(n_1,n_2)$ 分布的上 α 分位点.

(2) 如果 $F \sim F(n_1,n_2)$，则 $\dfrac{1}{F} \sim F(n_2,n_1)$，且有

$$F_{1-\alpha}(n_1,n_2)=\frac{1}{F_\alpha(n_2,n_1)}$$

7. 一个正态总体的抽样分布

设总体 $X \sim N(\mu,\sigma^2)$，$X_1,X_2,\cdots,X_n$ 是来自总体的样本，样本均值为 $\overline{X}$，样本方差为 S^2，则有：

(1) $\overline{X} \sim N\left(\mu,\dfrac{\sigma^2}{n}\right)$，$U=\dfrac{\overline{X}-\mu}{\sigma/\sqrt{n}} \sim N(0,1)$；

(2) $\overline{X}$ 与 S^2 相互独立，且 $\chi^2=\dfrac{(n-1)S^2}{\sigma^2} \sim \chi^2(n-1)$；

(3) $T=\dfrac{\overline{X}-\mu}{S/\sqrt{n}} \sim t(n-1)$；

(4) $\chi^2=\dfrac{1}{\sigma^2}\sum\limits_{i=1}^{n}(X_i-\mu)^2 \sim \chi^2(n)$.

本章小结

本章涉及大量的数理统计基本概念，应该特别记住：

统计量 $\overline{X}$ 和 S^2，以及它们的性质，$E(\overline{X})=E(X)$，$D(\overline{X})=\dfrac{D(X)}{n}$ 和 $E(S^2)=D(X)$；

统计量 χ^2，t，F 的典型模式，以及它们主要性质，$E(\chi^2)=n$，$D(\chi^2)=2n$，t 的密度为偶函数，$\dfrac{1}{F}$ 也是 F 分布；

一个正态总体 $X \sim N(\mu,\sigma^2)$ 的抽样分布，$\overline{X} \sim N\left(\mu,\dfrac{\sigma^2}{n}\right)$，$\overline{X}$ 与 S^2 相互独立，$\dfrac{(n-1)S^2}{\sigma^2} \sim \chi^2(n-1)$，$\dfrac{\overline{X}-\mu}{S/\sqrt{n}} \sim t(n-1)$.

练习题

一、选择题

1. A,B,C 为随机事件，A 发生必导致 B 与 C 最多有一个发生，则有

(A)$A\subset BC$. (B)$A\supset BC$. (C)$\overline{A}\subset BC$. (D)$\overline{A}\supset BC$.

2. 设 A,B 为随机事件，且 $P(AB)>0$，$P(A\mid B)=P(B\mid A)$，则有

(A)A,B 相互独立. (B)$P(A)=P(B)$.

(C)$P(AB)=P(A)$. (D)$P(A\cup B)=P(A)$.

3. 已知 A,B,C 三事件中，$P(A\cup B)=0$，则 $\overline{A},\overline{B},\overline{C}$ 三事件

(A) 相互独立. (B) 两两独立，但不一定相互独立.

(C) 不一定两两独立. (D) 一定不两两独立.

4. 设随机变量 X 服从 $(-1,1)$ 上的均匀分布，事件 $A=\{X<0\}$，$B=\{X>\frac{1}{2}\}$，$C=\{|X|>\frac{1}{2}\}$，则

(A)A,B 相互独立. (B)A,C 相互独立.

(C)B,C 相互独立. (D)A,B,C 中任两个都不独立.

5. 某人向同一目标独立重复射击，每次射击命中目标的概率为 $\frac{1}{2}$，已知此人射击 4 次恰好命中目标两次，则这两次命中是连续命中的概率为

(A) $\frac{1}{4}$. (B) $\frac{3}{8}$. (C) $\frac{1}{2}$. (D) $\frac{5}{8}$.

6. 某人打靶的命中率为 $\frac{1}{2}$，当他连射三次后检查目标，发现靶已命中，则他在第一次射击时就命中的概率为

(A) $\frac{4}{7}$. (B) $\frac{1}{2}$. (C) $\frac{3}{8}$. (D) $\frac{3}{7}$.

7. 已知事件 A 与事件 B 同时发生时，事件 C 必发生，则有

(A)$P(C)\leqslant P(A\cup B)$. (B)$P(C)\geqslant P(A\cup B)$.

(C)$P(C)\leqslant P(A)+P(B)-1$. (D)$P(C)\geqslant P(A)+P(B)-1$.

8. 设独立同分布的两随机变量 X_1 和 X_2 均服从 $B(1,\frac{1}{2})$ 分布，则 $P\{X_1=X_2\}=$

(A)0. (B) $\frac{1}{4}$. (C) $\frac{1}{2}$. (D)1.

9. 设随机变量(X,Y)的分布为

X \ Y	2	3
0	$\frac{1}{2}$	$\frac{1}{3}$
1	$\frac{1}{6}$	0

其分布函数$F(2,2)$的值为

(A) $\frac{1}{3}$.　　(B) $\frac{1}{2}$.　　(C) $\frac{2}{3}$.　　(D) $\frac{5}{6}$.

10. 设随机变量ξ服从指数分布，且$E(\xi)=2$，则二次方程$x^2+\xi x+4=0$有实根的概率为

(A) e^{-1}.　　(B) e^{-2}.　　(C) e^{-4}.　　(D) e^{-8}.

11. 设随机变量X和Y的方差均存在，则$D(X+Y)=D(X)+D(Y)$是X和Y

(A) 不相关的充分但非必要条件.　　(B) 不相关的充分必要条件.

(C) 独立的充分但非必要条件.　　(D) 独立的充分和必要条件.

12. 设随机变量$X\sim N(0,1)$，$Y\sim N(1,1)$，且X,Y相互独立，则

(A) $E(X+Y)=E(X-Y)$.　　(B) $E(X+Y)<E(X-Y)$.

(C) $D(X+Y)=D(X-Y)$.　　(D) $D(X+Y)>D(X-Y)$.

13. 设随机变量X与Y独立同分布，方差存在，则$X+Y$和$X-Y$的相关系数$\rho=$

(A) 0.　　(B) $\frac{1}{2}$.　　(C) $-\frac{1}{2}$.　　(D) 1.

14. 随机变量列$X_1,X_2,\cdots,X_n,\cdots$服从切比雪夫大数定律，则它们

(A) 相互独立同数学期望.　　(B) 相互独立同分布.

(C) 两两互不相关同方差.　　(D) 两两互不相关同分布.

15. 设$X_1,X_2,\cdots,X_n$是来自总体$N(0,1)$的简单随机样本，$\overline{X}$为其样本均值，S^2为其样本方差，记$T=(\overline{X}+1)S^2$，则$E(T)=$

(A) 0.　　(B) 1.　　(C) 2.　　(D) 4.

16. 设X_1,X_2,X_3,X_4是来自总体$N(0,2)$的简单随机样本，记$X=a(X_1+X_2)^2+b(X_3-X_4)^2$，其中$a,b$为常数，已知$X\sim\chi^2(2)$分布，则

(A) $a=b=1$.　　(B) $a=b=\frac{1}{2}$.

(C) $a=b=4$.　　(D) $a=b=\frac{1}{4}$.

17. 设$X\sim N(3,4^2)$，从总体X抽取简单随机样本$X_1,X_2,\cdots,X_{16}$，样本均值为$\overline{X}$，则

(A) $\overline{X}-3\sim N(0,1)$.　　(B) $4(\overline{X}-3)\sim N(0,1)$.

(C) $\frac{\overline{X}-3}{4}\sim N(0,1)$.　　(D) $\frac{\overline{X}-3}{16}\sim N(0,1)$.

18. 设 X_1,X_2,X_3,X_4 为来自总体 $N(0,\sigma^2)(\sigma>0)$ 的简单随机样本，则统计量 $\dfrac{X_1^2+X_2^2}{X_3^2+X_4^2}$ 的分布为

(A) $t(2)$.　　(B) $\chi^2(2)$.　　(C) $F(2,2)$.　　(D) $F(4,4)$.

19. 设 $X_1,X_2,\cdots,X_n$ 是总体 $N(\mu,\sigma^2)$ 的简单随机样本，其样本均值为 $\overline{X}$，样本方差为 S^2，记 $T=a\overline{X}^2+bS^2$，已知 $E(T)=\mu^2$，则常数 a 和 b 为

(A) $\begin{cases}a=1,\\ b=\dfrac{1}{n}.\end{cases}$　　(B) $\begin{cases}a=1,\\ b=-\dfrac{1}{n}.\end{cases}$

(C) $\begin{cases}a=-1,\\ b=\dfrac{1}{n}.\end{cases}$　　(D) $\begin{cases}a=-1,\\ b=-\dfrac{1}{n}.\end{cases}$

20. 设 $X_1,X_2,\cdots,X_n$ 是来自总体 $P(\lambda)(\lambda>0)$ 的简单随机样本，记统计量 $T=\dfrac{1}{n}\sum\limits_{i=1}^{n}X_i^2$，则 $E(T)=$

(A) $\lambda-\lambda^2$.　　(B) $\lambda+\lambda^2$.

(C) $\dfrac{\lambda^2}{n}$.　　(D) λ^2.

二、填空题

1. 设事件 A 和事件 B 相互独立，且已知 $P(A)=0.5$，$P(B)=0.4$，则条件概率 $P(A\mid A\cup B)=$______.

2. 随意选一个二位数，其中两个数字不同的概率等于______.

3. 概率相等的二随机事件 A 与 B 相互独立，已知它们中至少有一个不发生的概率为 $\dfrac{5}{9}$，则 $P(A)=$______.

4. 从 1,2,3 中任意取 2 个数记为 X_1,X_2，令 $X=\min(X_1,X_2)$，则 X 的概率分布为______.

5. 设某路口每天通过的车辆数 $X\sim P(\lambda)(\lambda>0)$，已知一天通过一辆车的概率与一天通过两辆车的概率相同，则 $\lambda=$______.

6. 设随机变量 X 服从正态分布 $N(\mu,\sigma^2)(\sigma>0)$，其分布函数为 $F(x)$，则 $F(\mu+x\sigma)+F(\mu-x\sigma)=$______.

7. 设二维随机变量 (X,Y) 的概率密度函数为 $f(x,y)$，则随机变量 $(2X,Y+1)$ 的概率密度函数 $f_1(x,y)=$______.

8. 设相互独立的随机变量 X 与 Y 均服从标准正态分布，则随机变量 $X-Y$ 的概率密度函数的最大值等于______.

9. 设相互独立的随机变量 X 与 Y 均服从分布 $B\left(1,\dfrac{1}{2}\right)$，则 $P\{X\geqslant Y\}=$______.

10. 设随机变量 X 在区间 $(0,1)$ 上服从均匀分布，则 X 落在数学期望 $E(X)$ 和方差 $D(X)$ 之间的概率为________.

11. 设随机变量 X 服从泊松分布 $P(\lambda)$，则随机变量 $Y=\dfrac{1}{1+X}$ 的数学期望 $E(Y)=$ ________.

12. 设随机变量 $X\sim N(0,1)$，则 $E(e^X)=$ ________.

13. 设 X_1,X_2,X_3,X_4 是来自正态总体 $N(0,1)$ 的简单随机样本，其样本均值为 $\overline{X}$，则 X_1 与 $\overline{X}$ 的相关系数 $\rho=$ ________.

14. 设 X_1,X_2,X_3 是来自参数为 2 的指数分布总体的简单随机样本，$\overline{X}$ 为其样本均值，则 $E(\overline{X}^2)=$ ________.

15. 设 X_1,X_2,X_3,X_4 是来自正态总体 $N(0,\sigma^2)$ 的简单随机样本，已知统计量 $T=a\dfrac{X_1+X_2}{\sqrt{X_3^2+X_4^2}}$ 服从 t 分布，则常数 $a=$ ________.

三、解答题

1. 设随机变量 $X\sim U(-a,a)(a>0)$，已知 $P\{X>1\}=\dfrac{1}{4}$，求：

(Ⅰ) a 的值和 X 的概率密度函数 $f(x)$；

(Ⅱ) $P\{X>-1\}$ 的值.

2. 设相互独立的两个随机变量 X_1 和 X_2 均服从分布

$$P\{X_i=k\}=\left(\frac{1}{2}\right)^k, i=1,2,k=1,2,3,\cdots$$

记 $Y=\max(X_1,X_2)$. 求：

(Ⅰ) $P\{Y=2\}$；

(Ⅱ) $P\{X_1=1\mid Y=2\}$.

3. 从数 1,2,3,4 中一次取两个数，第一个为 X_1，第二个为 X_2，记 $Y=\min(X_1,X_2)$，求：

(Ⅰ) $P\{Y=2\}$；

(Ⅱ) $P\{X_1=2\mid Y=2\}$.

4. 设随机变量 X 的概率密度为

$$f(x)=\begin{cases}2x, & 0<x<1\\ 0, & \text{其他}\end{cases}$$

令 $Y=X^2$，求：

(Ⅰ) Y 的概率密度 $f_Y(y)$；

(Ⅱ) $P\{-1<Y<\dfrac{1}{2}\}$.

5. 设二维随机变量 (X,Y) 在以点 $(0,1)$，$(1,0)$ 和 $(1,1)$ 为顶点的三角形区域上服从均匀分布，求：

（Ⅰ）$P\{Y \leqslant \frac{1}{2}\}$；

（Ⅱ）$Z = X + Y$ 的概率密度 $f_Z(z)$.

6. 设随机变量

$$X = \begin{cases} 1, & A\text{发生} \\ 0, & A\text{不发生} \end{cases} \quad \text{和} \quad Y = \begin{cases} 1, & B\text{发生} \\ 0, & B\text{不发生} \end{cases}$$

其中随机事件 A,B 的概率 $P(A),P(B)$ 已知.

（Ⅰ）求 $E(X)$ 和 $D(X)$；

（Ⅱ）证明：X 与 Y 不相关的充分必要条件是 A 与 B 相互独立.

7. 已知随机变量 X 的概率密度为 $f(x) = Ae^{x(B-x)}$，$-\infty < x < +\infty$，且有 $E(X) = D(X)$. 求：

（Ⅰ）常数 A 和 B.

（Ⅱ）$E(X^2)$.

8. 设二维随机变量 (X,Y) 在区域 $G = \{(x,y) \mid 1 \leqslant x + y \leqslant 2, 0 \leqslant y \leqslant 1\}$ 上服从均匀分布，求：

（Ⅰ）(X,Y) 的边缘概率密度 $f_X(x)$ 和 $f_Y(y)$；

（Ⅱ）$E(X+Y)$.

9. 已知随机变量 X 与 Y 的概率分布分别为：$X \sim B\left(1,\frac{1}{4}\right)$，$Y \sim B\left(1,\frac{1}{6}\right)$，且 $P\{Y \leqslant X\} = \frac{11}{12}$.

（Ⅰ）求二维随机变量 (X,Y) 的概率分布；

（Ⅱ）求 X 与 Y 的相关系数 ρ_{XY}.

10. 设二维随机变量 (X,Y) 的概率分布为

X \ Y	−1	0	1
0	0.1	0.1	0.1
1	0.3	0.1	0.3

（Ⅰ）求 (X,Y) 关于 X,Y 的边缘分布；

（Ⅱ）求 $P\{Y = 0 \mid X = 0\}$；

（Ⅲ）求 $\mathrm{Cov}(X,Y)$ 和 $\mathrm{Cov}(X^2,Y^2)$.

11. 设 (X,Y) 的两个边缘分布均为 0-1 分布，且 $X \sim B(1,\frac{3}{4})$，$P\{Y = 0 \mid X = 1\} = \frac{2}{3}$. $P\{X = 1 \mid Y = 0\} = P\{X = 1\}$. 求：

（Ⅰ）(X,Y) 的分布；

（Ⅱ）$\mathrm{Cov}(X,Y)$；

（Ⅲ）$P\{Y = 1 \mid X = 0\}$.

12. 设随机变量 X 的概率密度为 $f(x)=\begin{cases} ax, & 0<x\leqslant 1 \\ 2-bx, & 1<x<2 \\ 0, & \text{其他} \end{cases}$，且 $E(X)=1$，记 X 的分布函数为 $F(X)$. 求：

（Ⅰ）常数 a,b；

（Ⅱ）$F(\frac{1}{2})$.

13. 设随机变量 X 的分布函数为 $F(x)=\begin{cases} a-\mathrm{e}^{-bx}, & x>0 \\ 0, & x\leqslant 0 \end{cases}$，且 $E(X)=1$. 求：

（Ⅰ）a,b 的值；

（Ⅱ）$P\{|X|>1\}$.

14. 设随机变量 $X\sim E(1)$，记 $Y=\max(X,1)$，求：

（Ⅰ）Y 的分布函数 $F_Y(y)$；

（Ⅱ）$E(Y)$.

15. 设随机变量 X 服从标准正态分布，令随机变量 $Y=\begin{cases} 1, & X\geqslant 0 \\ -1, & X<0 \end{cases}$. 求：

（Ⅰ）Y 的概率分布；

（Ⅱ）$\mathrm{Cov}(X,Y)$.

练习题答案及解析

一、选择题

1. **答案** D

解析 B与C最多有一个发生，也就是说B与C不能同时发生，即$\overline{BC}$. A发生必导致B与C最多有一个发生，即$A \subset \overline{BC}$，也就有$\overline{A} \supset BC$.

2. **答案** B

解析 $P(A \mid B) = \dfrac{P(AB)}{P(B)}$，$P(B \mid A) = \dfrac{P(AB)}{P(A)}$. 现$P(A \mid B) = P(B \mid A)$，

即$\dfrac{P(AB)}{P(B)} = \dfrac{P(AB)}{P(A)}$，得到$P(A) = P(B)$.

3. **答案** A

解析 $0 = P(A \cup B) \geqslant P(A)$，所以$P(A) = 0$，同理$P(B) = 0$.

任何概率为0的事件与所有事件都独立. 所以A,B,C两两独立，且$P(AB) \leqslant P(A) = 0$，所以$P(AB) = 0$，则$P(ABC) = P(AB)P(C) = P(A)P(B)P(C)$.

故A,B,C相互独立，$\overline{A},\overline{B},\overline{C}$也相互独立，答案应选(A).

评注 事实上任何概率为0或1的事件必与任一事件都独立.

证明如下：设$P(A) = 0$，则对任一事件B，$P(AB) \leqslant P(A) = 0$，

即$P(AB) = 0 = P(A)P(B)$成立，即A,B独立.

设$P(A) = 1$，则对任一事件B，$P(A \cup B) \geqslant P(A) = 1$.

根据加法公式 $1 = P(A \cup B) = P(A) + P(B) - P(AB) = 1 + P(B) - P(AB)$

所以$0 = P(B) - P(AB)$，即$P(AB) = P(B) = P(A)P(B)$成立.

4. **答案** B

解析 计算均匀分布概率用长度之比而不必用积分

$P(A) = \dfrac{0-(-1)}{1-(-1)} = \dfrac{1}{2}$，$P(B) = \dfrac{1-\frac{1}{2}}{1-(-1)} = \dfrac{1}{4}$，$P(C) = \dfrac{1-\frac{1}{2}}{1-(-1)} + \dfrac{-\frac{1}{2}-(-1)}{1-(-1)} = \dfrac{1}{2}$.

$P(AB) = 0$，$P(BC) = P(B)$，$P(AC) = P\{X < -\dfrac{1}{2}\} = \dfrac{1}{4} = P(A)P(C)$，选(B).

5. **答案** C

解析　（方法一）　这是一个条件概率.

设A——4次射击中命中2次，B——4次射击中2次连中，显然$AB=B$.

则$P(B\mid A)=\dfrac{P(AB)}{P(A)}=\dfrac{P(B)}{P(A)}=\dfrac{3\cdot\left(\frac{1}{2}\right)^2\left(\frac{1}{2}\right)^2}{C_4^2\left(\frac{1}{2}\right)^2\left(\frac{1}{2}\right)^2}=\dfrac{1}{2}$，答案选(C).

（方法二）　已知射击4次，只考虑命中二次的情况，如图所示：| | | | |

在4次试验中任选2次成功，有C_4^2种选法，现要求2次连中，就只有3种选法，

所以概率为$\dfrac{3}{C_4^2}=\dfrac{1}{2}$，答案选(C).

6. **答案**　A

解析　靶已命中，可以理解为至少中一次. 设A——至少中一次，B——第一次就命中，

则所求的概率为条件概率$P(B\mid A)=\dfrac{P(AB)}{P(A)}=\dfrac{P(B)}{1-P(\overline{A})}=\dfrac{\frac{1}{2}}{1-\frac{1}{8}}=\dfrac{4}{7}$. 选(A).

7. **答案**　D

解析　事件A与事件B同时发生时，事件C必发生，就是$AB\subset C$，就有$P(AB)\leqslant P(C)$.

又根据加法公式$1\geqslant P(A\cup B)=P(A)+P(B)-P(AB)$，所以

$P(AB)\geqslant P(A)+P(B)-1$，即有$P(C)\geqslant P(AB)\geqslant P(A)+P(B)-1$，选(D).

8. **答案**　C

解析　X_1和X_2的分布为$B(1,\frac{1}{2})$，即

X_i	0	1
P	$\frac{1}{2}$	$\frac{1}{2}$

$(i=1,2)$

$$\begin{aligned}P\{X_1=X_2\}&=P\{X_1=0,X_2=0\}+P\{X_1=1,X_2=1\}\\&=P\{X_1=0\}P\{X_2=0\}+P\{X_1=1\}P\{X_2=1\}\\&=\frac{1}{2}\cdot\frac{1}{2}+\frac{1}{2}\cdot\frac{1}{2}=\frac{1}{2}.\end{aligned}$$ 应选(C).

9. **答案**　C

解析　根据定义

$F(2,2)=P\{X\leqslant 2,Y\leqslant 2\}=P\{X=0,Y=2\}+P\{X=1,Y=2\}=\dfrac{1}{2}+\dfrac{1}{6}=\dfrac{2}{3}$.

故应选(C).

10. **答案** B

解析 方程有实根,判别式 $\xi^2-16\geqslant 0$,有实根概率 $P\{\xi^2-16\geqslant 0\}$.

但 $P\{\xi^2-16\geqslant 0\}=P\{\xi\geqslant 4\}+P\{\xi\leqslant -4\}=P\{\xi\geqslant 4\}=\int_4^{+\infty}\lambda e^{-\lambda t}dt=e^{-4\lambda}$

已知 $E\xi=\frac{1}{\lambda}=2$,所以 $\lambda=\frac{1}{2}$. 所以方程有实根的概率为 e^{-2}. 选(B).

11. **答案** B

解析 因 $D(X+Y)=DX+DY+2\mathrm{Cov}(X,Y)$,故 $D(X+Y)=DX+DY$ 等价于 $\mathrm{Cov}(X,Y)=0$,又等价于 $\rho_{XY}=0$,即 X 与 Y 不相关,应选(B).

12. **答案** C

解析 $X\sim N(0,1),Y\sim N(1,1)$ 且 X 与 Y 相互独立,

故 $X+Y\sim N(1,2),X-Y\sim N(-1,2)$,

$E(X+Y)=1,D(X+Y)=2,E(X-Y)=-1,D(X-Y)=2$,

所以 $D(X+Y)=D(X-Y)$,选(C).

13. **答案** A

解析 $\rho=\dfrac{\mathrm{Cov}(X+Y,X-Y)}{\sqrt{D(X+Y)}\sqrt{D(X-Y)}}$.

$$\begin{aligned}\mathrm{Cov}(X+Y,X-Y)&=\mathrm{Cov}(X,X)-\mathrm{Cov}(X,Y)+\mathrm{Cov}(Y,X)-\mathrm{Cov}(Y,Y)\\&=\mathrm{Cov}(X,X)-\mathrm{Cov}(Y,Y)=DX-DY=0.\end{aligned}$$

所以 $\rho=0$,应选(A).

14. **答案** C

解析 根据切比雪夫大数定律要求 $X_1,X_2,\cdots,X_n,\cdots$ 两两不相关,方差有界,现在同方差必然方差有界,故应选(C).

(D) 仅说同分布不能保证方差存在.(A) 同数学期望不能保证方差有界,可能方差不存在.(B) 独立则两两不相关,但同分布不能保证方差存在、有界.

15. **答案** B

解析 $\overline{X}$ 与 S^2 是相互独立的,所以($\overline{X}+1$) 也与 S^2 相互独立,因为 $E\overline{X}=0,ES^2=1$,故 $E(T)=E[(\overline{X}+1)S^2]=E(\overline{X}+1)\cdot ES^2=(0+1)\cdot 1=1$. 选(B).

16. **答案** D

解析 $\chi^2(2)$ 分布的典型模式为:两个相互独立的标准正态分布随机变量的平方和,所以只要选择 a,b,使$\sqrt{a}(X_1+X_2)$ 和$\sqrt{b}(X_3-X_4)$ 都成为标准正态分布的随机变量.

由于$(X_1+X_2)\sim N(0,4),(X_3-X_4)\sim N(0,4)$.

所以$\frac{X_1+X_2}{2}\sim N(0,1)$，$\frac{X_3-X_4}{2}\sim N(0,1)$. 选$a=b=\frac{1}{4}$，故应选(D).

17. **答案** A

解析 $X\sim N(3,4^2)$，则$\overline{X}\sim N\left(3,\frac{4^2}{n}\right)$，现$n=16$，所以$\frac{\overline{X}-3}{\sqrt{\frac{4^2}{16}}}=(\overline{X}-3)\sim N(0,1)$. 答案应选(A).

18. **答案** C

解析 $\frac{X_i}{\sigma}\sim N(0,1)(i=1,2,3,4)$，故$\frac{X_1^2+X_2^2}{\sigma^2}\sim\chi^2(2)$，$\frac{X_3^2+X_4^2}{\sigma^2}\sim\chi^2(2)$.

$\frac{X_1^2+X_2^2}{\sigma^2}$与$\frac{X_3^2+X_4^2}{\sigma^2}$相互独立，所以$\frac{X_1^2+X_2^2}{X_3^2+X_4^2}=\frac{\frac{X_1^2+X_2^2}{\sigma^2}\Big/2}{\frac{X_3^2+X_4^2}{\sigma^2}\Big/2}\sim F(2,2)$.

故答案为(C).

19. **答案** B

解析
$$ET=E[a(\overline{X}^2)+bS^2]=aE(\overline{X}^2)+bES^2=a[D\overline{X}+(E\overline{X})^2]+b\sigma^2$$
$$=a\left(\frac{\sigma^2}{n}+\mu^2\right)+b\sigma^2=a\mu^2+\left(\frac{a}{n}+b\right)\sigma^2$$

$ET=\mu^2$，解得$\begin{cases}a=1\\ b=-\frac{1}{n}\end{cases}$，答案为(B).

20. **答案** B

解析
$$ET=E\left(\frac{1}{n}\sum_{i=1}^{n}X_i^2\right)=\frac{1}{n}\sum_{i=1}^{n}E(X_i^2)=\frac{1}{n}\sum_{i=1}^{n}[DX_i+(EX_i)^2]=\frac{1}{n}\sum_{i=1}^{n}(\lambda+\lambda^2)$$
$$=\lambda+\lambda^2.$$

二、填空题

1. **答案** $\frac{5}{7}$

解析
$$P(A\mid A\cup B)=\frac{P(A(A\cup B))}{P(A\cup B)}=\frac{P(A)}{P(A)+P(B)-P(AB)}$$
$$=\frac{0.5}{P(A)+P(B)-P(A)P(B)}=\frac{0.5}{0.5+0.4-0.2}=\frac{5}{7}.$$

2. **答案** $\frac{9}{10}$

解析 （方法一）　这是一个古典型概率，A—— 两数字不同.

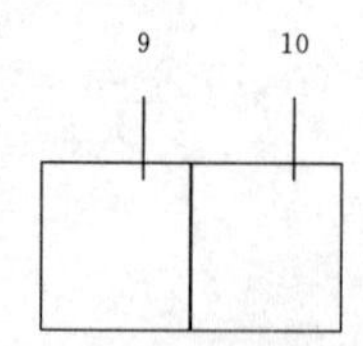

$P(A) = \frac{n_A}{n}$，n 是所有二位数个数——$9 \cdot 10 = 90$ 个，n_A 是所有两个数字不同的二位数个数——$9 \cdot 9 = 81$ 个. $P(A) = \frac{81}{90} = \frac{9}{10}$.

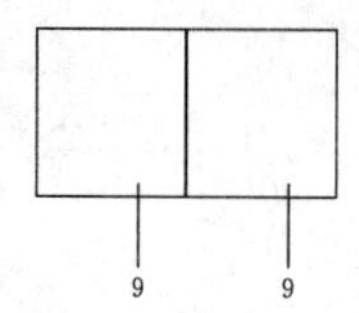

（方法二） 考虑两个数字相同的情形，有 9 个，总数为 90，概率为$\frac{1}{10}$.

故两个数字不同的概率为 $1 - \frac{1}{10} = \frac{9}{10}$.

3. **答案** $\frac{2}{3}$

解析 A 与 B 中至少有一个不发生的概率为$\frac{5}{9}$，即 $P(\overline{A} \cup \overline{B}) = \frac{5}{9}$.

由于 $1 - P(\overline{A} \cup \overline{B}) = P(AB)$，所以 $P(AB) = \frac{4}{9}$. 又因为 A,B 独立，且 $P(A) = P(B)$，因此 $P(AB) = P(A)P(B) = [P(A)]^2 = \frac{4}{9}$，故 $P(A) = \frac{2}{3}$.

4. **答案**

X	1	2
P	$\frac{2}{3}$	$\frac{1}{3}$

解析 $X = \min(X_1, X_2)$，故 X 的取值范围为 1,2，

当 $X = 1$ 时，一个取 1，另一个在 2,3 中取

$P\{X = 1\} = \frac{C_2^1}{C_3^2} = \frac{2}{3}$，$P\{X = 2\} = 1 - P\{X = 1\} = \frac{1}{3}$.

5. **答案** 2

解析 $P\{X = 1\} = P\{X = 2\}$，即$\frac{\lambda}{1}e^{-\lambda} = \frac{\lambda^2}{2!}e^{-\lambda}$，解得 $\lambda = 2$.

6. **答案** 1

解析 记标准正态分布函数为 $\Phi(x)$，则

$$F(x) = P\{X \leqslant x\} = P\left\{\frac{X - \mu}{\sigma} \leqslant \frac{x - \mu}{\sigma}\right\} = \Phi\left(\frac{x - \mu}{\sigma}\right)$$

所以 $F(\mu+x\sigma)=\Phi\left(\dfrac{\mu+x\sigma-\mu}{\sigma}\right)=\Phi(x)$，$F(\mu-x\sigma)=\Phi\left(\dfrac{\mu-x\sigma-\mu}{\sigma}\right)=\Phi(-x)$，

又因为 $\Phi(x)=1-\Phi(-x)$，因而 $F(\mu+x\sigma)+F(\mu-x\sigma)=\Phi(x)+\Phi(-x)=1$.

7. **答案** $\dfrac{1}{2}f\left(\dfrac{x}{2},y-1\right)$

解析 记 (X,Y) 的分布函数为 $F(x,y)$，$(2X,Y+1)$ 的分布函数为 $F_1(x,y)$.

$$F_1(x,y)=P\{2X\leqslant x,Y+1\leqslant y\}=P\left\{X\leqslant\frac{x}{2},Y\leqslant y-1\right\}=F\left(\frac{x}{2},y-1\right)$$

所以 $f_1(x,y)=\dfrac{1}{2}f\left(\dfrac{x}{2},y-1\right)$.

8. **答案** $\dfrac{1}{2\sqrt{\pi}}$

解析 X,Y 相互独立，均服从 $N(0,1)$，则 $(X-Y)\sim N(0,2)$，其概率密度函数为

$\dfrac{1}{\sqrt{2\pi}\cdot\sqrt{2}}e^{-\frac{x^2}{2\cdot 2}}=\dfrac{1}{2\sqrt{\pi}}e^{-\frac{x^2}{4}}$，故此函数的最大值在 $x=0$ 处，为$\dfrac{1}{2\sqrt{\pi}}$.

9. **答案** $\dfrac{3}{4}$

解析 因为

X	0	1
P	$\frac{1}{2}$	$\frac{1}{2}$

Y	0	1
P	$\frac{1}{2}$	$\frac{1}{2}$

（方法一）$P\{X\geqslant Y\}=P\{X=1\}+P\{X=0,Y=0\}=\dfrac{1}{2}+P\{X=0\}P\{Y=0\}=\dfrac{3}{4}$.

（方法二）
$$\begin{aligned}P\{X\geqslant Y\}&=1-P\{X<Y\}=1-P\{X=0,Y=1\}\\&=1-P\{X=0\}P\{Y=1\}=\frac{3}{4}\end{aligned}$$

10. **答案** $\dfrac{5}{12}$

解析 $X\sim U(0,1)$，故 $EX=\dfrac{1}{2}$，$DX=\dfrac{1}{12}$，故 $P\left\{\dfrac{1}{12}<X<\dfrac{1}{2}\right\}=\dfrac{\frac{1}{2}-\frac{1}{12}}{1-0}=\dfrac{5}{12}$.

11. **答案** $\dfrac{1}{\lambda}(1-e^{-\lambda})$

解析 $X\sim P(\lambda)$，所以 $P\{X=k\}=\dfrac{\lambda^k}{k!}e^{-\lambda}$，$k=0,1,2,\cdots$

$$E(Y)=E\left(\frac{1}{1+X}\right)=\sum_{k=0}^{\infty}\frac{1}{1+k}\cdot\frac{\lambda^k}{k!}e^{-\lambda}=\sum_{k=0}^{\infty}\frac{\lambda^k}{(k+1)!}e^{-\lambda}$$

$$=\frac{1}{\lambda}\sum_{k=0}^{\infty}\frac{\lambda^{k+1}}{(k+1)!}e^{-\lambda}=\frac{1}{\lambda}\sum_{i=1}^{\infty}\frac{\lambda^{i}}{i!}e^{-\lambda}$$

$$=\frac{1}{\lambda}\left(\sum_{i=0}^{\infty}\frac{\lambda^{i}}{i!}e^{-\lambda}-\frac{\lambda^{0}}{0!}e^{-\lambda}\right)=\frac{1}{\lambda}(1-e^{-\lambda}).$$

12. 答案 $e^{\frac{1}{2}}$

解析 $X\sim N(0,1)$，则 X 的密度函数 $\varphi(x)=\frac{1}{\sqrt{2\pi}}e^{-\frac{x^2}{2}}$，$-\infty<x<+\infty$.

$$E(e^X)=\int_{-\infty}^{+\infty}e^x\varphi(x)dx=\frac{1}{\sqrt{2\pi}}\int_{-\infty}^{+\infty}e^x\cdot e^{-\frac{x^2}{2}}dx$$

$$=\frac{1}{\sqrt{2\pi}}\int_{-\infty}^{+\infty}e^{-\frac{x^2-2x}{2}}dx=\frac{1}{\sqrt{2\pi}}\int_{-\infty}^{+\infty}e^{-\frac{(x-1)^2}{2}}dx\cdot e^{\frac{1}{2}}=e^{\frac{1}{2}}$$

这里把$\frac{1}{\sqrt{2\pi}}e^{-\frac{(x-1)^2}{2}}$ 看成正态分布 $N(1,1)$ 的概率密度，积分为 1.

答案 $E(e^X)=e^{\frac{1}{2}}$.

13. 答案 $\frac{1}{2}$

解析 $\rho=\frac{\text{Cov}(X_1,\overline{X})}{\sqrt{DX_1}\sqrt{D\overline{X}}}$，$X_1\sim N(0,1)$，$\overline{X}\sim N\left(0,\frac{1}{4}\right)$. $DX_1=1$，$D\overline{X}=\frac{1}{4}$.

$$\text{Cov}(X_1,\overline{X})=\text{Cov}\left(X_1,\frac{1}{4}\sum_{i=1}^{4}X_i\right)=\text{Cov}(X_1,\frac{1}{4}X_1)+\text{Cov}\left(X_1,\frac{1}{4}\sum_{i=2}^{4}X_i\right)$$

$$=\frac{1}{4}\text{Cov}(X_1,X_1)+0=\frac{1}{4}.$$

总之 $\rho=\frac{\text{Cov}(X_1,\overline{X})}{\sqrt{DX_1}\sqrt{D\overline{X}}}=\frac{\frac{1}{4}}{\sqrt{1}\sqrt{\frac{1}{4}}}=\frac{1}{2}$.

14. 答案 $\frac{1}{3}$

解析 $$E(\overline{X}^2)=D\overline{X}+(E\overline{X})^2=D\left(\frac{1}{3}\sum_{i=1}^{3}X_i\right)+\left(\frac{1}{3}\sum_{i=1}^{3}EX_i\right)^2$$

$$=\frac{1}{9}\sum_{i=1}^{3}DX_i+\left(\frac{1}{3}\sum_{i=1}^{3}\frac{1}{2}\right)^2$$

$$=\frac{1}{9}\sum_{i=1}^{3}\frac{1}{4}+\left(\frac{1}{2}\right)^2=\frac{1}{12}+\frac{1}{4}=\frac{1}{3}.$$

15. 答案 1

解析 ①$(X_1+X_2)\sim N(0,2\sigma^2)$，故$\frac{X_1+X_2}{\sqrt{2}\sigma}\sim N(0,1)$；

② $\frac{X_3}{\sigma}\sim N(0,1)$，$\frac{X_4}{\sigma}\sim N(0,1)$，$\left(\frac{X_3}{\sigma}\right)^2+\left(\frac{X_4}{\sigma}\right)^2=\frac{X_3^2+X_4^2}{\sigma^2}\sim\chi^2(2)$；

③ $\frac{X_1+X_2}{\sqrt{2}\sigma}$ 与 $\frac{X_3^2+X_4^2}{\sigma^2}$ 相互独立.

所以 $\dfrac{\dfrac{X_1+X_2}{\sqrt{2}\sigma}}{\sqrt{\dfrac{X_3^2+X_4^2}{\sigma^2}\Big/2}}=\dfrac{X_1+X_2}{\sqrt{X_3^2+X_4^2}}\sim t(2)$,因而 $a=1$.

三、解答题

1. **分析** （Ⅰ）显然 $a>1$,所以 $P\{X>1\}=P\{a>X>1\}=\frac{a-1}{a-(-a)}=\frac{1}{4}$ 就可求出 a,进一步可求出 $f(x)$.

（Ⅱ）$P\{X>-1\}=P\{a>X>-1\}=\frac{a-(-1)}{a-(-a)}=\frac{a+1}{2a}$.

解 （Ⅰ）$P\{X>1\}=P\{a>X>1\}=\frac{a-1}{a-(-a)}=\frac{a-1}{2a}=\frac{1}{4}$,解得 $a=2$.

$$f(x)=\begin{cases}\dfrac{1}{a-(-a)}, & -a<x<a\\ 0, & \text{其他}\end{cases}=\begin{cases}\dfrac{1}{2a}, & -a<x<a\\ 0, & \text{其他}\end{cases}$$

故 $f(x)=\begin{cases}\dfrac{1}{4}, & -2<x<2\\ 0, & \text{其他}\end{cases}$.

（Ⅱ）$P\{X>-1\}=P\{2>X>-1\}=\frac{2-(-1)}{2-(-2)}=\frac{3}{4}$.

评注 求均匀分布 $U(a,b)$ 的概率 $P\{c<x<d\}(a\leqslant c<d\leqslant b)$ 时,一般用 $P\{c<x<d\}=\frac{d-c}{b-a}$ 比用 $P\{c<x<d\}=\int_c^d f(x)\mathrm{d}x$ 要方便.

2. **分析** （Ⅰ）$P\{Y=2\}=P\{\max(X_1,X_2)=2\}=P\{X_1=1,X_2=2\}+P\{X_1=2,X_2=1\}+P\{X_1=2,X_2=2\}$,然后利用 X_1,X_2 的独立求解.

（Ⅱ）$P\{X_1=1\mid Y=2\}=\frac{P\{X_1=1,Y=2\}}{P\{Y=2\}}$

而 $P\{X_1=1,Y=2\}=P\{X_1=1,\max(X_1,X_2)=2\}=P\{X_1=1,X_2=2\}$,这些在（Ⅰ）中都有.

解 （Ⅰ）

$$\begin{aligned}P\{Y=2\}&=P\{X_1=1,X_2=2\}+P\{X_1=2,X_2=1\}+P\{X_1=2,X_2=2\}\\&=P\{X_1=1\}P\{X_2=2\}+P\{X_1=2\}P\{X_2=1\}+P\{X_1=2\}P\{X_2=2\}\\&=\left(\frac{1}{2}\right)\left(\frac{1}{2}\right)^2+\left(\frac{1}{2}\right)^2\left(\frac{1}{2}\right)+\left(\frac{1}{2}\right)^2\left(\frac{1}{2}\right)^2\end{aligned}$$

$$=\frac{1}{8}+\frac{1}{8}+\frac{1}{16}=\frac{5}{16}.$$

(Ⅱ) $P\{X_1=1\mid Y=2\}=\dfrac{P\{X_1=1\}P\{X_2=2\}}{P\{Y=2\}}=\dfrac{\left(\frac{1}{2}\right)\left(\frac{1}{2}\right)^2}{\frac{5}{16}}=\dfrac{2}{5}.$

3. **分析** (Ⅰ) $Y=\min(X_1,X_2)=2$，即取出的两个数中小的一个为2，则另一个必为3或4，因此可把事件$\{Y=2\}$分解为$\{X_1=2,X_2=3\}\cup\{X_1=2,X_2=4\}\cup\{X_1=3,X_2=2\}\cup\{X_1=4,X_2=2\}$.

(Ⅱ) $P\{X_1=2\mid Y=2\}=\dfrac{P\{X_1=2,Y=2\}}{P\{Y=2\}}$，事件$\{X_1=2,Y=2\}$就是$\{X_1=2,X_2=3\}\cup\{X_1=2,X_2=4\}$.

解 (Ⅰ) $P\{Y=2\}=P\{X_1=2,X_2=3\}+P\{X_1=2,X_2=4\}+P\{X_1=3,X_2=2\}$

$$+P\{X_1=4,X_2=2\}=\frac{1}{4}\times\frac{1}{3}\times 4=\frac{1}{3}$$

(Ⅱ)
$$P\{X_1=2\mid Y=2\}=\frac{P\{X_1=2,Y=2\}}{P\{Y=2\}}$$
$$=\frac{P\{X_1=2,X_2=3\}+P\{X_1=2,X_2=4\}}{P\{Y=2\}}$$
$$=\frac{\frac{1}{4}\times\frac{1}{3}+\frac{1}{4}\times\frac{1}{3}}{\frac{1}{3}}$$
$$=\frac{1}{2}.$$

4. **分析** (Ⅰ) $f_Y(y)=F'_Y(y)$，$F_Y(y)=P\{Y\leqslant y\}=P\{X^2\leqslant y\}$. 由于$X^2\geqslant 0$，且$f(x)$只在$0<x<1$为正，其他均为0，所以把$y$的范围取为$y\leqslant 0$，$0<y<1$和$y\geqslant 1$来讨论.

(Ⅱ) $P\{-1<Y<\frac{1}{2}\}=\int_{-1}^{\frac{1}{2}}f_Y(y)\mathrm{d}y.$

解 (Ⅰ) $F_Y(y)=P\{Y\leqslant y\}=P\{X^2\leqslant y\}$.

当$y\leqslant 0$时，$F_Y(y)=0$；

当$0<y<1$时，$F_Y(y)=P\{-\sqrt{y}\leqslant X\leqslant\sqrt{y}\}=\int_{-\sqrt{y}}^{\sqrt{y}}f(x)\mathrm{d}x=\int_0^{\sqrt{y}}2x\mathrm{d}x=y$；

当$1\leqslant y$时，$F_Y(y)=1$.

总之 $F_Y(y)=\begin{cases}0, & y\leqslant 0\\ y, & 0<y<1,\\ 1, & 1\leqslant y\end{cases}\qquad f_Y(y)=\begin{cases}1, & 0<y<1\\ 0, & \text{其他}\end{cases}.$

(Ⅱ) $Y\sim U(0,1)$，所以可用公式：

$$P\{-1<Y<\frac{1}{2}\}=\int_{-1}^{\frac{1}{2}}f_Y(y)\mathrm{d}y=\int_0^{\frac{1}{2}}1\mathrm{d}y=\frac{1}{2}$$

当然也可以直接利用 $P\left\{-1<Y<\frac{1}{2}\right\}=P\left\{0<Y<\frac{1}{2}\right\}=\dfrac{\frac{1}{2}-0}{1-0}=\frac{1}{2}$.

5. **分析** （Ⅰ）$P\{Y\leqslant\frac{1}{2}\}=\iint\limits_{y\leqslant\frac{1}{2}}f(x,y)\mathrm{d}x\mathrm{d}y$，其中 $f(x,y)$ 是 (X,Y) 的概率密度. 由于 (X,Y) 是三角形区域 D 上的均匀分布，$P\{Y\leqslant\frac{1}{2}\}$ 实际上等于 D 中 $y\leqslant\frac{1}{2}$ 这部分在 D 中所占的比例.

（Ⅱ）记 $Z=X+Y$ 的分布函数为 $F_Z(z)$，则 $F'_Z(z)=f_Z(z)$. 而 $F_Z(z)=P\{Z\leqslant z\}=P\{X+Y\leqslant z\}=\iint\limits_{x+y\leqslant z}f(x,y)\mathrm{d}x\mathrm{d}y$. 先求出 $f(x,y)$，然后分 $z\leqslant1,1<z<2$，和 $2\leqslant z$ 情况求积分.

解 （Ⅰ）（方法一）　$P\{Y\leqslant\frac{1}{2}\}=\iint\limits_{y\leqslant\frac{1}{2}}f(x,y)\mathrm{d}x\mathrm{d}y$.

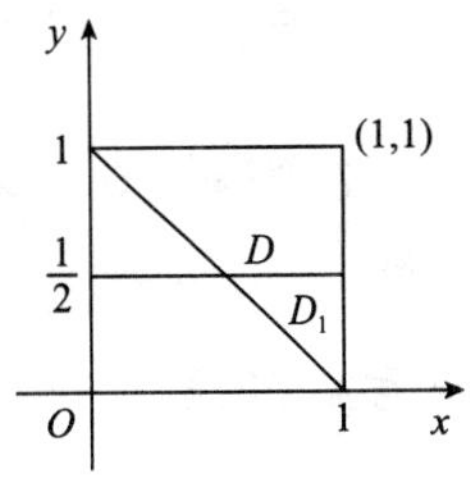

$$f(x,y)=\begin{cases}2, & (x,y)\in D,\\ 0, & \text{其他}.\end{cases}$$

$$P\{Y\leqslant\frac{1}{2}\}=\int_0^{\frac{1}{2}}\mathrm{d}y\int_{1-y}^{1}2\mathrm{d}x=\frac{1}{4}.$$

（方法二）　记三角形区域的面积为 S_D，D 中 $y\leqslant\frac{1}{2}$ 这部分小三角形面积为 S_{D_1}.

$$P\{Y\leqslant\frac{1}{2}\}=\frac{S_{D_1}}{S_D}=\frac{1}{4}.$$

（Ⅱ）$F_Z(z)=P\{Z\leqslant z\}=P\{X+Y\leqslant z\}=\iint\limits_{x+y\leqslant z}f(x,y)\mathrm{d}x\mathrm{d}y$

当 $z\leqslant1$ 时，$F_Z(z)=0$；

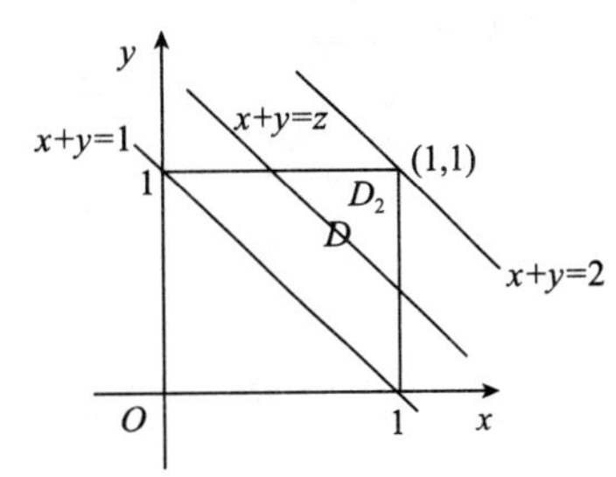

当 $1<z<2$ 时，$F_Z(z)=\iint\limits_{D-D_2}2\mathrm{d}x\mathrm{d}y=2(S_D-S_{D_2})$

$$=2\left[\frac{1}{2}-\frac{1}{2}(2-z)^2\right]$$

$$=-3+4z-z^2；$$

当 $2\leqslant z$ 时，$F_Z(z)=1$.

总之 $F_Z(z)=\begin{cases}0, & z\leqslant1,\\ -3+4z-z^2, & 1<z<2,\\ 1, & 2\leqslant z.\end{cases}$　　$f_Z(z)=\begin{cases}2(2-z), & 1<z<2,\\ 0, & \text{其他}.\end{cases}$

6. **分析** （Ⅰ）X 可以看作 $0-1$ 分布随机变量. 用 $0-1$ 分布性质：

$E(X)=p,D(X)=p(1-p)$. 马上可求出 $E(X),D(X)$.

(Ⅱ)X 与 Y 不相关等价于 $\mathrm{Cov}(X,Y)=0$.

A 与 B 独立等价于 $P(AB)=P(A)P(B)$ 成立.

所以只要证明 $\mathrm{Cov}(X,Y)=0$ 等价于 $P(AB)=P(A)P(B)$ 即可.

解 (Ⅰ)

X	0	1
P	$P(\overline{A})$	$P(A)$

,所以 $E(X)=P(A)$.

$D(X)=P(A)P(\overline{A})=P(A)[1-P(A)]$.

(Ⅱ)$\mathrm{Cov}(X,Y)=E(XY)-E(X)E(Y)$. $E(X)=P(A),E(Y)=P(B)$.

$XY=\begin{cases}1, & AB,\\ 0, & \overline{AB}.\end{cases}$ 故 $\mathrm{Cov}(X,Y)=P(AB)-P(A)P(B)$.

X,Y 不相关,即 $\mathrm{Cov}(X,Y)=0$,即 $P(AB)-P(A)P(B)=0$,A,B 独立.

总之 X,Y 不相关等价于 A,B 独立.

7. **分析** (Ⅰ)求常数 A,B 可用联立方程 $\begin{cases}\int_{-\infty}^{+\infty}f(x)\mathrm{d}x=1\\ EX=DX\end{cases}$ 来求解.这会涉及很多计算,仔细考察 $f(x)=A\mathrm{e}^{x(B-x)}$ 符合正态分布的概率密度形式 $\frac{1}{\sqrt{2\pi}\sigma}\mathrm{e}^{-\frac{(x-\mu)^2}{2\sigma^2}}$.再加上 $EX=DX$,即 $\mu=\sigma^2$,就可以方便求出 A,B.

(Ⅱ)$EX^2=DX+(EX)^2$,正态分布 $EX=\mu,DX=\sigma^2$,马上可求出.

解 (Ⅰ)$f(x)=A\mathrm{e}^{x(B-x)}=A\mathrm{e}^{-x^2+Bx}=A\mathrm{e}^{-(x^2-Bx+\frac{B^2}{4})}\cdot\mathrm{e}^{\frac{B^2}{4}}$

$$=A\mathrm{e}^{\frac{B^2}{4}}\mathrm{e}^{-\frac{(x-\frac{B}{2})^2}{2\cdot\frac{1}{2}}}\sim N\left(\frac{B}{2},\frac{1}{2}\right)$$

现 $EX=DX$,即 $\frac{B}{2}=\frac{1}{2}$,$B=1$.

又 $A\mathrm{e}^{\frac{B^2}{4}}=\frac{1}{\sqrt{2\pi}\sqrt{\frac{1}{2}}}$,即 $A\mathrm{e}^{\frac{1}{4}}=\frac{1}{\sqrt{\pi}}$,得 $A=\frac{1}{\sqrt{\pi}}\mathrm{e}^{-\frac{1}{4}}$.

总之 $A=\frac{1}{\sqrt{\pi}}\mathrm{e}^{-\frac{1}{4}}$,$B=1$.

(Ⅱ)$EX^2=DX+(EX)^2=\frac{1}{2}+\frac{B^2}{4}=\frac{3}{4}$.

8. **分析** (Ⅰ)先求出 $f(x,y)$,然后用公式 $f_X(x)=\int_{-\infty}^{+\infty}f(x,y)\mathrm{d}y$ 和 $f_Y(y)=\int_{-\infty}^{+\infty}f(x,y)\mathrm{d}x$.

(Ⅱ)$E(X+Y)$ 可用公式 $E(X+Y)=\int_{-\infty}^{+\infty}\int_{-\infty}^{+\infty}(x+y)f(x,y)\mathrm{d}x\mathrm{d}y$,也可用 $E(X+Y)=$

$EX+EY$，因为（Ⅰ）中已求出 $f_X(x)$ 和 $f_Y(y)$.

解　（Ⅰ）G 的面积为 1，所以

$$f(x,y)=\begin{cases}1, & (x,y)\in G\\ 0, & \text{其他}\end{cases}$$

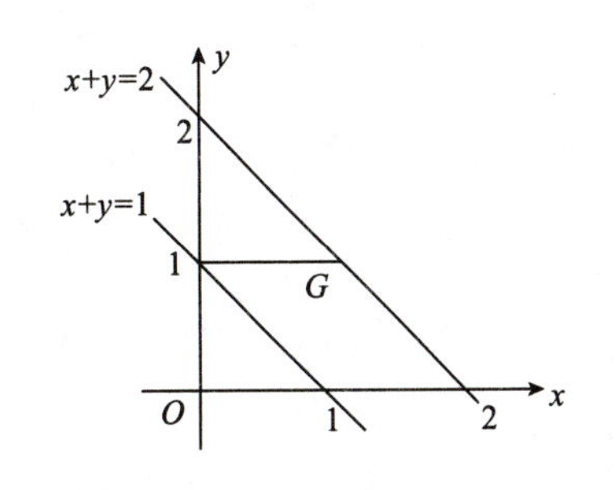

$$f_X(x)=\int_{-\infty}^{+\infty}f(x,y)\mathrm{d}y=\begin{cases}\int_{1-x}^{1}\mathrm{d}x, & 0\leqslant x\leqslant 1\\ \int_{0}^{2-x}\mathrm{d}x, & 1<x\leqslant 2\\ 0, & \text{其他}\end{cases}$$

$$=\begin{cases}x, & 0\leqslant x\leqslant 1\\ 2-x, & 1<x\leqslant 2,\\ 0, & \text{其他}\end{cases}$$

$$f_Y(y)=\int_{-\infty}^{+\infty}f(x,y)\mathrm{d}x$$

$$=\begin{cases}\int_{1-y}^{2-y}\mathrm{d}x, & 0\leqslant y\leqslant 1\\ 0, & \text{其他}\end{cases}=\begin{cases}1, & 0\leqslant y\leqslant 1\\ 0, & \text{其他}\end{cases}.$$

（Ⅱ）$E(X+Y)=EX+EY$.

$f_X(x)$ 关于 $x=1$ 对称，$EX=1$；$f_Y(y)$ 是均匀分布，$EY=\frac{1}{2}$.

总之 $E(X+Y)=\frac{3}{2}$.

9. **分析**　（Ⅰ）

X	0	1
P	$\frac{3}{4}$	$\frac{1}{4}$

，

Y	0	1
P	$\frac{5}{6}$	$\frac{1}{6}$

$P\{Y\leqslant X\}=1-P\{Y>X\}=1-P\{Y=1,X=0\}$. 先求出 $P\{Y=1,X=0\}$，(X,Y) 分布就不难求出.

（Ⅱ）$\rho_{XY}=\frac{\mathrm{Cov}(X,Y)}{\sqrt{DX}\sqrt{DY}}$，$\mathrm{Cov}(X,Y)=EXY-EXEY$.

其中 EX,EY,DX,DY 可以利用性质：$B(n,p)$ 的 $EX=np$，$DX=np(1-p)$.

解　（Ⅰ）从

X	0	1
P	$\frac{3}{4}$	$\frac{1}{4}$

和

Y	0	1
P	$\frac{5}{6}$	$\frac{1}{6}$

可以得到

$X \backslash Y$	0	1	
0			$\frac{3}{4}$
1			$\frac{1}{4}$
	$\frac{5}{6}$	$\frac{1}{6}$	

再由 $P\{Y \leqslant X\} = 1 - P\{Y > X\} = 1 - P\{Y = 1, X = 0\} = \frac{11}{12}$,

得 $P\{Y = 1, X = 0\} = \frac{1}{12}$.

得到

$X \backslash Y$	0	1	
0		$\frac{1}{12}$	$\frac{3}{4}$
1			$\frac{1}{4}$
	$\frac{5}{6}$	$\frac{1}{6}$	

最后得到(X,Y)的分布

$X \backslash Y$	0	1	
0	$\frac{2}{3}$	$\frac{1}{12}$	$\frac{3}{4}$
1	$\frac{1}{6}$	$\frac{1}{12}$	$\frac{1}{4}$
	$\frac{5}{6}$	$\frac{1}{6}$	

(Ⅱ)$X \sim B\left(1, \frac{1}{4}\right)$,故 $EX = \frac{1}{4}, DX = \frac{1}{4} \cdot \frac{3}{4} = \frac{3}{16}$,

$Y \sim B\left(1, \frac{1}{6}\right)$,故 $EX = \frac{1}{6}, DY = \frac{1}{6} \cdot \frac{5}{6} = \frac{5}{36}$.

$EXY = 1 \cdot P\{X = 1, Y = 1\} = \frac{1}{12}, \mathrm{Cov}(X,Y) = EXY - EX \cdot EY = \frac{1}{12} - \frac{1}{4} \cdot \frac{1}{6} = \frac{1}{24}$

总之 $\rho_{XY}=\frac{\mathrm{Cov}(X,Y)}{\sqrt{DX}\sqrt{DY}}=\frac{\frac{1}{24}}{\sqrt{\frac{3}{16}}\sqrt{\frac{5}{36}}}=\frac{1}{\sqrt{15}}$.

10. **分析** （Ⅰ）边缘分布：$P_{i\cdot}=\sum_{j=1}^{3}P_{ij},i=1,2$ 和 $P_{\cdot j}=\sum_{i=1}^{2}P_{ij},j=1,2,3$；

（Ⅱ）$P\{Y=0\mid X=0\}=\frac{P\{X=0,Y=0\}}{P\{X=0\}}$；

（Ⅲ）$\mathrm{Cov}(X,Y)=EXY-EXEY,\mathrm{Cov}(X^2,Y^2)=E(X^2Y^2)-E(X^2)E(Y^2)$.

解 （Ⅰ）

X \ Y	−1	0	1	$P_{i\cdot}$
0	0.1	0.1	0.1	0.3
1	0.3	0.1	0.3	0.7
$P_{\cdot j}$	0.4	0.2	0.4	

即

X	0	1
$P_{i\cdot}$	0.3	0.7

Y	−1	0	1
$P_{\cdot j}$	0.4	0.2	0.4

（Ⅱ）$P\{Y=0\mid X=0\}=\frac{P\{X=0,Y=0\}}{P\{X=0\}}=\frac{0.1}{0.3}=\frac{1}{3}$.

（Ⅲ）$EX=0.7,EY=-1\cdot 0.4+1\cdot 0.4=0$,

$EXY=1\cdot(-1)\cdot 0.3+1\cdot 1\cdot 0.3=0$,

$\mathrm{Cov}(X,Y)=EXY-EXEY=0-0.7\cdot 0=0$.

X^2 \ Y^2	0	1	
0	0.1	0.2	0.3
1	0.1	0.6	0.7
	0.2	0.8	

$E(X^2)=0.7,E(Y^2)=0.8,E(X^2Y^2)=1\cdot 1\cdot 0.6=0.6$,

$\mathrm{Cov}(X^2,Y^2)=E(X^2Y^2)-E(X^2)E(Y^2)=0.6-0.7\cdot 0.8=0.04.$

评注 ① 求 $\mathrm{Cov}(X^2,Y^2)$ 时，$E(X^2)$ 可以用公式：$E(X^2)=DX+(EX)^2$，但考虑到 X 是 $0-1$ 分布，X^2 与 X 有相同的分布 $EX^2=EX=P$.

② 本题可以看出 X 与 Y 是不相关的，但 X^2 与 Y^2 可不是不相关.

11. **分析** （Ⅰ）$X\sim B(1,\frac{3}{4})$，$P\{X=1\}=\frac{3}{4}$，$P\{X=0\}=\frac{1}{4}$. $P\{X=1\mid Y=0\}=P\{X=1\}$ 就是事件 $\{X=1\}$ 与 $\{Y=0\}$ 独立，如果 A,B 两事件独立，则 $\overline{A},B$ 独立，$A,\overline{B}$ 独立，$\overline{A},\overline{B}$ 独立. 所以 $P\{X=i,Y=j\}=P\{X=i\}P\{Y=j\}$ 成立，$i=1,2,j=1,2$. 因而 X,Y 独立. $P\{Y=0\mid X=1\}=P\{Y=0\}=\frac{2}{3}$，$P\{Y=1\}=\frac{1}{3}$，不难求出 (X,Y) 分布.

（Ⅱ）$\mathrm{Cov}(X,Y)$ 必为零.

（Ⅲ）$P\{Y=1\mid X=0\}=P\{Y=1\}$.

解 （Ⅰ）$P\{X=1\mid Y=0\}=P\{X=1\}$ 即事件 $\{X=1\}$ 与 $\{Y=0\}$ 独立，$\{X=1\}$ 也与 $\{Y=0\}$ 的对立事件 $\{Y=1\}$ 独立，$\{X=1\}$ 的对立事件 $\{X=0\}$ 也与 $\{Y=0\}$ 独立. 总之 X 与 Y 相互独立.

$$P\{Y=0\mid X=1\}=P\{Y=0\}=\frac{2}{3},P\{Y=1\}=\frac{1}{3}$$

就有

X \ Y	0	1	
0			$\frac{1}{4}$
1			$\frac{3}{4}$
	$\frac{2}{3}$	$\frac{1}{3}$	

由独立性 $P_{ij}=P_{i\cdot}P_{\cdot j}(i,j=1,2)$，得

X \ Y	0	1	
0	$\frac{1}{6}$	$\frac{1}{12}$	$\frac{1}{4}$
1	$\frac{1}{2}$	$\frac{1}{4}$	$\frac{3}{4}$
	$\frac{2}{3}$	$\frac{1}{3}$	

(Ⅱ)因 X,Y 独立,X 与 Y 必不相关,$\mathrm{Cov}(X,Y)=0$.

(Ⅲ)$P\{Y=1\mid X=0\}=P\{Y=1\}=\frac{1}{3}$.

12. **分析** (Ⅰ)利用概率密度的性质$\int_{-\infty}^{+\infty}f(x)\mathrm{d}x=1$和数学期望的公式

$EX=\int_{-\infty}^{+\infty}xf(x)\mathrm{d}x=1$两方程求出两常数 a,b.

(Ⅱ)利用公式 $F(X)=\int_{-\infty}^{x}f(t)\mathrm{d}t,F(\frac{1}{2})=\int_{-\infty}^{\frac{1}{2}}f(x)\mathrm{d}x$.

解 (Ⅰ)$\int_{-\infty}^{+\infty}f(x)\mathrm{d}x=\int_0^1ax\mathrm{d}x+\int_1^2(2-bx)\mathrm{d}x=\frac{a}{2}+2-\frac{3}{2}b=1$,

$EX=\int_{-\infty}^{+\infty}xf(x)\mathrm{d}x=\int_0^1ax^2\mathrm{d}x+\int_1^2x(2-bx)\mathrm{d}x=\frac{a}{3}+3-\frac{7}{3}b=1$,

$\begin{cases}a-3b=-2,\\a-7b=-6,\end{cases}$ 解得$\begin{cases}a=1,\\b=1.\end{cases}$

(Ⅱ)$F(x)=\int_{-\infty}^{x}f(t)\mathrm{d}t.\ F(\frac{1}{2})=\int_{-\infty}^{\frac{1}{2}}f(t)\mathrm{d}t=\int_0^{\frac{1}{2}}t\mathrm{d}t=\frac{1}{8}$.

13. **分析** (Ⅰ)利用分布函数性质,$\lim\limits_{x\to+\infty}F(x)=1$,求出 a.

再由 $EX=\int_{-\infty}^{+\infty}xf(x)\mathrm{d}x=\int_{-\infty}^{+\infty}xF'(x)\mathrm{d}x=1$,求出 b.

$$\begin{aligned}(\text{Ⅱ})P\{|X|>1\}&=P\{X<-1\}+P\{X>1\}=P\{X\leqslant-1\}+1-P\{X\leqslant1\}\\&=F(-1)+1-F(1).\end{aligned}$$

解 (Ⅰ)$\lim\limits_{x\to+\infty}F(x)=a=1.\ F'(x)=f(x)=\begin{cases}b\mathrm{e}^{-bx}, & x>0,\\0, & x\leqslant0.\end{cases}$

$EX=\int_{-\infty}^{+\infty}xf(x)\mathrm{d}x=\int_0^{+\infty}xb\mathrm{e}^{-bx}\mathrm{d}x=\frac{1}{b}=1$.所以 $b=1,a=b=1$.

$$\begin{aligned}(\text{Ⅱ})P\{|X|>1\}&=P\{X<-1\}+P\{X>1\}=P\{X\leqslant-1\}+1-P\{X\leqslant1\}\\&=F(-1)+1-F(1)\\&=1-1+\mathrm{e}^{-1}=\mathrm{e}^{-1}.\end{aligned}$$

评注 熟悉指数分布,就可以从 $f(x)=\begin{cases}b\mathrm{e}^{-bx}, & x>0,\\0, & x\leqslant0.\end{cases}$看出 $X\sim E(b)$. $EX=\frac{1}{b}$,就得出 $b=1$.

14. **分析** (Ⅰ)X 的概率密度 $f(x)=\begin{cases}\mathrm{e}^{-x}, & x>0,\\0, & x\leqslant0.\end{cases}$

$F_Y(y)=P\{Y\leqslant y\}=P\{\max(X,1)\leqslant y\}=P\{X\leqslant y,1\leqslant y\}$,可对 y 分 $y<1$ 和 $y\geqslant1$ 讨论.

(Ⅱ)$EY=E(\max(X,1))=\int_{-\infty}^{+\infty}\max(x,1)f(x)\mathrm{d}x$,也对积分范围分 $x<1$ 和 $x\geqslant1$ 计算.

解 (Ⅰ) $F_Y(y)=P\{Y\leqslant y\}=P\{\max(X,1)\leqslant y\}=P\{X\leqslant y,1\leqslant y\}$.

当 $y<1$ 时，$F_Y(y)=0$.

当 $1\leqslant y$ 时，$F_Y(y)=P\{X\leqslant y\}=\int_{-\infty}^{y}f(x)\mathrm{d}x=\int_0^y \mathrm{e}^{-x}\mathrm{d}x=1-\mathrm{e}^{-y}$.

总之 $F_Y(y)=\begin{cases}1-\mathrm{e}^{-y}, & y\geqslant 1,\\ 0, & y<1.\end{cases}$

(Ⅱ) $EY=\int_{-\infty}^{+\infty}\max(x,1)f(x)\mathrm{d}x=\int_0^{+\infty}\max(x,1)\mathrm{e}^{-x}\mathrm{d}x$

$=\int_0^1\mathrm{e}^{-x}\mathrm{d}x+\int_1^{+\infty}x\mathrm{e}^{-x}\mathrm{d}x=1-\mathrm{e}^{-1}+2\mathrm{e}^{-1}=1+\mathrm{e}^{-1}$.

15. **分析** (Ⅰ) Y 是离散型随机变量，其概率分布应为

Y	-1	1
P	$P\{X<0\}$	$P\{X\geqslant 0\}$

而 $P\{X<0\}=\int_{-\infty}^{0}\varphi(x)\mathrm{d}x$，$P\{X\geqslant 0\}=\int_0^{+\infty}\varphi(x)\mathrm{d}x$，其中 $\varphi(x)$ 为标准正态分布概率密度.

(Ⅱ) $\mathrm{Cov}(X,Y)=EXY-EX\cdot EY$，$EX=\int_{-\infty}^{+\infty}x\varphi(x)\mathrm{d}x$，$EY=P\{X\geqslant 0\}-P\{X<0\}$.

而 $XY=\begin{cases}X\cdot 1, & X\geqslant 0,\\ X\cdot(-1), & X<0.\end{cases}$ 即 $XY=|X|$，$EXY=E|X|=\int_{-\infty}^{+\infty}|x|\varphi(x)\mathrm{d}x$.

解 (Ⅰ) 由于标准正态分布概率密度是偶函数 $\frac{1}{\sqrt{2\pi}}\mathrm{e}^{-\frac{x^2}{2}}$.

所以 $P\{X<0\}=P\{X\geqslant 0\}=\frac{1}{2}$. Y 的分布为

Y	-1	1
P	$\frac{1}{2}$	$\frac{1}{2}$

(Ⅱ) $\mathrm{Cov}(X,Y)=EXY-EX\cdot EY$. X 是标准正态分布，$EX=0$.

$EY=(-1)\cdot\frac{1}{2}+1\cdot\frac{1}{2}=0$.

$EXY=E|X|=\int_{-\infty}^{+\infty}|x|\varphi(x)\mathrm{d}x=\int_{-\infty}^{+\infty}|x|\frac{1}{\sqrt{2\pi}}\mathrm{e}^{-\frac{x^2}{2}}\mathrm{d}x=\frac{2}{\sqrt{2\pi}}\int_0^{+\infty}x\mathrm{e}^{-\frac{x^2}{2}}\mathrm{d}x=\sqrt{\frac{2}{\pi}}$.

所以 $\mathrm{Cov}(X,Y)=\sqrt{\frac{2}{\pi}}-0=\sqrt{\frac{2}{\pi}}$.

历年真题及解析

第二部分

2010 年全国硕士研究生招生考试
农学门类联考
数 学

一、选择题:1 ~ 8 小题,每小题 4 分,共 32 分. 下列每题给出的四个选项中,只有一个选项是符合题目要求的.

1. 设函数 $f(x)=\dfrac{e^x-e^3}{(x-3)(x-e)}$,则

(A)$x=3$ 及 $x=e$ 都是 $f(x)$ 的第一类间断点.

(B)$x=3$ 及 $x=e$ 都是 $f(x)$ 的第二类间断点.

(C)$x=3$ 是 $f(x)$ 的第一类间断点,$x=e$ 是 $f(x)$ 的第二类间断点.

(D)$x=3$ 是 $f(x)$ 的第二类间断点,$x=e$ 是 $f(x)$ 的第一类间断点.

2. 曲线 $y=\dfrac{x}{(x-4)^2}$ 的凸弧区间是

(A)$(-\infty,-8)$.　　(B)$(-8,-4)$.

(C)$(-4,4)$.　　(D)$(4,+\infty)$.

3. 设函数 $f(x)$,$g(x)$ 具有二阶导数,$g(x_0)=a$,$g'(x_0)=0$,$g''(x)<0$,则 $f(g(x))$ 在 x_0 取极大值的一个充分条件是

(A)$f'(a)<0$.　　(B)$f'(a)>0$.

(C)$f''(a)<0$.　　(D)$f''(a)>0$.

4. 设函数 $f(x)$ 在区间$[0,1]$上连续,$0<f(x)<1$,且$\int_0^1 f(x)\mathrm{d}x<\dfrac{1}{2}$,记

$I_1=\int_0^1\int_0^1\sqrt{f(x)(1-f(y))}\mathrm{d}x\mathrm{d}y$,$I_2=\int_0^1\int_0^1 f(x)(1-f(y))\mathrm{d}x\mathrm{d}y$,

$I_3=\int_0^1\int_0^1 f(x)f(y)\mathrm{d}x\mathrm{d}y$,则

(A)$I_1<I_2<I_3$.　　(B)$I_1<I_3<I_2$.

(C)$I_2<I_1<I_3$.　　(D)$I_3<I_2<I_1$.

5. 设向量组 Ⅰ:$\boldsymbol{\alpha}_1,\boldsymbol{\alpha}_2,\cdots,\boldsymbol{\alpha}_r$ 可由向量组 Ⅱ:$\boldsymbol{\beta}_1,\boldsymbol{\beta}_2,\cdots,\boldsymbol{\beta}_s$ 线性表示. 下列命题正确的是

(A) 若向量组 Ⅰ 线性无关,则 $r\leqslant s$.

(B) 若向量组 Ⅰ 线性相关,则 $r>s$.

(C) 若向量组 Ⅱ 线性无关,则 $r\leqslant s$.

(D) 若向量组 Ⅱ 线性相关,则 $r>s$.

6. 设 $\boldsymbol{A}$ 为 4 阶实对称矩阵，且 $\boldsymbol{A}^2+\boldsymbol{A}=\boldsymbol{O}$，若 $\boldsymbol{A}$ 的秩为 3，则 $\boldsymbol{A}$ 相似于

(A) $\begin{bmatrix}1&&&\\&1&&\\&&1&\\&&&0\end{bmatrix}$. (B) $\begin{bmatrix}1&&&\\&1&&\\&&-1&\\&&&0\end{bmatrix}$.

(C) $\begin{bmatrix}1&&&\\&-1&&\\&&-1&\\&&&0\end{bmatrix}$. (D) $\begin{bmatrix}-1&&&\\&-1&&\\&&-1&\\&&&0\end{bmatrix}$.

7. 设随机变量 X 服从$(-1,1)$ 上的均匀分布，事件 $A=\{0<X<1\}$，$B=\left\{|X|<\frac{1}{4}\right\}$，则

(A) $P(AB)=0$. (B) $P(AB)=P(A)$.

(C) $P(A)+P(B)=1$. (D) $P(AB)=P(A)\cdot P(B)$.

8. 设 $X_1,X_2,\cdots,X_n$ 是来自总体 $N(\mu,\sigma^2)(\sigma>0)$ 的简单随机样本，记统计量 $T=\frac{1}{n}\sum_{i=1}^{n}X_i^2$，则 $E(T)=$

(A) σ^2. (B) μ^2. (C) $\sigma^2+\mu^2$. (D) $\sigma^2-\mu^2$.

二、填空题：9 ～ 14 小题，每小题 4 分，共 24 分.

9. $\lim\limits_{x\to\infty}\left(\frac{x}{x-a}\right)^x=$ ________.

10. 曲线 $y=\frac{2x^2+\sin x}{\cos x-x^2}$ 的水平渐近线的方程为 $y=$ ________.

11. 已知一个长方形的长 x 以 0.2 m/s 的速率增加，宽 y 以 0.3 m/s 的速率增加，当 $x=12$ m，$y=5$ m 时，其面积增加的速率为________.

12. 函数 $z=\frac{y^x-1}{y}$ 在点$(1,\mathrm{e})$ 处的全微分 $\mathrm{d}z\Big|_{(1,\mathrm{e})}=$ ________.

13. 设 $\boldsymbol{A}=\begin{bmatrix}1&-1&1\\1&2&3\end{bmatrix}$，$\boldsymbol{A}^{\mathrm{T}}$ 为 $\boldsymbol{A}$ 的转置矩阵，则行列式 $|\boldsymbol{A}^{\mathrm{T}}\boldsymbol{A}|=$ ________.

14. 设随机变量 X 的概率分布为 $P\{X=k\}=\theta(1-\theta)^{k-1}$，$k=1,2,\cdots$，其中 $0<\theta<1$. 若 $P\{X\leqslant 2\}=\frac{5}{9}$，则 $P\{X=3\}=$ ________.

三、解答题：15 ～ 23 小题，共 94 分. 解答应写出文字说明、证明过程或演算步骤.

15.（本题满分 10 分）

设函数 $f(x)=\ln\tan\frac{x}{2}+\mathrm{e}^{-x}\cos 2x$，求 $f''\left(\frac{\pi}{2}\right)$.

16.（本题满分 10 分）

计算定积分$\int_0^{\pi^2}\sqrt{x}\cos\sqrt{x}\,\mathrm{d}x$.

17.（本题满分 11 分）

设某农作物长高到 0.1 m 后，高度的增长速率与现有高度 y 及$(1-y)$之积成比例（比例系数 $k>0$）．求此农作物生长高度的变化规律（高度以 m 为单位）.

18.（本题满分 11 分）

计算二重积分 $I=\iint\limits_D[1+\sin(xy)]\mathrm{d}x\mathrm{d}y$，其中区域 $D=\{(x,y)\mid x^2+y^2\leqslant 2,x\geqslant 1\}$.

19.（本题满分 10 分）

证明$\left(1+\dfrac{1}{x}\right)^{x+1}>\mathrm{e}\quad(x>0)$.

20.（本题满分 10 分）

设 $\boldsymbol{A}=\begin{bmatrix}a & 1 & 1\\ 0 & a-1 & 0\\ 1 & 1 & a\end{bmatrix}$，$\boldsymbol{\beta}=\begin{bmatrix}-2\\ 1\\ 1\end{bmatrix}$.

已知线性方程组 $\boldsymbol{Ax}=\boldsymbol{\beta}$ 有 2 个不同的解，求 a 的值和方程组 $\boldsymbol{Ax}=\boldsymbol{\beta}$ 的通解.

21.（本题满分 11 分）

设 $\boldsymbol{A}=\begin{bmatrix}1 & -1 & 1\\ 2 & 4 & a\\ -3 & -3 & 5\end{bmatrix}$，6 是 $\boldsymbol{A}$ 的一个特征值.

（Ⅰ）求 a 的值；

（Ⅱ）求 $\boldsymbol{A}$ 的全部特征值和特征向量.

22. (本题满分 10 分)

设二维随机变量(X,Y)的概率分布为

X \ Y	-1	0	1
0	$\frac{1}{3}$	0	a
1	$\frac{1}{4}$	b	$\frac{1}{12}$

且 $P\{X+Y=1 \mid X=0\}=\frac{1}{3}$.求

(Ⅰ) 常数 a,b;

(Ⅱ)$\mathrm{Cov}(X,Y)$.

23. (本题满分 11 分)

设随机变量 X 的概率密度为

$$f(x)=\begin{cases} |x|, & -1<x<1 \\ 0, & \text{其他} \end{cases}$$

令 $Y=X^2+1$,求:

(Ⅰ)Y 的概率密度 $f_Y(y)$;

(Ⅱ)$P\left\{-1<Y<\frac{3}{2}\right\}$.

2011 年全国硕士研究生招生考试
农学门类联考
数　学

一、选择题：1～8 小题，每小题 4 分，共 32 分. 下列每题给出的四个选项中，只有一个选项是符合题目要求的.

1. 当 $x \to 0$ 时，下列函数为无穷大量的是

(A) $\dfrac{\sin 3x}{x}$.　　(B) $\cot x$.　　(C) $\dfrac{1-\cos x}{x}$.　　(D) $e^{\frac{1}{x}}$.

2. 设函数 $f(x)$ 可导，$f(0)=0, f'(0)=1, \lim\limits_{x\to 0}\dfrac{f(\sin^3 x)}{\lambda x^k}=\dfrac{1}{2}$，则

(A) $k=2, \lambda=2$.　　(B) $k=3, \lambda=3$.　　(C) $k=3, \lambda=2$.　　(D) $k=4, \lambda=1$.

3. 设 $I_1=\int_0^{\frac{\pi}{4}}\dfrac{\sin x}{x}dx, I_2=\int_0^{\frac{\pi}{4}}\dfrac{x}{\sin x}dx$，则

(A) $I_1<\dfrac{\pi}{4}<I_2$.　　(B) $I_1<I_2<\dfrac{\pi}{4}$.

(C) $\dfrac{\pi}{4}<I_1<I_2$.　　(D) $I_2<\dfrac{\pi}{4}<I_1$.

4. 设函数 $z=\arctan e^{-xy}$，则 $dz=$

(A) $-\dfrac{e^{xy}}{1+e^{2xy}}(ydx+xdy)$.　　(B) $\dfrac{e^{xy}}{1+e^{2xy}}(ydx-xdy)$.

(C) $\dfrac{e^{xy}}{1+e^{2xy}}(xdy-ydx)$.　　(D) $\dfrac{e^{xy}}{1+e^{2xy}}(ydx+xdy)$.

5. 将二阶矩阵 $\boldsymbol{A}$ 的第 2 列加到第 1 列得矩阵 $\boldsymbol{B}$，再交换 $\boldsymbol{B}$ 的第 1 行与第 2 行得单位矩阵，则 $\boldsymbol{A}=$

(A) $\begin{bmatrix}0 & 1\\ 1 & 1\end{bmatrix}$.　　(B) $\begin{bmatrix}0 & 1\\ 1 & -1\end{bmatrix}$.　　(C) $\begin{bmatrix}1 & 1\\ 1 & 0\end{bmatrix}$.　　(D) $\begin{bmatrix}-1 & 1\\ 1 & 0\end{bmatrix}$.

6. 设 $\boldsymbol{A}$ 为 4×3 矩阵，$\boldsymbol{\eta}_1, \boldsymbol{\eta}_2, \boldsymbol{\eta}_3$ 是非齐次线性方程组 $\boldsymbol{Ax}=\boldsymbol{\beta}$ 的 3 个线性无关的解，k_1, k_2 为任意常数，则 $\boldsymbol{Ax}=\boldsymbol{\beta}$ 的通解为

(A) $\dfrac{\boldsymbol{\eta}_1+\boldsymbol{\eta}_2}{2}+k_1(\boldsymbol{\eta}_2-\boldsymbol{\eta}_1)$.

(B) $\dfrac{\boldsymbol{\eta}_1-\boldsymbol{\eta}_2}{2}+k_1(\boldsymbol{\eta}_2-\boldsymbol{\eta}_1)$.

(C) $\dfrac{\boldsymbol{\eta}_2+\boldsymbol{\eta}_3}{2}+k_1(\boldsymbol{\eta}_3-\boldsymbol{\eta}_1)+k_2(\boldsymbol{\eta}_2-\boldsymbol{\eta}_1)$.

(D) $\dfrac{\boldsymbol{\eta}_2-\boldsymbol{\eta}_3}{2}+k_1(\boldsymbol{\eta}_2-\boldsymbol{\eta}_3)+k_2(\boldsymbol{\eta}_3-\boldsymbol{\eta}_1)$.

7. 设随机事件 A,B 满足 $A \subset B$ 且 $0 < P(A) < 1$,则必有

(A)$P(A) \geqslant P(A \mid A \cup B)$.　　(B)$P(A) \leqslant P(A \mid A \cup B)$.

(C)$P(B) \geqslant P(B \mid A)$.　　(D)$P(B) \leqslant P(B \mid \overline{A})$.

8. 设总体 X 服从参数为 $\lambda(\lambda > 0)$ 的泊松分布,$X_1,X_2,\cdots,X_n(n \geqslant 2)$ 为来自总体的简单随机样本,则对于统计量 $T_1 = \frac{1}{n}\sum_{i=1}^{n} X_i$ 和 $T_2 = \frac{1}{n-1}\sum_{i=1}^{n-1} X_i + \frac{1}{n}X_n$,有

(A)$ET_1 > ET_2, DT_1 > DT_2$.　　(B)$ET_1 > ET_2, DT_1 < DT_2$.

(C)$ET_1 < ET_2, DT_1 > DT_2$.　　(D)$ET_1 < ET_2, DT_1 < DT_2$.

二、填空题:9 ~ 14 小题,每小题 4 分,共 24 分.

9. 设函数 $f(x) = \lim\limits_{t \to 0} x(1+3t)^{\frac{x}{t}}$,则 $f'(x) =$ ________.

10. 曲线 $y = x^3 - 3x^2 + 3x + 1$ 在其拐点处的切线方程是________.

11. 反常积分$\int_1^{+\infty} \frac{\mathrm{d}x}{x(x^2+1)} =$ ________.

12. 设函数 $z = (2x+y)^{3xy}$,则$\left.\frac{\partial z}{\partial x}\right|_{(1,1)} =$ ________.

13. 设矩阵 $\boldsymbol{A} = \begin{bmatrix} 0 & 0 & 1 \\ 0 & 1 & 0 \\ 1 & 0 & 0 \end{bmatrix}$,$\boldsymbol{C} = \begin{bmatrix} 1 & -1 & 0 \\ 0 & 1 & 0 \\ 0 & 0 & 1 \end{bmatrix}$,$\boldsymbol{D} = \begin{bmatrix} 1 & 2 & 3 \\ 0 & 2 & 3 \\ 0 & 0 & 3 \end{bmatrix}$且 3 阶矩阵 $\boldsymbol{B}$ 满足 $\boldsymbol{ABC} = \boldsymbol{D}$,

则 $|\boldsymbol{B}^{-1}| =$ ________.

14. 设二维随机变量(X,Y) 服从正态分布 $N(\mu,\mu;\sigma^2,\sigma^2;0)$,则 $E(XY^2) =$ ________.

三、解答题:15 ~ 23 小题,共 94 分.解答应写出文字说明、证明过程或演算步骤.

15.(本题满分 10 分)

设函数 $f(x) = \begin{cases} \dfrac{\mathrm{e}^x - \cos x}{x}, & x \neq 0, \\ a, & x = 0, \end{cases}$ 在 $x = 0$ 处连续,求

(Ⅰ)a 的值;

(Ⅱ)$f'(x)$.

16.(本题满分 10 分)

求不定积分$\int \frac{\arcsin\sqrt{x} + 1}{\sqrt{x}}\mathrm{d}x$.

17.(本题满分 11 分)

设函数 $y = y(x)$ 是微分方程 $x\mathrm{d}y + (x - 2y)\mathrm{d}x = 0$ 满足条件 $y(1) = 2$ 的解,求曲线 $y = y(x)$ 与 x 轴所围图形的面积 S.

18.（本题满分 10 分）

证明：当 $0 < x < \frac{\pi}{2}$ 时，$\frac{\pi}{2} < x\sin x + 2\cos x < 2$.

19.（本题满分 11 分）

计算二重积分 $\iint\limits_D y\,\mathrm{d}x\mathrm{d}y$，其中 $D = \{(x,y) \mid x^2 + (y-1)^2 \leqslant 1, x \geqslant 0\}$.

20.（本题满分 10 分）

已知 $\boldsymbol{\alpha}_1 = (1,2,1)^{\mathrm{T}}$，$\boldsymbol{\alpha}_2 = (1,1,2)^{\mathrm{T}}$，$\boldsymbol{\alpha}_3 = (1,-1,4)^{\mathrm{T}}$，$\boldsymbol{\beta} = (1,0,a)^{\mathrm{T}}$，问 a 为何值时，

（Ⅰ）$\boldsymbol{\beta}$ 不能由 $\boldsymbol{\alpha}_1, \boldsymbol{\alpha}_2, \boldsymbol{\alpha}_3$ 线性表示？

（Ⅱ）$\boldsymbol{\beta}$ 可由 $\boldsymbol{\alpha}_1, \boldsymbol{\alpha}_2, \boldsymbol{\alpha}_3$ 线性表示？并写出一般表达式.

21.（本题满分 11 分）

已知 1 是矩阵 $\boldsymbol{A} = \begin{bmatrix} 0 & a & 1 \\ 1 & 1 & -1 \\ 1 & 0 & 0 \end{bmatrix}$ 的二重特征值.

（Ⅰ）求 a 的值；

（Ⅱ）求可逆矩阵 $\boldsymbol{P}$ 和对角矩阵 $\boldsymbol{Q}$，使 $\boldsymbol{P}^{-1}\boldsymbol{AP} = \boldsymbol{Q}$.

22.（本题满分 10 分）

设随机变量 X 与 Y 的概率分布分别为

X	0	1
P	$\frac{1}{3}$	$\frac{2}{3}$

Y	-1	0	1
P	$\frac{1}{3}$	$\frac{1}{3}$	$\frac{1}{3}$

且 $P\{X^2 = Y^2\} = 1$.

（Ⅰ）求二维随机变量 (X,Y) 的概率分布；

（Ⅱ）求 EX，EY 及 X 与 Y 的相关系数 ρ_{XY}.

23.（本题满分 11 分）

设二维随机变量 (X,Y) 服从区域 G 上的均匀分布，其中 G 是由 $x - y = 0$，$x + y = 2$ 与 $y = 0$ 所围成的三角形区域.

（Ⅰ）求 X 的边缘密度 $f_X(x)$；

（Ⅱ）求 $P\{X - Y \leqslant 1\}$.

2012年全国硕士研究生招生考试 农学门类联考 数学

一、选择题：1～8小题，每小题4分，共32分．下列每题给出的四个选项中，只有一个选项是符合题目要求的．

1．设曲线 $y=\dfrac{1}{e^x-1}+1$ 水平渐近线的条数为 a，铅直渐近线的条数为 b，则

(A) $a=0,b=1$．　(B) $a=1,b=0$．

(C) $a=1,b=1$．　(D) $a=2,b=1$．

2．设连续函数 $f(x)$ 满足 $\dfrac{d}{dx}\int_1^{2x}f(t)dt=4xe^{-2x}$，则 $f(x)$ 的一个原函数 $F(x)=$

(A) $(x+1)e^{-x}$．　(B) $-(x+1)e^{-x}$．

(C) $(x-1)e^{-x}$．　(D) $-(x-1)e^{-x}$．

3．设数列 $\{S_n\}$ 单调增加，$a_1=S_1,a_n=S_n-S_{n-1}(n=2,3,\cdots)$，则数列 $\{S_n\}$ 有界是数列 $\{a_n\}$ 收敛的

(A) 充分非必要条件．　(B) 必要非充分条件．

(C) 充分必要条件．　(D) 既非充分也非必要条件．

4．设函数 $f(x,y)$ 连续，交换二次积分次序 $\int_1^2dx\int_1^x f(x,y)dy+\int_2^3dx\int_1^{4-x}f(x,y)dy=$

(A) $\int_1^2dy\int_{y-4}^{y}f(x,y)dx$．　(B) $\int_1^2dy\int_{y}^{y-4}f(x,y)dx$．

(C) $\int_1^2dy\int_{y}^{4-y}f(x,y)dx$．　(D) $\int_1^2dy\int_{4-y}^{y}f(x,y)dx$．

5．设 $\boldsymbol{\alpha}_1=\begin{bmatrix}0\\0\\c_1\end{bmatrix},\boldsymbol{\alpha}_2=\begin{bmatrix}0\\1\\c_2\end{bmatrix},\boldsymbol{\alpha}_3=\begin{bmatrix}1\\-1\\c_3\end{bmatrix},\boldsymbol{\alpha}_4=\begin{bmatrix}-1\\1\\c_4\end{bmatrix}$，其中 c_1,c_2,c_3,c_4 为任意常数，则下列向量组线性相关的为

(A) $\boldsymbol{\alpha}_1,\boldsymbol{\alpha}_2,\boldsymbol{\alpha}_3$．　(B) $\boldsymbol{\alpha}_1,\boldsymbol{\alpha}_2,\boldsymbol{\alpha}_4$．　(C) $\boldsymbol{\alpha}_1,\boldsymbol{\alpha}_3,\boldsymbol{\alpha}_4$．　(D) $\boldsymbol{\alpha}_2,\boldsymbol{\alpha}_3,\boldsymbol{\alpha}_4$．

6．下列矩阵中不能相似于对角矩阵的为

(A) $\begin{bmatrix}1&1\\0&1\end{bmatrix}$．　(B) $\begin{bmatrix}1&1\\0&2\end{bmatrix}$．　(C) $\begin{bmatrix}1&1\\1&2\end{bmatrix}$．　(D) $\begin{bmatrix}1&2\\1&2\end{bmatrix}$．

7．设随机变量 X 与 Y 相互独立，且都服从区间 $(0,1)$ 上的均匀分布，则 $P\{X^2+Y^2\leqslant 1\}=$

(A) $\dfrac{1}{4}$．　(B) $\dfrac{1}{2}$．　(C) $\dfrac{\pi}{8}$．　(D) $\dfrac{\pi}{4}$．

8. 设X_1,X_2,X_3,X_4为来自总体$N(0,\sigma^2)$,($\sigma>0$)的简单随机样本,则统计量$\frac{X_1-X_2}{\sqrt{X_3^2+X_4^2}}$的分布为

(A)$N(0,2)$.　　(B)$t(2)$.　　(C)$\chi^2(2)$.　　(D)$F(2,2)$.

二、填空题:9～14小题,每小题4分,共24分.

9. $\lim\limits_{x\to 0}(e^x+x)^{\frac{3}{x}}=$ ________.

10. 函数$y=x^2(2\ln x-1)$的极值点$x=$ ________.

11. 曲线$y=\sqrt{x-1}$与$x=4$及$y=0$围成的平面图形绕x轴旋转一周得到的旋转体的体积$V=$ ________.

12. 设函数$z=xe^{\sin(x-y)}$,则$\left.\frac{\partial z}{\partial y}\right|_{(\frac{\pi}{2},-\frac{\pi}{2})}=$ ________.

13. 设$\boldsymbol{A}=\begin{bmatrix}1 & 1\\ -1 & 2\end{bmatrix}$,$\boldsymbol{A}^*$是$\boldsymbol{A}$的伴随矩阵.将$\boldsymbol{A}$的第2列加到第1列得到矩阵$\boldsymbol{B}$,则$|\boldsymbol{A}^*\boldsymbol{B}|=$ ________.

14. 设A,B是两个互不相容的随机事件,$P(A)=\frac{1}{2}$,$P(B)=\frac{1}{3}$,则$P(A\mid\overline{B})=$ ________.

三、解答题:15～23小题,共94分.解答应写出文字说明、证明过程或演算步骤.

15.(本题满分10分)

求曲线$\cos(x^2y)+\ln(y-x)=x+1$在点$(0,1)$处的切线方程.

16.(本题满分10分)

设函数$f(x)=\max\{1,x^2,x^3\}$,求不定积分$\int f(x)\mathrm{d}x$.

17.(本题满分10分)

求函数$f(x,y)=xe^{-\frac{x^2+y^2}{2}}$的极值.

18.(本题满分11分)

求微分方程$y'-\frac{y}{x\ln x}=\ln x$满足条件$y\big|_{x=e}=e$的解.

19.(本题满分11分)

计算二重积分$\iint\limits_D(3x^2+2y)\mathrm{d}x\mathrm{d}y$,其中$D$由直线$x=-\pi,x=\pi,y=2$及曲线$y=\sin x$围成.

20.（本题满分 11 分）

设 $\boldsymbol{A}=\begin{bmatrix}1 & a & 0 & 0\\ 0 & 1 & a & 0\\ 0 & 0 & 1 & a\\ a & 0 & 0 & 1\end{bmatrix}$，$\boldsymbol{\beta}=\begin{bmatrix}1\\ -1\\ 0\\ 0\end{bmatrix}$.

（Ⅰ）计算行列式 $|\boldsymbol{A}|$；

（Ⅱ）当实数 a 为何值时，方程组 $\boldsymbol{Ax}=\boldsymbol{\beta}$ 有无穷多解？并求其通解.

21.（本题满分 10 分）

设 $\boldsymbol{A}=\begin{bmatrix}a & -1 & 1\\ -1 & 0 & 1\\ 1 & b & 0\end{bmatrix}$，$\boldsymbol{\alpha}=\begin{bmatrix}-1\\ -1\\ 1\end{bmatrix}$ 为 $\boldsymbol{A}$ 的属于特征值 -2 的特征向量.

（Ⅰ）求 a,b 的值；

（Ⅱ）求可逆矩阵 $\boldsymbol{P}$ 和对角矩阵 $\boldsymbol{Q}$，使得 $\boldsymbol{P}^{-1}\boldsymbol{AP}=\boldsymbol{Q}$.

22.（本题满分 10 分）

设随机变量 X 服从参数为 $\lambda(\lambda>0)$ 的指数分布，且 $P\{X\leqslant 1\}=\dfrac{1}{2}$.

（Ⅰ）求参数 λ；

（Ⅱ）求 $P\{X>2\mid X>1\}$.

23.（本题满分 11 分）

设二维离散型随机变量 (X,Y) 的概率分布为

X \ Y	0	1	2
0	$\frac{1}{4}$	0	$\frac{1}{4}$
1	0	$\frac{1}{3}$	0
2	$\frac{1}{12}$	0	$\frac{1}{12}$

（Ⅰ）求 $P\{X=2Y\}$；

（Ⅱ）求 $\mathrm{Cov}(X-Y,Y)$.

2013 年全国硕士研究生招生考试
农学门类联考
数　学

一、选择题：$1\sim8$ 小题，每小题 4 分，共 32 分，下列每题给出的四个选项中，只有一个选项是符合题目要求的.

1. 曲线 $e^{x-y}+3xy-\dfrac{1}{e}=0$ 在 $x=0$ 对应点处的切线方程为

(A) $y=(3e-1)x-1$.　　(B) $y=(3e-1)x+1$.

(C) $y=(3e+1)x-1$.　　(D) $y=(3e+1)x+1$.

2. 设函数 $f(x)$ 可导，且 $f(0)\neq0$，则 $\lim\limits_{x\to0}\dfrac{x[f(x)-f(0)]}{\int_0^x tf(t)\mathrm{d}t}=$

(A) $\dfrac{2f'(0)}{f(0)}$.　　(B) $-\dfrac{2f'(0)}{f(0)}$.　　(C) $\dfrac{f'(0)}{2f(0)}$.　　(D) $-\dfrac{f'(0)}{2f(0)}$.

3. 曲线 $y=f(x)$ 如图所示，函数 $f(x)$ 具有连续的 2 阶导数，且 $f'(a)=1$. 则积分 $\int_0^a xf''(x)\mathrm{d}x=$

(A) $a-b$.

(B) $b-a$.

(C) $a+b$.

(D) ab.

4. 函数 $f(x,y)=e^{2x-y}\cos y$ 在点 (π,π) 处的全微分为

(A) $e^{\pi}(2\mathrm{d}x-\mathrm{d}y)$.　　(B) $e^{\pi}(-2\mathrm{d}x+\mathrm{d}y)$.

(C) $-e^{\pi}(2\mathrm{d}x+\mathrm{d}y)$.　　(D) $e^{\pi}(2\mathrm{d}x+\mathrm{d}y)$.

5. 设向量组 Ⅰ：$\boldsymbol{\alpha}_1,\boldsymbol{\alpha}_2,\cdots,\boldsymbol{\alpha}_m$，其秩为 r；向量组 Ⅱ：$\boldsymbol{\alpha}_1,\boldsymbol{\alpha}_2,\cdots,\boldsymbol{\alpha}_m,\boldsymbol{\beta}$，其秩为 s. 则 $r=s$ 是向量组 Ⅰ 与向量组 Ⅱ 等价的

(A) 充分非必要条件.　　(B) 必要非充分条件.

(C) 充分必要条件.　　(D) 既非充分也非必要条件.

6. 行列式 $\begin{vmatrix}1&1&0&0\\0&2&2&0\\0&0&3&3\\4&0&0&4\end{vmatrix}=$

(A) 48.　　(B) 24.　　(C) 12.　　(D) 0.

7. 设 A,B 为随机事件，已知 $P(A)=\frac{1}{4},P(B\mid A)=\frac{1}{2},P(A\mid B)=\frac{1}{3}$，则 $P(A\cup B)=$

(A) $\frac{1}{8}$.　　(B) $\frac{1}{4}$.　　(C) $\frac{3}{8}$.　　(D) $\frac{1}{2}$.

8. 设总体 X 服从参数为 $\lambda(\lambda>0)$ 的泊松分布，$X_1,X_2,\cdots,X_{n+1}$ 为来自总体 X 的简单随机样本. 记 $T=\frac{1}{n}\sum_{i=1}^{n}(X_{i+1}-X_i)^2$，则 $ET=$

(A) λ.　　(B) 2λ.　　(C) λ^2.　　(D) $2\lambda^2$.

二、填空题：9～14 小题，每小题 4 分，共 24 分.

9. 设函数 $f(x)=\begin{cases}\dfrac{\sin kx}{3x}, & x<0\\ e^{-3x}+\cos 3x, & x\geqslant 0\end{cases}$ 在 $x=0$ 处连续，则常数 $k=$________.

10. 设 $f'(\sqrt{3x-1})=3x-1$，且 $f(0)=0$，则 $f(x)=$________.

11. 由曲线 $y=\sin x,y=\cos x(0\leqslant x\leqslant\pi)$ 与直线 $x=0,x=\pi$ 所围成的平面图形的面积为________.

12. 设函数 $z=\frac{1}{e^{x+y}+2y}$，则 $\left.\frac{\partial z}{\partial y}\right|_{(1,1)}=$________.

13. 若矩阵 $\begin{bmatrix}1 & -1 & 1\\ 2 & 3 & 0\\ 3 & 2 & a\end{bmatrix}$ 与 $\begin{bmatrix}1 & 0 & 0\\ 0 & 1 & 0\\ 0 & 0 & 0\end{bmatrix}$ 等价，则 $a=$________.

14. 连续掷 1 枚均匀骰子，在前 4 次没有出现偶数点的条件下，前 10 次均未出现偶数点的概率为________.

三、解答题：15～23 小题，共 94 分，解答应写出文字说明、证明过程或演算步骤.

15.（本题满分 10 分）

求极限 $\lim\limits_{x\to 0}\left(\frac{1}{\ln(1+2x)}-\frac{1}{\sin 2x}\right)$.

16.（本题满分 10 分）

设函数 $f(x)=e^{-\frac{x^2}{2}}+1$. 求曲线 $y=f(x)$ 的凹凸区间，拐点和渐近线.

17.（本题满分 10 分）

计算定积分 $\int_0^{\frac{1}{2}}\frac{x\arcsin x}{\sqrt{1-x^2}}dx$.

18.（本题满分 10 分）

计算二重积分 $\iint\limits_D(x-1)y\,dx\,dy$，其中区域 D 由曲线 $x=1+\sqrt{y}$ 和直线 $y=1-x$ 及 $y=1$ 围成.

19.（本题满分 10 分）

设函数 $f(x)$ 对任意的 x,y 恒有 $f(x+y)=\mathrm{e}^y f(x)+\mathrm{e}^x f(y)$，且 $f'(0)=\mathrm{e}$，求 $f(x)$.

20.（本题满分 11 分）

设线性方程组

$$\begin{cases} x_1-x_2+2x_3+x_4=1, \\ 2x_1-x_2+x_3+2x_4=3, \\ x_1-x_3+x_4=2, \\ 3x_1-x_2+3x_4=5. \end{cases}$$

（Ⅰ）求方程组的通解；

（Ⅱ）求方程组满足条件 $x_1=x_2$ 的全部解.

21.（本题满分 11 分）

设矩阵 $\boldsymbol{A}=\begin{bmatrix}1&2&0\\2&1&0\\0&0&-1\end{bmatrix}$.

（Ⅰ）求可逆矩阵 $\boldsymbol{P}$ 和对角矩阵 $\boldsymbol{\Lambda}$，使得 $\boldsymbol{P}^{-1}\boldsymbol{AP}=\boldsymbol{\Lambda}$；

（Ⅱ）求 $\boldsymbol{A}^{101}$.

22.（本题满分 11 分）

设箱中有 5 件产品，其中 3 件是优质品. 从该箱中任取 2 件，以 X 表示所取的 2 件产品中的优质品件数，Y 表示箱中 3 件剩余产品中的优质品件数.

（Ⅰ）求(X,Y)的概率分布；

（Ⅱ）求 $\mathrm{Cov}(X,Y)$.

23.（本题满分 11 分）

设随机变量 X 的分布函数为 $F(x)=\begin{cases}1-(1+x)\mathrm{e}^{-x}, & x\geqslant 0, \\ 0, & \text{其他}.\end{cases}$

（Ⅰ）求 X 的概率密度 $f(x)$；

（Ⅱ）求 $P\{|X|>1\}$；

（Ⅲ）求 $E(\mathrm{e}^{-X})$.

2014 年全国硕士研究生招生考试
农学门类联考
数 学

一、选择题：1 ～ 8 小题，每小题 4 分，共 32 分，下列每题给出的四个选项中，只有一个选项是符合题目要求的.

1. 设函数 $f(x)$ 可导，且 $f'(x) = \mathrm{e}^{-f(x)}$，$f(0) = 0$. 当 $n \geqslant 1$ 时，$f^{(n)}(0) =$

(A)$(-1)^{n-1}(n-1)!$.　　(B)$(-1)^{n-1}n!$.　　(C)$(-1)^{n}(n-1)!$.　　(D)$(-1)^{n}n!$.

2. 设函数 $f(x)$ 满足 $f''(x) - 2f'(x) = \int_a^{x+1} \mathrm{e}^{-kt}\,\mathrm{d}t$，且 $f'(a) = 0$，则 $f(x)$ 在 $x = a$ 处

(A) 取得极大值.　　(B) 取得极小值.

(C) 没有极值.　　(D) 是否取得极值与 k 有关.

3. 函数 $f(x,y) = \cos\dfrac{x}{y}$ 在点$(\pi,2)$处的全微分为

(A) $-\dfrac{1}{4}(2\mathrm{d}x + \pi\mathrm{d}y)$.　　(B) $-\dfrac{1}{4}(2\mathrm{d}x - \pi\mathrm{d}y)$.

(C) $\dfrac{1}{4}(2\mathrm{d}x + \pi\mathrm{d}y)$.　　(D) $\dfrac{1}{4}(2\mathrm{d}x - \pi\mathrm{d}y)$.

4. 设 $I = \iint\limits_{|x|+|y|\leqslant 1} \dfrac{\mathrm{d}x\mathrm{d}y}{2+\cos^2 x+\cos^2 y}$，则

(A) $\dfrac{1}{4} < I < \dfrac{1}{2}$.　　(B) $\dfrac{1}{2} < I < 1$.　　(C)$1 < I < 2$.　　(D)$2 < I < 4$.

5. 设向量组 $\boldsymbol{\alpha}_1,\boldsymbol{\alpha}_2,\boldsymbol{\alpha}_3$ 线性无关，则下列向量组中线性无关的是

(A)$\boldsymbol{\alpha}_1+\boldsymbol{\alpha}_2,\boldsymbol{\alpha}_2-\boldsymbol{\alpha}_3,\boldsymbol{\alpha}_3+\boldsymbol{\alpha}_1$.　　(B)$\boldsymbol{\alpha}_1+\boldsymbol{\alpha}_2,\boldsymbol{\alpha}_2+\boldsymbol{\alpha}_3,\boldsymbol{\alpha}_3-\boldsymbol{\alpha}_1$.

(C)$\boldsymbol{\alpha}_1-\boldsymbol{\alpha}_2,\boldsymbol{\alpha}_2-\boldsymbol{\alpha}_3,\boldsymbol{\alpha}_3-\boldsymbol{\alpha}_1$.　　(D)$\boldsymbol{\alpha}_1+\boldsymbol{\alpha}_2,\boldsymbol{\alpha}_2-\boldsymbol{\alpha}_3,\boldsymbol{\alpha}_3-\boldsymbol{\alpha}_1$.

6. 设 $\boldsymbol{A}$ 为 2 阶可逆矩阵，$\boldsymbol{A}^*$ 为 $\boldsymbol{A}$ 的伴随矩阵，将 $\boldsymbol{A}$ 的第 1 行乘以 -1 得到矩阵 $\boldsymbol{B}$，则

(A)$\boldsymbol{A}^{-1}$ 的第 1 行乘以 -1 得到矩阵 $\boldsymbol{B}^{-1}$.

(B)$\boldsymbol{A}^{-1}$ 的第 1 列乘以 -1 得到矩阵 $\boldsymbol{B}^{-1}$.

(C)$\boldsymbol{A}^*$ 的第 1 行乘以 -1 得到矩阵 $\boldsymbol{B}^*$.

(D)$\boldsymbol{A}^*$ 的第 1 列乘以 -1 得到矩阵 $\boldsymbol{B}^*$.

7. 设随机变量 X 的概率分布为

X	-2	-1	0	1	2
P	0.1	0.3	0.2	0.3	0.1

则 $D(X-0.7)=$

(A)0. (B)0.7. (C)1.4. (D)2.1.

8. 设总体 X 服从参数为 $\lambda(\lambda>0)$ 的泊松分布，$X_1,X_2,\cdots,X_n$ 为来自总体 X 的简单随机样本.

记 $\overline{X}=\frac{1}{n}\sum_{i=1}^{n}X_i$，$T=a\overline{X}+(\overline{X})^2$，其中 a 为常数. 若 $ET=\lambda^2$，则 $a=$

(A) $-\frac{1}{n}$. (B) $\frac{1}{n}$. (C) -1. (D)1.

二、填空题：9 ～ 14 小题，每小题 4 分，共 24 分

9. 当 $x\to 0$ 时，$\frac{\ln(1-2x^2)}{x}$ 与 $1-e^{kx}$ 是等价无穷小，则常数 $k=$ ________.

10. 函数 $f(x)=\frac{1-\cos x}{x(x+1)\sin x}$ 的可去间断点为 $x=$ ________.

11. 已知函数 $y=y(x)$ 由方程 $xy^2-\ln(x+1)+\ln y=1$ 确定，则 $\left.\frac{dy}{dx}\right|_{x=0}=$ ________.

12. 反常积分 $\int_0^{+\infty}x^3e^{-x^2}dx=$ ________.

13. 设 2 阶矩阵 $\boldsymbol{A}$ 的特征值为 1，2，则行列式 $|\boldsymbol{A}-3\boldsymbol{A}^{-1}|=$ ________.

14. 设随机变量 X 的概率密度为 $f(x)=\begin{cases}2x, & 0<x<1,\\ 0, & 其他.\end{cases}$ Y 表示对 X 的 3 次独立重复观测中事件 $\left\{X\leqslant\frac{1}{2}\right\}$ 发生的次数，则 $P\{Y\leqslant 2\}=$ ________.

三、解答题：15 ～ 23 小题，共 94 分，解答应写出文字说明、证明过程或演算步骤.

15. (本题满分 10 分)

设曲线 $y=x^3+2x^2+x+c$ 在其拐点处的切线通过坐标原点，求常数 c.

16. (本题满分 10 分)

求极限 $\lim\limits_{x\to 0}\frac{e^x\sin x-x(x^2+1)}{\cos x-\cos^2 x}$.

17. (本题满分 10 分)

设函数 $z=f(x-y^2,x^2\sin\pi y)$，f 具有 2 阶连续偏导数，求 $\left.\frac{\partial^2 z}{\partial x\partial y}\right|_{(1,1)}$.

18. (本题满分 10 分)

求不定积分 $\int\frac{x\ln(1+x^2)}{(1+x^2)^2}dx$.

19.（本题满分 10 分）

设函数 $y=y(x)$ 是微分方程 $(e^{y}+e^{-y}+2)dx-(x+2)^{2}dy=0$ 满足条件 $y(0)=0$ 的解.

（Ⅰ）求 $y(x)$；

（Ⅱ）曲线 $y=y(x)$ 是否存在水平渐近线和铅直渐近线?若存在,写出其方程.

20.（本题满分 11 分）

设矩阵 $\boldsymbol{A}=\begin{bmatrix}1&-1&-1\\-1&2&3\\0&1&2\\0&-1&1\end{bmatrix}$,$\boldsymbol{B}=\begin{bmatrix}0&-2\\1&6\\1&a\\-1&5\end{bmatrix}$. 当 a 取何值时,存在矩阵 $\boldsymbol{X}$ 使得 $\boldsymbol{AX}=\boldsymbol{B}$?并求出矩阵 $\boldsymbol{X}$.

21.（本题满分 11 分）

已知矩阵 $\boldsymbol{A}=\begin{bmatrix}0&2&1\\0&1&0\\1&a&0\end{bmatrix}$ 相似于对角矩阵.

（Ⅰ）求 a 的值；

（Ⅱ）求可逆矩阵 $\boldsymbol{P}$ 和对角矩阵 $\boldsymbol{\Lambda}$,使得 $\boldsymbol{P}^{-1}\boldsymbol{AP}=\boldsymbol{\Lambda}$.

22.（本题满分 11 分）

设随机变量 X 的概率密度为 $f(x)=\begin{cases}\frac{1}{3}x^{2}, & -1<x<2,\\ 0, & \text{其他}.\end{cases}$

令随机变量 $Y=\begin{cases}1, & X\geqslant 0,\\ -1, & X<0.\end{cases}$

（Ⅰ）求 Y 的概率分布；

（Ⅱ）求 $\mathrm{Cov}(X,Y)$.

23.（本题满分 11 分）

设二维随机变量 (X,Y) 服从 D 上的均匀分布,其中 D 是由直线 $y=x$ 和曲线 $y=x^{2}$ 围成的平面区域.

（Ⅰ）求 X 和 Y 的边缘概率密度 $f_X(x)$ 和 $f_Y(y)$；

（Ⅱ）求 $E(XY)$.

2015 年全国硕士研究生招生考试
农学门类联考
数　学

一、选择题：1～8 小题，每小题 4 分，共 32 分. 下列每题给出的四个选项中，只有一个选项是符合题目要求的.

1. 曲线 $y=3x\cos 3x$ 在点 $(\pi,-3\pi)$ 处的法线方程为

(A) $3x+y=0$.　　(B) $3x-y-6\pi=0$.

(C) $x+3y+8\pi=0$.　　(D) $x-3y-10\pi=0$.

2. 曲线 $y=\dfrac{x}{(\mathrm{e}^x-1)(x+2)}$

(A) 有水平渐近线 $y=0$ 和铅直渐近线 $x=0$ 及 $x=-2$.

(B) 有水平渐近线 $y=0$ 及 $y=-1$ 和铅直渐近线 $x=-2$.

(C) 仅有水平渐近线 $y=0$ 及 $y=-1$，无铅直渐近线.

(D) 无水平渐近线，仅有铅直渐近线 $x=-2$.

3. 函数 $f(x)=\int_0^x \mathrm{e}^{-u}\cos u\mathrm{d}u$ 在闭区间 $[0,\pi]$ 上的最小值和最大值依次为

(A) $f(0),f(\pi)$.　　(B) $f(\pi),f\left(\dfrac{\pi}{2}\right)$.

(C) $f(0),f\left(\dfrac{\pi}{2}\right)$.　　(D) $f\left(\dfrac{\pi}{2}\right),f(\pi)$.

4. 设函数 $f(x)$ 连续，记 $I=\int_{-1}^{1}f(x)\mathrm{d}x$，$D=\left\{(x,y)\,\middle|\,|x|\leqslant 2,|y|\leqslant\dfrac{1}{3}\right\}$，

则 $\iint\limits_D f\left(\dfrac{x}{2}\right)f(3y)\mathrm{d}x\mathrm{d}y=$

(A) $\dfrac{2}{3}I$.　　(B) $\dfrac{2}{3}I^2$.　　(C) $\dfrac{3}{2}I$.　　(D) $\dfrac{3}{2}I^2$.

5. 设矩阵 $\boldsymbol{A}=\begin{bmatrix}1&-1&0&0\\0&1&-1&0\\0&0&1&-1\\-1&0&0&a\end{bmatrix}$，$\boldsymbol{\beta}=\begin{bmatrix}1\\2\\3\\b\end{bmatrix}$. 若线性方程组 $\boldsymbol{Ax}=\boldsymbol{\beta}$ 无解，则

(A) $a=1,b\neq-6$.　　(B) $a\neq1,b\neq-6$.

(C) $a=1,b=-6$.　　(D) $a\neq1,b=-6$.

6. 设 $\boldsymbol{A},\boldsymbol{B}$ 为 5 阶非零矩阵，且 $\boldsymbol{AB}=\boldsymbol{O}$

(A) 若 $r(\boldsymbol{A})=1$，则 $r(\boldsymbol{B})=4$.　　(B) 若 $r(\boldsymbol{A})=2$，则 $r(\boldsymbol{B})=3$.

(C) 若 $r(\boldsymbol{A})=3$，则 $r(\boldsymbol{B})=2$.　　(D) 若 $r(\boldsymbol{A})=4$，则 $r(\boldsymbol{B})=1$.

7. 设 A,B 为两个随机事件，且 $A\subset B,0<P(A)<1$，则

(A) $P(\overline{AB})=1-P(B)$.　　(B) $P(\overline{A}\,\overline{B})=1-P(B)$.

(C) $P(B\mid A)=P(B)$.　　(D) $P(B\mid\overline{A})=P(B)$.

8. 设 $t_\alpha(n)$ 表示自由度为 n 的 t 分布的 α 分位数，则

(A) $t_\alpha(n)\cdot t_{1-\alpha}(n)=1$.　　(B) $t_\alpha(n)\cdot t_{1-\alpha}(n)=\alpha$.

(C) $t_\alpha(n)+t_{1-\alpha}(n)=1$.　　(D) $t_\alpha(n)+t_{1-\alpha}(n)=0$.

二、填空题：9 ～ 14 小题，每小题 4 分，共 24 分.

9. $\lim\limits_{x\to0^+}(1-\cos x)^{\frac{1}{\ln x}}=$ ________.

10. 函数 $f(x)=\dfrac{x}{\sqrt{1+\sin x}-1}$ 的第二类间断点为 $x=$ ________.

11. 若连续函数 $f(x)$ 满足 $\int_0^{e^x}f(t)\mathrm{d}t=\mathrm{e}^{3x}$，则 $f(\mathrm{e})=$ ________.

12. 设 $f(x,y)$ 为连续函数，交换积分次序：$\int_1^2\mathrm{d}x\int_{2-x}^{\sqrt{2x-x^2}}f(x,y)\mathrm{d}y=$ ________.

13. 设 3 阶矩阵 $\boldsymbol{A}=(\boldsymbol{\alpha}_1,\boldsymbol{\alpha}_2,\boldsymbol{\alpha}_3)$，$\boldsymbol{B}=(\boldsymbol{\alpha}_1+\boldsymbol{\alpha}_3,\boldsymbol{\alpha}_1+2\boldsymbol{\alpha}_2,\boldsymbol{\alpha}_2-2\boldsymbol{\alpha}_3)$. 若 $|\boldsymbol{A}|=-1$，则 $|\boldsymbol{B}|=$ ________.

14. 某运动员每次投篮投中的概率为 $\dfrac{2}{3}$. 他连续投篮，直到投中 2 次为止，若各次投篮的结果相互独立，则他投篮总次数为 4 的概率为 $=$ ________.

三、解答题：15 ～ 23 小题，共 94 分. 解答应写出文字说明、证明过程或演算步骤.

15.（本题满分 10 分）

设函数 $f(x)=\begin{cases}x\mathrm{e}^{-x}, & x<0,\\ \sin(\sin^2x), & x\geqslant0,\end{cases}$ 求 $f'(x)$.

16.（本题满分 10 分）

设函数 $z=z(x,y)$ 由方程 $x^2+3y^2+z^3=22$ 确定，求 $\left.\dfrac{\partial^2z}{\partial y^2}\right|_{(3,2)}$.

17.（本题满分 10 分）

设 D 是由曲线 $y=4-x^2$ 和直线 $y=x+2$ 所围成的平面图形，求 D 的面积 S 及 D 绕 x 轴旋转所得旋转体的体积 V.

18.（本题满分 10 分）

计算二重积分 $\iint\limits_D |x-1|\,\mathrm{d}x\mathrm{d}y$，其中区域 D 由直线 $x-y=0$，$x+3y-4=0$ 及 x 轴围成.

19.（本题满分 10 分）

设函数 $y=f(x)$ 是微分方程 $xy'+y=x\ln x$ 满足条件 $y\Big|_{x=1}=-\dfrac{1}{4}$ 的解，求 $y=f(x)$ 的极值.

20.（本题满分 11 分）

已知向量组 $\boldsymbol{\alpha}_1=(1,-1,0,5)^{\mathrm{T}}$，$\boldsymbol{\alpha}_2=(2,0,1,4)^{\mathrm{T}}$，$\boldsymbol{\alpha}_3=(3,1,2,3)^{\mathrm{T}}$，$\boldsymbol{\alpha}_4=(4,2,3,a)^{\mathrm{T}}$，其中 a 是参数. 求该向量组的秩与一个极大线性无关组，并将其余向量用该极大线性无关组线性表示.

21.（本题满分 11 分）

已知矩阵 $\boldsymbol{A}=\begin{bmatrix}2&0&1\\3&1&3\\4&0&a\end{bmatrix}$ 相似于矩阵 $\boldsymbol{\Lambda}=\begin{bmatrix}1&0&0\\0&1&0\\0&0&b\end{bmatrix}$.

（Ⅰ）求 a,b 的值；

（Ⅱ）求可逆矩阵 $\boldsymbol{P}$，使 $\boldsymbol{P}^{-1}\boldsymbol{AP}=\boldsymbol{\Lambda}$.

22.（本题满分 11 分）

设二维离散型随机变量(X,Y)的概率分布为

$X \backslash Y$	0	1
0	$\frac{1}{8}$	$\frac{1}{8}$
1	a	$\frac{1}{4}$
2	$\frac{1}{4}$	b

且 $EY=\frac{1}{2}$.

（Ⅰ）求常数 a,b；

（Ⅱ）求 X 与 Y 的相关系数.

23.（本题满分 11 分）

设二维随机变量(X,Y)的概率密度为

$$f(x,y)=\begin{cases}\frac{3}{4}(2x+y), & x>0,y>0,2x+y<2,\\ 0, & \text{其他}.\end{cases}$$

（Ⅰ）求 $P\{Y\leqslant 1\}$；

（Ⅱ）求 $Z=2X+Y$ 的概率密度.

2016年全国硕士研究生招生考试
农学门类联考
数 学

一、选择题：1～8小题，每小题4分，共32分．下列每题给出的四个选项中，只有一个选项是符合题目要求的．

1. 设函数 $f(x)=\frac{1}{x}+e^{\frac{\sin x}{|x|}}$，则 $x=0$ 为 $f(x)$ 的

(A) 可去间断点．　(B) 跳跃间断点．

(C) 振荡间断点．　(D) 无穷间断点．

2. 设函数 $f(x)$ 在 $x=0$ 处可导，且 $f'(0)=6$，则 $\lim\limits_{h\to 0}\frac{f(-2h)-f(h)}{3h}=$

(A) -2．　(B) 2．　(C) -6．　(D) 6．

3. 设 $I_1=\int_0^{\frac{\pi}{2}}\sin^4 x\mathrm{d}x$，$I_2=\int_0^{\frac{\pi}{2}}\cos^3 x\mathrm{d}x$，则

(A) $I_2<I_1<\frac{\pi}{4}$．　(B) $I_1<I_2<\frac{\pi}{4}$．

(C) $I_2<\frac{\pi}{4}<I_1$．　(D) $I_1<\frac{\pi}{4}<I_2$．

4. 设函数 $f(x,y)=\frac{xy}{x-y}$，则 $f''_{xx}(2,1)$，$f''_{xy}(2,1)$ 的值依次为

(A) $2,-4$．　(B) $2,4$．　(C) $-2,-4$．　(D) $-2,4$．

5. 多项式 $f(x)=\begin{vmatrix}1&2&3&x\\1&2&x&3\\1&x&2&3\\x&1&2&x\end{vmatrix}$ 中 x^4 与 x^3 的系数依次为

(A) $-1,-1$．　(B) $1,-1$．　(C) $-1,1$．　(D) $1,1$．

6. 设 $\boldsymbol{A}$ 为 4×5 阶矩阵，若 $\boldsymbol{\alpha}_1,\boldsymbol{\alpha}_2,\boldsymbol{\alpha}_3$ 为线性方程组 $\boldsymbol{A}^{\mathrm{T}}\boldsymbol{x}=\boldsymbol{0}$ 的基础解系，则 $r(\boldsymbol{A})=$

(A) 4．　(B) 3．　(C) 2．　(D) 1．

7. 设二维随机变量 (X,Y) 的概率分布为

X \ Y	0	1	2
0	0.1	0.2	0.3
1	0.2	0.1	0.1

，则 $P\{XY=0\}=$

(A) 0.1．　(B) 0.18．　(C) 0.8．　(D) 0.9．

8. 设$X_1,X_2,\cdots,X_6$为来自总体$N(0,1)$的简单随机样本.如果$\dfrac{C(X_1+X_2)}{\sqrt{X_3^2+X_4^2+X_5^2+X_6^2}}$服从$t$分布,则$C=$

(A)$\sqrt{2}$.　　(B)1.　　(C)$\dfrac{\sqrt{2}}{2}$.　　(D)$\dfrac{1}{2}$.

二、填空题:9～14小题,每小题4分,共24分.

9. $\lim\limits_{x\to 0}(\cos x)^{\frac{2}{x^2}}=$________.

10. 曲线$y=x\ln x-\dfrac{x^2}{2}$的凹区间是________.

11. 设函数$z=x^y$,则$\mathrm{d}z\Big|_{(e,1)}=$________.

12. 反常积分$\displaystyle\int_0^{+\infty}\frac{\mathrm{d}x}{3\mathrm{e}^x+\mathrm{e}^{-x}}=$________.

13. 设矩阵$\boldsymbol{A}=\begin{bmatrix}0&0&1\\0&2&2\\1&1&2\end{bmatrix}$,则$\boldsymbol{A}^{-1}=$________.

14. 设随机变量$X\sim N(1,4),Y\sim N(1,9)$,且$X$与$Y$相互独立,则$E(X+Y)^2=$________.

三、解答题:15～23小题,共94分.解答应写出文字说明、证明过程或演算步骤.

15.(本题满分10分)

设$x_n=\dfrac{2}{n^2+2n+1}+\dfrac{4}{n^2+2n+2}+\cdots+\dfrac{2n}{n^2+2n+n}(n=1,2,3,\cdots)$,求$\lim\limits_{n\to\infty}x_n$.

16.(本题满分10分)

过点(0,0)作曲线$y=\dfrac{1}{2}\mathrm{e}^{-x}$的切线$l$,求该曲线与切线$l$及$y$轴所围有界图形的面积.

17.(本题满分10分)

求微分方程$\cos^2 y\mathrm{d}x+(x^2-2x+3)\sin y\mathrm{d}y=0$满足条件$y\Big|_{x=1}=0$的解.

18.(本题满分10分)

求函数$f(x,y)=xy-\ln x+\dfrac{1}{y}$的极值.

19.(本题满分10分)

计算二重积分$I=\displaystyle\iint_D\sqrt{x}\mathrm{e}^{-y^2}\mathrm{d}x\mathrm{d}y$,其中有界区域$D$由直线$x=0,y=1$及曲线$y=\sqrt{x}$围成.

20.（本题满分 11 分）

设向量组

$$\boldsymbol{\alpha}_1=\begin{bmatrix}-2\\1\\1\end{bmatrix},\boldsymbol{\alpha}_2=\begin{bmatrix}1\\-2\\1\end{bmatrix},\boldsymbol{\alpha}_3=\begin{bmatrix}1\\1\\a\end{bmatrix},\boldsymbol{\beta}=\begin{bmatrix}0\\3\\b\end{bmatrix}.$$

当 a,b 为何值时，向量 $\boldsymbol{\beta}$ 能由向量组 $\boldsymbol{\alpha}_1,\boldsymbol{\alpha}_2,\boldsymbol{\alpha}_3$ 线性表示？当表示式不唯一时，求其一般表示式.

21.（本题满分 11 分）

设向量 $\boldsymbol{\alpha}=(-1,-2,1)^{\mathrm{T}}$ 是矩阵 $\boldsymbol{A}=\begin{bmatrix}-1&1&0\\-4&a&0\\b&0&2\end{bmatrix}$ 的特征向量.

（Ⅰ）求常数 a,b 及向量 $\boldsymbol{\alpha}$ 所对应的特征值 λ；

（Ⅱ）求矩阵 $\boldsymbol{A}$ 的全部特征值和特征向量.

22.（本题满分 11 分）

甲袋中有 1 个红球 2 个白球，乙袋中有 2 个红球 2 个白球，先从甲袋中任取 2 球放入乙袋中，再从乙袋中任取 2 球，X 表示从甲袋中取出的红球数，Y 表示从乙袋中取出的红球数.

（Ⅰ）求 (X,Y) 的概率分布；

（Ⅱ）求 $\mathrm{Cov}(X,Y)$.

23.（本题满分 11 分）

盒子中有 A 和 B 两类电子产品各 10 个，A 类产品的寿命服从参数为 1 的指数分布，B 类产品的寿命服从参数为 2 的指数分布. 随机地从盒子中取一个电子产品，以 X 表示所取产品的寿命.

（Ⅰ）求 X 的概率密度；

（Ⅱ）求方差 DX.

2017年全国硕士研究生招生考试
农学门类联考
数　学

一、选择题：1～8小题，每小题4分，共32分．下列每题给出的四个选项中，只有一个选项是符合题目要求的．

1. 当 $x \to 0$ 时，下列变量中与 x 等价的无穷小量是

(A) $e^{-x}-1$.　　(B) $\ln(1+x)$.

(C) $(1+x)^2-1$.　　(D) $1-\cos x$.

2. 已知函数 $f(x)=\dfrac{\arctan(x+1)}{x^2-1}$，则

(A) $x=1, x=-1$ 都是 $f(x)$ 的可去间断点．

(B) $x=1, x=-1$ 都不是 $f(x)$ 的可去间断点．

(C) $x=1$ 是可去间断点，$x=-1$ 不是可去间断点．

(D) $x=1$ 不是可去间断点，$x=-1$ 是可去间断点．

3. $\lim\limits_{x\to 0}\dfrac{\sqrt{1+2x}-ax-b}{x}=0$，则

(A) $a=1, b=1$.　　(B) $a=1, b=0$.

(C) $a=0, b=1$.　　(D) $a=2, b=1$.

4. 设函数 $f(x)$ 连续，$F(x)=\int_{\cos x}^{\sin x} f(t)\,dt$，则 $F'(x)=$

(A) $f(\sin x)-f(\cos x)$.　　(B) $f(\sin x)+f(\cos x)$.

(C) $f(\sin x)\cos x-f(\cos x)\sin x$.　　(D) $f(\sin x)\cos x+f(\cos x)\sin x$.

5. 设 $\boldsymbol{A}$ 为3阶矩阵，$\boldsymbol{E}$ 为3阶单位矩阵，且 $(\boldsymbol{A}-\boldsymbol{E})^{-1}=\boldsymbol{A}^2+\boldsymbol{A}+\boldsymbol{E}$，则 $\boldsymbol{A}$ 的行列式 $|\boldsymbol{A}|=$

(A) 0.　　(B) 2.　　(C) 4.　　(D) 8.

6. 设 $\boldsymbol{\alpha}_1=\begin{bmatrix}1\\2\\1\end{bmatrix}, \boldsymbol{\alpha}_2=\begin{bmatrix}-1\\1\\2\end{bmatrix}$ 可以由 $\boldsymbol{\beta}_1=\begin{bmatrix}1\\0\\a\end{bmatrix}, \boldsymbol{\beta}_2=\begin{bmatrix}0\\1\\b\end{bmatrix}$ 线性表示，则

(A) $a=1, b=1$.　　(B) $a=1, b=-1$.

(C) $a=-1, b=1$.　　(D) $a=-1, b=-1$.

7. 设随机事件 X 的概率密度为 $f_X(x)$，$Y=-2X$，则 Y 的概率密度 $f_Y(y)=$

(A) $f_X\left(-\dfrac{y}{2}\right)$.　　(B) $f_X\left(\dfrac{y}{2}\right)$.

(C) $\dfrac{1}{2}f_X\left(-\dfrac{y}{2}\right)$.　　(D) $\dfrac{1}{2}f_X\left(\dfrac{y}{2}\right)$.

8. 设 $X_1,X_2,\cdots,X_n$ 为来自总体 $N(\mu,\sigma^2)$ 的简单随机样本，$\overline{X},S$ 分别为样本均值和样本标准差，则

(A) $\dfrac{\overline{X}-\mu}{\sigma}\sim N(0,1)$.　　(B) $\dfrac{\sqrt{n}(\overline{X}-\mu)}{\sigma}\sim N(0,1)$.

(C) $\dfrac{\overline{X}-\mu}{S}\sim t(n)$.　　(D) $\dfrac{\sqrt{n}(\overline{X}-\mu)}{S}\sim t(n)$.

二、填空题：9～14 小题，每小题 4 分，共 24 分.

9. $\lim\limits_{x\to\infty}\left(\dfrac{2+x}{1+x}\right)^{-x}=$ ________.

10. 曲线 $y=\dfrac{1+\sin x}{1+x^2}$ 在点 $(0,1)$ 处的切线方程为________.

11. 函数 $f(x)=2x^3-3x^2+1$ 的单调递减且其图形为凹的区间为________.

12. 曲线 $y=1+\ln x$ 与直线 $x=\mathrm{e}$ 及 $y=0$ 围成的有界区域的面积为________.

13. 行列式 $\begin{vmatrix}1&0&2&-1\\0&2&1&0\\1&-1&0&1\\1&2&3&4\end{vmatrix}=$ ________.

14. 设随机事件 A 与 B 相互独立，且 $P(A)=0.6,P(B)=0.5$，则 $P(A\mid A\cup B)=$ ________.

三、解答题：15～23 小题，共 94 分. 解答应写出文字说明、证明过程或演算步骤.

15.（本题满分 10 分）

求 $\lim\limits_{x\to 0}\dfrac{\mathrm{e}^{2x}-\sin 2x-1}{\ln(1+x^2)}$.

16.（本题满分 10 分）

求函数 $f(x)=|x|\mathrm{e}^{-x}$ 的极值.

17.（本题满分 10 分）

求微分方程 $xy'+y=\arctan x$ 满足初始条件 $y(1)=\dfrac{\pi}{4}$ 的特解.

18.（本题满分 10 分）

设函数 $f(u,v)$ 具有二阶连续偏导数，$z=f(\sqrt{xy},y)(x>0,y>0)$，求 $\dfrac{\partial z}{\partial x},\dfrac{\partial z}{\partial y},\dfrac{\partial^2 z}{\partial x\partial y}$.

19.（本题满分 10 分）

计算二重积分 $I=\iint\limits_{D}\sqrt{x^2+y^2}\,\mathrm{d}x\mathrm{d}y$，其中区域 D 由曲线 $y=\sqrt{2x-x^2}$，$y=\sqrt{4-x^2}$ 及直线 $x=0$ 围成.

20.（本题满分 11 分）

设矩阵 $\boldsymbol{A}=\begin{bmatrix}3&0&0\\2&4&0\\1&1&5\end{bmatrix}$，矩阵 $\boldsymbol{X}$ 满足等式 $\boldsymbol{XA}=2\boldsymbol{X}+\boldsymbol{A}$，求矩阵 $\boldsymbol{X}$.

21.（本题满分 11 分）

设向量 $\boldsymbol{\beta}=(1,1,2)^{\mathrm{T}}$ 是矩阵 $\boldsymbol{A}=\begin{bmatrix}1&a&-1\\1&1&-1\\0&4&b\end{bmatrix}$ 的特征向量.

（Ⅰ）求 a,b 的值；

（Ⅱ）求方程组 $\boldsymbol{A}^2\boldsymbol{x}=\boldsymbol{\beta}$ 的通解.

22.（本题满分 11 分）

设离散型随机变量 X 的分布函数为 $F(x)=\begin{cases}0, & x<-1,\\ \dfrac{1}{2}, & -1\leqslant x<1,\\ \dfrac{3}{4}, & 1\leqslant x<2,\\ 1, & x\geqslant 2.\end{cases}$

（Ⅰ）求 $P\{0.5<X\leqslant 2\}$；

（Ⅱ）求 X 的方差 $D(X)$；

（Ⅲ）求 $\mathrm{Cov}(X,X^2)$.

23.（本题满分 11 分）

设随机变量 X 与 Y 分别服从参数为 1 和参数为 2 的指数分布，且 X 与 Y 相互独立.

（Ⅰ）求二维随机变量 (X,Y) 的概率密度 $f(x,y)$；

（Ⅱ）求 $P\{X+Y\leqslant 1\}$；

（Ⅲ）求 (X,Y) 的分布函数 $F(x,y)$.

2018 年全国硕士研究生招生考试
农学门类联考
数　学

一、选择题：1 ～ 8 小题，每小题 4 分，共 32 分．下列每题给出的四个选项中，只有一个选项是符合题目要求的．

1．函数 $f(x)=\dfrac{\sin x}{x}$ 是

(A) 有界的奇函数．　(B) 有界的偶函数．

(C) 无界的奇函数．　(D) 无界的偶函数．

2．函数 $y=xe^{-\frac{x^2}{2}}$ 在区间 $(0,1)$ 内

(A) 单调减少且其图形是凹的．　(B) 单调减少且其图形是凸的．

(C) 单调增加且其图形是凹的．　(D) 单调增加且其图形是凸的．

3．$\int_{e}^{+\infty}\dfrac{\ln x}{x^2}dx=$

(A) $\dfrac{1}{e}$．　(B) $\dfrac{2}{e}$．　(C) $\dfrac{1+e}{e^2}$．　(D) $\dfrac{2}{e^2}$．

4．已知函数 $z=(x-y^2)e^{1+xy}$，则 $dz\big|_{(1,-1)}=$

(A) $dx+2dy$．　(B) $-dx+2dy$．　(C) $dx-2dy$．　(D) $-dx-2dy$．

5．设向量组 $\boldsymbol{\alpha}_1,\boldsymbol{\alpha}_2,\boldsymbol{\alpha}_3$ 与向量组 $\boldsymbol{\alpha}_1,\boldsymbol{\alpha}_2$ 等价，则

(A) $\boldsymbol{\alpha}_1,\boldsymbol{\alpha}_2$ 线性相关．　(B) $\boldsymbol{\alpha}_1,\boldsymbol{\alpha}_2$ 线性无关．

(C) $\boldsymbol{\alpha}_1,\boldsymbol{\alpha}_2,\boldsymbol{\alpha}_3$ 线性相关．　(D) $\boldsymbol{\alpha}_1,\boldsymbol{\alpha}_2,\boldsymbol{\alpha}_3$ 线性无关．

6．矩阵 $\begin{bmatrix}0&0&a\\0&b&0\\c&0&0\end{bmatrix}$ 的伴随矩阵为

(A) $\begin{bmatrix}0&0&-bc\\0&-ac&0\\-ab&0&0\end{bmatrix}$．　(B) $\begin{bmatrix}0&0&-ab\\0&-ac&0\\-bc&0&0\end{bmatrix}$．

(C) $\begin{bmatrix}0&0&-bc\\0&ac&0\\-ab&0&0\end{bmatrix}$．　(D) $\begin{bmatrix}0&0&-ab\\0&ac&0\\-bc&0&0\end{bmatrix}$．

7．设随机变量 X,Y 相互独立，且 X,Y 分别服从参数为 1，2 的泊松分布，则 $P\{2X+Y=2\}=$

(A) e^{-3}．　(B) $2e^{-3}$．　(C) $3e^{-3}$．　(D) $4e^{-3}$．

8. 设 $X_1, X_2, \cdots, X_{10}$ 是来自正态总体 $N(\mu, \sigma^2)(\sigma > 0)$ 的简单随机样本，μ, σ^2 为未知参数. 令 $Q = \dfrac{3(X_1 - \mu)}{\sqrt{\sum\limits_{i=2}^{10}(X_i - \mu)^2}}$，则

(A) Q 是统计量，服从分布 $t(10)$.　　(B) Q 是统计量，服从分布 $t(9)$.

(C) Q 不是统计量，服从分布 $t(10)$.　　(D) Q 不是统计量，服从分布 $t(9)$.

二、填空题：9 ～ 14 小题，每小题 4 分，共 24 分.

9. 已知函数 $y = \arctan\sqrt{x^2 - 1}$，则 $\left.\dfrac{\mathrm{d}y}{\mathrm{d}x}\right|_{x=3} =$ ________.

10. $\int (2^x + \cos 2x)\mathrm{d}x =$ ________.

11. 已知函数 $z = x\mathrm{e}^{\sin(x-y)} + y\ln x$，则 $\left.\dfrac{\partial z}{\partial x}\right|_{(1,1)} =$ ________.

12. 微分方程 $(1 + x^2)y' + xy = 0$ 的通解为 $y =$ ________.

13. 设二阶矩阵 $\boldsymbol{A} = (\boldsymbol{\alpha}, \boldsymbol{\beta})$，$\boldsymbol{B} = \boldsymbol{\alpha}\boldsymbol{\beta}^{\mathrm{T}} - \boldsymbol{\beta}\boldsymbol{\alpha}^{\mathrm{T}}$. 若 $\boldsymbol{A}$ 的行列式 $|\boldsymbol{A}| = -2$，则 $|\boldsymbol{B}| =$ ________.

14. 设 A, B 为随机事件. 若 $P(A) = 0.7$，$P(B) = 0.4$，$P(A\overline{B}) = 0.5$，则 $P(B \mid A \cup \overline{B}) =$ ________.

三、解答题：15 ～ 23 小题，共 94 分. 解答应写出文字说明、证明过程或演算步骤.

15.（本题满分 10 分）

已知实数 a, b 满足 $\lim\limits_{x\to 0}(\mathrm{e}^x + ax^2 + bx)^{\frac{1}{1-\cos x}} = 1$，求 a, b.

16.（本题满分 10 分）

计算定积分 $\displaystyle\int_0^{\frac{\pi}{2}} \frac{2x - \sin x}{1 + \cos x}\mathrm{d}x$.

17.（本题满分 10 分）

设平面有界区域 D 由曲线 $y = x^2$ 与直线 $x + y = 2$ 围成.

（Ⅰ）求 D 的面积；

（Ⅱ）求 D 绕 y 轴旋转形成的旋转体体积.

18.（本题满分 10 分）

已知 $D = \{(x, y) \mid x^2 + y^2 \geqslant 1, (x-1)^2 + y^2 \leqslant 1\}$，计算二重积分 $\displaystyle\iint\limits_D \frac{1}{\sqrt{x^2 + y^2}}\mathrm{d}x\mathrm{d}y$.

19.（本题满分 10 分）

证明曲线 $y=\mathrm{e}^{x}$ 与 $y=\mathrm{e}^{x}\sin x$ 在交点处有相同的切线，并求第一象限中离原点最近的交点处的切线方程.

20.（本题满分 11 分）

已知 $A(1,1)$，$B(2,2)$，$C(a,1)$ 为坐标平面 xOy 上的点，其中 a 为参数. 问是否存在经过 A,B,C 的曲线 $y=k_1x+k_2x^2+k_3x^3$？如果存在，求出曲线方程.

21.（本题满分 11 分）

设 $\boldsymbol{P}=(\boldsymbol{\alpha}_1,\boldsymbol{\alpha}_2,\boldsymbol{\alpha}_3)$ 为三阶可逆矩阵，方阵 $\boldsymbol{A}$ 满足 $\boldsymbol{A}\boldsymbol{\alpha}_1=\boldsymbol{\alpha}_1+\boldsymbol{\alpha}_3$，$\boldsymbol{A}\boldsymbol{\alpha}_2=-\boldsymbol{\alpha}_1+2\boldsymbol{\alpha}_2+\boldsymbol{\alpha}_3$，$\boldsymbol{A}\boldsymbol{\alpha}_3=2\boldsymbol{\alpha}_3$.

（Ⅰ）求 $\boldsymbol{P}^{-1}\boldsymbol{A}\boldsymbol{P}$；

（Ⅱ）证明 $\boldsymbol{A}$ 可相似对角化.

22.（本题满分 11 分）

设二维离散型随机变量 (X,Y) 的概率分布为

X \ Y	-1	0	1
0	0.06	0.04	0.1
1	0.34	0.16	0.3

（Ⅰ）求 X 与 Y 的相关系数 ρ；

（Ⅱ）X^2 与 Y^2 是否相互独立？

23.（本题满分 11 分）

已知随机变量 X,Y 相互独立，其中 X 的概率分布为

X	0	1
P	$\frac{1}{3}$	$\frac{2}{3}$

Y 的概率密度为 $f(y)=\begin{cases}1, & 0\leqslant y\leqslant 1,\\ 0, & \text{其他}.\end{cases}$ 令 $Z=X+Y$.

（Ⅰ）求 Z 的概率密度 $f_Z(z)$；

（Ⅱ）求 DZ.

2019年全国硕士研究生招生考试 农学门类联考 数学

一、选择题:1 ~ 8 小题,每小题 4 分,共 32 分. 下列每题给出的四个选项中,只有一个选项是符合题目要求的.

1. 设函数 $f(x)=\int_0^{2x} e^{t^2}\,dt$,则 $f'(x)=$

(A)e^{4x^2}.　　(B)$2e^{4x^2}$.　　(C)$2xe^{4x^2}$.　　(D)$4xe^{4x^2}$.

2. 当 $x\to 0$ 时,若 ae^x+be^{-x} 与 x 是等价无穷小,则

(A)$a=1,b=-1$.　　(B)$a=-1,b=1$.

(C)$a=\frac{1}{2},b=-\frac{1}{2}$.　　(D)$a=-\frac{1}{2},b=\frac{1}{2}$.

3. 设函数 $f(x)=\begin{cases}\dfrac{\sin x^2}{x}, & x\neq 0,\\ 0, & x=0,\end{cases}$ 则 $f(x)$ 在 $x=0$ 处

(A) 极限不存在.　　(B) 极限存在,但不连续.

(C) 连续,但不可导.　　(D) 可导.

4. 设函数 $f(x)$ 在$(0,1)$ 内可导,则 $f'(x)$ 在$(0,1)$ 内有界是 $f(x)$ 在$(0,1)$ 内有界的

(A) 充分不必要条件.　　(B) 充分必要条件.

(C) 必要不充分条件.　　(D) 既不充分又不必要条件.

5. 设矩阵 $\boldsymbol{A}=\begin{bmatrix}a & b\\ c & d\end{bmatrix}$,且 $ad-bc=1$,则 $\boldsymbol{A}^{-1}=$

(A)$\begin{bmatrix}d & -b\\ -c & a\end{bmatrix}$.　　(B)$\begin{bmatrix}a & -b\\ -c & d\end{bmatrix}$.　　(C)$\begin{bmatrix}a & -c\\ -b & d\end{bmatrix}$.　　(D)$\begin{bmatrix}d & -c\\ -b & a\end{bmatrix}$.

6. 设向量组 $\boldsymbol{\alpha}_1,\boldsymbol{\alpha}_2,\boldsymbol{\alpha}_3$ 线性无关,则下列向量组中线性无关的是

(A)$\boldsymbol{\alpha}_1-\boldsymbol{\alpha}_2,\boldsymbol{\alpha}_2-\boldsymbol{\alpha}_3,\boldsymbol{\alpha}_3-\boldsymbol{\alpha}_1$.　　(B)$\boldsymbol{\alpha}_1+\boldsymbol{\alpha}_2,\boldsymbol{\alpha}_2-\boldsymbol{\alpha}_3,\boldsymbol{\alpha}_3+\boldsymbol{\alpha}_1$.

(C)$\boldsymbol{\alpha}_1+\boldsymbol{\alpha}_2,\boldsymbol{\alpha}_2+\boldsymbol{\alpha}_3,\boldsymbol{\alpha}_3+\boldsymbol{\alpha}_1$.　　(D)$\boldsymbol{\alpha}_1-\boldsymbol{\alpha}_2,\boldsymbol{\alpha}_2+\boldsymbol{\alpha}_3,\boldsymbol{\alpha}_3+\boldsymbol{\alpha}_1$.

7. 设 A,B 互为对立事件,$0<P(B)<1$,则下列等式中错误的是

(A)$P(A\mid B)+P(A\mid\overline{B})=1$.　　(B)$P(\overline{A}\mid B)+P(A\mid\overline{B})=0$.

(C)$P(A\mid B)+P(\overline{A}\mid B)=1$.　　(D)$P(A\mid B)+P(\overline{A}\mid\overline{B})=0$.

8. 设随机变量 $X \sim N(0,9)$，$Y \sim N(0,4)$，且 X 与 Y 相互独立，则 $D(2X-Y)=$

(A)14.　　(B)22.　　(C)32.　　(D)40.

二、填空题：9 ~ 14 小题，每小题 4 分，共 24 分.

9. $\lim\limits_{x\to 0}(1-\sin 2x)^{\frac{1}{x}}=$ ________.

10. 曲线 $y=\dfrac{1-2x}{x+2}$ 的水平渐近线方程是________.

11. 设函数 $f(x)=x\sin\dfrac{1}{x}$，则 $f''\left(\dfrac{2}{\pi}\right)=$ ________.

12. 设平面区域 $D=\{(x,y)\mid 0\leqslant x\leqslant 2, 0\leqslant y\leqslant x\}$，则 $\iint\limits_D e^{-\frac{x^2}{2}}\,dx\,dy=$ ________.

13. 若方程组 $\begin{bmatrix}1 & 2 & 1\\ 1 & 1 & a+1\\ 0 & 3 & 3\end{bmatrix}\begin{bmatrix}x_1\\ x_2\\ x_3\end{bmatrix}=\begin{bmatrix}0\\ 0\\ 0\end{bmatrix}$ 有非零解，则 $a=$ ________.

14. 设随机变量 X 在区间 $[0,4]$ 上服从均匀分布，EX 为 X 的数学期望，则 $P\{X>EX+1\}=$ ________.

三、解答题：15 ~ 23 小题，共 94 分. 解答应写出文字说明、证明过程或演算步骤.

15.（本题满分 10 分）

求不定积分 $\displaystyle\int\frac{x+1}{\sqrt{x}}e^{2\sqrt{x}}\,dx$.

16.（本题满分 10 分）

求微分方程 $xy'+y=x\cos x^2$ 的通解.

17.（本题满分 10 分）

已知点 $A(-1,4)$，$B(1,2)$，设曲线 $y=x^2$ 的一条切线 l 垂直于直线 AB.

（Ⅰ）求切线 l 的方程；

（Ⅱ）求该曲线与切线 l 及 y 轴所围平面区域的面积.

18.（本题满分 10 分）

设函数 $f(x)=x\ln x+\dfrac{1}{x}$，求 $f(x)$ 的单调区间和极值.

19.（本题满分 10 分）

设函数 $f(u,v)$ 具有二阶连续偏导数，$z=f(2x+3y,xy)$，求 $\frac{\partial z}{\partial x},\frac{\partial^2 z}{\partial x^2},\frac{\partial^2 z}{\partial x\partial y}$.

20.（本题满分 11 分）

已知矩阵 $\boldsymbol{A}=\begin{bmatrix}1&-1&1\\-1&1&-1\\1&-1&1\end{bmatrix}$，$\boldsymbol{E}$ 为三阶单位矩阵，向量 $\boldsymbol{\alpha}=(1,-1,1)^{\mathrm{T}}$，设矩阵 $\boldsymbol{X}$ 满足 $\boldsymbol{AX}=\boldsymbol{X}+\boldsymbol{\alpha\alpha}^{\mathrm{T}}$.

（Ⅰ）证明 $\boldsymbol{A}-\boldsymbol{E}$ 可逆；

（Ⅱ）求 $\boldsymbol{X}$.

21.（本题满分 11 分）

已知矩阵 $\boldsymbol{A}=\begin{bmatrix}1&-1&1\\2&4&-2\\-3&-3&5\end{bmatrix}$.

（Ⅰ）求 $\boldsymbol{A}$ 的特征值；

（Ⅱ）求可逆矩阵 $\boldsymbol{P}$ 和对角阵 $\boldsymbol{C}$，使得 $\boldsymbol{P}^{-1}\boldsymbol{AP}=\boldsymbol{C}$.

22.（本题满分 11 分）

已知离散型随机变量 X 的概率分布为

X	-1	1	2
P	0.3	0.4	0.3

（Ⅰ）求 X 的分布函数 $F(x)$；

（Ⅱ）求 EX,DX；

（Ⅲ）求随机变量 $Y=X^2+1$ 的概率分布.

23.（本题满分 11 分）

设二维随机变量 (X,Y) 的概率密度为

$$f(x,y)=\begin{cases}1, & 0<x<2,0<y<\frac{x}{2}\\0, & \text{其他}\end{cases}$$

（Ⅰ）求 X,Y 的边缘密度 $f_X(x),f_Y(y)$，并判断 X 与 Y 是否相互独立；

（Ⅱ）求 $P\{X+Y\leqslant 2\}$.

2020 年全国硕士研究生招生考试 农学门类联考 数　学

一、选择题：1～8 小题，每小题 4 分，共 32 分. 下列每题给出的四个选项中，只有一个选项是符合题目要求的.

1. 设函数 $f(x)=\begin{cases}\sin\left(x\sin\dfrac{1}{x}\right), & x\neq 0,\\ 0, & x=0,\end{cases}$ 则 $x=0$ 为 $f(x)$ 的

(A) 可去间断点.　　(B) 跳跃间断点.

(C) 第二类间断点.　　(D) 连续.

2. 曲线 $y=\ln(\sec x+\tan 3x)$ 在 $x=0$ 对应点处的切线方程为

(A) $3x+y=0$.　　(B) $3x-y=0$.

(C) $x+3y=0$.　　(D) $x-3y=0$.

3. 设函数 $f(x,y)=\sqrt{\sin^2 x+y^4}$，则

(A) $\left.\dfrac{\partial f}{\partial x}\right|_{(0,0)}$ 与 $\left.\dfrac{\partial f}{\partial y}\right|_{(0,0)}$ 都不存在.　　(B) $\left.\dfrac{\partial f}{\partial x}\right|_{(0,0)}$ 存在，$\left.\dfrac{\partial f}{\partial y}\right|_{(0,0)}$ 不存在.

(C) $\left.\dfrac{\partial f}{\partial x}\right|_{(0,0)}$ 不存在，$\left.\dfrac{\partial f}{\partial y}\right|_{(0,0)}$ 存在.　　(D) $\left.\dfrac{\partial f}{\partial x}\right|_{(0,0)}$ 与 $\left.\dfrac{\partial f}{\partial y}\right|_{(0,0)}$ 都存在.

4. 设函数 $f(x,y)$ 连续，区域 D 由曲线 $x=2+\sqrt{4-y^2}$ 与直线 $x=3$ 围成，则 $\iint\limits_D f(x,y)\mathrm{d}x\mathrm{d}y=$

(A) $2\int_3^4\mathrm{d}x\int_0^{\sqrt{4x-x^2}}f(x,y)\mathrm{d}y$.　　(B) $2\int_0^{\sqrt{3}}\mathrm{d}y\int_3^{2+\sqrt{4-y^2}}f(x,y)\mathrm{d}x$.

(C) $\int_{-\frac{\pi}{6}}^{\frac{\pi}{6}}\mathrm{d}\theta\int_{\frac{3}{\cos\theta}}^{4\cos\theta}f(r\cos\theta,r\sin\theta)r\mathrm{d}r$.　　(D) $\int_{-\frac{\pi}{3}}^{\frac{\pi}{3}}\mathrm{d}\theta\int_{\frac{3}{\cos\theta}}^{4\cos\theta}f(r\cos\theta,r\sin\theta)r\mathrm{d}r$.

5. 将 3 阶矩阵 $\boldsymbol{A}$ 的第 1 行加到第 2 行得矩阵 $\boldsymbol{B}$，再将 $\boldsymbol{B}$ 的第 1 列加到第 2 列得矩阵 $\boldsymbol{C}$，令 $\boldsymbol{P}=\begin{bmatrix}1&0&0\\1&1&0\\0&0&1\end{bmatrix}$，则

(A) $\boldsymbol{C}=\boldsymbol{PAP}$.　　(B) $\boldsymbol{C}=\boldsymbol{PAP}^{\mathrm{T}}$.　　(C) $\boldsymbol{C}=\boldsymbol{P}^{\mathrm{T}}\boldsymbol{AP}$.　　(D) $\boldsymbol{C}=\boldsymbol{P}^{\mathrm{T}}\boldsymbol{AP}^{\mathrm{T}}$.

6. 设 3 维向量 $\boldsymbol{\alpha}_1,\boldsymbol{\alpha}_2,\boldsymbol{\alpha}_3,\boldsymbol{\alpha}_4$ 两两线性无关，则向量组 $\boldsymbol{\alpha}_1,\boldsymbol{\alpha}_2,\boldsymbol{\alpha}_3,\boldsymbol{\alpha}_4$ 的秩

(A) 等于 2.　　(B) 等于 3.

(C) 等于 4.　　(D) 不能确定.

7. 设 A,B 为两个随机事件，且 $P(A)=P(B)=\frac{1}{3}$，$P(AB)=\frac{1}{6}$，则 A,B 中恰有一个事件发生的概率为

(A) $\frac{2}{3}$.　　(B) $\frac{1}{2}$.　　(C) $\frac{1}{3}$.　　(D) $\frac{1}{4}$.

8. 设 $X_1,X_2,\cdots,X_9$ 是来自总体 $N(0,16)$ 的简单随机样本，则统计量 $Y=\frac{X_1^2+X_2^2+\cdots+X_6^2}{2(X_7^2+X_8^2+X_9^2)}$ 的概率分布为

(A) $F(6,3)$.　　(B) $F(3,6)$.　　(C) $\chi^2(9)$.　　(D) $\chi^2(6)$.

二、填空题：9 ～ 14 小题，每小题 4 分，共 24 分.

9. 函数 $f(x)=\frac{1}{x(x-3)^2}$ 的单调增加区间为________.

10. $\int_{-1}^{1}x^2\left(1-\ln\frac{e+x}{e-x}\right)dx=$ ________.

11. 曲线 $y=1-\sqrt{1-x^2}$ 与直线 $y-x=0$ 所围平面图形绕 x 轴旋转得到的旋转体的体积为________.

12. 微分方程 $xy'-y=2x^3+x^2$ 满足条件 $y(1)=3$ 的解为 $y=$ ________.

13. 行列式 $\begin{vmatrix} a & 1 & 0 & 0 \\ b & a & 1 & 0 \\ 0 & b & a & 1 \\ 0 & 0 & b & a \end{vmatrix}=$ ________.

14. 箱中有 10 个同样大小的球，其中 7 个白球，3 个红球，10 个人依次各取出 1 球(不放回)，则第 3 个人取到红球的概率为________.

三、解答题：15 ～ 23 小题，共 94 分. 解答应写出文字说明、证明过程或演算步骤.

15. (本题满分 10 分)

求极限 $\lim\limits_{x\to0}\frac{\int_0^x(e^{\sqrt{1+t}-1}-1)dt}{x\ln(1+x)}$.

16. (本题满分 10 分)

设 $y=y(x)$ 由方程 $2x-x^2y+3e^y=3$ 确定，求 $y''(0)$.

17. (本题满分 10 分)

已知平面有界区域 D 由曲线 $y=\ln(1+x)$ 与其在点 $(1,\ln 2)$ 处的法线和 x 轴围成，求 D 的面积.

18.（本题满分 10 分）

求函数 $f(x,y)=x^3+xy^2-3xy$ 的极值.

19.（本题满分 10 分）

设函数 $f(x)$ 对任意的 x 均有 $f(kx)=f(x)$，其中 $k>1$，且 $f(x)$ 在点 $x=0$ 处连续，$f(0)=4$.

(1) 求 $f(x)$；

(2) 计算二重积分 $\iint\limits_D (x+3\sqrt{y})\mathrm{d}x\mathrm{d}y$，其中区域 D 由曲线 $y=x^2$ 与 $y=f(x)$ 围成.

20.（本题满分 11 分）

设矩阵 $\boldsymbol{A}=\begin{bmatrix}1&0&b\\0&2&a\\1&0&1\end{bmatrix}$ 有特征向量 $\begin{bmatrix}1\\1\\1\end{bmatrix}$.

(1) 求 a,b 的值；

(2) 求可逆矩阵 $\boldsymbol{P}$，使得 $\boldsymbol{P}^{-1}\boldsymbol{AP}$ 为对角矩阵.

21.（本题满分 11 分）

设方程组(ⅰ)：$\begin{cases}x_1+2x_2+x_3=0,\\2x_1+3x_2+x_3=-1,\\x_2+x_3=1.\end{cases}$ 方程组(ⅱ)：$ax_1+bx_2+2x_3=2$.

(1) 求方程组(ⅰ)的通解；

(2) 若方程组(ⅰ)的解均为(ⅱ)的解，求 a,b 的值，并判断两方程组是否同解.

22.（本题满分 11 分）

设二维离散型随机变量 (X,Y) 的概率分布为

X \ Y	1	2	3
1	0.2	0.1	a
2	b	c	0.1

且 $P\{Y=1\}=0.5$，$P\{X=1\mid Y=2\}=0.5$.

(1) 求 a,b,c；

(2) 求 $P\{X\geqslant Y\}$；

(3) 求 $Z=XY$ 的概率分布.

23.（本题满分 11 分）

设随机变量 X 与 Y 相互独立，均服从区间 $[0,1]$ 上的均匀分布. 令 $Z=|X-Y|$.

(1) 求 Z 的概率密度 $f_Z(z)$；

(2) 求 DZ.

2021年全国硕士研究生招生考试
农学门类联考
数　学

一、选择题：1～10小题，每小题5分，共50分. 下列每题给出的四个选项中，只有一个选项是最符合题目要求的.

1. 设 $x \to 0^{+}$ 时，$\sqrt{x^{2}+\sqrt{x+\sqrt{x}}}$ 与 x^{k} 是等价无穷小，则 $k=$

(A) $\frac{1}{8}$.　　(B) $\frac{1}{4}$.　　(C) $\frac{1}{2}$.　　(D) 1.

2. 设函数 $f(x)$ 连续，且 $\lim\limits_{x\to 0}\frac{f(x)}{x^{2}}=-2$，则下面结论不正确的是

(A) $f(0)=0$.　　(B) $f(0)$ 为 $f(x)$ 的极大值.

(C) $f'(0)=0$.　　(D) $f(0)$ 为 $f(x)$ 的极小值.

3. 设函数 $f(x)$，$g(x)$ 满足 $f'(x)=g'(x)(x\in \mathbf{R})$，则

(A) $f(x)=g(x)$.　　(B) $\left[\int f(x)\mathrm{d}x\right]'=\left[\int g(x)\mathrm{d}x\right]'$.

(C) $\int f(x)\mathrm{d}x=\int g(x)\mathrm{d}x$.　　(D) $\int f'(x)\mathrm{d}x=\int g'(x)\mathrm{d}x$.

4. 设 D 是以点 $(1,0)$，$(1,1)$，$(2,0)$ 为顶点的三角形区域，$I_1=\iint\limits_{D}\ln(x+y)\mathrm{d}x\mathrm{d}y$，$I_2=\iint\limits_{D}\ln^{2}(x+y)\mathrm{d}x\mathrm{d}y$，则

(A) $I_1<I_2<\frac{1}{2}$.　　(B) $I_2<I_1<\frac{1}{2}$.

(C) $\frac{1}{2}<I_1<I_2$.　　(D) $\frac{1}{2}<I_2<I_1$.

5. 若向量组 $\boldsymbol{\alpha}_1,\boldsymbol{\alpha}_2,\cdots,\boldsymbol{\alpha}_s$ 可由向量组 $\boldsymbol{\beta}_1,\boldsymbol{\beta}_2,\cdots,\boldsymbol{\beta}_s$ 线性表出，则 $\boldsymbol{\alpha}_1,\boldsymbol{\alpha}_2,\cdots,\boldsymbol{\alpha}_s$ 线性无关是 $\boldsymbol{\beta}_1,\boldsymbol{\beta}_2,\cdots,\boldsymbol{\beta}_s$ 线性无关的

(A) 充分必要条件.　　(B) 充分不必要条件.

(C) 必要不充分条件.　　(D) 既不充分也不必要条件.

6. 设 $\boldsymbol{A}$ 是可逆矩阵，$\boldsymbol{A}^{*}$ 是 $\boldsymbol{A}$ 的伴随矩阵. 若 $\boldsymbol{\xi}$ 是 $\boldsymbol{A}$ 的属于特征值 λ 的特征向量，则 $\boldsymbol{A}^{*}$ 的一个特征值和相应的特征向量依次为

(A) $\frac{|\boldsymbol{A}|}{\lambda},\boldsymbol{\xi}$.　　(B) $\frac{\lambda}{|\boldsymbol{A}|},\boldsymbol{\xi}$.　　(C) $\lambda,|\boldsymbol{A}|\boldsymbol{\xi}$.　　(D) $\lambda,\frac{1}{|\boldsymbol{A}|}\boldsymbol{\xi}$.

7. 已知矩阵$\boldsymbol{A}=\begin{bmatrix}1&1&1&1\\3&2&1&-2\\0&-1&-2&-5\end{bmatrix}$，$\boldsymbol{B}=\begin{bmatrix}1&0&-1&-4\\0&1&2&5\\0&0&0&0\end{bmatrix}$. 若可逆矩阵$\boldsymbol{P}$满足$\boldsymbol{PA}=\boldsymbol{B}$，则$\boldsymbol{P}$可以为

(A)$\begin{bmatrix}-2&1&0\\3&1&0\\-3&1&-1\end{bmatrix}$.　(B)$\begin{bmatrix}1&0&0\\-3&1&0\\-3&1&1\end{bmatrix}$.　(C)$\begin{bmatrix}1&0&1\\0&0&-1\\-3&1&-1\end{bmatrix}$.　(D)$\begin{bmatrix}1&1&-3\\0&1&-1\\0&0&-1\end{bmatrix}$.

8. 某校男生的身高近似服从正态分布$N(172,5^2)$(单位:cm)，$\Phi(x)$表示标准正态分布函数. 从该校任选3位男生，其中至少有1位男生的身高超过167 cm的概率是

(A)$1-\Phi(1)$.　(B)$2\Phi(1)-1$.

(C)$(1-\Phi(1))^3$.　(D)$1-(1-\Phi(1))^3$.

9. 设总体X服从参数$\lambda=1$的泊松分布，$X_1,X_2,\cdots,X_n$是来自X的简单随机样本，且$E\left[\sum\limits_{i=1}^{n}(X_i-\overline{X})^2\right]=\dfrac{9n}{10}$，则$n=$

(A)5.　(B)9.　(C)10.　(D)25.

10. 设随机变量X与Y相互独立，且X的概率密度为$f(x)=\dfrac{1}{2}\mathrm{e}^{-|x|}(x\in(-\infty,+\infty))$，$Y\sim B\left(1,\dfrac{1}{2}\right)$，则$D(XY)=$

(A)$\dfrac{1}{2}$.　(B)1.　(C)$\dfrac{3}{2}$.　(D)2.

二、填空题:11 ～ 16小题，每小题5分，共30分.

11. 若$\lim\limits_{x\to\infty}\left(\dfrac{x+a}{x-1}\right)^{3x-2}=\mathrm{e}^9$，则$a=$______.

12. 已知函数$f(x)=5x^2-2x$. 若$f'(\xi)=\dfrac{f(1)-f(-1)}{2}$，则$\xi=$______.

13. $\displaystyle\int_1^9\frac{1+x}{x+\sqrt{x}}\mathrm{d}x=$______.

14. 设函数$z=z(x,y)$由方程$2\mathrm{e}^z-3^xy+1=0$确定，则$\mathrm{d}z\Big|_{(1,1)}=$______.

15. 设2维列向量$\boldsymbol{\alpha}_1,\boldsymbol{\alpha}_2,\boldsymbol{\beta}_1,\boldsymbol{\beta}_2$满足$\boldsymbol{\beta}_1=2\boldsymbol{\alpha}_1+\boldsymbol{\alpha}_2$，$\boldsymbol{\beta}_2=-\boldsymbol{\alpha}_1+\boldsymbol{\alpha}_2$. 若行列式$|\boldsymbol{\beta}_1,\boldsymbol{\beta}_2|=2$，则$|\boldsymbol{\alpha}_1,\boldsymbol{\alpha}_2|=$______.

16. 设A,B是随机事件. 若$P(A)=\dfrac{1}{3}$，$P(B\mid A)=\dfrac{1}{2}$，$P(B\overline{A})=\dfrac{1}{12}$，则$P(A\mid B)=$______.

三、解答题:17 ～ 22小题，共70分. 解答应写出文字说明、证明过程或演算步骤.

17. (本题满分10分)

设函数$f(x)$连续且满足$f(x)=4x-\displaystyle\int_1^2 f(x)\mathrm{d}x-\int_0^1(1+2x)f(t)\mathrm{d}t$，计算$\displaystyle\int_{-\frac{\pi}{2}}^{\frac{\pi}{2}}f(x)\cos x\mathrm{d}x$.

18.（本题满分 12 分）

设函数 $f(u,v)$ 具有 2 阶连续偏导数，且满足

$$f(x+y,xy)=3xye^{x^2y+xy^2}+(x^2-xy+y^2)e^{x+y}+5$$

求 $f(u,v)$ 及 $\left.\dfrac{\partial^2 f}{\partial u\partial v}\right|_{(2,1)}$.

19.（本题满分 12 分）

计算二重积分 $\iint\limits_D (x+y+1)^2\mathrm{d}x\mathrm{d}y$，其中 $D=\{(x,y)\mid x^2+y^2\leqslant 1\}$.

20.（本题满分 12 分）

设连续函数 $f(x)$ 满足 $\int_0^1 f(tx)\mathrm{d}t=x^2+f(x)-\dfrac{1}{x}\int_0^x f(t)\mathrm{d}t$，且 $f(1)=-2$，求 $f(x)$.

21.（本题满分 12 分）

设矩阵 $\boldsymbol{A}=\begin{bmatrix}2 & 1\\ 3 & a\end{bmatrix}$ 与 $\boldsymbol{B}=\begin{bmatrix}1 & b\\ 2 & 1\end{bmatrix}$ 相似.

(1) 求 a,b 的值；(2) 求可逆矩阵 $\boldsymbol{P}$，使 $\boldsymbol{B}=\boldsymbol{P}^{-1}\boldsymbol{AP}$.

22.（本题满分 12 分）

将 2 个球依次随机地放入编号为 1,2,3,4 的四个盒子中，X,Y 分别表示 1 号和 2 号盒子中球的个数.

(1) 求 (X,Y) 的联合概率分布；(2) 求 X 与 Y 的相关系数.

2022 年全国硕士研究生招生考试 农学门类联考 数学

一、选择题：1～10 小题，每小题 5 分，共 50 分. 下列每题给出的四个选项中，只有一个选项是最符合题目要求的.

1. 已知函数 $f(x)=\begin{cases}(1+e^{\frac{1}{x}})^{-1}, & x\neq 0,\\ 0, & x=0,\end{cases}$ 则 $x=0$ 是 $f(x)$ 的

(A) 第二类间断点. (B) 可去间断点. (C) 跳跃间断点. (D) 连续点.

2. 设函数 $f(x)$ 连续，$F(x)=\int_0^x (x-t)f(t)\mathrm{d}t$，则 $\mathrm{d}F(x)=$

(A) 0. (B) $(x-t)f(x)\mathrm{d}x$.

(C) $\int_0^x f(t)\mathrm{d}t$. (D) $\left(\int_0^x f(t)\mathrm{d}t\right)\mathrm{d}x$.

3. 设函数 $f(x,y)$ 可微，且 $\mathrm{d}f(x,y)=(ax^2y^2+3y\sin x)\mathrm{d}x+(2x^3y+b\cos x+1)\mathrm{d}y$，则

(A) $a=3,b=-3$. (B) $a=-3,b=3$. (C) $a=3,b=2$. (D) $a=2,b=3$.

4. 已知区域 $D=\{(x,y)\mid \pi^2\leqslant x^2+y^2\leqslant 4\pi^2\}$，则 $\iint\limits_D \sin\sqrt{x^2+y^2}\,\mathrm{d}x\mathrm{d}y=$

(A) 4π. (B) -4π. (C) $6\pi^2$. (D) $-6\pi^2$.

5. 行列式 $\begin{vmatrix}0 & a & 0 & 0 & b\\ b & 0 & a & 0 & 0\\ 0 & b & 0 & a & 0\\ 0 & 0 & b & 0 & a\\ a & 0 & 0 & b & 0\end{vmatrix}=$

(A) a^5+b^5. (B) $-a^5+b^5$. (C) a^5-b^5. (D) $-a^5-b^5$.

6. 设三维向量组 $\boldsymbol{\alpha}_1,\boldsymbol{\alpha}_2,\boldsymbol{\alpha}_3$ 的秩为 2，则向量组 $\boldsymbol{\alpha}_1-\boldsymbol{\alpha}_2,\boldsymbol{\alpha}_2-\boldsymbol{\alpha}_3,\boldsymbol{\alpha}_3-\boldsymbol{\alpha}_1$ 的秩是

(A) 0 或 1. (B) 1 或 2. (C) 1 或 3. (D) 2 或 3.

7. 若线性方程组 $\begin{cases}x_1+ax_2=1,\\ x_2-ax_3=1,\\ x_3-ax_4=1,\\ ax_1+x_4=a\end{cases}$ 有无穷多解，则 $a=$

(A)1. (B)0. (C) -1. (D) -2.

8. 已知随机变量 $X \sim N(1,2)$，则 $E(X^2-2X-1)=$

(A) -1. (B)0. (C)1. (D)2.

9. 设 $\chi_\alpha^2(n)$ 表示自由度为 n 的 χ^2 分布的上侧 α 分位数. 设 $X_1,X_2,\cdots,X_{10}$ 是来自 $N(0,1)$ 的简单随机样本，记 $\overline{X}=\frac{1}{10}\sum_{i=1}^{10}X_i$，$S^2=\frac{1}{9}\sum_{i=1}^{10}(X_i-\overline{X})^2$，则

(A) $P\{\chi_{0.95}^2(9)<S^2<\chi_{0.05}^2(9)\}=0.9$.
(B) $P\{\chi_{0.95}^2(10)<S^2<\chi_{0.05}^2(10)\}=0.9$.
(C) $P\{\chi_{0.95}^2(9)<9S^2<\chi_{0.05}^2(9)\}=0.9$.
(D) $P\{\chi_{0.95}^2(10)<9S^2<\chi_{0.05}^2(10)\}=0.9$.

10. 袋子中有1个红球、2个黄球、2个白球，从中任取4个，以 X 表示取出的红球数，Y 表示取出的黄球数，则 $\mathrm{Cov}(X,Y)=$

(A) $-\frac{1}{5}$. (B) $-\frac{2}{25}$. (C) $\frac{1}{25}$. (D) $\frac{1}{10}$.

二、填空题：11～16小题，每小题5分，共30分.

11. $\lim\limits_{x\to 0}\frac{x\sin x+\cos x-1}{\ln^2(1+x)}=$ ________.

12. 已知函数 $f(x)=(2x+1)e^{-x^2}$，则 $f''(0)=$ ________.

13. $\int_1^{+\infty}\frac{1}{x^3}\sin\frac{\pi}{x}\mathrm{d}x=$ ________.

14. 微分方程 $y'=\frac{(2+x)y}{1+x}$ 满足条件 $y\Big|_{x=1}=2$ 的解为 $y=$ ________.

15. 已知矩阵 $\boldsymbol{A}=\begin{pmatrix}1&1&0\\0&1&0\\0&0&1\end{pmatrix}$，则 $(\boldsymbol{A}^2+\boldsymbol{A}+\boldsymbol{E})^{-1}$ 的行列式的值为________.

16. 设随机事件 A,B,C 两两独立，$ABC=\varnothing$，且 $P(A)=\frac{1}{3}$，$P(B)=\frac{1}{4}$，$P(A\cup B\cup C)=\frac{7}{12}$，则 $P(C)=$ ________.

三、解答题：17～22小题，共70分. 解答应写出文字说明、证明过程或演算步骤.

17.（本题满分10分）

设函数 $f(x)$ 在 $[0,1]$ 上连续，在 $(0,1)$ 内可导，$\lim\limits_{x\to 1^-}\frac{f(x)}{x-1}=2$.

(1) 求 $f(x)$ 在 $x=1$ 处的左导数 $f'_-(1)$；

(2) 证明：存在 $\xi\in(0,1)$，使得 $f(\xi)+\xi f'(\xi)=0$.

18.(本题满分 12 分)

设 D 是曲线 $y=\sin\frac{\pi x}{2}$ 与 $y=x^3(x\geqslant 0)$ 围成的平面有界区域,Ω 是 D 绕 x 轴旋转所得旋转体,求 D 的面积与 Ω 的体积.

19.(本题满分 12 分)

计算 $\int_0^1 \mathrm{d}x \int_{x^2}^1 \frac{xy}{\sqrt{1+y^3}}\mathrm{d}y$.

20.(本题满分 12 分)

求函数 $f(x,y)=(y+\sin x-2)[1-\ln(y-1)]$ 在区域 $D=\{(x,y)\mid 0<x<\pi,1<y<\pi\}$ 内的极值.

21.(本题满分 12 分)

设矩阵 $\boldsymbol{A}=\begin{pmatrix}1 & a & -1\\ a & 1 & 0\\ 0 & 1 & a\end{pmatrix}$ 的一个特征值为 1.

(1) 求 a 的值;

(2) 求可逆矩阵 $\boldsymbol{P}$,使 $\boldsymbol{P}^{-1}\boldsymbol{A}\boldsymbol{A}^{\mathrm{T}}\boldsymbol{P}$ 为对角矩阵.

22.(本题满分 12 分)

设随机变量 X 的概率密度为 $f(x)=\begin{cases}\cos x, & 0<x<\frac{\pi}{2},\\ 0, & \text{其他},\end{cases}$ 记 X 的分布函数为 $F(x)$,令 $Y=F(X)$.

(1) 求 $F(x)$ 及 DX;

(2) 求 Y 的概率密度.

2023年全国硕士研究生招生考试 农学门类联考 数学

一、选择题:1～10小题,每小题5分,共50分.下列每题给出的四个选项中,只有一个选项是最符合题目要求的.

1.已知函数 $f(x)=\cos^2\left(\cos^2\frac{x}{2}\right)$,则 $f'\left(\frac{\pi}{2}\right)=$

(A) $-\frac{1}{2}\sin 1$.　(B) $-\cos\frac{1}{2}$.　(C) $\frac{1}{2}\sin 1$.　(D) $\cos\frac{1}{2}$.

2.若 $\lim\limits_{x\to 0}\frac{x-\sin x}{x^3}=\int_0^{+\infty}e^{-\lambda x}dx$,则 $\lambda=$

(A)6.　(B)3.　(C) $\frac{1}{3}$.　(D) $\frac{1}{6}$.

3.设函数 $f(x)$ 在 $[-1,1]$ 上可导,且 $f(0)=0$, $|f'(x)|\leqslant 1$,则

(A) $1\leqslant\int_{-1}^1 f^2(x)dx\leqslant\int_{-1}^1|f(x)|dx$.　(B) $\int_{-1}^1 f^2(x)dx\leqslant\int_{-1}^1|f(x)|dx\leqslant 1$.

(C) $1\leqslant\int_{-1}^1|f(x)|dx\leqslant\int_{-1}^1 f^2(x)dx$.　(D) $\int_{-1}^1|f(x)|dx\leqslant\int_{-1}^1 f^2(x)dx\leqslant 1$.

4.已知函数 $f(x,y)=\begin{cases}\frac{\sin(xy)}{x^2+y^2}, & (x,y)\neq(0,0),\\ 0, & (x,y)=(0,0),\end{cases}$ 则 $f(x,y)$ 在点 $(0,0)$ 处

(A) 连续,偏导数不存在.　(B) 不连续,偏导数不存在.

(C) 连续,偏导数存在.　(D) 不连续,偏导数存在.

5.设 $\boldsymbol{A}$ 为 $m\times n$ 矩阵,则非齐次线性方程组 $\boldsymbol{Ax}=\boldsymbol{b}$ 有解的一个充分条件为

(A) $r(\boldsymbol{A})=m$.　(B) $r(\boldsymbol{A})=n$.　(C) $r(\boldsymbol{A},\boldsymbol{b})=m$.　(D) $r(\boldsymbol{A},\boldsymbol{b})=n$.

6.已知矩阵 $\boldsymbol{A}=\begin{bmatrix}1&1&1\\1&1&1\\1&1&1\end{bmatrix}$, $\boldsymbol{B}=\begin{bmatrix}0&0&1\\0&0&2\\0&0&3\end{bmatrix}$,则

(A) $\boldsymbol{A}$ 与 $\boldsymbol{B}$ 等价, $\boldsymbol{AB}\neq\boldsymbol{BA}$.　(B) $\boldsymbol{A}$ 与 $\boldsymbol{B}$ 等价, $\boldsymbol{AB}=\boldsymbol{BA}$.

(C) $\boldsymbol{A}$ 与 $\boldsymbol{B}$ 不等价, $\boldsymbol{AB}=\boldsymbol{BA}$.　(D) $\boldsymbol{A}$ 与 $\boldsymbol{B}$ 不等价, $\boldsymbol{AB}\neq\boldsymbol{BA}$.

7.若矩阵 $\begin{bmatrix}2&4&-4\\a&-3&2\\0&0&b\end{bmatrix}$ 相似于矩阵 $\begin{bmatrix}1&0&0\\0&2&0\\0&0&-2\end{bmatrix}$,则

(A) $a=1,b=2$.　(B) $a=-1,b=-2$.　(C) $a=1,b=-2$.　(D) $a=-1,b=2$.

8. 设 A,B 为两个随机事件，且 $A\subset B$，$P(A)=\dfrac{1}{6}$，$P(B-A)=\dfrac{1}{3}$，则 $P(A\mid B)=$

(A) $\dfrac{1}{2}$.　　(B) $\dfrac{1}{3}$.　　(C) $\dfrac{1}{4}$.　　(D) $\dfrac{1}{5}$.

9. 设随机变量 X 的概率密度为 $f(x)=\begin{cases}a(1-x^2), & -1<x<1,\\ 0, & \text{其他},\end{cases}$ 则 $P\left\{|X|<\dfrac{1}{2}\right\}=$

(A) $\dfrac{1}{2}$.　　(B) $\dfrac{5}{8}$.　　(C) $\dfrac{11}{16}$.　　(D) $\dfrac{13}{16}$.

10. 设 X_1,X_2,X_3,X_4 为来自总体 $N(0,1)$ 的简单随机样本，则

(A) $\dfrac{(X_1-X_2)^2}{X_1^2+X_2^2}\sim F(1,2)$.　　(B) $\dfrac{(X_1-X_2)^2}{X_3^2+X_4^2}\sim F(1,2)$.

(C) $(X_1-X_2)^2+(X_3-X_4)^2\sim\chi^2(2)$.　　(D) $(X_1+X_2)^2+(X_3+X_4)^2\sim\chi^2(2)$.

二、填空题：11 ~ 16 小题，每小题 5 分，共 30 分.

11. 设可导函数 $f(x)$ 在 $x=1$ 处取得极值 2，则 $\lim\limits_{x\to1}\dfrac{f(x)-2+\ln^2x}{x-1}=$________.

12. 设平面有界区域 D 由曲线 $y=x^2$ 与 $x=y^3$ 围成，则 D 绕 y 轴旋转所得旋转体的体积为________.

13. 曲线 $y=\dfrac{x-x^2}{3-3x+x^2}\cos\dfrac{2}{x}$ 的渐近线方程为________.

14. 已知函数 $f(x,y)=\ln(\sec 3x+\tan 2y)$，则 $\mathrm{d}f\Big|_{\left(\frac{\pi}{9},\frac{\pi}{8}\right)}=$________.

15. $\begin{vmatrix}1&1&1&1\\1&2&0&0\\1&0&3&0\\1&0&0&4\end{vmatrix}=$________.

16. 某网站在时间间隔$(0,t]$(单位：min) 内收到的访问次数服从参数为 t 的泊松分布，则收到第一个访问的等待时间大于 1 min 的概率为________.

三、解答题：17 ~ 22 小题，共 70 分. 解答应写出文字说明、证明过程或演算步骤.

17.（本题满分 10 分）

已知函数 $f(x)=\begin{cases}\cos\left(\dfrac{\pi}{2}x\right), & 0\leqslant x\leqslant 1,\\ 0, & \text{其他}.\end{cases}$ 记 $F(x)=\displaystyle\int_0^x f(t)\mathrm{d}t$，求 $F(x)$ 的表达式.

18.（本题满分 12 分）

设函数 $f(x)$ 在$[0,+\infty)$ 上连续，$f(1)=5$，且 $\displaystyle\int_0^1 f(xt)\mathrm{d}t=\dfrac{1}{2}f(x)-3x^4$.

(1) 求 $f(x)$ 的表达式；

(2) 求 $f(x)$ 的极值，并判断曲线 $y=f(x)$ 的凹凸性.

19.(本题满分 12 分)

已知函数 $f(x,y)=x^2\int_0^{\frac{y}{x}}e^{-t^2}\,dt$,求$\left.\dfrac{\partial^2 f}{\partial x\partial y}\right|_{(1,1)}$.

20.(本题满分 12 分)

设平面区域 $D=\{(x,y)\mid 1\leqslant x^2+y^2\leqslant 4,0\leqslant y\leqslant x\}$,计算$\iint\limits_D\left(1+\arctan\dfrac{y}{x}\right)dxdy$.

21.(本题满分 12 分)

求向量组 $\boldsymbol{\alpha}_1=\begin{pmatrix}1\\1\\1\\1\end{pmatrix},\boldsymbol{\alpha}_2=\begin{pmatrix}-1\\-3\\1\\7\end{pmatrix},\boldsymbol{\alpha}_3=\begin{pmatrix}-2\\-5\\a\\10\end{pmatrix},\boldsymbol{\alpha}_4=\begin{pmatrix}3\\2\\4\\7\end{pmatrix}$ 的秩与一个极大线性无关组,并用所求极大线性无关组线性表示其余向量.

22.(本题满分 12 分)

设二维随机变量(X,Y)的概率密度为

$$f(x,y)=\begin{cases}\dfrac{1}{4}e^{-|x|}, & -\infty<x<+\infty,-1<y<1,\\ 0, & \text{其他}.\end{cases}$$

令 $Z=|X|+|Y|$.

(1)X 与 Y 是否相互独立?

(2) 求 Z 的概率密度;

(3) 求 Z 的数学期望和方差.

2010 年全国硕士研究生招生考试

农学门类联考数学试题答案及解析

一、选择题

1. **答案** C.

解析 $\lim\limits_{x\to 3}\dfrac{e^x-e^3}{(x-3)(x-e)}=\dfrac{e^3}{3-e}$

$\lim\limits_{x\to e}\dfrac{e^x-e^3}{(x-3)(x-e)}=\infty$

所以 $x=3$ 是 $f(x)$ 的第一类间断点；$x=e$ 是 $f(x)$ 的第二类间断点.

2. **答案** A.

解析 $y=\dfrac{x}{(x-4)^2}$

$y'=-\dfrac{x+4}{(x-4)^3}$

$y''=\dfrac{2x+16}{(x-4)^4}$

当 $x\in(-\infty,-8)$ 时 $y''<0$，曲线 $y=\dfrac{x}{(x-4)^2}$ 为凸弧.

3. **答案** B.

解析 记 $y=f(g(x))$，则

$$y'=f'(g(x))g'(x)$$
$$y''=f''(g(x))(g'(x))^2+f'(g(x))g''(x)$$

由已知条件，在 x_0 点，$y'(x_0)=0$，$y''(x_0)=f'(a)g''(x_0)$.

当 $f'(a)>0$ 时，$y''(x_0)<0$，x_0 为函数 $f(g(x))$ 的极大值点.

4. **答案** D.

解析 $I_1=\int_0^1\sqrt{f(x)}\,dx\cdot\int_0^1\sqrt{1-f(x)}\,dx$

$I_2=\int_0^1 f(x)\,dx\cdot\int_0^1(1-f(x))\,dx$

$I_3=\int_0^1 f(x)\,dx\cdot\int_0^1 f(x)\,dx$

因为$\int_0^1 f(x)\,dx<\dfrac{1}{2}$，所以

$I_2-I_3=\int_0^1 f(x)\,dx\left(\int_0^1(1-f(x))\,dx-\int_0^1 f(x)\,dx\right)$

$$=\int_0^1 f(x)\mathrm{d}x\left(1-2\int_0^1 f(x)\mathrm{d}x\right)>0$$

而 $0<f(x)<1$，所以 $\sqrt{f(x)}>f(x)$，$\sqrt{1-f(x)}>1-f(x)$，$I_1>I_2$.

5. **答案** A.

解析 由向量组 Ⅰ 可由 Ⅱ 线性表出，故

$$r(\text{Ⅰ})\leqslant r(\text{Ⅱ})=r(\boldsymbol{\beta}_1,\boldsymbol{\beta}_2,\cdots,\boldsymbol{\beta}_s)\leqslant s$$

若向量组 Ⅰ：$\boldsymbol{\alpha}_1,\boldsymbol{\alpha}_2,\cdots,\boldsymbol{\alpha}_r$ 线性无关，则 $r(\text{Ⅰ})=r$.

从而 $r\leqslant s$ 即(A) 正确.

例如 $\boldsymbol{\alpha}_1=\begin{bmatrix}1\\0\\0\end{bmatrix}$，$\boldsymbol{\alpha}_2=\begin{bmatrix}2\\0\\0\end{bmatrix}$，$\boldsymbol{\beta}_1=\begin{bmatrix}1\\0\\0\end{bmatrix}$，$\boldsymbol{\beta}_2=\begin{bmatrix}0\\1\\0\end{bmatrix}$ 可知(B) 不正确.

又如 $\boldsymbol{\alpha}_1=\begin{bmatrix}1\\0\\0\end{bmatrix}$，$\boldsymbol{\alpha}_2=\begin{bmatrix}2\\0\\0\end{bmatrix}$，$\boldsymbol{\alpha}_3=\begin{bmatrix}3\\0\\0\end{bmatrix}$，$\boldsymbol{\beta}_1=\begin{bmatrix}1\\0\\0\end{bmatrix}$，$\boldsymbol{\beta}_2=\begin{bmatrix}0\\1\\0\end{bmatrix}$ 可知(C) 不正确.

请自己举例说明(D) 不正确.

6. **答案** D.

解析 如 $\boldsymbol{A}\sim\boldsymbol{\Lambda}$，则 $\boldsymbol{\Lambda}$ 的对角元素是矩阵 $\boldsymbol{A}$ 的特征值.

设 $\boldsymbol{A\alpha}=\lambda\boldsymbol{\alpha}$，$\boldsymbol{\alpha}\neq\boldsymbol{0}$，则 $\boldsymbol{A}^2\boldsymbol{\alpha}=\lambda^2\boldsymbol{\alpha}$.

那么由 $\boldsymbol{A}^2+\boldsymbol{A}=\boldsymbol{O}$ 得 $\boldsymbol{A}^2\boldsymbol{\alpha}+\boldsymbol{A\alpha}=\boldsymbol{0}$，即 $(\lambda^2+\lambda)\boldsymbol{\alpha}=\boldsymbol{0}$，所以 λ 为 -1 或 0.

又因 $r(\boldsymbol{A})=r(\boldsymbol{\Lambda})=3$，故 $\boldsymbol{A}$ 的特征值只能是 $-1,-1,-1,0$. 应选(D).

7. **答案** D.

解析 计算均匀分布事件的概率可以用长度之比来计算，不必用积分.

$$P(A)=\frac{1-0}{1-(-1)}=\frac{1}{2},P(B)=\frac{\frac{1}{4}-\left(-\frac{1}{4}\right)}{1-(-1)}=\frac{1}{4},P(AB)=\frac{\frac{1}{4}-0}{1-(-1)}=\frac{1}{8}.$$

答案应选(D).

8. **答案** C.

解析
$$E(T)=E\left(\frac{1}{n}\sum_{i=1}^{n}X_i^2\right)=\frac{1}{n}\sum_{i=1}^{n}E(X_i^2)=\frac{1}{n}\sum_{i=1}^{n}[DX_i+(EX_i)^2]$$
$$=\frac{1}{n}\sum_{i=1}^{n}(\sigma^2+\mu^2)=\sigma^2+\mu^2.$$

二、填空题

9. **答案** e^a.

解析 （方法一） $\lim\limits_{x\to\infty}\left(\frac{x}{x-a}\right)^x=\lim\limits_{x\to\infty}\left(1+\frac{a}{x-a}\right)^{\frac{x-a}{a}\cdot\frac{a}{x-a}\cdot x}$. 而

$$\lim_{x\to\infty}\frac{a}{x-a}\cdot x=a$$

所以

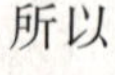

$$\lim_{x\to\infty}\left(\frac{x}{x-a}\right)^x = e^a$$

(方法二) $\lim\limits_{x\to\infty}\left(\frac{x}{x-a}\right)^x = \lim\limits_{x\to\infty} e^{x\ln\frac{x}{x-a}}$. 而

$$\lim_{x\to\infty} x\ln\frac{x}{x-a} = \lim_{x\to\infty} x\ln\left(1+\frac{a}{x-a}\right) = \lim_{x\to\infty} x\cdot\frac{a}{x-a} = a$$

所以

$$\lim_{x\to\infty}\left(\frac{x}{x-a}\right)^x = e^a$$

10. **答案** $y=-2$.

解析 当 $x\to\infty$ 时，$\lim\limits_{x\to\infty}\frac{2x^2+\sin x}{\cos x - x^2}=-2$，所以曲线 $y=\frac{2x^2+\sin x}{\cos x-x^2}$ 的水平渐近线为 $y=-2$.

11. **答案** $4.6\ \mathrm{m^2/s}$.

解析 长方形的面积为

$$S(t)=x(t)y(t)$$

其导数

$$S'(t)=x'(t)y(t)+x(t)y'(t)$$

其中 $x'(t)=0.2\ \mathrm{m/s}$，$y'(t)=0.3\ \mathrm{m/s}$.

所以当 $x=12\ \mathrm{m}$，$y=5\ \mathrm{m}$ 时，面积的增加速率为 $4.6\ \mathrm{m^2/s}$.

12. **答案** $dx+\frac{1}{e^2}dy$.

解析 $\frac{\partial z}{\partial x}=\frac{y^x\ln y}{y}$，$\frac{\partial z}{\partial y}=(x-1)y^{x-2}+\frac{1}{y^2}$，所以

$$dz\Big|_{(1,e)}=\frac{\partial z}{\partial x}(1,e)dx+\frac{\partial z}{\partial y}(1,e)dy=dx+\frac{1}{e^2}dy$$

13. **答案** 0.

解析 $\boldsymbol{A}^T\boldsymbol{A}$ 是 3 阶矩阵，那么

$$r(\boldsymbol{A}^T\boldsymbol{A})=r(\boldsymbol{A})\leqslant 2<3$$

所以行列式 $|\boldsymbol{A}^T\boldsymbol{A}|=0$.

评注 本题没有必要求出 $\boldsymbol{A}^T\boldsymbol{A}=\begin{bmatrix}1&1\\-1&2\\1&3\end{bmatrix}\begin{bmatrix}1&-1&1\\1&2&3\end{bmatrix}=\begin{bmatrix}2&1&4\\1&5&5\\4&5&10\end{bmatrix}$ 再去算行列式的值.

14. **答案** $\frac{4}{27}$.

解析 $P\{X\leqslant 2\}=P\{X=1\}+P\{X=2\}=\theta+\theta(1-\theta)=\frac{5}{9}$.

即 $\theta^2-2\theta+\frac{5}{9}=\left(\theta-\frac{5}{3}\right)\left(\theta-\frac{1}{3}\right)=0$，$\theta=\frac{5}{3}>1$ 不可能，取 $\theta=\frac{1}{3}$.

$P\{X=3\}=\theta(1-\theta)^2=\frac{1}{3}\left(\frac{2}{3}\right)^2=\frac{4}{27}$.

三、解答题

15. **分析** 初等函数求二阶导数.

解 $f'(x)=\dfrac{1}{\tan\dfrac{x}{2}}\cdot\sec^2\dfrac{x}{2}\cdot\dfrac{1}{2}+(-\mathrm{e}^{-x})\cos 2x+\mathrm{e}^{-x}(-\sin 2x\cdot 2)$

$$=\frac{1}{\sin x}-\mathrm{e}^{-x}(\cos 2x+2\sin 2x)$$

$$f''(x)=-\frac{\cos x}{\sin^2 x}+\mathrm{e}^{-x}(\cos 2x+2\sin 2x)-\mathrm{e}^{-x}(-2\sin 2x+4\cos 2x)$$

所以

$$f''\left(\frac{\pi}{2}\right)=3\mathrm{e}^{-\frac{\pi}{2}}$$

16. **分析** 积分变量代换,分部积分法.

解 令$\sqrt{x}=t$,则

$$\int_0^{\pi^2}\sqrt{x}\cos\sqrt{x}\,\mathrm{d}x=\int_0^{\pi}2t^2\cos t\mathrm{d}t=2\int_0^{\pi}t^2\mathrm{d}(\sin t)$$

$$=2t^2\sin t\Big|_0^{\pi}-4\int_0^{\pi}t\sin t\mathrm{d}t=4\int_0^{\pi}t\mathrm{d}(\cos t)$$

$$=4t\cos t\Big|_0^{\pi}-4\int_0^{\pi}\cos t\mathrm{d}t=-4\pi$$

17. **分析** 常微分方程求解.

解 设农作物生长高度的变化规律为 $y(t)$,则由已知条件,

$$\frac{\mathrm{d}y}{\mathrm{d}t}=ky(1-y)$$

这是变量可分离型方程.

$$\frac{\mathrm{d}y}{y(1-y)}=k\mathrm{d}t$$

$$y=\frac{C\mathrm{e}^{kt}}{1+C\mathrm{e}^{kt}}$$

其中 C 为任意常数. 显然 $y=0,y=1$ 都不满足条件,所以农作物生长高度的变化规律为

$$y=\frac{C\mathrm{e}^{kt}}{1+C\mathrm{e}^{kt}}(\mathrm{m})$$

若以农作物长高到 0.1 m 为计时开始,$y(0)=0.1$,可求得 $C=\dfrac{1}{9}$,此时农作物生长高度的变化规律为 $y=\dfrac{\mathrm{e}^{kt}}{9+\mathrm{e}^{kt}}(\mathrm{m})$.

18. **分析** 二重积分化为二次积分计算.

解 函数 $\sin(xy)$ 关于变量 y 为奇函数,积分区域 D 关于 x 轴上下对称,所以

$$\iint_D \sin(xy)\mathrm{d}x\mathrm{d}y = 0$$

$$\iint_D [1+\sin(xy)]\mathrm{d}x\mathrm{d}y = \iint_D \mathrm{d}x\mathrm{d}y$$

为区域 D 的面积$\frac{\pi}{2}-1$,故

$$\iint_D [1+\sin(xy)]\mathrm{d}x\mathrm{d}y = \frac{\pi}{2}-1$$

19. **分析** 利用函数的单调性证明不等式.

证明 要证明$\left(1+\frac{1}{x}\right)^{x+1} > \mathrm{e}\ (x>0)$,只要证明

$$\ln\left(1+\frac{1}{x}\right) > \frac{1}{x+1}$$

记 $F(x)=\ln\left(1+\frac{1}{x}\right)-\frac{1}{x+1}$,则

$$F'(x) = -\frac{1}{x(x+1)}+\frac{1}{(x+1)^2} < 0 \quad (x>0)$$

所以当 $x>0$ 时 $F(x)$ 为单调减函数. 而 $\lim\limits_{x\to+\infty}F(x)=0$,故 $F(x)>0(x>0)$,即

$$\left(1+\frac{1}{x}\right)^{x+1} > \mathrm{e}(x>0)$$

20. **解** 设 $\boldsymbol{\alpha}_1,\boldsymbol{\alpha}_2$ 是方程组 $\boldsymbol{Ax}=\boldsymbol{\beta}$ 的 2 个不同的解,则 $\boldsymbol{\alpha}_1-\boldsymbol{\alpha}_2$ 是 $\boldsymbol{Ax}=\boldsymbol{0}$ 的非零解,故

$$|\boldsymbol{A}| = \begin{vmatrix} a & 1 & 1 \\ 0 & a-1 & 0 \\ 1 & 1 & a \end{vmatrix} = (a-1)\begin{vmatrix} a & 1 \\ 1 & a \end{vmatrix} = (a-1)^2(a+1) = 0$$

那么 $a=1$ 或 $a=-1$.

当 $a=1$ 时,对 $\boldsymbol{Ax}=\boldsymbol{\beta}$ 的增广矩阵作初等行变换,有

$$(\boldsymbol{A}\mid\boldsymbol{\beta}) = \left[\begin{array}{ccc:c} 1 & 1 & 1 & -2 \\ 0 & 0 & 0 & 1 \\ 1 & 1 & 1 & 1 \end{array}\right] \to \left[\begin{array}{ccc:c} 1 & 1 & 1 & -2 \\ 0 & 0 & 0 & 1 \\ 0 & 0 & 0 & 0 \end{array}\right]$$

因 $r(\boldsymbol{A}) \neq r(\overline{\boldsymbol{A}})$,方程组无解.

当 $a=-1$ 时,对 $\boldsymbol{Ax}=\boldsymbol{\beta}$ 的增广矩阵作初等行变换,有

$$(\boldsymbol{A}\mid\boldsymbol{\beta}) = \left[\begin{array}{ccc:c} -1 & 1 & 1 & -2 \\ 0 & -2 & 0 & 1 \\ 1 & 1 & -1 & 1 \end{array}\right] \to \left[\begin{array}{ccc:c} 1 & 1 & -1 & 1 \\ 0 & 2 & 0 & -1 \\ 0 & 0 & 0 & 0 \end{array}\right] \to \left[\begin{array}{ccc:c} 1 & 0 & -1 & \frac{3}{2} \\ 0 & 1 & 0 & -\frac{1}{2} \\ 0 & 0 & 0 & 0 \end{array}\right]$$

因 $r(\boldsymbol{A}) = r(\overline{\boldsymbol{A}}) = 2 < 3$,方程组 $\boldsymbol{Ax}=\boldsymbol{\beta}$ 有无穷多解

$$\boldsymbol{x} = \begin{bmatrix} \frac{3}{2} \\ -\frac{1}{2} \\ 0 \end{bmatrix} + k\begin{bmatrix} 1 \\ 0 \\ 1 \end{bmatrix},k\ 为任意常数.$$

21. **解** （Ⅰ）由于 6 是 $\boldsymbol{A}$ 的一个特征值，有

$$|6\boldsymbol{E}-\boldsymbol{A}|=\begin{vmatrix}5&1&-1\\-2&2&-a\\3&3&1\end{vmatrix}=\begin{vmatrix}6&1&-1\\0&2&-a\\6&3&1\end{vmatrix}=12(a+2)=0$$

所以 $a=-2$.

（Ⅱ）由 $\boldsymbol{A}$ 的特征多项式

$$|\lambda\boldsymbol{E}-\boldsymbol{A}|=\begin{vmatrix}\lambda-1&1&-1\\-2&\lambda-4&2\\3&3&\lambda-5\end{vmatrix}=\begin{vmatrix}\lambda-1&1&0\\-2&\lambda-4&\lambda-2\\3&3&\lambda-2\end{vmatrix}=\begin{vmatrix}\lambda-1&1&0\\-5&\lambda-7&0\\3&3&\lambda-2\end{vmatrix}$$

$$=(\lambda-2)\begin{vmatrix}\lambda-1&1\\-5&\lambda-7\end{vmatrix}=(\lambda-2)^2(\lambda-6)$$

所以 $\boldsymbol{A}$ 的特征值为：2，2，6.

当 $\lambda=2$ 时，由方程组 $(2\boldsymbol{E}-\boldsymbol{A})\boldsymbol{x}=\boldsymbol{0}$

$$2\boldsymbol{E}-\boldsymbol{A}=\begin{bmatrix}1&1&-1\\-2&-2&2\\3&3&-3\end{bmatrix}\to\begin{bmatrix}1&1&-1\\0&0&0\\0&0&0\end{bmatrix}$$

得基础解系 $\boldsymbol{\alpha}_1=(-1,1,0)^{\mathrm{T}}$，$\boldsymbol{\alpha}_2=(1,0,1)^{\mathrm{T}}$.

故 $\lambda=2$ 的特征向量：$k_1\boldsymbol{\alpha}_1+k_2\boldsymbol{\alpha}_2$，$k_1,k_2$ 不全为 0.

当 $\lambda=6$ 时，由方程组 $(6\boldsymbol{E}-\boldsymbol{A})\boldsymbol{x}=\boldsymbol{0}$

$$6\boldsymbol{E}-\boldsymbol{A}=\begin{bmatrix}5&1&-1\\-2&2&2\\3&3&1\end{bmatrix}\to\begin{bmatrix}1&-1&-1\\0&3&2\\0&0&0\end{bmatrix}$$

得基础解系 $\boldsymbol{\alpha}_3=(1,-2,3)^{\mathrm{T}}$.

故 $\lambda=6$ 的特征向量：$k_3\boldsymbol{\alpha}_3$，$k_3\neq0$.

22. **分析** （Ⅰ）求两个常数 a,b，要有二个关系式，显然由分布性质知

$$\frac{1}{3}+a+\frac{1}{4}+b+\frac{1}{12}=1$$

同时 $P\{X+Y=1\mid X=0\}=\dfrac{P\{X+Y=1,X=0\}}{P\{X=0\}}=\dfrac{P\{X=0,Y=1\}}{P\{X=0\}}$

$$=\frac{a}{\frac{1}{3}+a}=\frac{1}{3}$$

可以解出 a,b.

（Ⅱ）$\mathrm{Cov}(X,Y)=E(XY)-EXEY$，$a,b$ 求出后，联合分布全知，可以求出 EX,EY 和 EXY.

解 （Ⅰ）$P\{X+Y=1\mid X=0\}=\dfrac{3a}{1+3a}=\dfrac{1}{3}$，解得 $a=\dfrac{1}{6}$；

再由 $\dfrac{1}{3}+a+\dfrac{1}{4}+b+\dfrac{1}{12}=1$，求得 $b=\dfrac{1}{6}$.

（Ⅱ）(X,Y) 以及 X,Y 的概率分布为

X \ Y	-1	0	1	$p_{i\cdot}$
0	$\frac{1}{3}$	0	$\frac{1}{6}$	$\frac{1}{2}$
1	$\frac{1}{4}$	$\frac{1}{6}$	$\frac{1}{12}$	$\frac{1}{2}$
$p_{\cdot j}$	$\frac{7}{12}$	$\frac{1}{6}$	$\frac{1}{4}$	

由此得$EX=\frac{1}{2}, EY=(-1)\cdot\frac{7}{12}+1\cdot\frac{1}{4}=-\frac{1}{3}$

$$E(XY)=1\cdot(-1)\cdot\frac{1}{4}+1\cdot 1\cdot\frac{1}{12}=-\frac{1}{6}$$

故 $\mathrm{Cov}(X,Y)=E(XY)-EX\cdot EY=0.$

23. **分析** （Ⅰ）$f_Y(y)=F_Y'(y)$，

而 $F_Y(y)=P\{Y\leqslant y\}=P\{X^2+1\leqslant y\}=P\{X^2\leqslant y-1\}.$

要求 $P\{X^2\leqslant y-1\}$，而 X 的密度 $f(x)$ 只在 $-1<x<1$ 时为非零，

所以只要讨论：当 $1<y<2$ 时的 $P\{X^2\leqslant y-1\}=0.$

显然，当 $y\leqslant 1$ 时，$y-1<0, P\{X^2\leqslant y-1\}=0.$

当 $y\geqslant 2$ 时，$y-1\geqslant 0, P\{X^2\leqslant y-1\}=1.$

（Ⅱ）$P\left\{-1<Y<\frac{3}{2}\right\}=P\left\{-1<Y\leqslant\frac{3}{2}\right\}=F_Y\left(\frac{3}{2}\right)-F_Y(-1)$，

或者 $P\left\{-1<Y<\frac{3}{2}\right\}=\int_{-1}^{\frac{3}{2}}f_Y(y)\mathrm{d}y.$

解 （Ⅰ）记 Y 的分布函数为 $F_Y(y)$，则 $F_Y(y)=P\{Y\leqslant y\}=P\{X^2\leqslant y-1\}$

当 $y<1$ 时，$y-1<0, F_Y(y)=P\{X^2\leqslant y-1\}=0$；

当 $1<y<2$ 时，$F_Y(y)=P\{X^2\leqslant y-1\}=P\{-\sqrt{y-1}\leqslant X\leqslant\sqrt{y-1}\}$

$$=\int_{-\sqrt{y-1}}^{\sqrt{y-1}}|x|\mathrm{d}x$$

$$=2\int_0^{\sqrt{y-1}}x\mathrm{d}x=y-1;$$

当 $y\geqslant 2$ 时，$F_Y(y)=1.$

故 $F_Y(y)=\begin{cases}0, & y\leqslant 1,\\ y-1, & 1<y<2,\\ 1, & 2\leqslant y,\end{cases}$ $f_Y(y)=F'(y)=\begin{cases}1, & 1<y<2,\\ 0, & 其他.\end{cases}$

（Ⅱ）**（方法一）** $P\left\{-1<Y<\frac{3}{2}\right\}=P\left\{-1<Y\leqslant\frac{3}{2}\right\}=F_Y\left(\frac{3}{2}\right)-F_Y(-1)$

$$=\frac{3}{2}-1-0=\frac{1}{2}.$$

（方法二） $P\left\{-1<Y<\frac{3}{2}\right\}=\int_{-1}^{\frac{3}{2}}f_Y(y)\mathrm{d}y=\int_1^{\frac{3}{2}}1\mathrm{d}y=\frac{1}{2}.$

2011 年全国硕士研究生招生考试

农学门类联考数学试题答案及解析

一、选择题

1. **答案** B.

解析 $\lim\limits_{x\to 0}\dfrac{\sin 3x}{x}=3$

$\lim\limits_{x\to 0}\dfrac{1-\cos x}{x}=\lim\limits_{x\to 0}\dfrac{\frac{x^2}{2}}{x}=0$

$\lim\limits_{x\to 0^+}\mathrm{e}^{\frac{1}{x}}=+\infty,\lim\limits_{x\to 0^-}\mathrm{e}^{\frac{1}{x}}=0$

$\lim\limits_{x\to 0}\cot x=\infty$.

2. **答案** C.

解析 因为函数 $f(x)$ 可导,所以复合函数 $f(\sin^3 x)$ 可导. 又因为 $f(0)=0,f'(0)=1$,所以由洛必达法则

$$\lim_{x\to 0}\frac{f(\sin^3 x)}{\lambda x^k}=\lim_{x\to 0}\frac{f'(\sin^3 x)\cdot 3\sin^2 x\cos x}{\lambda k x^{k-1}}=\lim_{x\to 0}\frac{3x^{3-k}}{\lambda k}=\frac{1}{2}$$

$k=3$ 且 $\dfrac{3}{\lambda k}=\dfrac{1}{2},\lambda=2$.

3. **答案** A.

解析 当 $x>0$ 时,$\dfrac{\sin x}{x}<1$,所以

$$I_1=\int_0^{\frac{\pi}{4}}\frac{\sin x}{x}\mathrm{d}x<\int_0^{\frac{\pi}{4}}\mathrm{d}x=\frac{\pi}{4}$$

$$I_2=\int_0^{\frac{\pi}{4}}\frac{x}{\sin x}\mathrm{d}x>\int_0^{\frac{\pi}{4}}\mathrm{d}x=\frac{\pi}{4}$$

4. **答案** A.

解析 $z=\arctan \mathrm{e}^{-xy}$,

$$\frac{\partial z}{\partial x}=\frac{1}{1+\mathrm{e}^{-2xy}}\cdot(-y\mathrm{e}^{-xy})$$

$$\frac{\partial z}{\partial y}=\frac{1}{1+\mathrm{e}^{-2xy}}\cdot(-x\mathrm{e}^{-xy})$$

所以

$$dz=\frac{\partial z}{\partial x}dx+\frac{\partial z}{\partial y}dy=-\frac{e^{xy}}{1+e^{2xy}}(ydx+xdy)$$

5. **答案** D.

解析 本题是考查初等变换、初等矩阵，按题意有

$$\boldsymbol{A}\begin{bmatrix}1&0\\1&1\end{bmatrix}=\boldsymbol{B},\begin{bmatrix}0&1\\1&0\end{bmatrix}\boldsymbol{B}=\boldsymbol{E}$$

即有$\begin{bmatrix}0&1\\1&0\end{bmatrix}\boldsymbol{A}\begin{bmatrix}1&0\\1&1\end{bmatrix}=\boldsymbol{E}$，故

$$\boldsymbol{A}=\begin{bmatrix}0&1\\1&0\end{bmatrix}^{-1}\boldsymbol{E}\begin{bmatrix}1&0\\1&1\end{bmatrix}^{-1}=\begin{bmatrix}0&1\\1&0\end{bmatrix}\begin{bmatrix}1&0\\-1&1\end{bmatrix}=\begin{bmatrix}-1&1\\1&0\end{bmatrix}$$

评注 复习初等矩阵一定搞清两个点：左行右列，初等矩阵逆矩阵的公式.

6. **答案** C.

解析 据题意，$\boldsymbol{\eta}_3-\boldsymbol{\eta}_1,\boldsymbol{\eta}_2-\boldsymbol{\eta}_1$ 是齐次方程组 $\boldsymbol{Ax}=\boldsymbol{0}$ 的线性无关的解.

于是 $n-r(\boldsymbol{A})\geqslant 2$，又 $\boldsymbol{A}$ 是 4×3 矩阵，有 $3-r(\boldsymbol{A})\geqslant 2$.

那么 $r(\boldsymbol{A})\leqslant 1$，但 $\boldsymbol{A}\neq\boldsymbol{O}$，故必有 $r(\boldsymbol{A})=1$.

按解的结构，本题通解形式为：$\boldsymbol{\alpha}+k_1\boldsymbol{\beta}_1+k_2\boldsymbol{\beta}_2$，其中 $\boldsymbol{\alpha}$ 是 $\boldsymbol{Ax}=\boldsymbol{\beta}$ 的解，$\boldsymbol{\beta}_1,\boldsymbol{\beta}_2$ 是 $\boldsymbol{Ax}=\boldsymbol{0}$ 的基础解系.

因 $\boldsymbol{A}\left(\frac{\boldsymbol{\eta}_2+\boldsymbol{\eta}_3}{2}\right)=\frac{1}{2}(\boldsymbol{A\eta}_2+\boldsymbol{A\eta}_3)=\boldsymbol{\beta}$，即$\frac{\boldsymbol{\eta}_2+\boldsymbol{\eta}_3}{2}$ 是方程组 $\boldsymbol{Ax}=\boldsymbol{\beta}$ 的解. 故应选(C).

7. **答案** B.

解析 $P(A\mid A\cup B)=\frac{P(A\cap(A\cup B))}{P(A\cup B)}=\frac{P(A)}{P(B)}\geqslant P(A)$，应选(B). 显然(A)不对.

$P(B\mid A)=\frac{P(AB)}{P(A)}=\frac{P(A)}{P(A)}=1$，(C)不成立.

(D)不成立可选一特例来说明：当 $A=B$ 时 $P(B\mid\overline{A})=0<P(B)$.

8. **答案** D.

解析 $X\sim P(\lambda)$，所以，$EX=\lambda,DX=\lambda$. $X_1,X_2,\cdots,X_n$ 相互独立均服从 $P(\lambda)$.

不难直接求出 ET_i 和 $DT_i(i=1,2)$ 再比较大小.

$ET_1=E\overline{X}=\lambda,ET_2=\lambda+\frac{\lambda}{n}$，所以 $ET_1<ET_2$；

$DT_1=D\overline{X}=\frac{\lambda}{n},DT_2=\frac{\lambda}{n-1}+\frac{\lambda}{n^2}$，所以 $DT_1<DT_2$.

答案选(D).

二、填空题

9. **答案** $(1+3x)e^{3x}$.

解析 $f(x)=\lim\limits_{t\to 0}x(1+3t)^{\frac{x}{t}}=xe^{3x}$，所以 $f'(x)=(1+3x)e^{3x}$.

10. **答案** $y=2$.

解析 $y=x^3-3x^2+3x+1$

$y'=3x^2-6x+3$

$y''=6x-6$

曲线 $y=x^3-3x^2+3x+1$ 的拐点的 x 坐标为 $x=1, y'(1)=0$,

所以曲线 $y=x^3-3x^2+3x+1$ 在拐点处的切线方程为 $y=2$.

11. **答案** $\frac{\ln 2}{2}$.

解析 $\int_1^{+\infty}\frac{\mathrm{d}x}{x(x^2+1)}=\frac{1}{2}\int_1^{+\infty}\frac{\mathrm{d}x^2}{x^2(x^2+1)}=\frac{1}{2}\ln\frac{x^2}{x^2+1}\Big|_1^{+\infty}=\frac{\ln 2}{2}$

12. **答案** $27(3\ln 3+2)$.

解析 $z=(2x+y)^{3xy}=\mathrm{e}^{3xy\ln(2x+y)}$

$\frac{\partial z}{\partial x}=\mathrm{e}^{3xy\ln(2x+y)}\left(3y\ln(2x+y)+\frac{6xy}{2x+y}\right)$

所以

$$\frac{\partial z}{\partial x}\Big|_{(1,1)}=27(3\ln 3+2)$$

13. **答案** $-\frac{1}{6}$.

解析 由行列式乘法公式

$$|\boldsymbol{ABC}|=|\boldsymbol{D}| \text{ 有 } |\boldsymbol{A}||\boldsymbol{B}||\boldsymbol{C}|=|\boldsymbol{D}|$$

现 $|\boldsymbol{A}|=-1$, $|\boldsymbol{C}|=1$, $|\boldsymbol{D}|=6$,所以 $|\boldsymbol{B}|=-6$,故 $|\boldsymbol{B}^{-1}|=-\frac{1}{6}$.

14. **答案** $\mu\sigma^2+\mu^3$.

解析 $(X,Y)\sim N(\mu,\mu;\sigma^2,\sigma^2;0)$. 即有 $X\sim N(\mu,\sigma^2)$, $Y\sim N(\mu,\sigma^2)$,且 X 与 Y 相互独立, $EX=EY=\mu, DX=DY=\sigma^2$,

$E(XY^2)=EX\cdot EY^2=\mu[DY+(EY)^2]=\mu(\sigma^2+\mu^2)=\mu\sigma^2+\mu^3$.

三、解答题

15. **分析** 函数连续的概念、导数的定义、洛必达法则.

解 (Ⅰ)由洛必达法则

$$\lim_{x\to 0}f(x)=\lim_{x\to 0}\frac{\mathrm{e}^x-\cos x}{x}=\lim_{x\to 0}\frac{\mathrm{e}^x+\sin x}{1}=1$$

所以当 $a=1$ 时函数 $f(x)$ 在 $x=0$ 处连续.

(Ⅱ)当 $x\neq 0$ 时,

$$f'(x)=\left(\frac{\mathrm{e}^x-\cos x}{x}\right)'=\frac{(x-1)\mathrm{e}^x+x\sin x+\cos x}{x^2}$$

$$f'(0)=\lim_{x\to 0}\frac{f(x)-f(0)}{x}=\lim_{x\to 0}\frac{\frac{\mathrm{e}^x-\cos x}{x}-1}{x}=\lim_{x\to 0}\frac{\mathrm{e}^x-\cos x-x}{x^2}$$

由洛必达法则

$$f'(0)=\lim_{x\to 0}\frac{e^x+\sin x-1}{2x}=\lim_{x\to 0}\frac{e^x+\cos x}{2}=1$$

所以

$$f'(x)=\begin{cases}\dfrac{(x-1)e^x+x\sin x+\cos x}{x^2}, & x\neq 0\\ 1, & x=0\end{cases}$$

16. **分析** 积分的变量代换,分部积分法.

解 令$\sqrt{x}=t$,则

$$\int\frac{\arcsin\sqrt{x}+1}{\sqrt{x}}dx=2\int(\arcsin t+1)dt=2t(\arcsin t+1)-2\int\frac{tdt}{\sqrt{1-t^2}}$$

$$=2t(\arcsin t+1)+2\sqrt{1-t^2}+C$$

代入$\sqrt{x}=t$,

$$\int\frac{\arcsin\sqrt{x}+1}{\sqrt{x}}dx=2\sqrt{x}(\arcsin\sqrt{x}+1)+2\sqrt{1-x}+C$$

17. **分析** 一阶线性常微分方程求解,定积分计算平面区域的面积.

解 满足初始条件 $y(1)=2$ 的解一定满足一阶线性常微分方程

$$\frac{dy}{dx}-\frac{2}{x}y=-1$$

其通解为

$$y=e^{\int\frac{2}{x}dx}\left(\int-e^{-\int\frac{2}{x}dx}dx+C\right)=x+Cx^2$$

由定解条件可得 $C=1$. 所以曲线的方程为 $y=x+x^2$.

曲线 $y=x+x^2$ 与 x 轴所围图形的面积为

$$S=\int_{-1}^{0}-(x+x^2)dx=\frac{1}{6}$$

18. **分析** 函数的单调性证明不等式.

证明 记 $F(x)=x\sin x+2\cos x$,则

$$F'(x)=x\cos x-\sin x$$

$$F''(x)=-x\sin x<0,0<x<\frac{\pi}{2}$$

所以当 $0<x<\frac{\pi}{2}$ 时,$F'(x)$ 为严格单调减函数. 又因为 $F'(0)=0$,所以

$$F'(x)<0,0<x<\frac{\pi}{2}$$

即当 $0<x<\frac{\pi}{2}$ 时,$F(x)$ 为严格单调减函数.

$F(0)=2,F\left(\frac{\pi}{2}\right)=\frac{\pi}{2}$,故当 $0<x<\frac{\pi}{2}$ 时$\frac{\pi}{2}<x\sin x+2\cos x<2$.

19. **分析** 用极坐标系变换计算二重积分.

解 积分区域 D 在极坐标系下可以写成

$$D=\left\{(r,\theta)\,\middle|\,0\leqslant\theta\leqslant\frac{\pi}{2},0\leqslant r\leqslant 2\sin\theta\right\}$$

$$\iint\limits_{D}y\,\mathrm{d}x\mathrm{d}y=\int_0^{\frac{\pi}{2}}\mathrm{d}\theta\int_0^{2\sin\theta}r\sin\theta\cdot r\mathrm{d}r=\frac{8}{3}\int_0^{\frac{\pi}{2}}\sin^4\theta\mathrm{d}\theta=\frac{\pi}{2}$$

20. **解** (Ⅰ) 设 $x_1\boldsymbol{\alpha}_1+x_2\boldsymbol{\alpha}_2+x_3\boldsymbol{\alpha}_3=\boldsymbol{\beta}$,对增广矩阵作初等行变换,有

$$[\boldsymbol{A},\boldsymbol{\beta}]=\left[\begin{array}{ccc:c}1&1&1&1\\2&1&-1&0\\1&2&4&a\end{array}\right]\to\left[\begin{array}{ccc:c}1&1&1&1\\0&-1&-3&-2\\0&1&3&a-1\end{array}\right]\to\left[\begin{array}{ccc:c}1&1&1&1\\0&1&3&2\\0&0&0&a-3\end{array}\right]$$

当 $a\neq 3$ 时,$r(\boldsymbol{A})\neq r(\boldsymbol{A},\boldsymbol{\beta})$ 方程组无解,$\boldsymbol{\beta}$ 不能由 $\boldsymbol{\alpha}_1,\boldsymbol{\alpha}_2,\boldsymbol{\alpha}_3$ 线性表示.

(Ⅱ) 当 $a=3$ 时

$$[\boldsymbol{A},\boldsymbol{\beta}]=\left[\begin{array}{ccc:c}1&1&1&1\\0&1&3&2\\0&0&0&0\end{array}\right]\to\left[\begin{array}{ccc:c}1&0&-2&-1\\0&1&3&2\\0&0&0&0\end{array}\right]$$

令 $x_3=t$ 解出 $x_2=-3t+2,x_1=2t-1$.

故 $\boldsymbol{\beta}=(2t-1)\boldsymbol{\alpha}_1+(-3t+2)\boldsymbol{\alpha}_2+t\boldsymbol{\alpha}_3$,$t$ 为任意实数.

21. **解** (Ⅰ)$\boldsymbol{A}$ 的特征多项式

$$|\lambda\boldsymbol{E}-\boldsymbol{A}|=\begin{vmatrix}\lambda&-a&-1\\-1&\lambda-1&1\\-1&0&\lambda\end{vmatrix}=\begin{vmatrix}\lambda-1&-a&-1\\0&\lambda-1&1\\\lambda-1&0&\lambda\end{vmatrix}=\begin{vmatrix}\lambda-1&-a&-1\\0&\lambda-1&1\\0&a&\lambda+1\end{vmatrix}$$

$$=(\lambda-1)(\lambda^2-1-a)$$

因 $\lambda=1$ 是二重特征值,故 $a=0$.

(Ⅱ) 矩阵 $\boldsymbol{A}$ 的特征值是:$1,1,-1$.

对 $\lambda=1$,由 $(\boldsymbol{E}-\boldsymbol{A})\boldsymbol{x}=\boldsymbol{0}$

$$\begin{bmatrix}1&0&-1\\-1&0&1\\-1&0&1\end{bmatrix}\to\begin{bmatrix}1&0&-1\\0&0&0\\0&0&0\end{bmatrix}$$

得基础解系 $\boldsymbol{\alpha}_1=(0,1,0)^{\mathrm{T}},\boldsymbol{\alpha}_2=(1,0,1)^{\mathrm{T}}$.

对 $\lambda=-1$,由 $(-\boldsymbol{E}-\boldsymbol{A})\boldsymbol{x}=\boldsymbol{0}$

$$\begin{bmatrix}-1&0&-1\\-1&-2&1\\-1&0&-1\end{bmatrix}\to\begin{bmatrix}1&0&1\\0&1&-1\\0&0&0\end{bmatrix}$$

得基础解系 $\boldsymbol{\alpha}_3=(-1,1,1)^{\mathrm{T}}$.

令 $\boldsymbol{P}=(\boldsymbol{\alpha}_1,\boldsymbol{\alpha}_2,\boldsymbol{\alpha}_3)=\begin{bmatrix}0&1&-1\\1&0&1\\0&1&1\end{bmatrix}$,$\boldsymbol{Q}=\begin{bmatrix}1&&\\&1&\\&&-1\end{bmatrix}$,得 $\boldsymbol{P}^{-1}\boldsymbol{A}\boldsymbol{P}=\boldsymbol{Q}$.

22. **分析**　（Ⅰ）给出 X 和 Y 的分布，即给出 (X,Y) 的边缘分布.

条件 $P\{X^2=Y^2\}=1$，即 $P\{X^2\neq Y^2\}=0$.

而 $P\{X^2\neq Y^2\}=P\{X=0,Y=-1\}+P\{X=0,Y=1\}+P\{X=1,Y=0\}=0$，也就有 $P\{X=0,Y=-1\}=P\{X=0,Y=1\}=P\{X=1,Y=0\}=0$，有了这些条件不难求出 (X,Y) 的概率分布.

（Ⅱ）从 X 和 Y 的边缘分布可以求出 EX 和 EY，还可以求出 $DX,DY,\rho_{XY}=\dfrac{\mathrm{Cov}(X,Y)}{\sqrt{DX}\ \sqrt{DY}}$，而 $\mathrm{Cov}(X,Y)=EXY-EX\cdot EY$.

解　（Ⅰ）从 X 和 Y 的边缘分布就有

$X \backslash Y$	-1	0	1	$p_{i\cdot}$
0				$\frac{1}{3}$
1				$\frac{2}{3}$
$p_{\cdot j}$	$\frac{1}{3}$	$\frac{1}{3}$	$\frac{1}{3}$	

再填入

$$P\{X=0,Y=-1\}=P\{X=0,Y=1\}=P\{X=1,Y=0\}=0$$

得到

$X \backslash Y$	-1	0	1	
0	0		0	$\frac{1}{3}$
1		0		$\frac{2}{3}$
	$\frac{1}{3}$	$\frac{1}{3}$	$\frac{1}{3}$	

，最后得到 (X,Y) 分布

$X \backslash Y$	-1	0	1
0	0	$\frac{1}{3}$	0
1	$\frac{1}{3}$	0	$\frac{1}{3}$

.

（Ⅱ）X 服从 $0-1$ 分布，可以直接给出 $EX=\dfrac{2}{3},DX=\dfrac{2}{3}\cdot\dfrac{1}{3}=\dfrac{2}{9}$.

$EY=-\dfrac{1}{3}+0+\dfrac{1}{3}=0,DY=EY^2-(EY)^2=(-1)^2\cdot\dfrac{1}{3}+0+1^2\cdot\dfrac{1}{3}=\dfrac{2}{3}$.

$EXY=(-1)\cdot\dfrac{1}{3}+0+1\cdot\dfrac{1}{3}=0$，故 $\mathrm{Cov}(X,Y)=EXY-EX\cdot EY=0,\rho_{XY}=0$.

23. **分析**　（Ⅰ）记 (X,Y) 的概率密度为 $f(x,y)$，它在 G 上均匀分布，即

$$f(x,y)=\begin{cases}\dfrac{1}{A}, & (x,y)\in G,\\ 0, & (x,y)\in\overline{G},\end{cases}\quad \text{其中 } A \text{ 为区域 } G \text{ 的面积}$$

所以关键是找出 $f(x,y)$，要求 $f(x,y)$ 首先要确定区域 G.

G 为$\begin{cases} x-y=0, \\ x+y=2, \\ y=0, \end{cases}$所围成区域，即 G 为$\begin{cases} y\leqslant x, \\ x\leqslant 2-y, \\ y\geqslant 0. \end{cases}$的公共部分

G：$0\leqslant y\leqslant x\leqslant 2-y$ 如图所示

$$f(x,y)=\begin{cases} 1, & 0\leqslant y\leqslant x\leqslant 2-y, \\ 0, & \text{其他}. \end{cases}$$

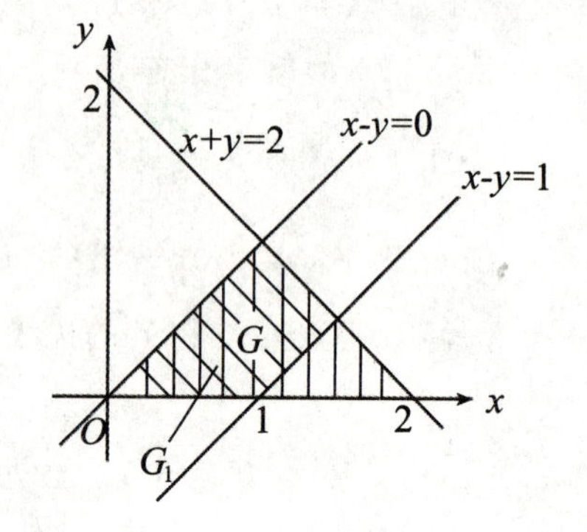

解 （Ⅰ）$f_X(x)=\int_{-\infty}^{+\infty}f(x,y)\mathrm{d}y$，

当 $x<0$ 或 $x>2$ 时，$f_X(x)=0$；

当 $0\leqslant x\leqslant 1$ 时，$f_X(x)=\int_0^x \mathrm{d}y=x$；

当 $1<x\leqslant 2$ 时，$f_X(x)=\int_0^{2-x}\mathrm{d}y=2-x$，

总之 $f_X(x)=\begin{cases} x, & 0\leqslant x\leqslant 1; \\ 2-x, & 1<x\leqslant 2; \\ 0, & \text{其他}. \end{cases}$

（Ⅱ）$P\{X-Y\leqslant 1\}=\iint\limits_{x-y\leqslant 1}f(x,y)\mathrm{d}x\mathrm{d}y=\iint\limits_{G_1}\mathrm{d}x\mathrm{d}y$

$$=G_1\text{ 的面积}=1-\frac{1}{4}=\frac{3}{4}$$

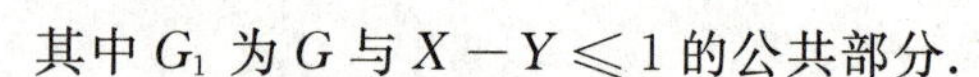

其中 G_1 为 G 与 $X-Y\leqslant 1$ 的公共部分.

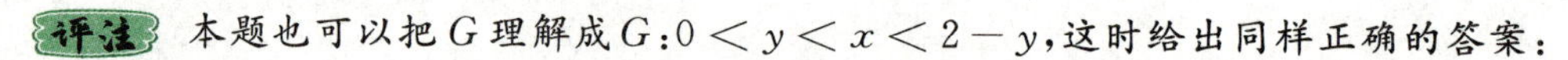

评注 本题也可以把 G 理解成 G：$0<y<x<2-y$，这时给出同样正确的答案：

$$f(x,y)=\begin{cases} 1, & 0<y<x<2-y \\ 0, & \text{其他} \end{cases}, f_X(x)=\begin{cases} x, & 0<x\leqslant 1 \\ 2-x, & 1<x<2 \\ 0, & \text{其他} \end{cases}$$

本题中均匀分布的概率积分都用面积来计算，比较方便.

2012 年全国硕士研究生招生考试

农学门类联考数学试题答案及解析

一、选择题

1. **答案** D.

解析 $\lim\limits_{x\to 0}\left(\dfrac{1}{e^x-1}+1\right)=\infty$，所以 $x=0$ 是该曲线唯一的铅直渐近线，$b=1$.

$$\lim_{x\to+\infty}\left(\frac{1}{e^x-1}+1\right)=1,\ \lim_{x\to-\infty}\left(\frac{1}{e^x-1}+1\right)=0$$

所以 $y=0$，$y=1$ 是该曲线的两条水平渐近线，$a=2$.

2. **答案** B.

解析 因为 $f(x)$ 是连续函数，所以变上限积分 $\int_1^{2x}f(t)\mathrm{d}t$ 可导，

$$\frac{\mathrm{d}}{\mathrm{d}x}\int_1^{2x}f(t)\mathrm{d}t=2f(2x)$$

由条件，$2f(2x)=4xe^{-2x}$，故 $f(x)=xe^{-x}$，$f(x)$ 的原函数族为

$$\int f(x)\mathrm{d}x=-(x+1)e^{-x}+C$$

(B) 为正确答案.

3. **答案** A.

解析 由条件知，数列 $\{S_n\}$ 为级数 $\sum\limits_{n=1}^{\infty}a_n$ 的部分和数列. 因为数列 $\{S_n\}$ 单调增加，所以 $\sum\limits_{n=1}^{\infty}a_n$ 为非负级数.

单调增加数列 $\{S_n\}$ 有界的充分必要条件为数列 $\{S_n\}$ 收敛，即非负级数 $\sum\limits_{n=1}^{\infty}a_n$ 收敛. 此时数列 $\{a_n\}$ 收敛到 0.

反之，若数列 $\{a_n\}$ 收敛，则数列 $\{S_n\}$ 未必有界，反例：

$a_n=1$，$n=1,2,\cdots$，显然数列 $\{a_n\}$ 收敛，但是可以算得 $S_n=n$，数列 $\{S_n\}$ 无界.

4. **答案** C.

解析 $\int_1^2\mathrm{d}x\int_1^x f(x,y)\mathrm{d}y+\int_2^3\mathrm{d}x\int_1^{4-x}f(x,y)\mathrm{d}y=\iint\limits_D f(x,y)\mathrm{d}x\mathrm{d}y$，其中积分区域

$$D=\{(x,y)\mid y\leqslant x\leqslant 4-y,1\leqslant y\leqslant 2\}$$

所以

$$\iint\limits_D f(x,y)\mathrm{d}x\mathrm{d}y=\int_1^2\mathrm{d}y\int_y^{4-y}f(x,y)\mathrm{d}x$$

(C) 正确.

5. 答案 C.

解析 3 个三维向量可用行列式来判断

$$|\boldsymbol{\alpha}_1,\boldsymbol{\alpha}_3,\boldsymbol{\alpha}_4|=\begin{vmatrix}0 & 1 & -1\\ 0 & -1 & 1\\ c_1 & c_3 & c_4\end{vmatrix}=0\quad(\text{一、二两行成比例}).$$

6. 答案 A.

解析 本题考查判断矩阵相似对角化的原理:

矩阵$\begin{bmatrix}1 & 1\\ 0 & 1\end{bmatrix}$的特征值为 1,1,且 $\lambda=1$ 只有一个线性无关的特征向量,故(A) 不能相似对角化.

矩阵$\begin{bmatrix}1 & 1\\ 0 & 2\end{bmatrix}$的特征值为 1,2,矩阵$\begin{bmatrix}1 & 2\\ 1 & 2\end{bmatrix}$的特征值为 3,0,都是有 2 个不同的特征值,必与对角矩阵相似,而$\begin{bmatrix}1 & 1\\ 1 & 2\end{bmatrix}$是对称矩阵必与对角矩阵相似.

7. 答案 D.

解析 $P\{X^2+Y^2\leqslant 1\}=\iint\limits_{x^2+y^2\leqslant 1}f(x,y)\mathrm{d}x\mathrm{d}y$,

而 $f(x,y)=f_X(x)f_Y(y)=\begin{cases}1, & 0<x<1,0<y<1,\\ 0, & \text{其他}.\end{cases}$

$f(x,y)$ 在正方形 $0<x<1,0<y<1$ 上等于常数 1,其余地方均为 0.

$\iint\limits_{x^2+y^2\leqslant 1}f(x,y)\mathrm{d}x\mathrm{d}y=\iint\limits_{\substack{x^2+y^2\leqslant 1\\0<x<1\\0<y<1}}\mathrm{d}x\mathrm{d}y=\frac{\pi}{4}$. 实际上就是单位圆 $x^2+y^2\leqslant 1$ 在第一象限的面积.

8. 答案 B.

解析 (1)$(X_1-X_2)\sim N(0,2\sigma^2)$,故$\frac{X_1-X_2}{\sqrt{2}\sigma}\sim N(0,1)$.

(2) $\frac{X_3^2+X_4^2}{\sigma^2}=\left(\frac{X_3}{\sigma}\right)^2+\left(\frac{X_4}{\sigma}\right)^2$,$\frac{X_3}{\sigma}$ 与$\frac{X_4}{\sigma}$ 均服从 $N(0,1)$,且相互独立,

所以$\frac{X_3^2+X_4^2}{\sigma^2}\sim\chi^2(2)$.

(3) $\frac{X_1-X_2}{\sqrt{2}\sigma}$ 与$\frac{X_3^2+X_4^2}{\sigma^2}$ 相互独立,故

$$\frac{(X_1-X_2)/\sqrt{2}\sigma}{\sqrt{\frac{X_3^2+X_4^2}{\sigma^2}\Big/2}}=\frac{X_1-X_2}{\sqrt{X_3^2+X_4^2}}\sim t(2)$$

答案选(B).

评注 作为选择题可以直接判断(A),(C),(D) 都不对.

(A) $X_1 - X_2 \sim N(0, 2\sigma^2)$，$\dfrac{X_1 - X_2}{\sqrt{2}\sigma} \sim N(0,1)$，$\dfrac{X_1 - X_2}{\sqrt{X_3^2 + X_4^2}}$ 不可能为 $N(0,1)$；

(C) $\chi^2(1)$ 是一个标准正态的平方，(C) 不成立；

(D) $F(1,1)$ 要求是两个相互独立 χ^2 分布之比，$\dfrac{X_1 - X_2}{\sqrt{X_3^2 + X_4^2}}$ 不符合.

(A)，(C)，(D) 都不对，只能选(B).

二、填空题

9. **答案** e^6.

解析 $\lim\limits_{x\to 0}(e^x + x) = 1$，$\lim\limits_{x\to 0}\dfrac{3}{x} = \infty$，所以这是 1^∞ 型不定型.

(方法一) $\lim\limits_{x\to 0}(e^x + x)^{\frac{3}{x}} = \lim\limits_{x\to 0}[1 + (e^x + x - 1)]^{\frac{1}{e^x+x-1}\cdot(e^x+x-1)\cdot\frac{3}{x}}$

而 $\lim\limits_{x\to 0}[(e^x + x - 1)\cdot\dfrac{3}{x}] = 3\lim\limits_{x\to 0}\dfrac{e^x - 1 + x}{x} = 6$，所以

$$\lim_{x\to 0}(e^x + x)^{\frac{3}{x}} = e^6$$

(方法二) $\lim\limits_{x\to 0}(e^x + x)^{\frac{3}{x}} = \lim\limits_{x\to 0}e^{\frac{3}{x}\ln(e^x+x)}$，而

$$\lim_{x\to 0}\frac{\ln(e^x + x)}{x} = \lim_{x\to 0}\frac{e^x + 1}{e^x + x} = 2$$

所以

$$\lim_{x\to 0}(e^x + x)^{\frac{3}{x}} = e^6$$

10. **答案** 1.

解析 函数 $y = x^2(2\ln x - 1)$ 的定义域为 $(0, +\infty)$.

$$y' = 4x\ln x$$

$y' = 0$ 解得函数 $y = x^2(2\ln x - 1)$ 在定义域 $(0, +\infty)$ 内的驻点为 $x_0 = 1$.

而 $y''(x_0) = 4 > 0$，所以 $x_0 = 1$ 为函数 $y = x^2(2\ln x - 1)$ 的极小值点.

11. **答案** $\dfrac{9}{2}\pi$.

解析 $y = \sqrt{x-1}$，旋转体体积为

$$V = \int_1^4 \pi y^2\,dx = \int_1^4 \pi(x-1)\,dx = \frac{9}{2}\pi$$

12. **答案** $\dfrac{\pi}{2}$.

解析 $\dfrac{\partial z}{\partial y} = xe^{\sin(x-y)}\cos(x-y)(-1)$，

当 $x = \dfrac{\pi}{2}$，$y = -\dfrac{\pi}{2}$ 时，$\left.\dfrac{\partial z}{\partial y}\right|_{(\frac{\pi}{2},-\frac{\pi}{2})} = \dfrac{\pi}{2}$.

13. **答案** 9.

解析 由题意，$\boldsymbol{A}$ 经列变换得到 $\boldsymbol{B}$，有

$$A\begin{bmatrix}1&0\\1&1\end{bmatrix}=B$$

那么
$$A^*B=A^*A\begin{bmatrix}1&0\\1&1\end{bmatrix}=|A|\begin{bmatrix}1&0\\1&1\end{bmatrix}=3\begin{bmatrix}1&0\\1&1\end{bmatrix}$$

所以 $|A^*B|=9$.

14. **答案** $\frac{3}{4}$.

解析 $P(A\mid\overline{B})=\frac{P(A\overline{B})}{P(\overline{B})}$,$P(\overline{B})=1-P(B)=1-\frac{1}{3}=\frac{2}{3}$.

A,B 互不相容,$AB=\varnothing$,所以 $A\overline{B}=A-B=A-AB=A$. $P(A\overline{B})=P(A)=\frac{1}{2}$,

总之 $P(A\mid\overline{B})=\frac{\frac{1}{2}}{\frac{2}{3}}=\frac{3}{4}$.

三、解答题

15. **分析** 隐函数求导,导数的几何应用.

解 记 $y=y(x)$ 为由方程 $\cos(x^2y)+\ln(y-x)=x+1$ 确定的隐函数,则
$$\cos(x^2y(x))+\ln(y(x)-x)\equiv x+1$$
方程两边同时对自变量 x 求导,
$$-\sin(x^2y(x))(2xy(x)+x^2y'(x))+\frac{y'(x)-1}{y(x)-x}=1$$
当 $x=0,y=1$ 时,可求得 $y'(0)=2$,所以所求切线方程为
$$y=2x+1$$
评注 记 $F(x,y)=\cos(x^2y)+\ln(y-x)-(x+1)$,本题也可以通过隐函数求导公式
$$\frac{\mathrm{d}y}{\mathrm{d}x}=-\frac{\frac{\partial F}{\partial x}}{\frac{\partial F}{\partial y}}=-\frac{-\sin(x^2y)\cdot 2xy+\frac{-1}{y-x}-1}{-\sin(x^2y)\cdot x^2+\frac{1}{y-x}}$$
求得 $\left.\frac{\mathrm{d}y}{\mathrm{d}x}\right|_{x=0,y=1}=2$,然后再求曲线的切线.

16. **分析** 分段函数求积分.

解 函数 $f(x)$ 可以分段表示为
$$f(x)=\begin{cases}x^3, & x\geqslant 1\\ 1, & -1\leqslant x<1\\ x^2, & x<-1\end{cases}$$
所以
$$\int f(x)\mathrm{d}x=\begin{cases}\frac{x^4}{4}+C_1, & x\geqslant 1\\ x+C_2, & -1\leqslant x<1\\ \frac{x^3}{3}+C_3, & x<-1\end{cases}$$

函数 $f(x)$ 的原函数连续，所以在 $x=1$ 点，左右极限相等得

$$\frac{1}{4}+C_1=1+C_2$$

在 $x=-1$ 点，左右极限相等得

$$-1+C_2=-\frac{1}{3}+C_3$$

联立解得 $C_1=\frac{3}{4}+C_2, C_3=-\frac{2}{3}+C_2$.

记

$$F(x)=\begin{cases}\frac{x^4}{4}+\frac{3}{4}, & x\geqslant 1\\ x, & -1\leqslant x<1\\ \frac{x^3}{3}-\frac{2}{3}, & x<-1\end{cases}$$

则 $\int f(x)\mathrm{d}x=F(x)+C$.

17. **分析** 多元函数的极值.

解 函数 $f(x,y)=x\mathrm{e}^{-\frac{x^2+y^2}{2}}$ 分别对 x,y 求偏导得

$$\frac{\partial f}{\partial x}=\mathrm{e}^{-\frac{x^2+y^2}{2}}(1-x^2)$$

$$\frac{\partial f}{\partial y}=-xy\mathrm{e}^{-\frac{x^2+y^2}{2}}$$

联立方程

$$\begin{cases}\mathrm{e}^{-\frac{x^2+y^2}{2}}(1-x^2)=0\\ -xy\mathrm{e}^{-\frac{x^2+y^2}{2}}=0\end{cases}$$

求出函数 $f(x,y)$ 的驻点 $(-1,0)$，$(1,0)$. 求函数 $f(x,y)$ 的二阶偏导数

$$\frac{\partial^2 f}{\partial x^2}=\mathrm{e}^{-\frac{x^2+y^2}{2}}(-3x+x^3)$$

$$\frac{\partial^2 f}{\partial x\partial y}=\mathrm{e}^{-\frac{x^2+y^2}{2}}(x^2y-y)$$

$$\frac{\partial^2 f}{\partial y^2}=\mathrm{e}^{-\frac{x^2+y^2}{2}}(xy^2-x)$$

在 $(-1,0)$ 点，$A=\left.\frac{\partial^2 f}{\partial x^2}\right|_{(-1,0)}=2\mathrm{e}^{-\frac{1}{2}}, B=\left.\frac{\partial^2 f}{\partial x\partial y}\right|_{(-1,0)}=0, C=\left.\frac{\partial^2 f}{\partial y^2}\right|_{(-1,0)}=\mathrm{e}^{-\frac{1}{2}}$，$A>0, AC-B^2>0$，所以 $(-1,0)$ 点是极小值点，极小值为 $-\mathrm{e}^{-\frac{1}{2}}$；

在 $(1,0)$ 点，$A=\left.\frac{\partial^2 f}{\partial x^2}\right|_{(1,0)}=-2\mathrm{e}^{-\frac{1}{2}}, B=\left.\frac{\partial^2 f}{\partial x\partial y}\right|_{(1,0)}=0, C=\left.\frac{\partial^2 f}{\partial y^2}\right|_{(1,0)}=-\mathrm{e}^{-\frac{1}{2}}$，$A<0, AC-B^2>0$，所以 $(1,0)$ 点是极大值点，极大值为 $\mathrm{e}^{-\frac{1}{2}}$.

18. **分析** 线性常微分方程初值问题求解.

解 由线性常微分方程的求解公式知线性常微分方程 $y'-\dfrac{y}{x\ln x}=\ln x$ 的解为

$$y=\mathrm{e}^{\int\frac{\mathrm{d}x}{x\ln x}}\left[\int\ln x\cdot\mathrm{e}^{-\int\frac{\mathrm{d}x}{x\ln x}}\mathrm{d}x+C\right]$$

其中 $\displaystyle\int\frac{\mathrm{d}x}{x\ln x}=\ln\ln x$，所以

$$y=(x+C)\ln x$$

代入初始条件解得 $C=0$，故线性常微分方程 $y'-\dfrac{y}{x\ln x}=\ln x$ 满足初始条件 $y\Big|_{x=\mathrm{e}}=\mathrm{e}$ 的解为 $y=x\ln x$.

19. **分析** 二重积分化为二次积分.

解
$$\begin{aligned}\iint\limits_D(3x^2+2y)\mathrm{d}x\mathrm{d}y&=\int_{-\pi}^{\pi}\mathrm{d}x\int_{\sin x}^{2}(3x^2+2y)\mathrm{d}y\\&=\int_{-\pi}^{\pi}(6x^2+4-3x^2\sin x-\sin^2x)\mathrm{d}x\\&=4\pi^3+7\pi.\end{aligned}$$

20. **解** (Ⅰ)按第一列展开，有

$$|\boldsymbol{A}|=\begin{vmatrix}1&a&0&0\\0&1&a&0\\0&0&1&a\\a&0&0&1\end{vmatrix}=1\cdot\begin{vmatrix}1&a&0\\0&1&a\\0&0&1\end{vmatrix}+a\cdot(-1)^{4+1}\begin{vmatrix}a&0&0\\1&a&0\\0&1&a\end{vmatrix}=1-a^4.$$

(Ⅱ)方程组 $\boldsymbol{A}\boldsymbol{x}=\boldsymbol{\beta}$ 有无穷多解的必要条件是 $|\boldsymbol{A}|=0$，由(Ⅰ)知 $a=1$ 或 $a=-1$

当 $a=1$ 时

$$[\boldsymbol{A}\,\vdots\,\boldsymbol{\beta}]=\left[\begin{array}{cccc:c}1&1&0&0&1\\0&1&1&0&-1\\0&0&1&1&0\\1&0&0&1&0\end{array}\right]\to\left[\begin{array}{cccc:c}1&1&0&0&1\\0&1&1&0&-1\\0&0&1&1&0\\0&0&0&0&1\end{array}\right]$$

$r(\boldsymbol{A})\neq r(\boldsymbol{A}\,\vdots\,\boldsymbol{\beta})$ 方程组无解.

当 $a=-1$ 时

$$[\boldsymbol{A}\,\vdots\,\boldsymbol{\beta}]=\left[\begin{array}{cccc:c}1&-1&0&0&1\\0&1&-1&0&-1\\0&0&1&-1&0\\-1&0&0&1&0\end{array}\right]\to\left[\begin{array}{cccc:c}1&-1&0&0&1\\0&1&-1&0&-1\\0&0&1&-1&0\\0&0&0&0&0\end{array}\right]$$

$$\to\left[\begin{array}{cccc:c}1&0&0&-1&0\\&1&0&-1&-1\\&&1&-1&0\\&&&0&0\end{array}\right].$$

$r(\boldsymbol{A})=r(\boldsymbol{A}\,\vdots\,\boldsymbol{\beta})=3<4$，方程组 $\boldsymbol{A}\boldsymbol{x}=\boldsymbol{\beta}$ 有无穷多解，故 $a=-1$ 时，方程组有无穷多解，其通

解为：

$$x=(0,-1,0,0)^{T}+k(1,1,1,1)^{T},k\text{ 为任意常数}$$

21. **解** （Ⅰ）由题意 $A\alpha=-2\alpha$，即

$$\begin{bmatrix}a&-1&1\\-1&0&1\\1&b&0\end{bmatrix}\begin{bmatrix}-1\\-1\\1\end{bmatrix}=-2\begin{bmatrix}-1\\-1\\1\end{bmatrix}\text{得}\begin{cases}-a+1+1=2\\1+0+1=2\\-1-b=-2\end{cases}$$

解出 $a=0,b=1$.

（Ⅱ）由 A 的特征多项式

$$|\lambda E-A|=\begin{vmatrix}\lambda&1&-1\\1&\lambda&-1\\-1&-1&\lambda\end{vmatrix}=\begin{vmatrix}\lambda-1&1-\lambda&0\\1&\lambda&-1\\-1&-1&\lambda\end{vmatrix}$$

$$=(\lambda-1)(\lambda^2+\lambda-2)$$

矩阵 A 的特征值为 $1,1,-2$.

对 $\lambda=1$，由 $(E-A)x=0$

$$\begin{bmatrix}1&1&-1\\1&1&-1\\-1&-1&1\end{bmatrix}\to\begin{bmatrix}1&1&-1\\0&0&0\\0&0&0\end{bmatrix}$$

得基础解系 $\alpha_1=(-1,1,0)^T,\alpha_2=(1,0,1)^T$.

对 $\lambda=-2$，由 $(-2E-A)x=0$

$$\begin{bmatrix}-2&1&-1\\1&-2&-1\\-1&-1&-2\end{bmatrix}\to\begin{bmatrix}1&-2&-1\\0&1&1\\0&0&0\end{bmatrix}\to\begin{bmatrix}1&0&1\\0&1&1\\0&0&0\end{bmatrix}$$

得基础解系 $\alpha_3=(-1,-1,1)^T$.

$$\text{令 }P=(\alpha_1,\alpha_2,\alpha_3)=\begin{bmatrix}-1&1&-1\\1&0&-1\\0&1&1\end{bmatrix},Q=\begin{bmatrix}1&&\\&1&\\&&-2\end{bmatrix}\text{得 }P^{-1}AP=Q.$$

22. **分析** 指数分布的概率密度为

$$f(x)=\begin{cases}\lambda e^{-\lambda x},&x>0\\0,&x\leqslant 0\end{cases}$$

（Ⅰ）$P\{X\leqslant 1\}=\int_{-\infty}^{1}f(x)dx=\int_0^1\lambda e^{-\lambda x}dx=\frac{1}{2}$ 可求出 λ；

（Ⅱ）$P\{X>2\mid X>1\}=\frac{P\{X>2,X>1\}}{P\{X>1\}}=\frac{P\{X>2\}}{P\{X>1\}}=\frac{\int_2^{+\infty}f(x)dx}{\int_1^{+\infty}f(x)dx}$，可以计算数值.

解 （Ⅰ）$P\{X\leqslant 1\}=\int_0^1\lambda e^{-\lambda x}dx=1-e^{-\lambda}=\frac{1}{2},e^{-\lambda}=\frac{1}{2},\lambda=\ln 2.$

（Ⅱ）$P\{X>2\mid X>1\}=\frac{\int_2^{+\infty}\lambda e^{-\lambda x}dx}{\int_1^{+\infty}\lambda e^{-\lambda x}dx}=\frac{e^{-2\lambda}}{e^{-\lambda}}=e^{-\lambda}=\frac{1}{2}.$

评注 在求解指数分布的题时，熟记两个指数分布性质很有好处：

$t>0$ 时，$P\{X>t\}=e^{-\lambda t}$；

$t>0,s>0$ 时，$P\{X>t+s \mid X>s\}=P\{X>t\}=e^{-\lambda t}$.

如果直接用这性质求解本题：

（Ⅰ）$P\{X\leqslant 1\}=1-P\{X>1\}=1-e^{-\lambda}=\dfrac{1}{2},\lambda=\ln 2$.

（Ⅱ）$P\{X>2 \mid X>1\}=P\{X>1\}=\dfrac{1}{2}$.

23. **分析** （Ⅰ）事件$\{X=2Y\}$可以分解成事件$\{X=0,Y=0\}$和$\{X=2,Y=1\}$，然后分别计算.

（Ⅱ）$\mathrm{Cov}(X-Y,Y)=\mathrm{Cov}(X,Y)-\mathrm{Cov}(Y,Y)=EXY-EX\cdot EY-DY$，有了 X 和 Y 的边缘分布，可以求出 EX,EY,DY，再设法找出 XY 的分布，求 EXY.

解 （Ⅰ）$P\{X=2Y\}=P\{X=0,Y=0\}+P\{X=2,Y=1\}=\dfrac{1}{4}+0=\dfrac{1}{4}$.

（Ⅱ）由(X,Y)的概率分布，可得到 X,Y 的边缘分布为

X \ Y	0	1	2	$p_{i\cdot}$
0	$\frac{1}{4}$	0	$\frac{1}{4}$	$\frac{1}{2}$
1	0	$\frac{1}{3}$	0	$\frac{1}{3}$
2	$\frac{1}{12}$	0	$\frac{1}{12}$	$\frac{1}{6}$
$p_{\cdot j}$	$\frac{1}{3}$	$\frac{1}{3}$	$\frac{1}{3}$	

所以 $EX=0\cdot\dfrac{1}{2}+1\cdot\dfrac{1}{3}+2\cdot\dfrac{1}{6}=\dfrac{2}{3}$,

$EY=(0+1+2)\cdot\dfrac{1}{3}=1$,

$DY=EY^2-(EY)^2=(0^2+1^2+2^2)\cdot\dfrac{1}{3}-1^2=\dfrac{2}{3}$.

XY 的概率分布

XY	0	1	4
P	$\frac{7}{12}$	$\frac{1}{3}$	$\frac{1}{12}$

$P\{XY=0\}=P\{X=0\}+P\{X\neq 0,Y=0\}=\dfrac{1}{2}+\dfrac{1}{12}=\dfrac{7}{12}$,

$P\{XY=1\}=P\{X=1,Y=1\}=\dfrac{1}{3}$,

$P\{XY=2\}=0,P\{XY=4\}=\dfrac{1}{12}$.

所以 $EXY=0\cdot\dfrac{7}{12}+1\cdot\dfrac{1}{3}+4\cdot\dfrac{1}{12}=\dfrac{2}{3}$.

总之 $\mathrm{Cov}(X-Y,Y)=EXY-EX\cdot EY-DY=\dfrac{2}{3}-\dfrac{2}{3}-\dfrac{2}{3}=-\dfrac{2}{3}$.

2013年全国硕士研究生招生考试

农学门类联考数学试题答案及解析

一、选择题

1. 答案 D.

解析 这是关于隐函数求导，导数的几何意义的题目.

设方程 $e^{x-y}+3xy-\frac{1}{e}=0$ 确定的隐函数为 $y=y(x)$，则

$$e^{x-y(x)}+3xy(x)-\frac{1}{e}\equiv 0$$

等式两边对自变量 x 求导，

$$e^{x-y(x)}(1-y'(x))+3y(x)+3xy'(x)=0$$

$$y'(x)=-\frac{e^{x-y}+3y}{3x-e^{x-y}}$$

当 $x=0$ 时 $y=1$，所以 $y'(0)=1+3e$，曲线在该点的切线为 $y=(3e+1)x+1$.

2. 答案 A.

解析 $\lim\limits_{x\to 0}\frac{x[f(x)-f(0)]}{\int_0^x tf(t)\mathrm{d}t}=\lim\limits_{x\to 0}\left[\frac{f(x)-f(0)}{x}\cdot\frac{x^2}{\int_0^x tf(t)\mathrm{d}t}\right]$

而由已知条件，

$$\lim_{x\to 0}\frac{f(x)-f(0)}{x}=f'(0)$$

由洛必达法则可知

$$\lim_{x\to 0}\frac{x^2}{\int_0^x tf(t)\mathrm{d}t}=\lim_{x\to 0}\frac{2x}{xf(x)}=\frac{2}{f(0)}$$

所以 $\lim\limits_{x\to 0}\frac{x[f(x)-f(0)]}{\int_0^x tf(t)\mathrm{d}t}=\frac{2f'(0)}{f(0)}$.

3. 答案 C.

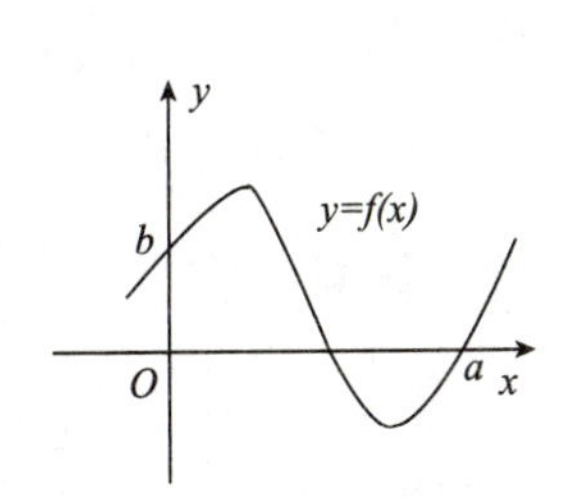

解析 由分部积分法，

$$\int_0^a xf''(x)\mathrm{d}x=\int_0^a x\mathrm{d}f'(x)=xf'(x)\Big|_0^a-\int_0^a f'(x)\mathrm{d}x$$
$$=af'(a)-[f(a)-f(0)]$$

而 $f'(a)=1,f(0)=b,f(a)=0$,所以$\int_0^a xf''(x)\mathrm{d}x=a+b$.

4. **答案** B.

解析 求函数 $f(x,y)=\mathrm{e}^{2x-y}\cos y$ 的偏导数

$$\frac{\partial f}{\partial x}=2\mathrm{e}^{2x-y}\cos y,\frac{\partial f}{\partial y}=-\mathrm{e}^{2x-y}\cos y-\mathrm{e}^{2x-y}\sin y$$

所以在(π,π)点,

$$\mathrm{d}f\Big|_{(\pi,\pi)}=\mathrm{e}^{\pi}(-2\mathrm{d}x+\mathrm{d}y)$$

5. **答案** C.

解析 向量组(Ⅰ)与(Ⅱ)等价$\Leftrightarrow\boldsymbol{\beta}$可由$\boldsymbol{\alpha}_1,\boldsymbol{\alpha}_2,\cdots,\boldsymbol{\alpha}_m$线性表示

$\Leftrightarrow$方程组 $x_1\boldsymbol{\alpha}_1+x_2\boldsymbol{\alpha}_2+\cdots+x_m\boldsymbol{\alpha}_m=\boldsymbol{\beta}$有解

$\Leftrightarrow r(\text{Ⅰ})=r(\text{Ⅱ})$.

6. **答案** D.

解析 按第1列展开,有

$$\begin{vmatrix}1&1&0&0\\0&2&2&0\\0&0&3&3\\4&0&0&4\end{vmatrix}=1\cdot\begin{vmatrix}2&2&0\\0&3&3\\0&0&4\end{vmatrix}+4(-1)^{4+1}\begin{vmatrix}1&0&0\\2&2&0\\0&3&3\end{vmatrix}=24-24=0$$

7. **答案** D.

解析 已知 $P(B\mid A)=\dfrac{P(AB)}{P(A)}=\dfrac{1}{2}$,又已知 $P(A)=\dfrac{1}{4}$,所以

$$P(AB)=P(A)P(B\mid A)=\frac{1}{4}\times\frac{1}{2}=\frac{1}{8}$$

又 $P(A\mid B)=\dfrac{P(AB)}{P(B)}=\dfrac{1}{3}$,所以 $P(B)=\dfrac{\frac{1}{8}}{\frac{1}{3}}=\dfrac{3}{8}$.

总之,$P(A\cup B)=P(A)+P(B)-P(AB)=\dfrac{1}{4}+\dfrac{3}{8}-\dfrac{1}{8}=\dfrac{1}{2}$.

评注 其实在计算出 $P(B)=\dfrac{3}{8}$ 时,就可直接选(D).因为 $P(A\cup B)>P(B)=\dfrac{3}{8}$.只能有(D).

8. **答案** B.

解析 $ET=E\left[\dfrac{1}{n}\sum\limits_{i=1}^{n}(X_{i+1}-X_i)^2\right]=\dfrac{1}{n}\sum\limits_{i=1}^{n}E(X_{i+1}-X_i)^2$

$=\dfrac{1}{n}\sum\limits_{i=1}^{n}E(X_{i+1}^2-2X_iX_{i+1}+X_i^2)$

$$=\frac{1}{n}\sum_{i=1}^{n}[E(X_{i+1}^2)-2EX_i\cdot EX_{i+1}+E(X_i^2)]$$

$$=\frac{1}{n}\sum_{i=1}^{n}[DX_{i+1}+(EX_{i+1})^2-2\lambda^2+DX_i+(EX_i)^2]$$

$$=\frac{1}{n}\sum_{i=1}^{n}(\lambda+\lambda^2-2\lambda^2+\lambda+\lambda^2)=2\lambda.$$

二、填空题

9. **答案** 6.

解析 $\lim\limits_{x\to0^-}f(x)=\lim\limits_{x\to0^-}\frac{\sin kx}{3x}=\frac{k}{3}$

$\lim\limits_{x\to0^+}f(x)=\lim\limits_{x\to0^+}[e^{-3x}+\cos 3x]=2$

要使函数 $f(x)$ 在 $x=0$ 点连续，则必须有 $\lim\limits_{x\to0^-}f(x)=\lim\limits_{x\to0^+}f(x)$，故 $k=6$.

10. **答案** $\frac{x^3}{3}$.

解析 记 $\sqrt{3x-1}=u$，则 $f'(u)=u^2$，$f(u)=\frac{u^3}{3}+C$.

由条件 $f(0)=0$ 可得 $C=0$，$f(u)=\frac{u^3}{3}$.

11. **答案** $2\sqrt{2}$.

解析 平面图形的面积

$$S=\int_0^{\pi}|\sin x-\cos x|\mathrm{d}x=\int_0^{\frac{\pi}{4}}(\cos x-\sin x)\mathrm{d}x+\int_{\frac{\pi}{4}}^{\pi}(\sin x-\cos x)\mathrm{d}x=2\sqrt{2}$$

12. **答案** $\frac{-1}{e^2+2}$.

解析

$$\frac{\partial z}{\partial y}=-\frac{1}{(e^{x+y}+2y)^2}\cdot(e^{x+y}+2)$$

所以 $\left.\frac{\partial z}{\partial y}\right|_{(1,1)}=-\frac{1}{e^2+2}$.

13. **答案** 1.

解析 $\boldsymbol{A}$ 和 $\boldsymbol{B}$ 等价 $\Leftrightarrow r(\boldsymbol{A})=r(\boldsymbol{B})$.

因 $\boldsymbol{A}=\begin{bmatrix}1&-1&1\\2&3&0\\3&2&a\end{bmatrix}$ 中有 2 阶子式 $\begin{vmatrix}1&-1\\2&3\end{vmatrix}\neq0$，

故 $r(\boldsymbol{A})=2\Leftrightarrow|\boldsymbol{A}|=\begin{vmatrix}1&-1&1\\2&3&0\\3&2&a\end{vmatrix}=5(a-1)=0$.

可见 $a=1$ 时 $r(\boldsymbol{A})=r(\boldsymbol{B})$.

14. **答案** $\frac{1}{64}$.

解析 每掷骰子一次得不是偶数点的概率应为$\frac{3}{6}=\frac{1}{2}$,或若更简单理解,投一次骰子就两个等可能结果——奇数、偶数,概率均为$\frac{1}{2}$,投各次所得的奇偶性是相互独立的.

(方法一) 设A——前4次没有出现偶数,B——前10次没出现偶数.

显然$A\supset B$. $P(B\mid A)=\frac{P(AB)}{P(A)}=\frac{P(B)}{P(A)}=\frac{\left(\frac{1}{2}\right)^{10}}{\left(\frac{1}{2}\right)^{4}}=\left(\frac{1}{2}\right)^{6}=\frac{1}{64}$.

(方法二) 前4次没出现偶数点这事件,对后6次没出现偶数点的概率没影响,所以前4次没出现偶数条件下,前10次均没出现偶数,概率等价于前4次没出现偶数条件下,后6次没出现偶数的概率,就等于后6次没出现偶数的概率:$\left(\frac{1}{2}\right)^{6}=\frac{1}{64}$.

三、解答题

15. **分析** $\infty-\infty$型不定式的极限,洛必达法则.

解 由等价无穷小替换及洛必达法则

$$\begin{aligned}\lim_{x\to0}\left(\frac{1}{\ln(1+2x)}-\frac{1}{\sin 2x}\right)&=\lim_{x\to0}\frac{\sin 2x-\ln(1+2x)}{\sin 2x\cdot\ln(1+2x)}=\lim_{x\to0}\frac{\sin 2x-\ln(1+2x)}{2x\cdot 2x}\\&=\lim_{x\to0}\frac{2\cos 2x-\frac{2}{1+2x}}{8x}=\lim_{x\to0}\frac{(1+2x)\cos 2x-1}{4x(1+2x)}\\&=\lim_{x\to0}\frac{(1+2x)\cos 2x-1}{4x}=\lim_{x\to0}\frac{2\cos 2x-2(1+2x)\sin 2x}{4}\\&=\frac{1}{2}.\end{aligned}$$

16. **分析** 二阶导数求曲线的凹凸区间及拐点,曲线渐近线的求法.

解 $f'(x)=-xe^{-\frac{x^2}{2}}$,$f''(x)=(x^2-1)e^{-\frac{x^2}{2}}$,所以$(-\infty,-1)$,$(1,+\infty)$为曲线的凹区间,$(-1,1)$为曲线的凸区间,拐点为$(-1,e^{-\frac{1}{2}}+1)$及$(1,e^{-\frac{1}{2}}+1)$.

$\lim\limits_{x\to\infty}f(x)=1$,所以曲线$y=f(x)$的渐近线为$y=1$.

17. **分析** 变量代换法和分部积分法求定积分.

解 令$x=\sin t$,则当$x=0$时$t=0$;当$x=\frac{1}{2}$时$t=\frac{\pi}{6}$.

$$\int_0^{\frac{1}{2}}\frac{x\arcsin x}{\sqrt{1-x^2}}dx=\int_0^{\frac{\pi}{6}}\frac{\sin t\cdot t}{\cos t}\cdot\cos t dt=\int_0^{\frac{\pi}{6}}t\sin t dt$$

由分部积分法,

$$\int_0^{\frac{\pi}{6}}t\sin t dt=-\int_0^{\frac{\pi}{6}}t d\cos t=-t\cos t\Big|_0^{\frac{\pi}{6}}+\int_0^{\frac{\pi}{6}}\cos t dt=\frac{1}{2}-\frac{\sqrt{3}}{12}\pi$$

故$\int_0^{\frac{1}{2}} \frac{x\arcsin x}{\sqrt{1-x^2}}dx = \frac{1}{2} - \frac{\sqrt{3}}{12}\pi$.

18. **分析** 二重积分化为二次积分,二次积分的计算.

解 (方法一)
$$\iint\limits_D (x-1)y\,dx\,dy = \int_0^1 dy \int_{1-y}^{1+\sqrt{y}} (x-1)y\,dx$$
$$= \int_0^1 \frac{1}{2}y(y-y^2)dy = \frac{1}{24}$$

(方法二)
$$\iint\limits_D (x-1)y\,dx\,dy = \int_0^1 dx \int_{1-x}^1 (x-1)y\,dy + \int_1^2 dx \int_{(x-1)^2}^1 (x-1)y\,dy$$
$$= \int_0^1 \frac{1}{2}(x-1)[1-(1-x)^2]dx + \int_1^2 \frac{1}{2}(x-1)[1-(x-1)^4]dx$$
$$= \frac{1}{24}.$$

19. **分析** 函数的可导性,微分方程求解.

解 令 $x = y = 0$ 可得
$$f(0) = 2f(0)$$
所以 $f(0) = 0$. 令 $y = \Delta x$,则由已知条件,
$$f(x+\Delta x) = e^{\Delta x}f(x) + e^x f(\Delta x)$$
$$\frac{f(x+\Delta x)-f(x)}{\Delta x} = \frac{e^{\Delta x}-1}{\Delta x}f(x) + e^x\frac{f(\Delta x)-f(0)}{\Delta x}$$
而$\lim\limits_{\Delta x\to 0}\frac{e^{\Delta x}-1}{\Delta x} = 1$, $\lim\limits_{\Delta x\to 0}\frac{f(\Delta x)-f(0)}{\Delta x} = f'(0) = e$,故
$$\lim_{\Delta x\to 0}\frac{f(x+\Delta x)-f(x)}{\Delta x} = f(x) + e^{x+1}$$
即 $f(x)$ 可导,且 $f'(x) = f(x) + e^{x+1}$. 解此微分方程得 $f(x) = Ce^x + xe^{x+1}$.

由条件 $f'(0) = e$ 得 $C = 0$,所以 $f(x) = xe^{x+1}$.

20. **解** (Ⅰ)对增广矩阵作初等行变换,有
$$\left[\begin{array}{cccc:c} 1 & -1 & 2 & 1 & 1 \\ 2 & -1 & 1 & 2 & 3 \\ 1 & 0 & -1 & 1 & 2 \\ 3 & -1 & 0 & 3 & 5 \end{array}\right] \to \left[\begin{array}{cccc:c} 1 & -1 & 2 & 1 & 1 \\ 0 & 1 & -3 & 0 & 1 \\ 0 & 0 & 0 & 0 & 0 \\ 0 & 0 & 0 & 0 & 0 \end{array}\right] \to \left[\begin{array}{cccc:c} 1 & 0 & -1 & 1 & 2 \\ 0 & 1 & -3 & 0 & 1 \\ 0 & 0 & 0 & 0 & 0 \\ 0 & 0 & 0 & 0 & 0 \end{array}\right]$$
得方程组通解
$$\boldsymbol{x} = (2,1,0,0)^T + k_1(1,3,1,0)^T + k_2(-1,0,0,1)^T, k_1, k_2 \text{ 为任意常数}$$
(Ⅱ)如 $x_1 = x_2$ 即 $2+k_1-k_2 = 1+3k_1$ 得 $k_2 = 1-2k_1$,
$$\boldsymbol{x} = (1,1,0,1)^T + k(3,3,1,-2)^T, k \text{ 为任意常数}$$

21. **解** （Ⅰ）由 $\boldsymbol{A}$ 的特征多项式

$$|\lambda\boldsymbol{E}-\boldsymbol{A}|=\begin{vmatrix}\lambda-1 & -2 & 0\\ -2 & \lambda-1 & 0\\ 0 & 0 & \lambda+1\end{vmatrix}=(\lambda-3)(\lambda+1)^2$$

矩阵 $\boldsymbol{A}$ 的特征值:3,−1,−1.

对 $\lambda=3$,由 $(3\boldsymbol{E}-\boldsymbol{A})\boldsymbol{x}=\boldsymbol{0}$

$$\begin{bmatrix}2 & -2 & 0\\ -2 & 2 & 0\\ 0 & 0 & 4\end{bmatrix}\to\begin{bmatrix}1 & -1 & 0\\ 0 & 0 & 1\\ 0 & 0 & 0\end{bmatrix}$$

得基础解系 $\boldsymbol{\alpha}_1=(1,1,0)^{\mathrm{T}}$.

对 $\lambda=-1$,由 $(-\boldsymbol{E}-\boldsymbol{A})\boldsymbol{x}=\boldsymbol{0}$

$$\begin{bmatrix}-2 & -2 & 0\\ -2 & -2 & 0\\ 0 & 0 & 0\end{bmatrix}\to\begin{bmatrix}1 & 1 & 0\\ 0 & 0 & 0\\ 0 & 0 & 0\end{bmatrix}$$

得基础解系 $\boldsymbol{\alpha}_2=(-1,1,0)^{\mathrm{T}},\boldsymbol{\alpha}_3=(0,0,1)^{\mathrm{T}}$.

$$\text{令 }\boldsymbol{P}=(\boldsymbol{\alpha}_1,\boldsymbol{\alpha}_2,\boldsymbol{\alpha}_3)=\begin{bmatrix}1 & -1 & 0\\ 1 & 1 & 0\\ 0 & 0 & 1\end{bmatrix},\boldsymbol{\Lambda}=\begin{bmatrix}3 & & \\ & -1 & \\ & & -1\end{bmatrix}.$$

有 $\boldsymbol{P}^{-1}\boldsymbol{A}\boldsymbol{P}=\boldsymbol{\Lambda}$.

（Ⅱ）因 $\boldsymbol{P}^{-1}\boldsymbol{A}\boldsymbol{P}=\boldsymbol{\Lambda}$ 有 $\boldsymbol{P}^{-1}\boldsymbol{A}^{101}\boldsymbol{P}=\boldsymbol{\Lambda}^{101}$,

$$\boldsymbol{A}^{101}=\boldsymbol{P}\boldsymbol{\Lambda}^{101}\boldsymbol{P}^{-1}=\begin{bmatrix}1 & -1 & 0\\ 1 & 1 & 0\\ 0 & 0 & 1\end{bmatrix}\begin{bmatrix}3^{101} & & \\ & -1 & \\ & & -1\end{bmatrix}\cdot\frac{1}{2}\begin{bmatrix}1 & 1 & 0\\ -1 & 1 & 0\\ 0 & 0 & 2\end{bmatrix}$$

$$=\frac{1}{2}\begin{bmatrix}3^{101}-1 & 3^{101}+1 & 0\\ 3^{101}+1 & 3^{101}-1 & 0\\ 0 & 0 & -2\end{bmatrix}.$$

22. **分析** （Ⅰ）求 (X,Y) 的概率分布,首先确定 X 取值范围为 0,1,2. 其次 Y 的取值范围为 1,2,3. 特别注意到 $X+Y=3$,总共 3 件优质品,不是取出就是留下,所以有

X \ Y	1	2	3
0	0	0	p_1
1	0	p_2	0
2	p_3	0	0

,分布中仅有三个不为零的概率,实际上就是 X 的边缘分布.

（Ⅱ）$\mathrm{Cov}(X,Y)$ 可以用公式:$\mathrm{Cov}(X,Y)=EXY-EXEY$,通过求 EX,EY,EXY 来计算,也可以利用 $X+Y=3$,即 $Y=3-X$ 有

$\mathrm{Cov}(X,Y)=\mathrm{Cov}(X,3-X)=\mathrm{Cov}(X,3)-\mathrm{Cov}(X,X)=-DX$ 这样计算更简单.

解 （Ⅰ）X 取值为 $0,1,2,Y=3-X$，取值为 $1,2,3$. 所以

X \ Y	1	2	3	
0	0	0	p_1	p_1
1	0	p_2	0	p_2
2	p_3	0	0	p_3

$$p_1=P\{X=0\}=\frac{C_2^2}{C_5^2}=\frac{1}{10};$$

$$p_2=P\{X=1\}=\frac{C_2^1C_3^1}{C_5^2}=\frac{3}{5};$$

$$p_3=P\{X=2\}=\frac{C_3^2}{C_5^2}=\frac{3}{10}.$$

(X,Y) 的概率分布为

X \ Y	1	2	3
0	0	0	$\frac{1}{10}$
1	0	$\frac{3}{5}$	0
2	$\frac{3}{10}$	0	0

.

（Ⅱ）$\mathrm{Cov}(X,Y)=\mathrm{Cov}(X,3-X)=\mathrm{Cov}(X,3)-\mathrm{Cov}(X,X)=-DX$

X 的概率分布为

X	0	1	2
P	$\frac{1}{10}$	$\frac{3}{5}$	$\frac{3}{10}$

.

$$EX=1\cdot\frac{3}{5}+2\cdot\frac{3}{10}=\frac{6}{5},EX^2=1^2\cdot\frac{3}{5}+2^2\cdot\frac{3}{10}=\frac{9}{5},$$

$$DX=EX^2-(EX)^2=\frac{9}{5}-\frac{36}{25}=\frac{9}{25}.$$

总之 $\mathrm{Cov}(X,Y)=-\frac{9}{25}$.

23. **分析** （Ⅰ）$f(x)=F'(x)$.

（Ⅱ）$P\{|X|>1\}=P\{X<-1\}+P\{X>1\}=P\{X>1\}=1-P\{X\leqslant1\}=1-F(1)$，

或者 $P\{|X|\}>1\}=P\{X<-1\}+P\{X>1\}=P\{X>1\}=\int_1^{+\infty}f(x)\mathrm{d}x$.

（Ⅲ）$E(\mathrm{e}^{-X})=\int_{-\infty}^{+\infty}\mathrm{e}^{-x}f(x)\mathrm{d}x$.

解 （Ⅰ）$f(x)=F'(x)=\begin{cases}x\mathrm{e}^{-x}, & x\geqslant0,\\ 0, & x<0.\end{cases}$

（Ⅱ）$P\{|X|>1\}=1-F(1)=1-[1-(1+1)\mathrm{e}^{-1}]=2\mathrm{e}^{-1}$.

（Ⅲ）$E(\mathrm{e}^{-X})=\int_{-\infty}^{+\infty}\mathrm{e}^{-x}f(x)\mathrm{d}x=\int_0^{+\infty}x\mathrm{e}^{-2x}\mathrm{d}x=\frac{1}{4}$.

2014 年全国硕士研究生招生考试

农学门类联考数学试题答案及解析

一、选择题

1. **答案** A.

解析 $f'(x)=\mathrm{e}^{-f(x)},f''(x)=-\mathrm{e}^{-f(x)}f'(x)=-\mathrm{e}^{-2f(x)}$.

假设 $n\geqslant 2$ 时 $f^{(n-1)}(x)=(-1)^{n-2}(n-2)!\mathrm{e}^{-(n-1)f(x)}$，则

$$\begin{aligned}f^{(n)}(x)&=(-1)^{n-2}(n-2)!(\mathrm{e}^{-(n-1)f(x)})'\\&=(-1)^{n-1}(n-1)!\mathrm{e}^{-(n-1)f(x)}f'(x)\\&=(-1)^{n-1}(n-1)!\mathrm{e}^{-nf(x)}\end{aligned}$$

所以 $f^{(n)}(0)=(-1)^{n-1}(n-1)!\mathrm{e}^{-nf(0)}=(-1)^{n-1}(n-1)!$.

2. **答案** B.

解析 令 $x=a$，则由已知条件可得

$$f''(a)=2f'(a)+\int_a^{a+1}\mathrm{e}^{-kt}\mathrm{d}t=\int_a^{a+1}\mathrm{e}^{-kt}\mathrm{d}t>0$$

所以 $f(x)$ 在 $x=a$ 处取得极小值.

3. **答案** B.

解析 求偏导数

$$\frac{\partial f}{\partial x}=-\sin\frac{x}{y}\cdot\frac{1}{y}$$

$$\frac{\partial f}{\partial y}=-\sin\frac{x}{y}\cdot\left(-\frac{x}{y^2}\right)$$

所以在$(\pi,2)$点的全微分为 $-\frac{1}{4}(2\mathrm{d}x-\pi\mathrm{d}y)$.

4. **答案** B.

解析 记 $f(x,y)=\frac{1}{2+\cos^2x+\cos^2y}$，则当$(x,y)\in\{(x,y)\mid|x|+|y|\leqslant 1\}$时

$$\frac{1}{4}<f(x,y)<\frac{1}{2}$$

由二次积分中值定理得：存在$(\xi,\eta)\in\{(x,y)\mid|x|+|y|\leqslant 1\}$使得

$$\iint\limits_{|x|+|y|\leqslant 1}\frac{1}{2+\cos^2x+\cos^2y}\mathrm{d}x\mathrm{d}y=f(\xi,\eta)\iint\limits_{|x|+|y|\leqslant 1}1\mathrm{d}x\mathrm{d}y=2f(\xi,\eta)$$

所以$\frac{1}{2}<\iint\limits_{|x|+|y|\leqslant 1}\frac{1}{2+\cos^2x+\cos^2y}\mathrm{d}x\mathrm{d}y<1$.

5. **答案** D.

解析 由观察法易见

$(\boldsymbol{\alpha}_1+\boldsymbol{\alpha}_2)-(\boldsymbol{\alpha}_2-\boldsymbol{\alpha}_3)-(\boldsymbol{\alpha}_3+\boldsymbol{\alpha}_1)=\mathbf{0}$

$(\boldsymbol{\alpha}_1+\boldsymbol{\alpha}_2)-(\boldsymbol{\alpha}_2+\boldsymbol{\alpha}_3)+(\boldsymbol{\alpha}_3-\boldsymbol{\alpha}_1)=\mathbf{0}$

$(\boldsymbol{\alpha}_1-\boldsymbol{\alpha}_2)+(\boldsymbol{\alpha}_2-\boldsymbol{\alpha}_3)+(\boldsymbol{\alpha}_3-\boldsymbol{\alpha}_1)=\mathbf{0}$

知(A),(B),(C) 均线性相关,故应选(D).

或直接地

$$(\boldsymbol{\alpha}_1+\boldsymbol{\alpha}_2,\boldsymbol{\alpha}_2-\boldsymbol{\alpha}_3,\boldsymbol{\alpha}_3-\boldsymbol{\alpha}_1)=(\boldsymbol{\alpha}_1,\boldsymbol{\alpha}_2,\boldsymbol{\alpha}_3)\begin{bmatrix}1&0&-1\\1&1&0\\0&-1&1\end{bmatrix}$$

由于$\begin{vmatrix}1&0&-1\\1&1&0\\0&-1&1\end{vmatrix}=2\neq 0$,矩阵$\begin{bmatrix}1&0&-1\\1&1&0\\0&-1&1\end{bmatrix}$可逆.

从而 $r(\boldsymbol{\alpha}_1+\boldsymbol{\alpha}_2,\boldsymbol{\alpha}_2-\boldsymbol{\alpha}_3,\boldsymbol{\alpha}_3-\boldsymbol{\alpha}_1)=r(\boldsymbol{\alpha}_1,\boldsymbol{\alpha}_2,\boldsymbol{\alpha}_3)=3$.

6. **答案** B.

解析 本题考查矩阵的初等变换,初等矩阵的基础知识.

由已知条件$\begin{bmatrix}-1&0\\0&1\end{bmatrix}\boldsymbol{A}=\boldsymbol{B}$得

$$\boldsymbol{B}^{-1}=\left(\begin{bmatrix}-1&0\\0&1\end{bmatrix}\boldsymbol{A}\right)^{-1}=\boldsymbol{A}^{-1}\begin{bmatrix}-1&0\\0&1\end{bmatrix}^{-1}=\boldsymbol{A}^{-1}\begin{bmatrix}-1&0\\0&1\end{bmatrix}$$

故应选(B).

7. **答案** C.

解析 $D(X-0.7)=DX=EX^2-(EX)^2$,X 的概率分布具有对称性,所以 $EX=0$,
$EX^2=(-2)^2\times 0.1+(-1)^2\times 0.3+1^2\times 0.3+2^2\times 0.1=0.4+0.3+0.3+0.4=1.4$,
$D(X-0.7)=1.4$.

8. **答案** A.

解析 $X\sim P(\lambda)$,所以 $EX=\lambda,DX=\lambda$.

$$E\overline{X}=\frac{1}{n}\sum_{i=1}^{n}EX_i=\lambda,D\overline{X}=D\left(\frac{1}{n}\sum_{i=1}^{n}X_i\right)=\frac{1}{n^2}\sum_{i=1}^{n}DX_i=\frac{\lambda}{n},$$

$$ET=E(a\overline{X})+E(\overline{X})^2=aE\overline{X}+D(\overline{X})+(E\overline{X})^2=a\lambda+\frac{\lambda}{n}+\lambda^2=\lambda^2,$$

解得 $a=-\frac{1}{n}$. 选(A).

二、填空题

9. **答案** 2.

解析 $\lim\limits_{x\to 0}\frac{\ln(1-2x^2)}{x(1-e^{kx})}=\lim\limits_{x\to 0}\frac{-2x^2}{x\cdot(-kx)}=\frac{2}{k}=1$,故 $k=2$.

10. **答案** 0.

解析 函数 $f(x)=\frac{1-\cos x}{x(x+1)\sin x}$ 可能的间断点为 $x=-1,0,n\pi(n=\pm 1,\pm 2,\cdots)$.

$$\lim_{x\to 0}\frac{1-\cos x}{x(x+1)\sin x}=\lim_{x\to 0}\frac{\frac{x^2}{2}}{x^2(x+1)}=\frac{1}{2}$$

在其余点,极限不存在,所以函数 $f(x)=\frac{1-\cos x}{x(x+1)\sin x}$ 的可去间断点为 $x=0$.

11. **答案** $e-e^3$.

解析 设由方程 $xy^2-\ln(x+1)+\ln y=1$ 确定的隐函数为 $y=y(x)$,则

$$xy^2(x)-\ln(x+1)+\ln y(x)\equiv 1$$

等式两边同时对 x 求导,

$$y^2(x)+2xy(x)y'(x)-\frac{1}{x+1}+\frac{1}{y(x)}y'(x)=0$$

当 $x=0$ 时 $y=e$,所以 $y'(x)=e-e^3$.

12. **答案** $\frac{1}{2}$.

解析 令 $t=x^2$,

$$\int_0^{+\infty}x^3e^{-x^2}dx=\frac{1}{2}\int_0^{+\infty}te^{-t}dt=-\frac{1}{2}\int_0^{+\infty}tde^{-t}=-\frac{1}{2}te^{-t}\Big|_0^{+\infty}+\frac{1}{2}\int_0^{+\infty}e^{-t}dt=\frac{1}{2}$$

13. **答案** -1.

解析 由 $|\boldsymbol{A}|=\prod\lambda_i$,知 $|\boldsymbol{A}|=1\times 2=2$.

$|\boldsymbol{A}-3\boldsymbol{A}^{-1}|=|\boldsymbol{EA}-3\boldsymbol{A}^{-1}|=|\boldsymbol{A}^{-1}(\boldsymbol{A}^2-3\boldsymbol{E})|=|\boldsymbol{A}^{-1}|\times|\boldsymbol{A}^2-3\boldsymbol{E}|$

因矩阵 $\boldsymbol{A}$ 的特征值为1,2,知 $\boldsymbol{A}^2$ 的特征值为1,4,故 $\boldsymbol{A}^2-3\boldsymbol{E}$ 的特征值为 -2,1,

所以 $|\boldsymbol{A}-3\boldsymbol{A}^{-1}|=\frac{1}{2}\times(-2)=-1$.

14. **答案** $\frac{63}{64}$.

解析 记事件 $\{X\leqslant\frac{1}{2}\}$ 为 A,则 $P(A)=P\{X\leqslant\frac{1}{2}\}=\int_{-\infty}^{\frac{1}{2}}f(x)dx=\int_0^{\frac{1}{2}}2xdx=\frac{1}{4}$.

Y 即为3次独立重复试验中事件 A 发生的次数,所以 $Y\sim B(3,\frac{1}{4})$.

$P\{Y\leqslant 2\}=1-P\{Y=3\}=1-\left(\frac{1}{4}\right)^3=\frac{63}{64}$.

三、解答题

15. **分析** 曲线的拐点及导数的几何意义.

解 $y'=3x^2+4x+1$,$y''=6x+4$.令 $y''=0$ 解得 $x=-\frac{2}{3}$.

当 $x<-\frac{2}{3}$ 时 $y''<0$;当 $x>-\frac{2}{3}$ 时 $y''>0$,所以 $\left(-\frac{2}{3},-\frac{2}{27}+c\right)$ 是曲线的拐点.

$y'\left(-\frac{2}{3}\right)=-\frac{1}{3}$,而曲线在拐点处的切线过原点,所以

$$\frac{-\frac{2}{27}+c}{-\frac{2}{3}}=-\frac{1}{3}$$

$$c=\frac{8}{27}$$

16. **分析** $\frac{0}{0}$ 型不定式求极限,等价无穷小替换,洛必达法则.

解 因为 $1-\cos x\sim\frac{x^2}{2}$,$x\to 0$,

$$\lim_{x\to 0}\frac{e^x\sin x-x(x^2+1)}{\cos x-\cos^2 x}=\lim_{x\to 0}\frac{e^x\sin x-x(x^2+1)}{\cos x(1-\cos x)}=2\lim_{x\to 0}\frac{e^x\sin x-x(x^2+1)}{x^2}$$
$$=2\lim_{x\to 0}\frac{e^x\sin x+e^x\cos x-3x^2-1}{2x}$$
$$=\lim_{x\to 0}(2e^x\cos x-6x)=2$$

17. **分析** 复合函数求二阶偏导数.

解 因为 f 具有 2 阶连续偏导数，所以 $f''_{12}=f''_{21}$，且复合函数 $z=f(x-y^2,x^2\sin\pi y)$ 关于自变量(x,y) 具有 2 阶连续偏导数，$\dfrac{\partial^2 z}{\partial x\partial y}=\dfrac{\partial^2 z}{\partial y\partial x}$.

$$\frac{\partial z}{\partial x}=f'_1(x-y^2,x^2\sin\pi y)+f'_2(x-y^2,x^2\sin\pi y)\cdot 2x\sin\pi y$$
$$\begin{aligned}\frac{\partial^2 z}{\partial x\partial y}=\frac{\partial^2 z}{\partial y\partial x}=&f''_{11}(x-y^2,x^2\sin\pi y)\cdot(-2y)+f''_{12}(x-y^2,x^2\sin\pi y)\cdot(\pi x^2\cos\pi y)+\\&f''_{21}(x-y^2,x^2\sin\pi y)\cdot(-2y)(2x\sin\pi y)+\\&f''_{22}(x-y^2,x^2\sin\pi y)\cdot(\pi x^2\cos\pi y)\cdot 2x\sin\pi y+\\&f'_2(x-y^2,x^2\sin\pi y)\cdot 2\pi x\cos\pi y\end{aligned}$$

所以

$$\left.\frac{\partial^2 z}{\partial x\partial y}\right|_{(1,1)}=-2f''_{11}(0,0)-\pi f''_{12}(0,0)-2\pi f'_2(0,0)$$

18. **分析** 分部积分法求不定积分，令 $t=1+x^2$.

解
$$\int\frac{x\ln(1+x^2)}{(1+x^2)^2}dx=\frac{1}{2}\int\frac{\ln(1+x^2)}{(1+x^2)^2}d(1+x^2)=\frac{1}{2}\int\frac{\ln t}{t^2}dt$$
$$=-\frac{1}{2}\int\ln t\,d\frac{1}{t}=-\frac{\ln t}{2t}+\frac{1}{2}\int\frac{dt}{t^2}=-\frac{\ln t}{2t}-\frac{1}{2t}+C$$
$$=-\frac{\ln(1+x^2)+1}{2(1+x^2)}+C.$$

19. **分析** 微分方程初值问题求解，曲线的渐近线.

解 (Ⅰ) 本题的微分方程为变量可分离型方程，

$$\frac{dy}{e^y+e^{-y}+2}=\frac{dx}{(x+2)^2}$$
$$\frac{e^y dy}{(e^y+1)^2}=\frac{dx}{(x+2)^2}$$

两边同时积分得

$$\frac{1}{e^y+1}=\frac{1}{x+2}+C$$

由初始条件可得 $C=0$，所以 $y=\ln(x+1)$.

(Ⅱ) 曲线 $y=\ln(x+1)$ 不存在水平渐近线，存在铅直渐近线 $x=-1$.

20. **解** 对$(\boldsymbol{A}\mid\boldsymbol{B})$作初等行变换，

$$[\boldsymbol{A}\mid\boldsymbol{B}]=\left[\begin{array}{ccc:cc}1&-1&-1&0&-2\\-1&2&3&1&6\\0&1&2&1&a\\0&-1&1&-1&5\end{array}\right]\to\left[\begin{array}{ccc:cc}1&-1&-1&0&-2\\0&1&2&1&4\\0&1&2&1&a\\0&-1&1&-1&5\end{array}\right]$$

$$\rightarrow\left[\begin{array}{ccc:cc}1 & -1 & -1 & 0 & -2 \\ 0 & 1 & 2 & 1 & 4 \\ 0 & 0 & 1 & 0 & 3 \\ 0 & 0 & 0 & 0 & a-4\end{array}\right].$$

可见 $a=4$ 时，$\boldsymbol{AX}=\boldsymbol{B}$ 有解，且是唯一解.

$$[\boldsymbol{A}\mid\boldsymbol{B}]\rightarrow\left[\begin{array}{ccc:cc}1 & 0 & 0 & 1 & -1 \\ 0 & 1 & 0 & 1 & -2 \\ 0 & 0 & 1 & 0 & 3 \\ 0 & 0 & 0 & 0 & 0\end{array}\right] \text{故 } \boldsymbol{X}=\begin{bmatrix}1 & -1 \\ 1 & -2 \\ 0 & 3\end{bmatrix}.$$

21. **解** （Ⅰ）由 $\boldsymbol{A}$ 的特征多项式

$$|\lambda\boldsymbol{E}-\boldsymbol{A}|=\begin{vmatrix}\lambda & -2 & -1 \\ 0 & \lambda-1 & 0 \\ -1 & -a & \lambda\end{vmatrix}=(\lambda-1)^2(\lambda+1)$$

得 $\boldsymbol{A}$ 的特征值为 $1,1,-1$.

因 $\boldsymbol{A}\sim\boldsymbol{\Lambda}\Leftrightarrow\lambda=1$ 必有 2 个线性无关的特征向量

$\Leftrightarrow$ 齐次方程组 $(\boldsymbol{E}-\boldsymbol{A})\boldsymbol{x}=\boldsymbol{0}$ 有 2 个线性无关的解

$\Leftrightarrow$ 秩 $r(\boldsymbol{E}-\boldsymbol{A})=1$

$$\boldsymbol{E}-\boldsymbol{A}=\begin{bmatrix}1 & -2 & -1 \\ 0 & 0 & 0 \\ -1 & -a & 1\end{bmatrix}\rightarrow\begin{bmatrix}1 & -2 & -1 \\ 0 & 0 & 0 \\ 0 & -a-2 & 0\end{bmatrix}$$

所以 $a=-2$.

（Ⅱ）当 $a=-2$ 时，由 $(\boldsymbol{E}-\boldsymbol{A})\boldsymbol{x}=\boldsymbol{0}$ 得基础解系

$$\boldsymbol{\alpha}_1=(2,1,0)^{\mathrm{T}},\boldsymbol{\alpha}_2=(1,0,1)^{\mathrm{T}}$$

由 $(-\boldsymbol{E}-\boldsymbol{A})\boldsymbol{x}=\boldsymbol{0}$ 得基础解系

$$\boldsymbol{\alpha}_3=(-1,0,1)^{\mathrm{T}}$$

那么令 $\boldsymbol{P}=(\boldsymbol{\alpha}_1,\boldsymbol{\alpha}_2,\boldsymbol{\alpha}_3)=\begin{bmatrix}2 & 1 & -1 \\ 1 & 0 & 0 \\ 0 & 1 & 1\end{bmatrix}$ 得

$$\boldsymbol{P}^{-1}\boldsymbol{AP}=\boldsymbol{\Lambda}=\begin{bmatrix}1 & & \\ & 1 & \\ & & -1\end{bmatrix}$$

22. **分析** （Ⅰ）Y 是离散型随机变量，其概率分布应为

Y	-1	1
P	$P\{X<0\}$	$P\{X\geqslant 0\}$

而 $P\{X<0\}=\int_{-\infty}^{0}f(x)\mathrm{d}x,P\{X\geqslant 0\}=\int_{0}^{+\infty}f(x)\mathrm{d}x$.

（Ⅱ）$\mathrm{Cov}(X,Y)=EXY-EX\cdot EY,EX=\int_{-\infty}^{+\infty}xf(x)\mathrm{d}x,EY=P\{X\geqslant 0\}-P\{X<0\}$.

$XY=\begin{cases}X\cdot 1, & X\geqslant 0,\\ X\cdot(-1), & X<0.\end{cases}$ 所以 $XY=|X|$,

$$EXY=E|X|=\int_{-\infty}^{+\infty}|x|f(x)\mathrm{d}x$$

解 （Ⅰ）$P\{X<0\}=\int_{-\infty}^{0}f(x)\mathrm{d}x=\int_{-1}^{0}\frac{1}{3}x^2\mathrm{d}x=\frac{1}{9},P\{X\geqslant 0\}=1-\frac{1}{9}=\frac{8}{9}.$

所以 Y 的概率分布为

Y	-1	1
P	$\frac{1}{9}$	$\frac{8}{9}$

（Ⅱ）$\mathrm{Cov}(X,Y)=EXY-EX\cdot EY.$

$$EX=\int_{-\infty}^{+\infty}xf(x)\mathrm{d}x=\int_{-1}^{2}x\cdot\frac{1}{3}x^2\mathrm{d}x=\frac{x^4}{12}\bigg|_{-1}^{2}=\frac{16}{12}-\frac{1}{12}=\frac{5}{4};$$

$$EY=(-1)\cdot\frac{1}{9}+1\cdot\frac{8}{9}=\frac{7}{9};$$

$$EXY=E\mid X\mid=\int_{-1}^{2}\mid x\mid\frac{1}{3}x^2\mathrm{d}x$$

$$=\int_{-1}^{0}\left(\frac{-1}{3}\right)x^3\mathrm{d}x+\int_{0}^{2}\frac{x^3}{3}\mathrm{d}x=\frac{1}{12}+\frac{16}{12}=\frac{17}{12}.$$

总之 $\mathrm{Cov}(X,Y)=\frac{17}{12}-\frac{5}{4}\cdot\frac{7}{9}=\frac{4}{9}.$

23. **分析** 本题关键是求出(X,Y)的概率密度：

$$f(x,y)=\begin{cases}\frac{1}{A}, & 0\leqslant x^2\leqslant y\leqslant x\leqslant 1\\ 0, & \text{其他}\end{cases}$$

其中 A 为 D 的面积，有了 $f(x,y)$ 不难求出：

$$f_X(x)=\int_{-\infty}^{+\infty}f(x,y)\mathrm{d}y;f_Y(y)=\int_{-\infty}^{+\infty}f(x,y)\mathrm{d}x;EXY=\int_{-\infty}^{+\infty}\int_{-\infty}^{+\infty}xyf(x,y)\mathrm{d}x\mathrm{d}y.$$

解 （Ⅰ）$A=\int_{0}^{1}\mathrm{d}x\int_{x^2}^{x}\mathrm{d}y=\int_{0}^{1}(x-x^2)\mathrm{d}x=\frac{1}{2}-\frac{1}{3}=\frac{1}{6},$

故
$$f(x,y)=\begin{cases}6, & 0\leqslant x^2\leqslant y\leqslant x\leqslant 1\\ 0, & \text{其他}\end{cases}$$

$$f_X(x)=\int_{-\infty}^{+\infty}f(x,y)\mathrm{d}y=\begin{cases}\int_{x^2}^{x}6\mathrm{d}y, & 0\leqslant x\leqslant 1\\ 0, & \text{其他}\end{cases}$$

$$=\begin{cases}6x(1-x), & 0\leqslant x\leqslant 1\\ 0, & \text{其他}\end{cases}$$

$$f_Y(y)=\int_{-\infty}^{+\infty}f(x,y)\mathrm{d}x=\begin{cases}\int_{y}^{\sqrt{y}}6\mathrm{d}x, & 0\leqslant y\leqslant 1\\ 0, & \text{其他}\end{cases}$$

$$=\begin{cases}6\sqrt{y}(1-\sqrt{y}), & 0\leqslant y\leqslant 1\\ 0, & \text{其他}\end{cases}$$

（Ⅱ）$E(XY)=\iint\limits_{D}xy\cdot 6\mathrm{d}x\mathrm{d}y=\int_{0}^{1}\mathrm{d}x\int_{x^2}^{x}6xy\mathrm{d}y=\int_{0}^{1}3x(x^2-x^4)\mathrm{d}x$

$$=\left(\frac{3}{4}x^4-\frac{1}{2}x^6\right)\bigg|_{0}^{1}=\frac{1}{4}.$$

2015 年全国硕士研究生招生考试

农学门类联考数学试题答案及解析

一、选择题

1. **答案** D.

解析 $y' = 3\cos 3x - 9x\sin 3x$，$y'(\pi) = -3$，故法线的斜率为 $k = \dfrac{1}{3}$，法线方程为

$$y + 3\pi = \frac{1}{3}(x - \pi)$$

2. **答案** B.

解析 $\lim\limits_{x \to 0} \dfrac{x}{(e^x - 1)(x + 2)} = \dfrac{1}{2}$，所以 $x = 0$ 不是铅直渐近线.

$\lim\limits_{x \to -2} \dfrac{x}{(e^x - 1)(x + 2)} = \infty$，所以 $x = -2$ 是铅直渐近线.

$\lim\limits_{x \to +\infty} \dfrac{x}{(e^x - 1)(x + 2)} = 0$，所以 $y = 0$ 是水平渐近线.

$\lim\limits_{x \to -\infty} \dfrac{x}{(e^x - 1)(x + 2)} = -1$，所以 $y = -1$ 是水平渐近线.

3. **答案** C.

解析 $f'(x) = e^{-x}\cos x$，所以在区间$[0,\pi]$内，$f(x)$ 的驻点为 $x = \dfrac{\pi}{2}$. 连续函数 $f(x)$ 在有界闭区间$[0,\pi]$上一定存在的最大值、最小值只能在 $0,\dfrac{\pi}{2},\pi$ 三点取到. 而

$$f(0) = 0, \quad f(\frac{\pi}{2}) = e^{-\pi}$$

$$f(\pi) = \int_0^{\frac{\pi}{2}} e^{-u}\cos u\mathrm{d}u + \int_{\frac{\pi}{2}}^{\pi} e^{-u}\cos u\mathrm{d}u$$

$$= e^{-\xi}\int_0^{\frac{\pi}{2}} \cos u\mathrm{d}u + e^{-\eta}\int_{\frac{\pi}{2}}^{\pi} \cos u\mathrm{d}u = e^{-\xi} - e^{-\eta} > 0 \quad (0 < \xi < \frac{\pi}{2} < \eta < \pi)$$

所以 $f(0) = 0$ 为最小值，$f(\dfrac{\pi}{2}) = e^{-\pi}$ 为最大值.

4. **答案** B.

解析 $\iint\limits_D f\left(\dfrac{x}{2}\right)f(3y)\mathrm{d}x\mathrm{d}y = \int_{-2}^{2}\mathrm{d}x\int_{-\frac{1}{3}}^{\frac{1}{3}} f\left(\dfrac{x}{2}\right)f(3y)\mathrm{d}y = \int_{-2}^{2} f\left(\dfrac{x}{2}\right)\mathrm{d}x \cdot \int_{-\frac{1}{3}}^{\frac{1}{3}} f(3y)\mathrm{d}y.$

令 $t = \dfrac{x}{2}$，则$\int_{-2}^{2} f\left(\dfrac{x}{2}\right)\mathrm{d}x = 2\int_{-1}^{1} f(t)\mathrm{d}t = 2I$；

令 $u=3y$,则 $\int_{-\frac{1}{3}}^{\frac{1}{3}} f(3y)\mathrm{d}y=\frac{1}{3}\int_{-1}^{1} f(u)\mathrm{d}u=\frac{1}{3}I$,所以

$$\iint_D f\left(\frac{x}{2}\right)f(3y)\mathrm{d}x\mathrm{d}y=\frac{2}{3}I^2$$

5. **答案** A.

解析 无解的必要条件为 $|\boldsymbol{A}|=0$,现在

$$|\boldsymbol{A}|=\begin{vmatrix}1&-1&0&0\\0&1&-1&0\\0&0&1&-1\\-1&0&0&a\end{vmatrix}=\begin{vmatrix}1&-1&0\\0&1&-1\\0&0&a\end{vmatrix}+(-1)\cdot(-1)^{4+1}\begin{vmatrix}-1&0&0\\1&-1&0\\0&1&-1\end{vmatrix}$$

$$=a-1$$

故 $a=1$.当 $a=1$ 时,

$$\left[\begin{array}{cccc:c}1&-1&0&0&1\\0&1&-1&0&2\\0&0&1&-1&3\\-1&0&0&1&b\end{array}\right]\to\left[\begin{array}{cccc:c}1&-1&0&0&1\\0&1&-1&0&2\\0&0&1&-1&3\\0&0&0&0&b+6\end{array}\right]$$

所以 $a=1,b\neq-6$ 时,方程组 $\boldsymbol{Ax}=\boldsymbol{\beta}$ 无解.

6. **答案** D.

解析 由 $\boldsymbol{AB}=\boldsymbol{O}$ 知 $r(\boldsymbol{A})+r(\boldsymbol{B})\leqslant 5$.

当 $r(\boldsymbol{A})=1$ 时,$r(\boldsymbol{B})$ 有可能为:1,2,3,4,故(A)不正确.

同理(B),(C)也都不正确.

惟 $r(\boldsymbol{A})=4$ 时,$r(\boldsymbol{B})$ 只能为1.

7. **答案** B.

解析 (方法一) $P(\overline{A}\,\overline{B})=1-P(A\cup B)=1-P(B)$,因为 $A\subset B$,所以 $A\cup B=B$.

(方法二) $A\subset B$,所以 $\overline{A}\supset\overline{B}$,$P(\overline{A}\,\overline{B})=P(\overline{B})=1-P(B)$.

8. **答案** D.

解析 设 T 为自由度为 n 的 t 分布,其概率密度为偶函数 $f(x)$,则 α 分位数 $t_\alpha(n)$ 有

$$P\{T>t_\alpha(n)\}=\int_{t_\alpha(n)}^{+\infty} f(x)\mathrm{d}x=\alpha \tag{1}$$

对 $t_{1-\alpha}(n)$ 有

$$P\{T>t_{1-\alpha}(n)\}=\int_{t_{1-\alpha}(n)}^{+\infty} f(x)\mathrm{d}x=1-\alpha$$

所以

$$\alpha=1-\int_{t_{1-\alpha}(n)}^{+\infty} f(x)\mathrm{d}x=\int_{-\infty}^{t_{1-\alpha}(n)} f(x)\mathrm{d}x=\int_{+\infty}^{-t_{1-\alpha}(n)} f(-x)\mathrm{d}(-x)=\int_{-t_{1-\alpha}(n)}^{+\infty} f(x)\mathrm{d}x \tag{2}$$

比较(1)式和(2)式,$t_\alpha(n)=-t_{1-\alpha}(n)$,即 $t_\alpha(n)+t_{1-\alpha}(n)=0$.

评注 本题如用偶函数 $f(x)$ 的对称性图形求解更方便,如果考生记住 t 分布 α 分位数的

性质 $t_{1-\alpha}(n)=-t_{\alpha}(n)$ 就可直接选(D).

二、填空题

9. 答案 e^2.

解析 $\lim\limits_{x\to0^+}(1-\cos x)^{\frac{1}{\ln x}}=\lim\limits_{x\to0^+}e^{\frac{\ln(1-\cos x)}{\ln x}}$,而由洛必达法则,

$$\lim_{x\to0^+}\frac{\ln(1-\cos x)}{\ln x}=\lim_{x\to0^+}\frac{\frac{\sin x}{1-\cos x}}{\frac{1}{x}}=\lim_{x\to0^+}\frac{x\sin x}{1-\cos x}=\lim_{x\to0^+}\frac{x^2}{\frac{1}{2}x^2}=2$$

所以 $\lim\limits_{x\to0^+}(1-\cos x)^{\frac{1}{\ln x}}=e^2$.

10. 答案 $x=n\pi,n=\pm1,\pm2,\cdots$.

解析 使得 $\sin x=0$ 的点是 $f(x)$ 的间断点,即 $x=n\pi,n=0,\pm1,\pm2,\cdots$.

$$\lim_{x\to0}\frac{x}{\sqrt{1+\sin x}-1}=\lim_{x\to0}\frac{x}{\frac{1}{2}\sin x}=2$$

所以 $x=0$ 是第一类间断点,其余的都是第二类间断点.

11. 答案 $3e^2$.

解析 因为 $f(x)$ 为连续函数,变上限积分 $\int_0^{e^x}f(t)dt$ 可导,等式 $\int_0^{e^x}f(t)dt=e^{3x}$ 两边对 x 求导,

$$f(e^x)e^x=3e^{3x}\Rightarrow f(e^x)=3e^{2x}\Rightarrow f(e)=3e^2$$

12. 答案 $\int_0^1dy\int_{2-y}^{1+\sqrt{1-y^2}}f(x,y)dx$.

解析 记 $D=\{(x,y)\mid x^2+y^2\leqslant 2x,y\geqslant 2-x\}$,则

$$\int_1^2dx\int_{2-x}^{\sqrt{2x-x^2}}f(x,y)dy=\iint_D f(x,y)dxdy=\int_0^1dy\int_{2-y}^{1+\sqrt{1-y^2}}f(x,y)dx$$

13. 答案 3.

解析 $(\boldsymbol{\alpha}_1+\boldsymbol{\alpha}_3,\boldsymbol{\alpha}_1+2\boldsymbol{\alpha}_2,\boldsymbol{\alpha}_2-2\boldsymbol{\alpha}_3)=(\boldsymbol{\alpha}_1,\boldsymbol{\alpha}_2,\boldsymbol{\alpha}_3)\begin{bmatrix}1&1&0\\0&2&1\\1&0&-2\end{bmatrix}$

故 $|\boldsymbol{B}|=|\boldsymbol{A}|\begin{vmatrix}1&1&0\\0&2&1\\1&0&-2\end{vmatrix}=3$.

14. 答案 $\frac{4}{27}$.

解析 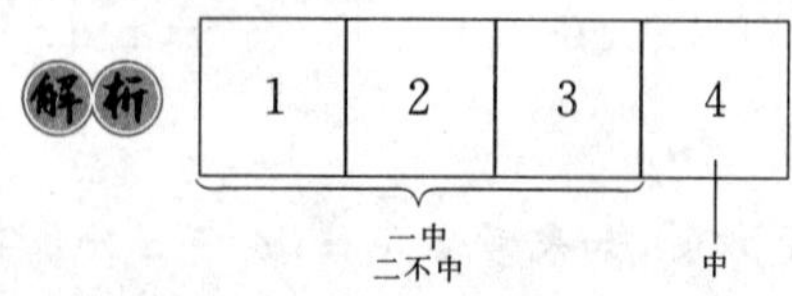

如图所示,第 4 投恰好是第 2 次投中可以理解成:前三次投有一次中二次不中,

投篮可看成独立重复试验服从 $B\left(n,\dfrac{2}{3}\right)$.

前 3 次试验一次成功,2 次失败,其概率为 $C_3^1\left(\dfrac{2}{3}\right)\left(\dfrac{1}{3}\right)^2$,再加上第 4 次投中概率为 p. 根据独立性,投篮总次数为 4 的概率 $C_3^1\left(\dfrac{2}{3}\right)\left(\dfrac{1}{3}\right)^2\cdot\left(\dfrac{2}{3}\right)=\dfrac{4}{27}$.

三、解答题

15. **分析** 分段函数的导数.

解 当 $x<0$ 时,$f'(x)=(1-x)e^{-x}$;

当 $x>0$ 时,$f'(x)=\cos(\sin^2 x)\cdot\sin 2x$;

当 $x=0$ 时,$\lim\limits_{x\to0^+}\dfrac{f(x)-f(0)}{x}=\lim\limits_{x\to0^+}\dfrac{\sin(\sin^2 x)}{x}=\lim\limits_{x\to0^+}\dfrac{\sin^2 x}{x}=0$;

$\lim\limits_{x\to0^-}\dfrac{f(x)-f(0)}{x}=\lim\limits_{x\to0^+}\dfrac{xe^{-x}}{x}=1$,

所以 $f(x)$ 在 $x=0$ 点不可导.

16. **分析** 隐函数求高阶偏导数.

解 (方法一)　$x^2+3y^2+z^3(x,y)\equiv 22$,两边对 y 求偏导

$$6y+3z^2(x,y)\frac{\partial z}{\partial y}=0(*)$$

当 $x=3,y=2$ 时 $z=1,\left.\dfrac{\partial z}{\partial y}\right|_{(3,2)}=-4$.(*)式两边再对 y 求偏导

$$6+6z(x,y)\left[\frac{\partial z}{\partial y}\right]^2+3z^2(x,y)\frac{\partial^2 z}{\partial y^2}=0$$

所以$\left.\dfrac{\partial^2 z}{\partial y^2}\right|_{(3,2)}=-34$.

(方法二)　$z=(22-x^2-3y^2)^{\frac{1}{3}}$,

$$\frac{\partial z}{\partial y}=\frac{1}{3}(22-x^2-3y^2)^{-\frac{2}{3}}\cdot(-6y)$$

$$\frac{\partial^2 z}{\partial y^2}=\frac{1}{3}\cdot\left(-\frac{2}{3}\right)(22-x^2-3y^2)^{-\frac{5}{3}}\cdot(-6y)^2+\frac{1}{3}(22-x^2-3y^2)^{-\frac{2}{3}}\cdot(-6)$$

所以$\left.\dfrac{\partial^2 z}{\partial y^2}\right|_{(3,2)}=-34$.

17. **分析** 定积分的几何应用.

解 D 的面积 $S=\displaystyle\int_{-2}^{1}[(4-x^2)-(x+2)]dx=\frac{9}{2}$.

D 绕 x 轴旋转所得旋转体体积为 $V=\pi\displaystyle\int_{-2}^{1}[(4-x^2)^2-(x+2)^2]dx=\frac{108}{5}\pi$.

18. **分析** 二重积分的计算.

解 (方法一)　$\displaystyle\iint\limits_D|x-1|dxdy=\int_0^1dx\int_0^x(1-x)dy+\int_1^4dx\int_0^{\frac{4-x}{3}}(x-1)dy=\frac{5}{3}$.

(方法二) $\iint\limits_{D}|x-1|\mathrm{d}x\mathrm{d}y=\int_{0}^{1}\mathrm{d}y\int_{y}^{4-3y}(1-x)\mathrm{d}x=\frac{5}{3}$.

19. **分析** 本题是微分方程求解和函数极值问题的综合.

解 $y=f(x)$ 满足微分方程 $y'+\frac{1}{x}y=\ln x$,所以

$$y=\mathrm{e}^{-\int\frac{1}{x}\mathrm{d}x}\left[\int\ln x\cdot\mathrm{e}^{\int\frac{1}{x}\mathrm{d}x}\mathrm{d}x+C\right]$$

其中 $\mathrm{e}^{\int\frac{1}{x}\mathrm{d}x}=x$.所以

$$y=\frac{1}{x}\left[\int x\ln x\mathrm{d}x+C\right]=\frac{x}{2}\ln x-\frac{x}{4}+\frac{C}{x}$$

由定解条件$y|_{x=1}=-\frac{1}{4}$ 可得 $C=0$,所以 $f(x)=\frac{x}{2}\ln x-\frac{x}{4}$.

$$f'(x)=\frac{\ln x}{2}+\frac{1}{4}$$

所以函数 $f(x)$ 的驻点为 $x_0=\mathrm{e}^{-\frac{1}{2}}$. $f''(x_0)=\frac{\mathrm{e}^{\frac{1}{2}}}{2}>0$,故 $f(x_0)=-\frac{\mathrm{e}^{-\frac{1}{2}}}{2}$ 为极小值.

20. **解** 对$(\boldsymbol{\alpha}_1,\boldsymbol{\alpha}_2,\boldsymbol{\alpha}_3,\boldsymbol{\alpha}_4)$作初等行变换,有

$$\begin{bmatrix}1&2&3&4\\-1&0&1&2\\0&1&2&3\\5&4&3&a\end{bmatrix}\to\begin{bmatrix}1&2&3&4\\0&2&4&6\\0&1&2&3\\0&-6&-12&a-20\end{bmatrix}\to\begin{bmatrix}1&2&3&4\\0&1&2&3\\0&0&0&a-2\\0&0&0&0\end{bmatrix}$$

$$\to\begin{bmatrix}1&0&-1&-2\\0&1&2&3\\0&0&0&a-2\\0&0&0&0\end{bmatrix}$$

如 $a=2$,则秩 $r(\boldsymbol{\alpha}_1,\boldsymbol{\alpha}_2,\boldsymbol{\alpha}_3,\boldsymbol{\alpha}_4)=2$,极大线性无关组为 $\boldsymbol{\alpha}_1,\boldsymbol{\alpha}_2$,

$\boldsymbol{\alpha}_3=-\boldsymbol{\alpha}_1+2\boldsymbol{\alpha}_2,\boldsymbol{\alpha}_4=-2\boldsymbol{\alpha}_1+3\boldsymbol{\alpha}_2$;

如 $a\neq2$,则秩 $r(\boldsymbol{\alpha}_1,\boldsymbol{\alpha}_2,\boldsymbol{\alpha}_3,\boldsymbol{\alpha}_4)=3$,极大线性无关组为 $\boldsymbol{\alpha}_1,\boldsymbol{\alpha}_2,\boldsymbol{\alpha}_4$,

$\boldsymbol{\alpha}_3=-\boldsymbol{\alpha}_1+2\boldsymbol{\alpha}_2$.

21. **解** (Ⅰ)由 $\boldsymbol{A}\sim\boldsymbol{\Lambda}$ 知 $\boldsymbol{A}$ 与 $\boldsymbol{\Lambda}$ 有相同的迹和行列式,即

$$\begin{cases}2+1+a=1+1+b\\2a-4=b\end{cases}$$

所以 $a=5,b=6$.

(Ⅱ)由对角矩阵 $\boldsymbol{\Lambda}$ 知矩阵 $\boldsymbol{A}$ 的特征值为:1,1,6.

当 $\lambda=1$ 时,由$(\boldsymbol{E}-\boldsymbol{A})\boldsymbol{x}=\boldsymbol{0}$

$$\boldsymbol{E}-\boldsymbol{A}=\begin{bmatrix}-1&0&-1\\-3&0&-3\\-4&0&-4\end{bmatrix}\to\begin{bmatrix}1&0&1\\0&0&0\\0&0&0\end{bmatrix}$$

得基础解系:$\boldsymbol{\alpha}_1=(0,1,0)^{\mathrm{T}},\boldsymbol{\alpha}_2=(-1,0,1)^{\mathrm{T}}$.

当$\lambda = 6$时，由$(6\boldsymbol{E} - \boldsymbol{A})\boldsymbol{x} = \boldsymbol{0}$

$$6\boldsymbol{E} - \boldsymbol{A} = \begin{bmatrix} 4 & 0 & -1 \\ -3 & 5 & -3 \\ -4 & 0 & 1 \end{bmatrix} \to \begin{bmatrix} 4 & 0 & -1 \\ -3 & 5 & -3 \\ 0 & 0 & 0 \end{bmatrix}$$

得基础解系$\boldsymbol{\alpha}_3 = (1,3,4)^{\mathrm{T}}$.

令$\boldsymbol{P} = (\boldsymbol{\alpha}_1, \boldsymbol{\alpha}_2, \boldsymbol{\alpha}_3) = \begin{bmatrix} 0 & -1 & 1 \\ 1 & 0 & 3 \\ 0 & 1 & 4 \end{bmatrix}$，有$\boldsymbol{P}^{-1}\boldsymbol{A}\boldsymbol{P} = \boldsymbol{\Lambda} = \begin{bmatrix} 1 & & \\ & 1 & \\ & & 6 \end{bmatrix}$.

22. **分析** （Ⅰ）求两个常数a,b. 用两个方程解：$\begin{cases} \sum\limits_{ij} p_{ij} = 1. \\ EY = \dfrac{1}{2}. \end{cases}$

（Ⅱ）X与Y的相关系数：$\rho = \dfrac{\mathrm{Cov}(X,Y)}{\sqrt{DX}\ \sqrt{DY}}$，其中$\mathrm{Cov}(X,Y) = EXY - EX \cdot EY$，只要计算$EX, DX, EY, DY, EXY$就能求出$\rho$.

解 （Ⅰ）$\dfrac{1}{8} + \dfrac{1}{8} + \dfrac{1}{4} + \dfrac{1}{4} + a + b = 1$，故$a + b = \dfrac{1}{4}$.

注意到Y是$0-1$分布，$EY = \dfrac{1}{8} + \dfrac{1}{4} + b = \dfrac{1}{2}$，即$b = \dfrac{1}{8}$.

$\begin{cases} a + b = \dfrac{1}{4}, \\ b = \dfrac{1}{8}, \end{cases}$　得$a = b = \dfrac{1}{8}$.

（Ⅱ）

X \ Y	0	1	
0	$\frac{1}{8}$	$\frac{1}{8}$	$\frac{1}{4}$
1	$\frac{1}{8}$	$\frac{1}{4}$	$\frac{3}{8}$
2	$\frac{1}{4}$	$\frac{1}{8}$	$\frac{3}{8}$
	$\frac{1}{2}$	$\frac{1}{2}$	

$EX = 1 \cdot \dfrac{3}{8} + 2 \cdot \dfrac{3}{8} = \dfrac{9}{8}$.　$EY = \dfrac{1}{2}$.

$DX = EX^2 - (EX)^2 = 1 \cdot \dfrac{3}{8} + 4 \cdot \dfrac{3}{8} - \left(\dfrac{9}{8}\right)^2 = \dfrac{39}{64}$.

$DY = \dfrac{1}{2} \cdot \dfrac{1}{2} = \dfrac{1}{4}$.

XY取值$0,1,2$

$P\{XY = 1\} = P\{X = 1, Y = 1\} = \dfrac{1}{4}$；$P\{XY = 2\} = P\{X = 2, Y = 1\} = \dfrac{1}{8}$.

故

XY	0	1	2
P	$\frac{5}{8}$	$\frac{1}{4}$	$\frac{1}{8}$

.

$EXY = 1 \cdot \frac{1}{4} + 2 \cdot \frac{1}{8} = \frac{1}{2}.$

总之 $\rho = \frac{EXY - EX \cdot EY}{\sqrt{DX}\ \sqrt{DY}} = \frac{\frac{1}{2} - \frac{9}{8} \cdot \frac{1}{2}}{\sqrt{\frac{39}{64}}\sqrt{\frac{1}{4}}} = \frac{-\frac{1}{16}}{\frac{\sqrt{39}}{16}} = -\frac{\sqrt{39}}{39}.$

23. 分析 （Ⅰ）$P\{Y \leqslant 1\} = \iint\limits_{y \leqslant 1} f(x,y)\mathrm{d}x\mathrm{d}y.$

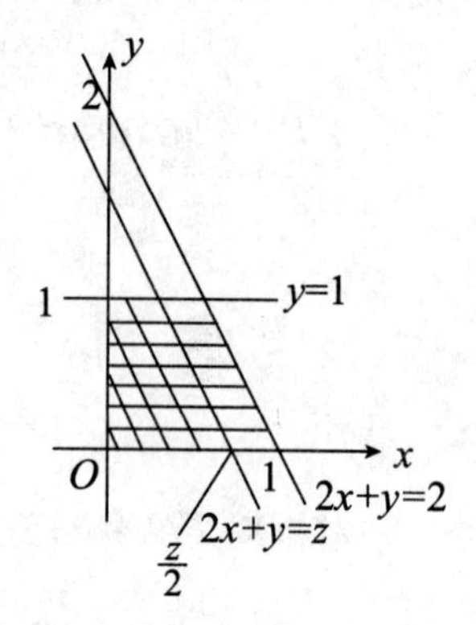

（Ⅱ）设 Z 的分布函数为 $F_Z(z)$，概率密度为 $f_Z(z)$，则

$$F'_Z(z) = f_Z(z)$$

而 $F_Z(z) = P\{Z \leqslant z\} = P\{2X + Y \leqslant z\} = \iint\limits_{2x+y \leqslant z} f(x,y)\mathrm{d}x\mathrm{d}y$

该积分当 $z < 0$ 时，为 0；

当 $0 \leqslant z < 2$ 时，为正；

当 $2 \leqslant z$ 时，为 1.

解 （Ⅰ）$P\{Y \leqslant 1\} = \iint\limits_{y \leqslant 1} f(x,y)\mathrm{d}x\mathrm{d}y$

$$= \int_0^1 \mathrm{d}y \int_0^{\frac{2-y}{2}} \frac{3}{4}(2x + y)\mathrm{d}x = \frac{11}{16}$$

（Ⅱ）$F_Z(z) = P\{Z \leqslant z\} = P\{2X + Y \leqslant z\} = \iint\limits_{2x+y \leqslant z} f(x,y)\mathrm{d}x\mathrm{d}y$

当 $z < 0$ 时，$F_Z(z) = 0$；

当 $0 \leqslant z < 2$ 时，$F_Z(z) = \int_0^{\frac{z}{2}} \mathrm{d}x \int_0^{z-2x} \frac{3}{4}(2x + y)\mathrm{d}y = \frac{z^3}{8}$；

当 $2 \leqslant z$ 时，$F_Z(z) = 1$.

所以

$$F_Z(z) = \begin{cases} 0, & z < 0 \\ \frac{z^3}{8}, & 0 \leqslant z < 2 \\ 1, & 2 \leqslant z \end{cases}，即\ f_Z(z) = \begin{cases} \frac{3z^2}{8}, & 0 \leqslant z < 2 \\ 0, & 其他 \end{cases}$$

2016 年全国硕士研究生招生考试

农学门类联考数学试题答案及解析

一、选择题

1. 答案 D.

解析 $\lim\limits_{x\to0^+}f(x)=\lim\limits_{x\to0^+}\left(\dfrac{1}{x}+e^{\frac{\sin x}{|x|}}\right)$,而

$$\lim_{x\to0^+}e^{\frac{\sin x}{|x|}}=\lim_{x\to0^+}e^{\frac{\sin x}{x}}=1,\ \lim_{x\to0^+}\frac{1}{x}=\infty$$

所以 $x=0$ 为 $f(x)$ 的无穷间断点.

2. 答案 C.

解析 $\lim\limits_{h\to0}\dfrac{f(-2h)-f(h)}{3h}=\lim\limits_{h\to0}\dfrac{[f(-2h)-f(0)]-[f(h)-f(0)]}{3h}$.

因为函数 $f(x)$ 在 $x=0$ 处可导,所以

$$\lim_{h\to0}\frac{f(-2h)-f(0)}{3h}=-\frac{2}{3}\lim_{h\to0}\frac{f(-2h)-f(0)}{-2h}=-\frac{2}{3}f'(0)=-4$$

$$\lim_{h\to0}\frac{f(h)-f(0)}{3h}=\frac{1}{3}\lim_{h\to0}\frac{f(h)-f(0)}{h}=\frac{1}{3}f'(0)=2$$

所以$\lim\limits_{h\to0}\dfrac{f(-2h)-f(h)}{3h}=\lim\limits_{h\to0}\dfrac{f(-2h)-f(0)}{3h}-\lim\limits_{h\to0}\dfrac{f(h)-f(0)}{3h}=-6$.

3. 答案 B.

解析 令 $t=\dfrac{\pi}{2}-x$,则

$$I_1=\int_0^{\frac{\pi}{2}}\sin^4x\mathrm{d}x=\int_{\frac{\pi}{2}}^0\sin^4\left(\frac{\pi}{2}-t\right)(-\mathrm{d}t)=\int_0^{\frac{\pi}{2}}\cos^4t\mathrm{d}t$$

$$=\int_0^{\frac{\pi}{2}}\cos^4x\mathrm{d}x<\int_0^{\frac{\pi}{2}}\cos^3x\mathrm{d}x=I_2$$

而

$$I_2=\int_0^{\frac{\pi}{2}}\cos^3x\mathrm{d}x=\int_0^{\frac{\pi}{2}}(1-\sin^2x)\mathrm{d}\sin x=\frac{2}{3}<\frac{\pi}{4}$$

4. 答案 A.

解析 $f'_x(x,y)=\dfrac{y(x-y)-xy}{(x-y)^2}=-\dfrac{y^2}{(x-y)^2}$,

$$f''_{xx}(x,y)=\frac{2y^2}{(x-y)^3},f''_{xx}(2,1)=2;$$

$$f''_{xy}(x,y)=-\frac{2y(x-y)^2+2y^2(x-y)}{(x-y)^3},f''_{xy}(2,1)=-4.$$

5. 答案 B.

解析 行列式是不同行不同列元素乘积的代数和,其一般项是

$$(-1)^{\tau(j_1 j_2 \cdots j_n)} a_{1j_1} a_{2j_2} \cdots a_{nj_n}$$

本题作为 x^4 项必须每行元素中都要有 x 项出现,因而只能是 $a_{14}a_{23}a_{32}a_{41}$.

又 $\tau(4\ 3\ 2\ 1) = 3 + 2 + 1 = 6$,故 x^4 的系数为1.

对于 x^3 项,一定不含有 a_{14},也一定没有 a_{41},那只能是 $a_{11}a_{23}a_{32}a_{44}$.

又 $\tau(1\ 3\ 2\ 4) = 1$,故 x^3 的系数为 -1.

6. 答案 D.

解析 因 $\boldsymbol{A}$ 是 4×5 矩阵,那么 $\boldsymbol{A}^{\mathrm{T}}$ 是 5×4 矩阵.

$\boldsymbol{A}^{\mathrm{T}}\boldsymbol{x} = \boldsymbol{0}$ 是5个方程4个未知数的齐次方程组,其基础解系为3个解向量,即

$$n - r(\boldsymbol{A}^{\mathrm{T}}) = 4 - r(\boldsymbol{A}^{\mathrm{T}}) = 3$$

所以 $r(\boldsymbol{A}^{\mathrm{T}}) = 1$,亦即 $r(\boldsymbol{A}) = 1$.

7. 答案 C.

解析 (方法一)

$$\begin{aligned} P\{XY = 0\} &= P\{X = 0\} + P\{X \neq 0, Y = 0\} \\ &= 0.1 + 0.2 + 0.3 + P\{X = 1, Y = 0\} = 0.8 \end{aligned}$$

答案应选(C).

(方法二)

$$\begin{aligned} P\{XY = 0\} &= 1 - P\{XY \neq 0\} = 1 - P\{X \neq 0, Y \neq 0\} \\ &= 1 - P\{X = 1, Y = 1\} - P\{X = 1, Y = 2\} \\ &= 1 - 0.1 - 0.1 = 0.8 \end{aligned}$$

答案应选(C).

8. 答案 A.

解析 t 分布的典型模式为 $T = \dfrac{X}{\sqrt{\dfrac{Y}{n}}}$,其中 $X \sim N(0,1)$,$Y \sim \chi^2(n)$,X 和 Y 相互独立,则 $T \sim t(n)$.

现 $X_1 + X_2 \sim N(0,2)$,所以 $\dfrac{X_1 + X_2}{\sqrt{2}} \sim N(0,1)$.

根据 $\chi^2(n)$ 的典型模式 $\chi^2 = X_3^2 + X_4^2 + X_5^2 + X_6^2$,其中 X_3, X_4, X_5, X_6 均服从标准正态分布且相互独立,所以 $\chi^2 \sim \chi^2(4)$,总之

$$\frac{X_1 + X_2}{\sqrt{2}} \Bigg/ \sqrt{\frac{X_3^2 + X_4^2 + X_5^2 + X_6^2}{4}} \sim t(4)$$

也就有 $\dfrac{\sqrt{2}(X_1 + X_2)}{\sqrt{X_3^2 + X_4^2 + X_5^2 + X_6^2}} \sim t(4)$,因此 $C = \sqrt{2}$.

答案选(A).

二、填空题

9. 答案 $\dfrac{1}{\mathrm{e}}$.

解析 (方法一) $\lim\limits_{x \to 0} (\cos x)^{\frac{2}{x^2}} = \lim\limits_{x \to 0} \mathrm{e}^{\frac{2}{x^2} \ln \cos x}$. 而由洛必达法则,

$$\lim_{x\to 0}\frac{2\ln\cos x}{x^2}=\lim_{x\to 0}\frac{\frac{1}{\cos x}\cdot(-\sin x)}{x}=-1$$

所以$\lim\limits_{x\to 0}(\cos x)^{\frac{2}{x^2}}=e^{-1}$.

（方法二）　$\lim\limits_{x\to 0}(\cos x)^{\frac{2}{x^2}}=\lim\limits_{x\to 0}(1+(\cos x-1))^{\frac{1}{\cos x-1}\cdot\frac{2(\cos x-1)}{x^2}}$. 而由等价无穷小替换，

$$\lim_{x\to 0}\frac{2(\cos x-1)}{x^2}=\lim_{x\to 0}\frac{2\cdot(-\frac{x^2}{2})}{x^2}=-1$$

所以$\lim\limits_{x\to 0}(\cos x)^{\frac{2}{x^2}}=e^{-1}$.

10. **答案**　$(0,1)((0,1])$.

解析　函数 $y=x\ln x-\frac{x^2}{2}$ 的定义域为$(0,+\infty)$. 因为

$$y'=\ln x-x+1, y''=\frac{1}{x}-1$$

解不等式 $y''\geqslant 0$，解得 $x\in(0,1]$，所以曲线 $y=x\ln x-\frac{x^2}{2}$ 的凹区间是$(0,1]$，或答$(0,1)$.

11. **答案**　$dx+edy$.

解析　$\frac{\partial z}{\partial x}=yx^{y-1}$，$\frac{\partial z}{\partial y}=x^y\ln x$，所以$dz\Big|_{(e,1)}=\frac{\partial z}{\partial x}\Big|_{(e,1)}dx+\frac{\partial z}{\partial y}\Big|_{(e,1)}dy=dx+edy$.

12. **答案**　$\frac{\sqrt{3}\pi}{18}$.

解析　$\int_0^{+\infty}\frac{dx}{3e^x+e^{-x}}=\int_0^{+\infty}\frac{e^x dx}{3e^{2x}+1}=\int_0^{+\infty}\frac{de^x}{3e^{2x}+1}$. 记 $e^x=t$，则

$$\int_0^{+\infty}\frac{dx}{3e^x+e^{-x}}=\int_1^{+\infty}\frac{dt}{3t^2+1}=\frac{1}{\sqrt{3}}\int_1^{+\infty}\frac{d\sqrt{3}t}{(\sqrt{3}t)^2+1}=\frac{\sqrt{3}}{3}\arctan(\sqrt{3}t)\Big|_1^{+\infty}=\frac{\sqrt{3}}{3}(\frac{\pi}{2}-\frac{\pi}{3})=\frac{\sqrt{3}\pi}{18}$$

13. **答案**　$\begin{bmatrix}-1 & -\frac{1}{2} & 1\\ -1 & \frac{1}{2} & 0\\ 1 & 0 & 0\end{bmatrix}$

解析　用行变换，有

$$(\boldsymbol{A}\vdots\boldsymbol{E})=\left[\begin{array}{ccc:ccc}0&0&1&1&0&0\\0&2&2&0&1&0\\1&1&2&0&0&1\end{array}\right]\to\left[\begin{array}{ccc:ccc}1&1&2&0&0&1\\0&2&2&0&1&0\\0&0&1&1&0&0\end{array}\right]$$

$$\to\left[\begin{array}{ccc:ccc}1&1&0&-2&0&1\\0&2&0&-2&1&0\\0&0&1&1&0&0\end{array}\right]\to\left[\begin{array}{ccc:ccc}1&1&0&-2&0&1\\0&1&0&-1&\frac{1}{2}&0\\0&0&1&1&0&0\end{array}\right]$$

$$\to\left[\begin{array}{ccc:ccc}1&0&0&-1&-\frac{1}{2}&1\\0&1&0&-1&\frac{1}{2}&0\\0&0&1&1&0&0\end{array}\right].$$

14. **答案** 17.

解析 （方法一） $E(X+Y)^2 = D(X+Y) + [E(X+Y)]^2 = DX + DY + (EX+EY)^2$

$$= 4 + 9 + (1+1)^2 = 17$$

（方法二） $E(X+Y)^2 = E(X^2+2XY+Y^2) = EX^2 + 2E(XY) + EY^2$

$$= DX + (EX)^2 + 2EX \cdot EY + DY + (EY)^2$$

$$= 4 + 1^2 + 2\times1\times1 + 9 + 1^2$$

$$= 17.$$

三、解答题

15. **分析** 夹逼定理求极限.

解 因为$\dfrac{2+4+\cdots+2n}{n^2+2n+n} \leqslant x_n \leqslant \dfrac{2+4+\cdots+2n}{n^2+2n+1}$，即

$$\frac{n(n+1)}{n^2+3n} \leqslant x_n \leqslant \frac{n(n+1)}{n^2+2n+1}$$

而$\lim\limits_{n\to\infty}\dfrac{n(n+1)}{n^2+3n}=1$，$\lim\limits_{n\to\infty}\dfrac{n(n+1)}{n^2+2n+1}=1$，所以

$$\lim_{n\to\infty} x_n = 1$$

16. **分析** 导数和定积分的几何应用.

解 设切点为(x_0, y_0)，则 l 的方程为

$$y - \frac{1}{2}e^{-x_0} = -\frac{1}{2}e^{-x_0}(x - x_0)$$

而点$(0,0)$在 l 上，故有 $-\dfrac{1}{2}e^{-x_0} = -\dfrac{1}{2}e^{-x_0}(0-x_0)$，解得 $x_0=-1$，因此切点为$(-1,\dfrac{e}{2})$，所以 l 的方程为 $y=-\dfrac{e}{2}x$.

所围平面图形面积

$$S = \int_{-1}^{0}\left(\frac{1}{2}e^{-x} + \frac{e}{2}x\right)dx = \left(-\frac{1}{2}e^{-x} + \frac{e}{4}x^2\right)\Big|_{-1}^{0} = \frac{e}{4} - \frac{1}{2}$$

17. **分析** 变量可分离型微分方程求解.

解 原方程分离变量为

$$\frac{1}{x^2-2x+3}dx + \frac{\sin y}{\cos^2 y}dy = 0$$

所以$\displaystyle\int\frac{dx}{(x-1)^2+(\sqrt{2})^2} + \int\frac{\sin y}{\cos^2 y}dy = C$，通解为$\dfrac{1}{\sqrt{2}}\arctan\dfrac{x-1}{\sqrt{2}} + \dfrac{1}{\cos y} = C$.

将 $x=1, y=0$ 代入上式得 $C=1$，故解为

$$\frac{1}{\sqrt{2}}\arctan\frac{x-1}{\sqrt{2}} + \frac{1}{\cos y} = 1$$

18. **分析** 二元函数的极值问题.

解 $f'_x(x,y) = y - \dfrac{1}{x}$，$f'_y(x,y) = x - \dfrac{1}{y^2}$，

令$\begin{cases} f'_x(x,y) = y - \dfrac{1}{x} = 0 \\ f'_y(x,y) = x - \dfrac{1}{y^2} = 0 \end{cases}$，得驻点$(1,1)$.

记 $A=f''_{xx}=\dfrac{1}{x^2}$，$B=f''_{xy}=1$，$C=f''_{yy}=\dfrac{2}{y^3}$. 在点(1,1)处，由于 $A=1$，$C=2$，$AC-B^2=1>0$，所以 $f(1,1)=2$ 是 $f(x,y)$ 的极小值.

19. **分析** 二重积分.

解 $I=\int_0^1 \mathrm{d}y\int_0^{y^2}\sqrt{x}\mathrm{e}^{-y^2}\mathrm{d}x=\dfrac{2}{3}\int_0^1 \mathrm{e}^{-y^2}\cdot x^{\frac{3}{2}}\Big|_0^{y^2}\mathrm{d}y=\dfrac{2}{3}\int_0^1 y^3\mathrm{e}^{-y^2}\mathrm{d}y$

$$=-\frac{1}{3}\int_0^1 y^2\,\mathrm{d}\mathrm{e}^{-y^2}=\frac{1}{3}-\frac{2}{3\mathrm{e}}.$$

20. **解** 设 $x_1\boldsymbol{\alpha}_1+x_2\boldsymbol{\alpha}_2+x_3\boldsymbol{\alpha}_3=\boldsymbol{\beta}$，按分量写出，得到方程组

$$\begin{cases}-2x_1+x_2+x_3=0\\ x_1-2x_2+x_3=3\\ x_1+x_2+ax_3=b\end{cases}$$

对方程组的增广矩阵作初等行变换，有

$$\overline{\boldsymbol{A}}=\left[\begin{array}{ccc|c}-2&1&1&0\\1&-2&1&3\\1&1&a&b\end{array}\right]\to\left[\begin{array}{ccc|c}1&-2&1&3\\-2&1&1&0\\1&1&a&b\end{array}\right]\to\left[\begin{array}{ccc|c}1&-2&1&3\\0&-3&3&6\\0&3&a-1&b-3\end{array}\right]$$

$$\to\left[\begin{array}{ccc|c}1&-2&1&3\\0&1&-1&-2\\0&0&a+2&b+3\end{array}\right]\to\left[\begin{array}{ccc|c}1&0&-1&-1\\0&1&-1&-2\\0&0&a+2&b+3\end{array}\right]$$

当 $a\neq-2$，$\forall b$ 时，$r(\boldsymbol{A})=r(\overline{\boldsymbol{A}})=3$，方程组有唯一解，即向量 $\boldsymbol{\beta}$ 可由 $\boldsymbol{\alpha}_1,\boldsymbol{\alpha}_2,\boldsymbol{\alpha}_3$ 线性表示，且表示法唯一.

当 $a=-2$，$b=-3$ 时，$r(\boldsymbol{A})=r(\overline{\boldsymbol{A}})=2<3$，方程组有无穷多解，即向量 $\boldsymbol{\beta}$ 可由 $\boldsymbol{\alpha}_1,\boldsymbol{\alpha}_2,\boldsymbol{\alpha}_3$ 线性表示且表示法不唯一.

此时，$\overline{\boldsymbol{A}}\to\left[\begin{array}{ccc|c}1&0&-1&-1\\0&1&-1&-2\\0&0&0&0\end{array}\right]$.

方程组通解为：$\begin{bmatrix}-1\\-2\\0\end{bmatrix}+k\begin{bmatrix}1\\1\\1\end{bmatrix}$，$k$ 为任意常数.

故 $\boldsymbol{\beta}=(k-1)\boldsymbol{\alpha}_1+(k-2)\boldsymbol{\alpha}_2+k\boldsymbol{\alpha}_3$，$k$ 为任意常数.

21. **解** （Ⅰ）设 $\boldsymbol{A\alpha}=\lambda\boldsymbol{\alpha}$，

$$\begin{bmatrix}-1&1&0\\-4&a&0\\b&0&2\end{bmatrix}\begin{bmatrix}-1\\-2\\1\end{bmatrix}=\lambda\begin{bmatrix}-1\\-2\\1\end{bmatrix}$$

即

$$\begin{cases}1-2=-\lambda\\4-2a=-2\lambda\\-b+2=\lambda\end{cases}$$

解得 $\lambda=1$，$a=3$，$b=1$.

（Ⅱ）把 $a=3$，$b=1$ 代入矩阵 $\boldsymbol{A}$. 由

$$|\lambda\boldsymbol{E}-\boldsymbol{A}|=\begin{vmatrix}\lambda+1&-1&0\\4&\lambda-3&0\\-1&0&\lambda-2\end{vmatrix}=(\lambda-2)\begin{vmatrix}\lambda+1&-1\\4&\lambda-3\end{vmatrix}$$

$$=(\lambda-2)(\lambda-1)^2$$

解得矩阵 $\boldsymbol{A}$ 的特征值为 2,1,1.

当 $\lambda=2$ 时,解方程组 $(2\boldsymbol{E}-\boldsymbol{A})\boldsymbol{x}=\boldsymbol{0}$,

$$\begin{bmatrix}3 & -1 & 0\\ 4 & -1 & 0\\ -1 & 0 & 0\end{bmatrix}\rightarrow\begin{bmatrix}1 & 0 & 0\\ 0 & 1 & 0\\ 0 & 0 & 0\end{bmatrix}$$

得基础解系 $(0,0,1)^{\mathrm{T}}$.

那么 $\lambda=2$ 的所有特征向量为 $k_1(0,0,1)^{\mathrm{T}},k_1\neq 0$.

当 $\lambda=1$ 时,解方程组 $(\boldsymbol{E}-\boldsymbol{A})\boldsymbol{x}=\boldsymbol{0}$,

$$\begin{bmatrix}2 & -1 & 0\\ 4 & -2 & 0\\ -1 & 0 & -1\end{bmatrix}\rightarrow\begin{bmatrix}1 & 0 & 1\\ 0 & 1 & 2\\ 0 & 0 & 0\end{bmatrix}$$

得基础解系 $(-1,-2,1)^{\mathrm{T}}$.

那么 $\lambda=1$ 的所有特征向量为:$k_2(-1,-2,1)^{\mathrm{T}},k_2\neq 0$.

22. **分析** (Ⅰ)(X,Y) 是离散型,求 (X,Y) 的分布就要计算 $P\{X=i,Y=j\}$,其中 $i=0$, 1 和 $j=0,1,2$. 先从甲袋中取 2 个球放入乙袋中,X 表示从甲袋中取出的红球数,然后从乙袋中取 2 球,而 Y 表示从乙袋中取出的红球数,显然,Y 受 X 的取值影响. 我们可用乘法公式来表示这影响的关系.

$$P\{X=i,Y=j\}=P\{X=i\}P\{Y=j\mid X=i\},i=0,1\text{ 和 }j=0,1,2.$$

(Ⅱ)$\mathrm{Cov}(X,Y)=EXY-EX\cdot EY$,其中 EX,EY 和 EXY 都可由 (X,Y) 的分布求得.

解 (Ⅰ)X 的可能取值为 0,1;Y 的可能取值为 0,1,2.

$$P\{X=0,Y=0\}=P\{X=0\}P\{Y=0\mid X=0\}=\frac{C_1^0C_2^2}{C_3^2}\cdot\frac{C_2^0C_4^2}{C_6^2}=\frac{1}{3}\cdot\frac{6}{15}=\frac{2}{15}$$

$$P\{X=0,Y=1\}=P\{X=0\}P\{Y=1\mid X=0\}=\frac{1}{3}\cdot\frac{C_2^1C_4^1}{C_6^2}=\frac{1}{3}\cdot\frac{8}{15}=\frac{8}{45}$$

$$P\{X=0,Y=2\}=P\{X=0\}P\{Y=2\mid X=0\}=\frac{1}{3}\cdot\frac{C_2^2C_4^0}{C_6^2}=\frac{1}{3}\cdot\frac{1}{15}=\frac{1}{45}$$

$$P\{X=1,Y=0\}=P\{X=1\}P\{Y=0\mid X=1\}=\frac{C_1^1C_2^1}{C_3^2}\cdot\frac{C_3^0C_3^2}{C_6^2}=\frac{2}{3}\cdot\frac{3}{15}=\frac{2}{15}$$

$$P\{X=1,Y=1\}=P\{X=1\}P\{Y=1\mid X=1\}=\frac{2}{3}\cdot\frac{C_3^1C_3^1}{C_6^2}=\frac{2}{3}\cdot\frac{9}{15}=\frac{2}{5}$$

$$P\{X=1,Y=2\}=P\{X=1\}P\{Y=2\mid X=1\}=\frac{2}{3}\cdot\frac{C_3^2C_3^0}{C_6^2}=\frac{2}{3}\cdot\frac{3}{15}=\frac{2}{15}$$

所以 (X,Y) 的概率分布为

X \ Y	0	1	2
0	$\frac{2}{15}$	$\frac{8}{45}$	$\frac{1}{45}$
1	$\frac{2}{15}$	$\frac{2}{5}$	$\frac{2}{15}$

（Ⅱ）

X\Y	0	1	2	
0	$\frac{2}{15}$	$\frac{8}{45}$	$\frac{1}{45}$	$\frac{1}{3}$
1	$\frac{2}{15}$	$\frac{2}{5}$	$\frac{2}{15}$	$\frac{2}{3}$
	$\frac{4}{15}$	$\frac{26}{45}$	$\frac{7}{45}$	

$$EX=0\cdot\frac{1}{3}+1\cdot\frac{2}{3}=\frac{2}{3}.$$

$$EY=0\cdot\frac{4}{15}+1\cdot\frac{26}{45}+2\cdot\frac{7}{45}=\frac{40}{45}=\frac{8}{9}.$$

$$EXY=0\cdot\left(\frac{2}{15}+\frac{8}{45}+\frac{1}{45}+\frac{2}{15}\right)+1\cdot\frac{2}{5}+2\cdot\frac{2}{15}=\frac{2}{3}.$$

总之，$\mathrm{Cov}(X,Y)=EXY-EX\cdot EY=\frac{2}{3}-\frac{2}{3}\cdot\frac{8}{9}=\frac{2}{27}.$

23. **分析** （Ⅰ）求 X 的概率密度 $f(x)$，就应先求出 X 的分布函数 $F(x)=P\{X\leqslant x\}$，也就是要求所取产品的寿命小于 x 的概率，但所取产品由 A 类产品和 B 类产品随机抽取，应该分两种情况用全概率公式来计算.

设 A 表示事件“取出的是 A 类电子产品”，则 $\overline{A}$ 表示事件“取出的是 B 类电子产品”，

$$P\{X\leqslant x\}=P(A)P\{X\leqslant x\mid A\}+P(\overline{A})P\{X\leqslant x\mid \overline{A}\}$$

这就可以进一步计算出 $P\{X\leqslant x\}$.

（Ⅱ）求出 $F(x)$ 就有 $f(x)$，进一步计算 EX 和 EX^2，再用公式 $DX=EX^2-(EX)^2$.

解 （Ⅰ）设 $A=\{$取出的是 A 类电子产品$\}$，则 $\overline{A}=\{$取出的是 B 类电子产品$\}$.

$$F(x)=P\{X\leqslant x\}=P(A)P\{X\leqslant x\mid A\}+P(\overline{A})P\{X\leqslant x\mid \overline{A}\}$$

显然

$$P(A)=P(\overline{A})=\frac{1}{2},P\{X\leqslant x\mid A\}=\begin{cases}1-\mathrm{e}^{-x}, & x>0\\ 0, & x\leqslant 0\end{cases}$$

$$P\{X\leqslant x\mid \overline{A}\}=\begin{cases}1-\mathrm{e}^{-2x}, & x>0\\ 0, & x\leqslant 0\end{cases}$$

所以

$$F(x)=\begin{cases}\frac{1}{2}(1-\mathrm{e}^{-x})+\frac{1}{2}(1-\mathrm{e}^{-2x}), & x>0\\ 0, & x\leqslant 0\end{cases}=\begin{cases}1-\frac{1}{2}\mathrm{e}^{-x}-\frac{1}{2}\mathrm{e}^{-2x}, & x>0\\ 0, & x\leqslant 0\end{cases}$$

$$f(x)=F'(x)=\begin{cases}\frac{1}{2}\mathrm{e}^{-x}+\mathrm{e}^{-2x}, & x>0\\ 0, & \text{其他}\end{cases}.$$

（Ⅱ）$EX=\int_{-\infty}^{+\infty}xf(x)\mathrm{d}x=\int_{0}^{+\infty}\frac{x}{2}\mathrm{e}^{-x}\mathrm{d}x+\int_{0}^{+\infty}x\mathrm{e}^{-2x}\mathrm{d}x=\frac{1}{2}+\frac{1}{4}=\frac{3}{4}.$

$$EX^2=\int_{-\infty}^{+\infty}x^2f(x)\mathrm{d}x=\int_{0}^{+\infty}\frac{x^2}{2}\mathrm{e}^{-x}\mathrm{d}x+\int_{0}^{+\infty}x^2\mathrm{e}^{-2x}\mathrm{d}x=1+\frac{1}{4}=\frac{5}{4}.$$

$$DX=EX^2-(EX)^2=\frac{5}{4}-\frac{9}{16}=\frac{11}{16}.$$

2017 年全国硕士研究生招生考试

农学门类联考数学试题答案及解析

一、选择题

1. **答案** B.

解析 (方法一) $\ln(1+x)\sim x$,所以与 x 等价的无穷小量是 $\ln(1+x)$,选(B).

(方法二) $\lim\limits_{x\to 0}\dfrac{e^{-x}-1}{x}=\lim\limits_{x\to 0}\dfrac{-e^{-x}}{1}=-1$

$$\lim_{x\to 0}\frac{(1+x)^2-1}{x}=\lim_{x\to 0}\frac{x^2+2x}{x}=\lim_{x\to 0}(x+2)=2$$

$$\lim_{x\to 0}\frac{1-\cos x}{x}=\lim_{x\to 0}\frac{\sin x}{1}=0.$$

2. **答案** D.

解析 $f(x)=\dfrac{\arctan(x+1)}{x^2-1}=\dfrac{\arctan(x+1)}{(x+1)(x-1)}$,

所以可能的间断点为 $x=-1,x=1$.

$\lim\limits_{x\to -1}\dfrac{\arctan(x+1)}{x^2-1}=\lim\limits_{x\to -1}\dfrac{1}{x-1}=-\dfrac{1}{2}$,$x=-1$ 是 $f(x)$ 的可去间断点.

$\lim\limits_{x\to 1}\dfrac{\arctan(x+1)}{x^2-1}=\infty$,$x=1$ 不是 $f(x)$ 的可去间断点.

3. **答案** A.

解析 $\lim\limits_{x\to 0}\dfrac{\sqrt{1+2x}-ax-b}{x}=0$,可得 $\lim\limits_{x\to 0}(\sqrt{1+2x}-ax-b)=0$.

$1-b=0$,即 $b=1$.

再将 $b=1$ 代入,得

$$\begin{aligned}\lim_{x\to 0}\frac{\sqrt{1+2x}-ax-1}{x}&=\lim_{x\to 0}\frac{\sqrt{1+2x}-1}{x}-\lim_{x\to 0}\frac{ax}{x}\\&=1-a=0\end{aligned}$$

$a=1$. 选(A).

4. **答案** D.

解析 变限积分求导公式.

$$\begin{aligned}F'(x)&=\left(\int_{\cos x}^{\sin x}f(t)\mathrm{d}t\right)'\\&=f(\sin x)(\sin x)'-f(\cos x)(\cos x)'\\&=f(\sin x)\cos x+f(\cos x)\sin x\end{aligned}$$

5. **答案** B.

解析 因$(\boldsymbol{A}-\boldsymbol{E})^{-1}=\boldsymbol{A}^2+\boldsymbol{A}+\boldsymbol{E}$,

即　$(\boldsymbol{A}-\boldsymbol{E})(\boldsymbol{A}^2+\boldsymbol{A}+\boldsymbol{E})=\boldsymbol{E}$

即　$\boldsymbol{A}^3=2\boldsymbol{E}$

所以$|\boldsymbol{A}|^3=2^3$,故$|\boldsymbol{A}|=2$.选(B).

6. **答案** C.

解析 $\boldsymbol{\alpha}_1,\boldsymbol{\alpha}_2$ 可由 $\boldsymbol{\beta}_1,\boldsymbol{\beta}_2$ 线性表出$\Leftrightarrow x_1\boldsymbol{\beta}_1+x_2\boldsymbol{\beta}_2=\boldsymbol{\alpha}_1$ 与 $x_1\boldsymbol{\beta}_1+x_2\boldsymbol{\beta}_2=\boldsymbol{\alpha}_2$ 都有解.

由$\left[\begin{array}{cc:cc}1&0&1&-1\\0&1&2&1\\a&b&1&2\end{array}\right]\to\left[\begin{array}{cc:cc}1&0&1&-1\\0&1&2&1\\0&b&1-a&2+a\end{array}\right]\to\left[\begin{array}{cc:cc}1&0&1&-1\\0&1&2&1\\0&0&1-a-2b&2+a-b\end{array}\right]$

$\begin{cases}1-a-2b=0\\2+a-b=0\end{cases}$,所以$\begin{cases}a=-1\\b=1\end{cases}$,选(C).

7. **答案** C.

解析 记 X 和 Y 的分布函数分别为 $F_X(x)$ 和 $F_Y(y)$.

$$\begin{aligned}F_Y(y)&=P\{Y\leqslant y\}=P\{-2X\leqslant y\}\\&=P\left\{X\geqslant-\frac{y}{2}\right\}=1-P\left\{X<-\frac{y}{2}\right\}\\&=1-P\left\{X\leqslant-\frac{y}{2}\right\}=1-F_X\left(-\frac{y}{2}\right)\end{aligned}$$

$f_Y(y)=F'_Y(y)=\left[1-F_X\left(-\frac{y}{2}\right)\right]'=-F'_X\left(-\frac{y}{2}\right)\left(-\frac{1}{2}\right)=\frac{1}{2}f_X\left(-\frac{y}{2}\right)$.应选(C).

8. **答案** B.

解析 $\overline{X}\sim N\left(\mu,\frac{\sigma^2}{n}\right)$,所以$\frac{\overline{X}-\mu}{\sqrt{\frac{\sigma^2}{n}}}\sim N(0,1)$,即$\frac{\sqrt{n}(\overline{X}-\mu)}{\sigma}\sim N(0,1)$.

二、填空题

9. **答案** $\frac{1}{\mathrm{e}}$.

解析
$$\begin{aligned}\lim_{x\to\infty}\left(\frac{2+x}{1+x}\right)^{-x}&=\lim_{x\to\infty}\mathrm{e}^{\ln\left(\frac{2+x}{1+x}\right)(-x)}=\mathrm{e}^{-\lim\limits_{x\to\infty}\ln\left(1+\frac{1}{1+x}\right)\cdot x}\\&=\mathrm{e}^{-\lim\limits_{x\to\infty}\frac{x}{1+x}}=\mathrm{e}^{-1}\end{aligned}$$

评注 用到了等价无穷小 $\ln(1+x)\sim x,x\to0$.

10. **答案** $y=x+1$.

解析 设过$(0,1)$点切线的斜率为 k,则

$$\begin{aligned}k=y'(0)&=\left(\frac{1+\sin x}{1+x^2}\right)'\Bigg|_{x=0}\\&=\frac{\cos x\cdot(1+x^2)-(1+\sin x)\cdot2x}{(1+x^2)^2}\Bigg|_{x=0}=1\end{aligned}$$

切线方程为 $y-1=k(x-0)$，即 $y=x+1$.

11. **答案** $\left[\frac{1}{2},1\right]$.

解析 $f(x)=2x^3-3x^2+1$,

$$f'(x)=6x^2-6x$$

令 $f'(x)\leqslant 0$，则单调递减区间为$[0,1]$.

$$f''(x)=12x-6$$

令 $f''(x)\geqslant 0$，则凹区间为$\left[\frac{1}{2},+\infty\right)$,

故单调递减且图形凹的区间为$\left[\frac{1}{2},1\right]$.

12. **答案** $e+\frac{1}{e}$.

解析 令 $y=0$，$0=1+\ln x$，得 $x=\frac{1}{e}$.

曲线所围区域面积

$$\begin{aligned}S&=\int_{\frac{1}{e}}^{e}(1+\ln x)dx\\&=\int_{\frac{1}{e}}^{e}dx+\int_{\frac{1}{e}}^{e}\ln x dx\\&=\int_{\frac{1}{e}}^{e}dx+\left(x\ln x\Big|_{\frac{1}{e}}^{e}-\int_{\frac{1}{e}}^{e}x d\ln x\right)\\&=x\ln x\Big|_{\frac{1}{e}}^{e}=e+\frac{1}{e}.\end{aligned}$$

13. **答案** -15.

解析
$$\begin{vmatrix}1&0&2&-1\\0&2&1&0\\1&-1&0&1\\1&2&3&4\end{vmatrix}=\begin{vmatrix}1&0&2&-1\\0&2&1&0\\0&-1&-2&2\\0&2&1&5\end{vmatrix}=\begin{vmatrix}2&1&0\\-1&-2&2\\2&1&5\end{vmatrix}$$

$$=\begin{vmatrix}2&1&0\\-1&-2&2\\0&0&5\end{vmatrix}=5\begin{vmatrix}2&1\\-1&-2\end{vmatrix}=-15.$$

14. **答案** 0.75.

解析 $P(A\cup B)=P(A)+P(B)-P(AB)=0.6+0.5-P(A)P(B)$

$$=0.6+0.5-0.3=0.8.$$

$$P(A\mid A\cup B)=\frac{P(A(A\cup B))}{P(A\cup B)}=\frac{P(A)}{P(A\cup B)}=\frac{0.6}{0.8}=\frac{3}{4}=0.75.$$

三、解答题

15. **解** $\lim\limits_{x\to 0}\frac{e^{2x}-\sin 2x-1}{\ln(1+x^2)}=\lim\limits_{x\to 0}\frac{e^{2x}-\sin 2x-1}{x^2}$ 　　等价无穷小替换

$$= \lim_{x \to 0} \frac{2e^{2x} - 2\cos 2x}{2x} \qquad \text{洛必达法则}$$

$$= \lim_{x \to 0} (2e^{2x} + 2\sin 2x) \qquad \text{洛必达法则}$$

$$= 2.$$

16. **解** $f(x) = \begin{cases} -xe^{-x}, & x < 0, \\ xe^{-x}, & x \geqslant 0. \end{cases}$

当 $x \neq 0$ 时，$f'(x) = \begin{cases} e^{-x}(x-1), & x < 0, \\ e^{-x}(1-x), & x > 0. \end{cases}$

令 $f'(x) = 0$ 得驻点 $x = 1$.

当 $x < 0$ 时，$f'(x) < 0$；

当 $0 < x < 1$ 时，$f'(x) > 0$；

当 $x > 1$ 时，$f'(x) < 0$.

因为 $f(x)$ 在 $(-\infty, +\infty)$ 内连续，所以 $f(0) = 0$ 为极小值，$f(1) = \frac{1}{e}$ 为极大值.

17. **解** 原方程可化为 $y' + \frac{1}{x}y = \frac{\arctan x}{x}$，所以

$$y = e^{-\int \frac{1}{x}dx}\left(\int \frac{\arctan x}{x} e^{\int \frac{1}{x}dx} dx + C\right)$$

$$= \frac{1}{x}\left(\int \arctan x dx + C\right)$$

$$= \frac{1}{x}\left(x\arctan x - \int \frac{x}{1+x^2}dx + C\right)$$

$$= \frac{1}{x}\left[x\arctan x - \frac{1}{2}\ln(1+x^2) + C\right].$$

将 $y(1) = \frac{\pi}{4}$ 代入可求得 $C = \frac{1}{2}\ln 2$，故所求特解为

$$y = \arctan x - \frac{1}{2x}\ln(1+x^2) + \frac{\ln 2}{2x}$$

18. **解** 设 $u = \sqrt{xy}, v = y$. 因为 $f(u,v)$ 具有 2 阶连续偏导数，所以

$$\frac{\partial z}{\partial x} = \frac{\partial f(u,v)}{\partial u} \cdot \frac{\partial u}{\partial x} = \frac{\partial f(u,v)}{\partial u} \cdot \frac{\sqrt{y}}{2\sqrt{x}}$$

$$\frac{\partial z}{\partial y} = \frac{\partial f(u,v)}{\partial u} \cdot \frac{\partial u}{\partial y} + \frac{\partial f(u,v)}{\partial v} \cdot \frac{\partial v}{\partial y} = \frac{\partial f(u,v)}{\partial u} \cdot \frac{\sqrt{x}}{2\sqrt{y}} + \frac{\partial f(u,v)}{\partial v}$$

$$\frac{\partial^2 z}{\partial x \partial y} = \left[\frac{\partial^2 f(u,v)}{\partial u^2} \cdot \frac{\sqrt{x}}{2\sqrt{y}} + \frac{\partial^2 f(u,v)}{\partial u \partial v}\right] \cdot \frac{\sqrt{y}}{2\sqrt{x}} + \frac{\partial f(u,v)}{\partial u} \cdot \frac{1}{4\sqrt{xy}}$$

$$= \frac{1}{4\sqrt{xy}} \cdot \frac{\partial f(u,v)}{\partial u} + \frac{1}{4} \cdot \frac{\partial^2 f(u,v)}{\partial u^2} + \frac{\sqrt{y}}{2\sqrt{x}} \cdot \frac{\partial^2 f(u,v)}{\partial u \partial v}$$

19. **解** 因为 $D = \left\{(r,\theta) \mid 2\cos\theta \leqslant r \leqslant 2, 0 \leqslant \theta \leqslant \frac{\pi}{2}\right\}$，所以

$$I = \int_0^{\frac{\pi}{2}} d\theta \int_{2\cos\theta}^{2} r^2 dr = \frac{8}{3}\int_0^{\frac{\pi}{2}} (1 - \cos^3\theta) d\theta$$

$$= \frac{8}{3}\left[\frac{\pi}{2} - \int_0^{\frac{\pi}{2}} (1-\sin^2\theta)\mathrm{d}\sin\theta\right]$$

$$= \frac{8}{3}\left(\frac{\pi}{2} - \sin\theta\Big|_0^{\frac{\pi}{2}} + \frac{1}{3}\sin^3\theta\Big|_0^{\frac{\pi}{2}}\right)$$

$$= \frac{4\pi}{3} - \frac{16}{9}$$

20. **解** $\boldsymbol{X}(\boldsymbol{A}-2\boldsymbol{E}) = \boldsymbol{A}$

$$\boldsymbol{X} = \boldsymbol{A}(\boldsymbol{A}-2\boldsymbol{E})^{-1}$$

$$= \begin{bmatrix} 3 & 0 & 0 \\ 2 & 4 & 0 \\ 1 & 1 & 5 \end{bmatrix}\begin{bmatrix} 1 & 0 & 0 \\ 2 & 2 & 0 \\ 1 & 1 & 3 \end{bmatrix}^{-1} = \begin{bmatrix} 3 & 0 & 0 \\ -2 & 2 & 0 \\ 0 & -\frac{1}{3} & \frac{5}{3} \end{bmatrix}$$

21. **解** (Ⅰ)设 $\boldsymbol{A\beta} = \lambda\boldsymbol{\beta}$,即

$$\begin{bmatrix} 1 & a & -1 \\ 1 & 1 & -1 \\ 0 & 4 & b \end{bmatrix}\begin{bmatrix} 1 \\ 1 \\ 2 \end{bmatrix} = \lambda\begin{bmatrix} 1 \\ 1 \\ 2 \end{bmatrix}$$

$$\begin{cases} 1+a-2=\lambda \\ 1+1-2=\lambda \\ 0+4+2b=2\lambda \end{cases}$$

解出 $\lambda = 0, a = 1, b = -2$.

(Ⅱ)那么 $\boldsymbol{A}^2 = \begin{bmatrix} 1 & 1 & -1 \\ 1 & 1 & -1 \\ 0 & 4 & -2 \end{bmatrix}\begin{bmatrix} 1 & 1 & -1 \\ 1 & 1 & -1 \\ 0 & 4 & -2 \end{bmatrix} = \begin{bmatrix} 2 & -2 & 0 \\ 2 & -2 & 0 \\ 4 & -4 & 0 \end{bmatrix}$

$$[\boldsymbol{A}^2 \mid \boldsymbol{\beta}] = \left[\begin{array}{ccc:c} 2 & -2 & 0 & 1 \\ 2 & -2 & 0 & 1 \\ 4 & -4 & 0 & 2 \end{array}\right] \rightarrow \left[\begin{array}{ccc:c} 1 & -1 & 0 & \frac{1}{2} \\ 0 & 0 & 0 & 0 \\ 0 & 0 & 0 & 0 \end{array}\right]$$

方程组通解为

$$\begin{bmatrix} \frac{1}{2} \\ 0 \\ 0 \end{bmatrix} + k_1\begin{bmatrix} 1 \\ 1 \\ 0 \end{bmatrix} + k_2\begin{bmatrix} 0 \\ 0 \\ 1 \end{bmatrix}, k_1, k_2 \text{ 为任意常数}$$

22. **分析** (Ⅰ)$P\{0.5 < X \leqslant 2\} = F(2) - F(0.5)$ 直接用 $F(x)$ 计算.

(Ⅱ)可将 X 的分布表示成

X	-1	1	2
P	$\frac{1}{2}$	$\frac{1}{4}$	$\frac{1}{4}$

,$DX = EX^2 - (EX)^2$.

(Ⅲ)利用公式 $\mathrm{Cov}(X, X^2) = EX^3 - EXEX^2$,再用 X 的分布列计算.

解 (Ⅰ)$P\{0.5 < X \leqslant 2\} = F(2) - F(0.5) = 1 - \frac{1}{2} = \frac{1}{2}$.

(Ⅱ)
$$EX=(-1)\times\frac{1}{2}+1\times\frac{1}{4}+2\times\frac{1}{4}=\frac{1}{4}$$
$$EX^2=(-1)^2\times\frac{1}{2}+1^2\times\frac{1}{4}+2^2\times\frac{1}{4}=\frac{7}{4}$$
$$DX=EX^2-(EX)^2=\frac{7}{4}-\frac{1}{16}=\frac{27}{16}$$

(Ⅲ)$\mathrm{Cov}(X,X^2)=EX^3-EXEX^2=(-1)^3\times\frac{1}{2}+1^3\times\frac{1}{4}+2^3\times\frac{1}{4}-\frac{1}{4}\times\frac{7}{4}$
$$=\frac{7}{4}-\frac{7}{16}=\frac{21}{16}.$$

23. **分析** (Ⅰ)X与Y相互独立,故$f(x,y)=f_X(x)f_Y(y)$,只要X和Y的密度函数$f_X(x)$和$f_Y(y)$相乘即可;

(Ⅱ)利用公式$P\{X+Y\leqslant 1\}=\iint\limits_{x+y\leqslant 1}f(x,y)\mathrm{d}x\mathrm{d}y$直接计算;

(Ⅲ)X与Y相互独立,故$F(x,y)=F_X(x)F_Y(y)$,所以只要X和Y的分布函数$F_X(x)$和$F_Y(y)$相乘即可.

解 (Ⅰ)$X\sim E(1)$,故$f_X(x)=\begin{cases}\mathrm{e}^{-x}, & x>0,\\ 0, & x\leqslant 0;\end{cases}$

$Y\sim E(2)$,故$f_Y(y)=\begin{cases}2\mathrm{e}^{-2y}, & y>0,\\ 0, & y\leqslant 0.\end{cases}$

(X,Y)的分布密度$f(x,y)=f_X(x)f_Y(y)=\begin{cases}2\mathrm{e}^{-(x+2y)}, & x>0,y>0,\\ 0, & 其他.\end{cases}$

(Ⅱ)$P\{X+Y\leqslant 1\}=\iint\limits_{x+y\leqslant 1}f(x,y)\mathrm{d}x\mathrm{d}y=\int_0^1\mathrm{d}x\int_0^{1-x}2\mathrm{e}^{-x-2y}\mathrm{d}y=\int_0^1\mathrm{e}^{-x}(-\mathrm{e}^{-2y})\Big|_0^{1-x}\mathrm{d}x$
$$=\int_0^1\mathrm{e}^{-x}[1-\mathrm{e}^{-2(1-x)}]\mathrm{d}x=\int_0^1\mathrm{e}^{-x}\mathrm{d}x-\mathrm{e}^{-2}\int_0^1\mathrm{e}^{x}\mathrm{d}x$$
$$=1-\mathrm{e}^{-1}-\mathrm{e}^{-2}(\mathrm{e}-1)=1-\mathrm{e}^{-1}-\mathrm{e}^{-1}+\mathrm{e}^{-2}$$
$$=(1-\mathrm{e}^{-1})^2.$$

(Ⅲ)$F_X(x)=\begin{cases}1-\mathrm{e}^{-x}, & x>0,\\ 0, & x\leqslant 0,\end{cases}$　　$F_Y(y)=\begin{cases}1-\mathrm{e}^{-2y}, & y>0,\\ 0, & y\leqslant 0,\end{cases}$

$F(x,y)=F_X(x)F_Y(y)=\begin{cases}(1-\mathrm{e}^{-x})(1-\mathrm{e}^{-2y}), & x>0,y>0\\ 0, & 其他.\end{cases}$

评注 设$X\sim E(\lambda)$,则$f_X(x)=\begin{cases}\lambda\mathrm{e}^{-\lambda x}, & x>0,\\ 0, & x\leqslant 0.\end{cases}$应该熟记.

如果$F(x)$记不住,可以直接推:$x\leqslant 0$时,$F(x)=0$;

$x>0$时,$F(x)=P\{X\leqslant x\}=\int_0^x\lambda\mathrm{e}^{-\lambda t}\mathrm{d}t=1-\mathrm{e}^{-\lambda x}$.

2018 年全国硕士研究生招生考试

农学门类联考数学试题答案及解析

一、选择题

1. 答案 B.

解析 $f(-x)=\dfrac{\sin(-x)}{-x}=\dfrac{\sin x}{x}=f(x)$，所以 $f(x)$ 是偶函数.

因为 $|\sin x|\leqslant|x|, x\in(-\infty,+\infty)$，所以 $|f(x)|\leqslant 1$，即 $f(x)$ 为有界函数.

2. 答案 D.

解析 $y'=(1-x^2)\mathrm{e}^{-\frac{x^2}{2}}>0, x\in(0,1)$，所以在区间 $(0,1)$ 内函数单调增加.

$y''=x(x^2-3)\mathrm{e}^{-\frac{x^2}{2}}<0, x\in(0,1)$，所以函数的图形在区间 $(0,1)$ 内是凸的.

3. 答案 B.

解析 $$\int\frac{\ln x}{x^2}\mathrm{d}x=-\int\ln x\mathrm{d}\frac{1}{x}=-\frac{\ln x}{x}+\int\frac{1}{x^2}\mathrm{d}x=-\frac{\ln x}{x}-\frac{1}{x}+C$$

所以

$$\int_{\mathrm{e}}^{+\infty}\frac{\ln x}{x^2}\mathrm{d}x=\left(-\frac{\ln x}{x}-\frac{1}{x}\right)\Big|_{\mathrm{e}}^{+\infty}=\frac{2}{\mathrm{e}}$$

4. 答案 A.

解析 因为 $z=(x-y^2)\mathrm{e}^{1+xy}$，所以

$$\frac{\partial z}{\partial x}=\mathrm{e}^{1+xy}+(x-y^2)y\mathrm{e}^{1+xy}$$

$$\frac{\partial z}{\partial y}=-2y\mathrm{e}^{1+xy}+(x-y^2)x\mathrm{e}^{1+xy}$$

$$\mathrm{d}z\Big|_{(1,-1)}=\frac{\partial z}{\partial x}\Big|_{(1,-1)}\mathrm{d}x+\frac{\partial z}{\partial y}\Big|_{(1,-1)}\mathrm{d}y=\mathrm{d}x+2\mathrm{d}y$$

5. 答案 C.

解析 若 $\boldsymbol{\alpha}_1,\boldsymbol{\alpha}_2,\cdots,\boldsymbol{\alpha}_s$ 与 $\boldsymbol{\beta}_1,\boldsymbol{\beta}_2,\cdots,\boldsymbol{\beta}_t$ 等价，则

$$r(\boldsymbol{\alpha}_1,\boldsymbol{\alpha}_2,\cdots,\boldsymbol{\alpha}_s)=r(\boldsymbol{\beta}_1,\boldsymbol{\beta}_2,\cdots,\boldsymbol{\beta}_t)$$

现 $\boldsymbol{\alpha}_1,\boldsymbol{\alpha}_2,\boldsymbol{\alpha}_3$ 与 $\boldsymbol{\alpha}_1,\boldsymbol{\alpha}_2$ 等价，知

$$r(\boldsymbol{\alpha}_1,\boldsymbol{\alpha}_2,\boldsymbol{\alpha}_3)=r(\boldsymbol{\alpha}_1,\boldsymbol{\alpha}_2)\leqslant 2<3$$

所以 $\boldsymbol{\alpha}_1,\boldsymbol{\alpha}_2,\boldsymbol{\alpha}_3$ 必线性相关.

或 $$r(\boldsymbol{\alpha}_1,\boldsymbol{\alpha}_2)=r(\boldsymbol{\alpha}_1,\boldsymbol{\alpha}_2,\boldsymbol{\alpha}_3)$$

即方程组 $x_1\boldsymbol{\alpha}_1+x_2\boldsymbol{\alpha}_2=\boldsymbol{\alpha}_3$ 必有解，$\boldsymbol{\alpha}_3$ 必可由 $\boldsymbol{\alpha}_1,\boldsymbol{\alpha}_2$ 线性表出.

所以 $\boldsymbol{\alpha}_1,\boldsymbol{\alpha}_2,\boldsymbol{\alpha}_3$ 必线性相关.

6. **答案** B.

解析 由

$$\boldsymbol{A}^* = \begin{bmatrix} A_{11} & A_{21} & A_{31} \\ A_{12} & A_{22} & A_{32} \\ A_{13} & A_{23} & A_{33} \end{bmatrix}$$

$$A_{31} = (-1)^{3+1}\begin{vmatrix} 0 & a \\ b & 0 \end{vmatrix} = -ab$$

排除(A)(C).

$$A_{22} = (-1)^{2+2}\begin{vmatrix} 0 & a \\ c & 0 \end{vmatrix} = -ac$$

故选(B).

或加强条件,设 $\boldsymbol{A}$ 可逆,

$$\boldsymbol{A}^* = |\boldsymbol{A}|\boldsymbol{A}^{-1} = -abc\begin{bmatrix} 0 & 0 & \frac{1}{c} \\ 0 & \frac{1}{b} & 0 \\ \frac{1}{a} & 0 & 0 \end{bmatrix}$$

亦选(B).

7. **答案** C.

解析 $X \sim P(1)$,X 的可能取值为 $0,1,2,\cdots$,$2X$ 的可能取值为 $0,2,4,\cdots$

$Y \sim P(2)$,Y 的可能取值为 $0,1,2,\cdots$.

$P\{2X+Y=2\} = P\{2X=0,Y=2\} + P\{2X=2,Y=0\}$,又因 X,Y 独立,$2X$ 与 Y 也独立.

$$\begin{aligned} P\{2X+Y=2\} &= P\{2X=0\}P\{Y=2\} + P\{2X=2\}P\{Y=0\} \\ &= P\{X=0\}P\{Y=2\} + P\{X=1\}P\{Y=0\} \\ &= \frac{1^0}{0!}\mathrm{e}^{-1} \cdot \frac{2^2}{2!}\mathrm{e}^{-2} + \frac{1^1}{1!}\mathrm{e}^{-1} \cdot \frac{2^0}{0!}\mathrm{e}^{-2} \\ &= 2\mathrm{e}^{-3} + \mathrm{e}^{-3} = 3\mathrm{e}^{-3} \end{aligned}$$

答案应选(C).

8. **答案** D.

解析 统计量不能包含未知参数.现 Q 中有未知参数 μ,因此不是统计量.

$X_i \sim N(\mu,\sigma^2)$,$i=1,2,\cdots,10$. $\dfrac{X_i-\mu}{\sigma} \sim N(0,1)$,所以 $\sum\limits_{i=2}^{10}\left(\dfrac{X_i-\mu}{\sigma}\right)^2 \sim \chi^2(9)$,且与 $\dfrac{X_1-\mu}{\sigma}$ 相互独立.

根据 $t(9)$ 分布定义

$$T=\frac{\frac{X_1-\mu}{\sigma}}{\sqrt{\frac{1}{9}\sum_{i=2}^{10}\frac{(X_i-\mu)^2}{\sigma^2}}}=\frac{3(X_1-\mu)}{\sqrt{\sum_{i=2}^{10}(X_i-\mu)^2}}\sim t(9)$$

所以 Q 不是统计量且服从分布 $t(9)$. 答案选(D).

二、填空题

9. **答案** $\frac{\sqrt{2}}{12}$.

解析 $\frac{\mathrm{d}y}{\mathrm{d}x}=\frac{1}{1+(x^2-1)}\cdot\frac{x}{\sqrt{x^2-1}}$,所以 $\left.\frac{\mathrm{d}y}{\mathrm{d}x}\right|_{x=3}=\frac{\sqrt{2}}{12}$.

10. **答案** $\frac{2^x}{\ln 2}+\frac{1}{2}\sin 2x+C$.

解析 $\int(2^x+\cos 2x)\mathrm{d}x=\int 2^x\mathrm{d}x+\int\cos 2x\mathrm{d}x=\frac{2^x}{\ln 2}+\frac{1}{2}\sin 2x+C$

11. **答案** 3.

解析 求 x 的偏导,可以先将 $y=1$ 代入

$$z(x,1)=x\mathrm{e}^{\sin(x-1)}+\ln x$$

$$\frac{\partial z(x,1)}{\partial x}=\mathrm{e}^{\sin(x-1)}+x\mathrm{e}^{\sin(x-1)}\cdot\cos(x-1)+\frac{1}{x}$$

$$\left.\frac{\partial z}{\partial x}\right|_{x=1}=\mathrm{e}^0+1\cdot\mathrm{e}^0\cdot 1+1=3$$

12. **答案** $\frac{C}{\sqrt{1+x^2}}$.

解析 $(1+x^2)y'+xy=0$

$$y'+\frac{x}{1+x^2}y=0$$

$$y=C\mathrm{e}^{-\int\frac{x}{1+x^2}\mathrm{d}x}=\frac{C}{\sqrt{1+x^2}}.$$

13. **答案** 4.

解析 设 $\boldsymbol{\alpha}=\begin{bmatrix}a_1\\a_2\end{bmatrix}$,$\boldsymbol{\beta}=\begin{bmatrix}b_1\\b_2\end{bmatrix}$.

$$|\boldsymbol{A}|=\begin{vmatrix}a_1&b_1\\a_2&b_2\end{vmatrix}=a_1b_2-a_2b_1=-2$$

$$\boldsymbol{\alpha\beta}^{\mathrm{T}}=\begin{bmatrix}a_1\\a_2\end{bmatrix}[b_1,b_2]=\begin{bmatrix}a_1b_1&a_1b_2\\a_2b_1&a_2b_2\end{bmatrix}$$

又 $\boldsymbol{\beta\alpha}^{\mathrm{T}}=(\boldsymbol{\alpha\beta}^{\mathrm{T}})^{\mathrm{T}}$,知

$$\boldsymbol{B}=\begin{bmatrix}0&a_1b_2-a_2b_1\\a_2b_1-a_1b_2&0\end{bmatrix}=\begin{bmatrix}0&-2\\2&0\end{bmatrix}$$

所以 $|\boldsymbol{B}|=4$.

14. **答案** $\frac{1}{4}$.

解析 $P(B\mid A\cup\overline{B})=\frac{P(B(A\cup\overline{B}))}{P(A\cup\overline{B})}=\frac{P(AB)}{P(A\cup\overline{B})}$

$0.5=P(A\overline{B})=P(A-B)=P(A)-P(AB)=0.7-P(AB)$,所以 $P(AB)=0.2$.

$P(A\cup\overline{B})=P(A)+P(\overline{B})-P(A\overline{B})=0.7+0.6-0.5=0.8$.

总之,$P(B\mid A\cup\overline{B})=\frac{0.2}{0.8}=\frac{1}{4}$.

答案应填$\frac{1}{4}$.

三、解答题

15. **解** 因为

$$\lim_{x\to 0}(\mathrm{e}^x+ax^2+bx)^{\frac{1}{1-\cos x}}=\lim_{x\to 0}[1+(\mathrm{e}^x+ax^2+bx-1)]^{\frac{1}{\mathrm{e}^x+ax^2+bx-1}\cdot\frac{\mathrm{e}^x+ax^2+bx-1}{1-\cos x}}=1$$

所以

$$\lim_{x\to 0}\frac{\mathrm{e}^x+ax^2+bx-1}{1-\cos x}=0$$

即

$$\lim_{x\to 0}\frac{\mathrm{e}^x+ax^2+bx-1}{x^2}=0$$

而 $\mathrm{e}^x=1+x+\frac{1}{2}x^2+o(x^2),x\to 0$,所以 $a=-\frac{1}{2},b=-1$.

16. **解** 先求不定积分.

$\int\frac{2x-\sin x}{1+\cos x}\mathrm{d}x=\int\frac{2x}{1+\cos x}\mathrm{d}x-\int\frac{\sin x}{1+\cos x}\mathrm{d}x$

$$\begin{aligned}\int\frac{2x}{1+\cos x}\mathrm{d}x&=\int x\sec^2\frac{x}{2}\mathrm{d}x\\&=2\int x\mathrm{d}\tan\frac{x}{2}=2x\tan\frac{x}{2}-2\int\tan\frac{x}{2}\mathrm{d}x\\&=2x\tan\frac{x}{2}+4\ln\cos\frac{x}{2}+C\end{aligned}$$

$\int\frac{\sin x}{1+\cos x}\mathrm{d}x=-\ln(1+\cos x)+C$

所以$\int\frac{2x-\sin x}{1+\cos x}\mathrm{d}x=2x\tan\frac{x}{2}+4\ln\cos\frac{x}{2}+\ln(1+\cos x)+C$

$$\int_0^{\frac{\pi}{2}}\frac{2x-\sin x}{1+\cos x}\mathrm{d}x=\left(2x\tan\frac{x}{2}+4\ln\cos\frac{x}{2}+\ln(1+\cos x)\right)\Big|_0^{\frac{\pi}{2}}=\pi-3\ln 2$$

17. **解** (Ⅰ)曲线 $y=x^2$ 与 $x+y=2$ 的交点为$(-2,4),(1,1)$.

D 的面积 $S=\int_{-2}^{1}(2-x-x^2)\mathrm{d}x=\frac{9}{2}$.

(Ⅱ)D 绕 y 轴旋转形成的旋转体体积为

$$V=\int_{-2}^{1}\pi[(2-y)^2-y^4]\mathrm{d}y=\pi\left[-\frac{1}{5}y^5+\frac{1}{3}y^3-2y^2+4y\right]\Big|_{-2}^{1}=\frac{72}{5}\pi$$

18. 解 用极坐标计算二重积分,

$$\iint_D\frac{1}{\sqrt{x^2+y^2}}\mathrm{d}x\mathrm{d}y=\int_{-\frac{\pi}{3}}^{\frac{\pi}{3}}\mathrm{d}\theta\int_1^{2\cos\theta}\mathrm{d}r=2\sqrt{3}-\frac{2}{3}\pi$$

19. 证明 曲线 $y=\mathrm{e}^x$ 与 $y=\mathrm{e}^x\sin x$ 的交点满足方程 $\mathrm{e}^x\sin x=\mathrm{e}^x$,所以曲线 $y=\mathrm{e}^x$ 与 $y=\mathrm{e}^x\sin x$ 的交点为 $(x_n,y_n)=\left(2n\pi+\frac{\pi}{2},\mathrm{e}^{2n\pi+\frac{\pi}{2}}\right),n=0,\pm1,\pm2,\cdots$.

曲线 $y=\mathrm{e}^x$ 在交点 (x_n,y_n) 处的切线的斜率为 $y'(x_n)=\mathrm{e}^{x_n}$,切线方程为 $y-y_n=\mathrm{e}^{x_n}(x-x_n)$;

曲线 $y=\mathrm{e}^x\sin x$ 在交点 (x_n,y_n) 处的切线的斜率为 $y'(x_n)=\mathrm{e}^{x_n}\sin x_n+\mathrm{e}^{x_n}\cos x_n=\mathrm{e}^{x_n}$,切线方程为 $y-y_n=\mathrm{e}^{x_n}(x-x_n)$.

所以曲线 $y=\mathrm{e}^x$ 与 $y=\mathrm{e}^x\sin x$ 在交点处有相同的切线.

第一象限中离原点最近的交点为 $\left(\frac{\pi}{2},\mathrm{e}^{\frac{\pi}{2}}\right)$,切线方程为 $y-\mathrm{e}^{\frac{\pi}{2}}=\mathrm{e}^{\frac{\pi}{2}}\left(x-\frac{\pi}{2}\right)$.

20. 解 设曲线 $y=k_1x+k_2x^2+k_3x^3$,经过 A,B,C 三点,则有

$$\begin{cases}k_1+k_2+k_3=1\\2k_1+4k_2+8k_3=2\\ak_1+a^2k_2+a^3k_3=1\end{cases}$$

对增广矩阵作初等行变换

$$\overline{\boldsymbol{A}}=\left[\begin{array}{ccc:c}1&1&1&1\\2&4&8&2\\a&a^2&a^3&1\end{array}\right]\to\left[\begin{array}{ccc:c}1&1&1&1\\0&1&3&0\\0&a^2-a&a^3-a&1-a\end{array}\right]$$

如 $a=1$,此时点 A,C 重合.

$$\overline{\boldsymbol{A}}\to\left[\begin{array}{ccc:c}1&1&1&1\\0&1&3&0\\0&0&0&0\end{array}\right]\to\left[\begin{array}{ccc:c}1&0&-2&1\\0&1&3&0\\0&0&0&0\end{array}\right]$$

令 $k_3=t$,求出 $k_1=1+2t,k_2=-3t$,

经过 $A(C),B$ 的曲线为:$y=(1+2t)x-3tx^2+tx^3$,t 为任意常数.

如 $a\neq1$

$$\overline{\boldsymbol{A}}\to\left[\begin{array}{ccc:c}1&1&1&1\\0&1&3&0\\0&a&a^2+a&-1\end{array}\right]\to\left[\begin{array}{ccc:c}1&1&1&1\\0&1&3&0\\0&0&a^2-2a&-1\end{array}\right]$$

当 $a=0$ 或 $a=2$ 时,方程组无解,即不存在曲线经过 A,B,C 三点.

当 $a\neq1,a\neq0,a\neq2$ 时,方程组有唯一解.

$$\overline{\boldsymbol{A}}\to\left[\begin{array}{ccc:c}1&0&0&\dfrac{a^2-2a-2}{a^2-2a}\\0&1&0&\dfrac{3}{a^2-2a}\\0&0&1&-\dfrac{1}{a^2-2a}\end{array}\right]$$

得曲线方程为：$y=\dfrac{a^2-2a-2}{a^2-2a}x+\dfrac{3}{a^2-2a}x^2-\dfrac{1}{a^2-2a}x^3$.

21. 解（Ⅰ）由 $\boldsymbol{A\alpha}_1=\boldsymbol{\alpha}_1+\boldsymbol{\alpha}_3,\boldsymbol{A\alpha}_2=-\boldsymbol{\alpha}_1+2\boldsymbol{\alpha}_2+\boldsymbol{\alpha}_3,\boldsymbol{A\alpha}_3=2\boldsymbol{\alpha}_3$ 有

$$\boldsymbol{A}(\boldsymbol{\alpha}_1,\boldsymbol{\alpha}_2,\boldsymbol{\alpha}_3)=(\boldsymbol{\alpha}_1+\boldsymbol{\alpha}_3,-\boldsymbol{\alpha}_1+2\boldsymbol{\alpha}_2+\boldsymbol{\alpha}_3,2\boldsymbol{\alpha}_3)=(\boldsymbol{\alpha}_1,\boldsymbol{\alpha}_2,\boldsymbol{\alpha}_3)\begin{bmatrix}1&-1&0\\0&2&0\\1&1&2\end{bmatrix}$$

因 $\boldsymbol{P}=(\boldsymbol{\alpha}_1,\boldsymbol{\alpha}_2,\boldsymbol{\alpha}_3)$ 可逆，故 $\boldsymbol{P}^{-1}\boldsymbol{AP}=\begin{bmatrix}1&-1&0\\0&2&0\\1&1&2\end{bmatrix}$.

（Ⅱ）令 $\boldsymbol{B}=\begin{bmatrix}1&-1&0\\0&2&0\\1&1&2\end{bmatrix}$，有 $\boldsymbol{P}^{-1}\boldsymbol{AP}=\boldsymbol{B}$.

由 $|\lambda\boldsymbol{E}-\boldsymbol{B}|=\begin{vmatrix}\lambda-1&1&0\\0&\lambda-2&0\\-1&-1&\lambda-2\end{vmatrix}=(\lambda-1)(\lambda-2)^2$

对 $\lambda=2$，由

$$2\boldsymbol{E}-\boldsymbol{B}=\begin{bmatrix}1&1&0\\0&0&0\\-1&-1&0\end{bmatrix}\to\begin{bmatrix}1&1&0\\0&0&0\\0&0&0\end{bmatrix}$$

秩 $r(2\boldsymbol{E}-\boldsymbol{B})=1$，知 $n-r(2\boldsymbol{E}-\boldsymbol{B})=2$.

$\lambda=2$ 有 2 个线性无关的特征向量.

故
$$\boldsymbol{B}\sim\boldsymbol{\Lambda}=\begin{bmatrix}1&&\\&2&\\&&2\end{bmatrix}$$

又 $\boldsymbol{A}\sim\boldsymbol{B}$，从而 $\boldsymbol{A}\sim\boldsymbol{\Lambda}$.

22. 解（Ⅰ）X,Y 的相关系数

$$\rho=\frac{\mathrm{Cov}(X,Y)}{\sqrt{DX}\sqrt{DY}}=\frac{E(XY)-EXEY}{\sqrt{DX}\sqrt{DY}}$$

现

X \ Y	−1	0	1
0	0.06	0.04	0.1
1	0.34	0.16	0.3

即

X \ Y	−1	0	1	
0	0.06	0.04	0.1	0.2
1	0.34	0.16	0.3	0.8
	0.4	0.2	0.4	

$EX=0\times0.2+1\times0.8=0.8$,

$EY=-1\times0.4+0\times0.2+1\times0.4=0$,

$DX=0.2\times0.8=0.16$,

$DY=EY^2-(EY)^2=(-1)^2\times0.4+0^2\times0.2+1^2\times0.4=0.8$.

$EXY = 1\times(-1)\times 0.34 + 0 + 1\times 1\times 0.3 = -0.04.$

总之 $\rho = \dfrac{-0.04-0.8\times 0}{\sqrt{0.16}\sqrt{0.8}} = \dfrac{-0.04}{0.4\sqrt{0.8}} = -\dfrac{1}{\sqrt{80}} = \dfrac{-\sqrt{5}}{20}.$

(Ⅱ)

X^2 \ Y^2	0	1
0	0.04	0.16
1	0.16	0.64

即有

X^2 \ Y^2	0	1	
0	0.04	0.16	0.2
1	0.16	0.64	0.8
	0.2	0.8	

对(X^2,Y^2)分布律满足条件 $p_{ij} = p_{i\cdot}p_{\cdot j}, i,j=1,2.$
因此 X^2,Y^2 相互独立.

23. 解 (Ⅰ)设 Z 的分布函数为 $F_Z(z)$，Y 的分布函数为 $F_Y(y) = \begin{cases} 0, & y<0, \\ y, & 0\leqslant y\leqslant 1, \\ 1, & 1<y. \end{cases}$

$$\begin{aligned} F_Z(z) &= P\{Z\leqslant z\} = P\{X+Y\leqslant z\} \\ &= P\{X=0\}P\{X+Y\leqslant z \mid X=0\} + P\{X=1\}P\{X+Y\leqslant z \mid X=1\} \\ &= \frac{1}{3}P\{Y\leqslant z \mid X=0\} + \frac{2}{3}P\{Y\leqslant z-1 \mid X=1\} \\ &= \frac{1}{3}P\{Y\leqslant z\} + \frac{2}{3}P\{Y\leqslant z-1\} \\ &= \frac{1}{3}F_Y(z) + \frac{2}{3}F_Y(z-1). \end{aligned}$$

$$f_Z(z) = F'_Z(z) = \frac{1}{3}f(z) + \frac{2}{3}f(z-1) = \begin{cases} \dfrac{1}{3}, & 0\leqslant z<1, \\ \dfrac{2}{3}, & 1\leqslant z<2, \\ 0, & \text{其他}. \end{cases}$$

(Ⅱ)$DZ = D(X+Y) = DX + DY$. 因为 X,Y 相互独立.

$DX = \dfrac{1}{3}\cdot\dfrac{2}{3}$，因为 X 服从 $0-1$ 分布，而 $Y\sim U[0,1]$，$DY = \dfrac{(1-0)^2}{12} = \dfrac{1}{12}.$

所以 $DZ = \dfrac{2}{9} + \dfrac{1}{12} = \dfrac{11}{36}.$

2019 年全国硕士研究生招生考试

农学门类联考数学试题答案及解析

一、选择题

1. 答案 B.

解析 $f'(x)=2\mathrm{e}^{4x^2}$.

2. 答案 C.

解析 当 $x\to 0$ 时，$a\mathrm{e}^{x}+b\mathrm{e}^{-x}=a(1+x+o(x))+b(1-x+o(x))$ 与 x 是等价无穷小，所以

$$\begin{cases}a+b=0\\a-b=1\end{cases}$$

即
$$a=\frac{1}{2},b=-\frac{1}{2}$$

3. 答案 D.

解析 $\lim\limits_{x\to 0}f(x)=\lim\limits_{x\to 0}\frac{\sin x^2}{x}=0$，所以 $f(x)$ 在 $x=0$ 处极限存在且连续.

$\lim\limits_{x\to 0}\frac{\frac{f(x)}{x}}{x}=\lim\limits_{x\to 0}\frac{\sin x^2}{x^2}=1$，所以 $f(x)$ 在 $x=0$ 处可导，且 $f'(0)=1$.

4. 答案 A.

解析 ①若 $f'(x)$ 在 $(0,1)$ 内有界，不妨假设 $|f'(x)|\leqslant M, x\in(0,1)$，则 $\forall x\in(0,1)$，$\exists\xi$ 介于 $x,\frac{1}{2}$，使得

$$f(x)-f\left(\frac{1}{2}\right)=f'(\xi)\left(x-\frac{1}{2}\right)$$

所以 $|f(x)|\leqslant\left|f\left(\frac{1}{2}\right)\right|+M\left|x-\frac{1}{2}\right|$，函数 $f(x)$ 在 $(0,1)$ 内有界.

② 函数 $f(x)=\sqrt{x}$ 在 $(0,1)$ 内有界，但是 $f'(x)=\frac{1}{2\sqrt{x}}$ 在 $(0,1)$ 内无界.

5. 答案 A.

解析 由 $\boldsymbol{A}^{-1}=\frac{1}{|\boldsymbol{A}|}\boldsymbol{A}^{*}$，现 $|\boldsymbol{A}|=\begin{vmatrix}a&b\\c&d\end{vmatrix}=ad-bc=1$，又

$$\begin{bmatrix}a&b\\c&d\end{bmatrix}^{*}=\begin{bmatrix}A_{11}&A_{21}\\A_{12}&A_{22}\end{bmatrix}=\begin{bmatrix}d&-b\\-c&a\end{bmatrix}$$

故选(A).

6. 答案 C.

解析 由观察法

(A)$(\boldsymbol{\alpha}_1-\boldsymbol{\alpha}_2)+(\boldsymbol{\alpha}_2-\boldsymbol{\alpha}_3)+(\boldsymbol{\alpha}_3-\boldsymbol{\alpha}_1)=\mathbf{0}$.

(B)$(\boldsymbol{\alpha}_1+\boldsymbol{\alpha}_2)-(\boldsymbol{\alpha}_2-\boldsymbol{\alpha}_3)-(\boldsymbol{\alpha}_3+\boldsymbol{\alpha}_1)=\mathbf{0}$.

(D)$(\boldsymbol{\alpha}_1-\boldsymbol{\alpha}_2)+(\boldsymbol{\alpha}_2+\boldsymbol{\alpha}_3)-(\boldsymbol{\alpha}_3+\boldsymbol{\alpha}_1)=\mathbf{0}$.

知(A)(B)(D) 均线性相关,故选(C).

或,直接地用秩来判断,有

$$(\boldsymbol{\alpha}_1+\boldsymbol{\alpha}_2,\boldsymbol{\alpha}_2+\boldsymbol{\alpha}_3,\boldsymbol{\alpha}_3+\boldsymbol{\alpha}_1)=(\boldsymbol{\alpha}_1,\boldsymbol{\alpha}_2,\boldsymbol{\alpha}_3)\begin{bmatrix}1&0&1\\1&1&0\\0&1&1\end{bmatrix}$$

因$\begin{bmatrix}1&0&1\\1&1&0\\0&1&1\end{bmatrix}$可逆,于是

$$r(\boldsymbol{\alpha}_1+\boldsymbol{\alpha}_2,\boldsymbol{\alpha}_2+\boldsymbol{\alpha}_3,\boldsymbol{\alpha}_3+\boldsymbol{\alpha}_1)=r(\boldsymbol{\alpha}_1,\boldsymbol{\alpha}_2,\boldsymbol{\alpha}_3)$$

由 $\boldsymbol{\alpha}_1,\boldsymbol{\alpha}_2,\boldsymbol{\alpha}_3$ 线性无关,知 $r(\boldsymbol{\alpha}_1,\boldsymbol{\alpha}_2,\boldsymbol{\alpha}_3)=3$,从而

$$r(\boldsymbol{\alpha}_1+\boldsymbol{\alpha}_2,\boldsymbol{\alpha}_2+\boldsymbol{\alpha}_3,\boldsymbol{\alpha}_3+\boldsymbol{\alpha}_1)=3$$

7. 答案 B.

解析 A,B 互为对立事件,即 $B=\overline{A}$,或 $\overline{B}=A$. 代入(B)

$$P(\overline{A}\mid B)+P(A\mid\overline{B})=P(\overline{A}\mid\overline{A})+P(A\mid A)=1+1=2\neq 0$$

所以(B) 等式是错误的. 答案应选(B).

8. 答案 D.

解析 $X\sim N(0,9)$,所以 $DX=9$,$Y\sim N(0,4)$,$DY=4$. 又由于 X,Y 相互独立,故

$$D(2X-Y)=D(2X)+D(Y)=4DX+4=4\times 9+4=40$$

答案选(D).

二、填空题

9. 答案 e^{-2}.

解析 $\lim\limits_{x\to 0}(1-\sin 2x)^{\frac{1}{x}}=\lim\limits_{x\to 0}(1-\sin 2x)^{\frac{1}{-\sin 2x}\cdot\frac{-\sin 2x}{x}}$,而$\lim\limits_{x\to 0}\dfrac{-\sin 2x}{x}=-2$,

所以$\lim\limits_{x\to 0}(1-\sin 2x)^{\frac{1}{x}}=\mathrm{e}^{-2}$.

10. 答案 $y=-2$.

解析 $\lim\limits_{x\to\infty}\dfrac{1-2x}{x+2}=-2$,所以曲线 $y=\dfrac{1-2x}{x+2}$ 的水平渐近线方程是 $y=-2$.

11. 答案 $-\dfrac{\pi^3}{8}$.

解析 $f'(x)=\sin\dfrac{1}{x}-\dfrac{1}{x}\cos\dfrac{1}{x}$,$f''(x)=-\dfrac{1}{x^3}\sin\dfrac{1}{x}$,所以 $f''\left(\dfrac{2}{\pi}\right)=-\dfrac{\pi^3}{8}$.

12. 答案 $1-e^{-2}$.

解析 $\iint\limits_D e^{-\frac{x^2}{2}}dxdy=\int_0^2 dx\int_0^x e^{-\frac{x^2}{2}}dy=\int_0^2 xe^{-\frac{x^2}{2}}dx=-e^{-\frac{x^2}{2}}\Big|_0^2=1-e^{-2}$.

13. 答案 -1.

解析 $\boldsymbol{Ax}=\boldsymbol{0}$ 有非零解 $\Leftrightarrow|\boldsymbol{A}|=0$.

$$|\boldsymbol{A}|=\begin{vmatrix}1&2&1\\1&1&a+1\\0&3&3\end{vmatrix}=-3(a+1)$$

故 $a=-1$.

14. 答案 $\frac{1}{4}$.

解析 $X\sim U[0,4]$,则 $EX=\frac{4-0}{2}=2$,

$$P\{X>EX+1\}=P\{X>2+1\}=P\{X>3\}=\frac{4-3}{4}=\frac{1}{4}$$

答案应填$\frac{1}{4}$.

三、解答题

15. 解 记$\sqrt{x}=t$,则

$$\begin{aligned}\int\frac{x+1}{\sqrt{x}}e^{2\sqrt{x}}dx&=2\int(t^2+1)e^{2t}dt=\int(t^2+1)de^{2t}\\&=(t^2+1)e^{2t}-2\int te^{2t}dt=(t^2+1)e^{2t}-\int tde^{2t}\\&=(t^2+1)e^{2t}-te^{2t}+\int e^{2t}dt\\&=\left(t^2-t+\frac{3}{2}\right)e^{2t}+C\end{aligned}$$

所以$\int\frac{x+1}{\sqrt{x}}e^{2\sqrt{x}}dx=\left(x-\sqrt{x}+\frac{3}{2}\right)e^{2\sqrt{x}}+C$.

16. 解 $y'+\frac{1}{x}y=\cos x^2$

$$y=e^{-\int\frac{1}{x}dx}\left(\int e^{\int\frac{1}{x}dx}\cos x^2dx+C\right)=\frac{1}{x}\left(\frac{\sin x^2}{2}+C\right)$$

17. 解 (Ⅰ)直线 AB 的斜率为 $k=-1$,直线 l 与直线 AB 垂直,所以直线 l 的斜率为 1.

设直线 l 为曲线 $y=x^2$ 在(x_0,y_0)点处的切线,则 $y'(x_0)=2x_0=1,x_0=\frac{1}{2},y_0=\frac{1}{4}$,

l 的方程为 $y=x-\frac{1}{4}$.

(Ⅱ)该曲线与切线 l 及 y 轴所围平面区域的面积 $S=\int_0^{\frac{1}{2}}\left[x^2-\left(x-\frac{1}{4}\right)\right]dx=\frac{1}{24}$.

18. **解** 函数 $f(x)=x\ln x+\dfrac{1}{x}$ 的定义域为$(0,+\infty)$.

$$f'(x)=\ln x+1-\frac{1}{x^2}$$

所以当 $x\in(0,1)$ 时，$f'(x)<0$，当 $x\in(1,+\infty)$ 时，$f'(x)>0$，即 $f(x)$ 的单调减区间为$(0,1)$，单调增区间为$(1,+\infty)$，$f(x)$ 在 $x=1$ 点取到极小值 1.

19. **解** $\dfrac{\partial z}{\partial x}=2f'_u+yf'_v$

$$\frac{\partial^2 z}{\partial x^2}=4f''_{uu}+4yf''_{uv}+y^2f''_{vv}$$

$$\frac{\partial^2 z}{\partial x\partial y}=f'_v+6f''_{uu}+(2x+3y)f''_{uv}+xyf''_{vv}$$

20. **解** (Ⅰ)因 $\boldsymbol{A}-\boldsymbol{E}=\begin{bmatrix}1&-1&1\\-1&1&-1\\1&-1&1\end{bmatrix}-\begin{bmatrix}1&&\\&1&\\&&1\end{bmatrix}=\begin{bmatrix}0&-1&1\\-1&0&-1\\1&-1&0\end{bmatrix}$，

$|\boldsymbol{A}-\boldsymbol{E}|=2\neq0$，所以 $\boldsymbol{A}-\boldsymbol{E}$ 可逆.

(Ⅱ)由$\boldsymbol{AX}=\boldsymbol{X}+\boldsymbol{\alpha\alpha}^{\mathrm{T}}$，有

$$(\boldsymbol{A}-\boldsymbol{E})\boldsymbol{X}=\boldsymbol{\alpha\alpha}^{\mathrm{T}}$$

因 $\boldsymbol{A}-\boldsymbol{E}$ 可逆，知

$$\boldsymbol{X}=(\boldsymbol{A}-\boldsymbol{E})^{-1}\boldsymbol{\alpha\alpha}^{\mathrm{T}}=(\boldsymbol{A}-\boldsymbol{E})^{-1}\boldsymbol{A}$$

$$[\boldsymbol{A}-\boldsymbol{E}\mid\boldsymbol{A}]=\left[\begin{array}{ccc:ccc}0&-1&1&1&-1&1\\-1&0&-1&-1&1&-1\\1&-1&0&1&-1&1\end{array}\right]\rightarrow\left[\begin{array}{ccc:ccc}1&0&0&\frac{1}{2}&-\frac{1}{2}&\frac{1}{2}\\0&1&0&-\frac{1}{2}&\frac{1}{2}&-\frac{1}{2}\\0&0&1&\frac{1}{2}&-\frac{1}{2}&\frac{1}{2}\end{array}\right]$$

所以 $\boldsymbol{X}=\dfrac{1}{2}\begin{bmatrix}1&-1&1\\-1&1&-1\\1&-1&1\end{bmatrix}$.

也可直接求出$(\boldsymbol{A}-\boldsymbol{E})^{-1}=\dfrac{1}{2}\begin{bmatrix}-1&-1&1\\-1&-1&-1\\1&-1&-1\end{bmatrix}$，再做矩阵乘法求出 $\boldsymbol{X}$.

21. **解** (Ⅰ)由特征多项式

$$|\lambda\boldsymbol{E}-\boldsymbol{A}|=\begin{vmatrix}\lambda-1&1&-1\\-2&\lambda-4&2\\3&3&\lambda-5\end{vmatrix}=\begin{vmatrix}\lambda-2&0&-1\\0&\lambda-2&2\\\lambda-2&\lambda-2&\lambda-5\end{vmatrix}=(\lambda-2)^2\begin{vmatrix}1&0&-1\\0&1&2\\1&1&\lambda-5\end{vmatrix}$$

$$=(\lambda-2)^2(\lambda-6)$$

$\boldsymbol{A}$ 的特征值为:2,2,6.

(Ⅱ)对 $\lambda=2$，由$(2\boldsymbol{E}-\boldsymbol{A})\boldsymbol{x}=\boldsymbol{0}$，

$$2E-A=\begin{bmatrix}1&1&-1\\-2&-2&2\\3&3&-3\end{bmatrix}\to\begin{bmatrix}1&1&-1\\0&0&0\\0&0&0\end{bmatrix}$$

得特征向量 $\boldsymbol{\alpha}_1=(-1,1,0)^{\mathrm{T}},\boldsymbol{\alpha}_2=(1,0,1)^{\mathrm{T}}$；

对 $\lambda=6$，由 $(6\boldsymbol{E}-\boldsymbol{A})\boldsymbol{x}=\boldsymbol{0}$，

$$6E-A=\begin{bmatrix}5&1&-1\\-2&2&2\\3&3&1\end{bmatrix}\to\begin{bmatrix}1&-1&-1\\0&3&2\\0&0&0\end{bmatrix}$$

得特征向量 $\boldsymbol{\alpha}_3=(1,-2,3)^{\mathrm{T}}$；

令 $\boldsymbol{P}=(\boldsymbol{\alpha}_1,\boldsymbol{\alpha}_2,\boldsymbol{\alpha}_3)=\begin{bmatrix}-1&1&1\\1&0&-2\\0&1&3\end{bmatrix}$，有

$$\boldsymbol{P}^{-1}\boldsymbol{AP}=\boldsymbol{C}=\begin{bmatrix}2&&\\&2&\\&&6\end{bmatrix}$$

22. 解 （Ⅰ）

X	-1	1	2
P	0.3	0.4	0.3

，$F(x)=P\{X\leqslant x\}$.

当 $x<-1$ 时，$F(x)=P\{X\leqslant x\}=0$；

当 $-1\leqslant x<1$ 时，$F(x)=P\{X=-1\}=0.3$；

当 $1\leqslant x<2$ 时，$F(x)=P\{X=-1\}+P\{X=1\}=0.3+0.4=0.7$；

当 $2\leqslant x$ 时，$F(x)=1$.

所以 X 的分布函数为

$$F(x)=\begin{cases}0, & x<-1\\0.3, & -1\leqslant x<1\\0.7, & 1\leqslant x<2\\1, & 2\leqslant x\end{cases}$$

（Ⅱ）$EX=\sum\limits_{i=1}^{3}x_ip_i=(-1)\times0.3+1\times0.4+2\times0.3=0.7$；

$E(X^2)=\sum\limits_{i=1}^{3}x_i^2p_i=(-1)^2\times0.3+1^2\times0.4+2^2\times0.3=1.9$；

$DX=E(X^2)-(EX)^2=1.9-(0.7)^2=1.41$.

（Ⅲ）$Y=X^2+1$，所以 Y 的可能取值为 2 和 5.

$$P\{Y=2\}=P\{X=-1\}+P\{X=1\}=0.7$$

$$P\{Y=5\}=P\{X=2\}=0.3$$

所以 Y 的概率分布为

Y	2	5
P	0.7	0.3

.

23. **解** （Ⅰ）$f_X(x)=\int_{-\infty}^{+\infty}f(x,y)\mathrm{d}y$，而 $f(x,y)=\begin{cases}1, & 0<x<2,0<y<\dfrac{x}{2}\\ 0, & 其他\end{cases}$.

当 $x\leqslant 0$ 时，$f_X(x)=0$；

当 $0<x<2$ 时，$f_X(x)=\int_{-\infty}^{+\infty}f(x,y)\mathrm{d}y=\int_0^{\frac{x}{2}}1\mathrm{d}y=\dfrac{x}{2}$；

当 $x\leqslant 2$ 时，$f_X(x)=0$.

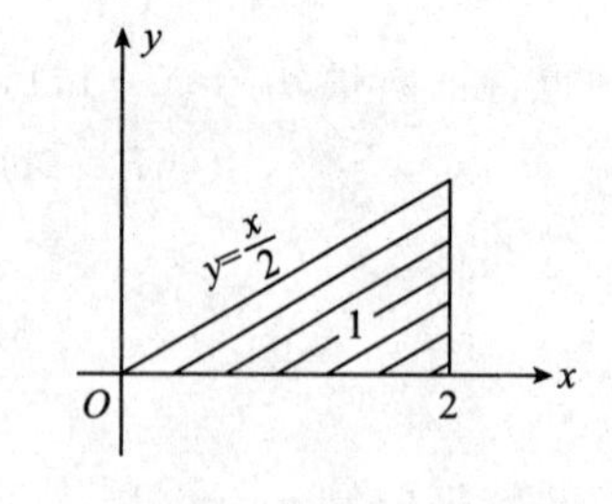

所以 X 的边缘密度函数为

$$f_X(x)=\begin{cases}\dfrac{x}{2}, & 0<x<2\\ 0, & 其他\end{cases}$$

$$f_Y(y)=\int_{-\infty}^{+\infty}f(x,y)\mathrm{d}x=\begin{cases}0, & y\leqslant 0\\ \int_{2y}^{2}1\mathrm{d}x, & 0<y<1\\ 0, & 1\leqslant y\end{cases}=\begin{cases}2-2y, & 0<y<1\\ 0, & 其他\end{cases}$$

因为 $f(x,y)\neq f_X(x)f_Y(y)$，所以 X 与 Y 不相互独立.

（Ⅱ）$P\{X+Y\leqslant 2\}=\iint\limits_{x+y\leqslant 2}f(x,y)\mathrm{d}x\mathrm{d}y$

$$=\iint\limits_{A}1\mathrm{d}x\mathrm{d}y=S_A$$

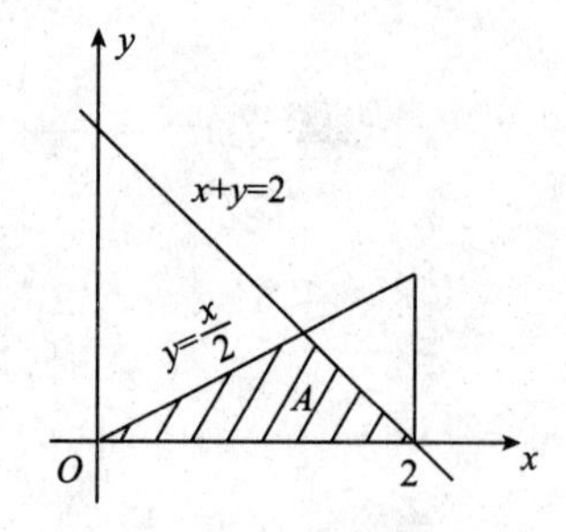

S_A 为三角形阴影 A 的面积 $=\dfrac{1}{2}$ 底 $\times$ 高.

由 $\begin{cases}x+y=2\\ y=\dfrac{x}{2}\end{cases}$，解得 $\begin{cases}x=\dfrac{4}{3}\\ y=\dfrac{2}{3}\end{cases}$.

$$S_A=\frac{1}{2}\times 2\times\frac{2}{3}=\frac{2}{3}$$

总之 $P\{X+Y\leqslant 2\}=\dfrac{2}{3}$.

2020年全国硕士研究生招生考试

农学门类联考数学试题答案及解析

一、选择题

1. 答案 D.

解析 因为 $\left|x\sin\dfrac{1}{x}\right|\leqslant|x|$，所以 $\lim\limits_{x\to0}x\sin\dfrac{1}{x}=0$，

$$\lim_{x\to0}f(x)=\lim_{x\to0}\sin\left(x\sin\frac{1}{x}\right)=0$$

而 $f(0)=0$，$x=0$ 为 $f(x)$ 的连续点.

2. 答案 B.

解析 $y'=\dfrac{1}{\sec x+\tan 3x}(\sec x\tan x+3\sec^2 3x)$，$y'(0)=3$，所以切线方程为 $y=3x$.

3. 答案 C.

解析 因为 $\lim\limits_{x\to0^+}\dfrac{f(x,0)-f(0,0)}{x}=\lim\limits_{x\to0^+}\dfrac{|\sin x|}{x}=1$，

$$\lim_{x\to0^-}\frac{f(x,0)-f(0,0)}{x}=\lim_{x\to0^-}\frac{|\sin x|}{x}=\lim_{x\to0^-}\frac{-\sin x}{x}=-1$$

所以 $\lim\limits_{x\to0}\dfrac{f(x,0)-f(0,0)}{x}$ 不存在，$\left.\dfrac{\partial f}{\partial x}\right|_{(0,0)}$ 不存在.

因为 $\lim\limits_{y\to0}\dfrac{f(0,y)-f(0,0)}{y}=\lim\limits_{y\to0}\dfrac{\sqrt{y^4}}{y}=\lim\limits_{y\to0}y=0$，所以 $\left.\dfrac{\partial f}{\partial y}\right|_{(0,0)}=0$ 存在.

4. 答案 C.

解析 直线 $x=3$ 对应的极坐标方程为 $r=\dfrac{3}{\cos\theta}$，圆 $x=2+\sqrt{4-y^2}$ 对应的极坐标方程为 $r=4\cos\theta$. 区域 D 如右图所示.

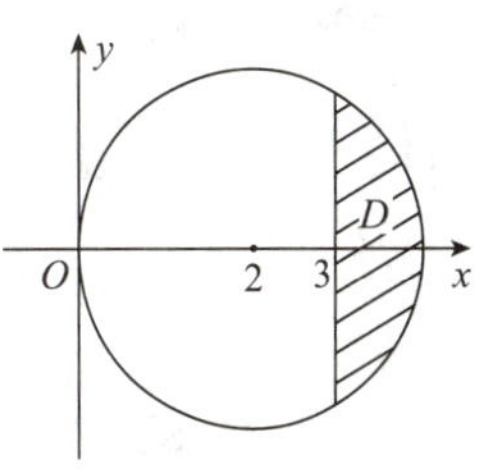

5. 答案 B.

解析 由已知有

$$\boldsymbol{PA}=\boldsymbol{B},\boldsymbol{BP}^{\mathrm{T}}=\boldsymbol{C}$$

故 $\boldsymbol{PAP}^{\mathrm{T}}=\boldsymbol{C}$，选 B.

6. 答案 D.

解析 因 $\boldsymbol{\alpha}_1,\boldsymbol{\alpha}_2,\boldsymbol{\alpha}_3,\boldsymbol{\alpha}_4$ 是 3 维向量，必有

$$r(\boldsymbol{\alpha}_1,\boldsymbol{\alpha}_2,\boldsymbol{\alpha}_3,\boldsymbol{\alpha}_4)\leqslant3$$

又 $\boldsymbol{\alpha}_1,\boldsymbol{\alpha}_2$ 线性无关，有 $r(\boldsymbol{\alpha}_1,\boldsymbol{\alpha}_2,\boldsymbol{\alpha}_3,\boldsymbol{\alpha}_4)\geqslant2$.

由 $(1,0,0)^{\mathrm{T}},(0,1,0)^{\mathrm{T}},(1,1,0)^{\mathrm{T}},(1,-1,0)^{\mathrm{T}}$ 和 $(1,0,0)^{\mathrm{T}},(0,1,0)^{\mathrm{T}},(0,0,1)^{\mathrm{T}},(1,1,1)^{\mathrm{T}}$ 均两两线性无关，而向量组的秩分别是 2 和 3.

7. **答案** C.

解析 (方法一) A,B 中恰有一个事件发生为 $A\overline{B}\cup\overline{A}B$，

$$P(A\overline{B}\cup\overline{A}B)=P(A\overline{B})+P(\overline{A}B)=[P(A)-P(AB)]+[P(B)-P(AB)]$$
$$=\left(\frac{1}{3}-\frac{1}{6}\right)+\left(\frac{1}{3}-\frac{1}{6}\right)=\frac{1}{3}.$$

(方法二) A,B 中恰有一个事件发生为 $(A\cup B)-AB$，

$$P((A\cup B)-AB)=P(A\cup B)-P(AB)=P(A)+P(B)-P(AB)-P(AB)$$
$$=\frac{1}{3}+\frac{1}{3}-\frac{1}{6}-\frac{1}{6}=\frac{1}{3}.$$

8. **答案** A.

解析 $X_i\sim N(0,16)$，故 $\frac{X_i}{4}\sim N(0,1)$，$\frac{1}{16}(X_1^2+X_2^2+\cdots+X_6^2)\sim\chi^2(6)$，

$\frac{1}{16}(X_7^2+X_8^2+X_9^2)\sim\chi^2(3)$

且 $\chi^2(6)$ 与 $\chi^2(3)$ 相互独立.

$$Y=\frac{X_1^2+X_2^2+\cdots+X_6^2}{2(X_7^2+X_8^2+X_9^2)}=\frac{\frac{1}{16}(X_1^2+X_2^2+\cdots+X_6^2)/6}{\frac{1}{16}(X_7^2+X_8^2+X_9^2)/3}\sim F(6,3)$$

二、填空题

9. **答案** $(1,3)$.

解析 $f'(x)=-\frac{3(x-1)}{x^2(x-3)^3}$，当 $x\in(1,3)$ 时，$f'(x)>0$，所以函数 $f(x)$ 的单调增加区间为 $(1,3)$.

10. **答案** $\frac{2}{3}$.

解析 记 $f(x)=x^2\ln\frac{e+x}{e-x}$，则 $f(-x)=(-x)^2\ln\frac{e-x}{e+x}==-x^2\ln\frac{e+x}{e-x}=-f(x)$，所以 $f(x)$ 为奇函数，$\int_{-1}^{1}f(x)dx=0$，故

$$\int_{-1}^{1}x^2\left(1-\ln\frac{e+x}{e-x}\right)dx=\int_{-1}^{1}x^2dx=\frac{2}{3}$$

11. **答案** $\frac{\pi^2}{2}-\frac{4}{3}\pi$.

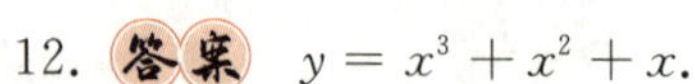

解析 $\begin{cases}y=1-\sqrt{1-x^2}\\ y-x=0\end{cases}$ 解得交点 $(1,1)$. 旋转体的体积

$$V=\int_0^1\pi\left[x^2-(1-\sqrt{1-x^2})^2\right]dx=\frac{\pi^2}{2}-\frac{4}{3}\pi$$

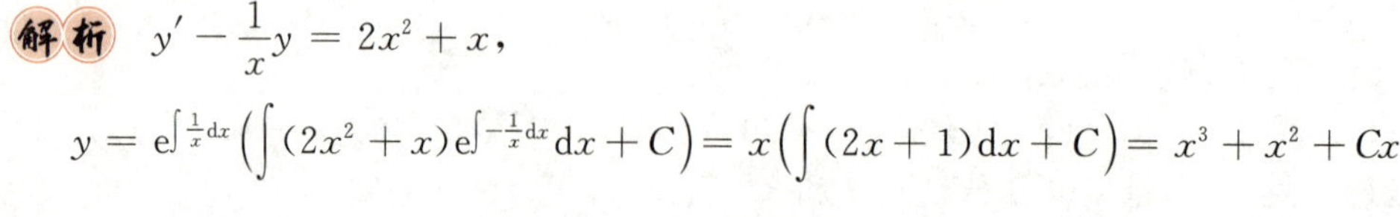

12. **答案** $y=x^3+x^2+x$.

解析 $y'-\frac{1}{x}y=2x^2+x$，

$$y=e^{\int\frac{1}{x}dx}\left(\int(2x^2+x)e^{\int-\frac{1}{x}dx}dx+C\right)=x\left(\int(2x+1)dx+C\right)=x^3+x^2+Cx$$

由初始条件解得，$C=1$，故 $y=x^3+x^2+x$.

13. **答案** $a^4-3a^2b+b^2$.

解析 直接展开

$$D=a\begin{vmatrix}a&1&0\\b&a&1\\0&b&a\end{vmatrix}+b(-1)^{1+2}\begin{vmatrix}1&0&0\\b&a&1\\0&b&a\end{vmatrix}=a(a^3-2ab)-b(a^2-b)=a^4-3a^2b+b^2$$

或各列加到第1列，有

$$D=\begin{vmatrix}0&1&0&0\\b-a^2&a&1&0\\-ab&b&a&1\\0&0&b&a\end{vmatrix}=\begin{vmatrix}0&1&0&0\\0&a&1&0\\-ab+a(a^2-b)&b&a&1\\b(a^2-b)&0&b&a\end{vmatrix}$$

$$=\begin{vmatrix}0&1&0&0\\0&a&1&0\\0&b&a&1\\-a^4+3a^2b-b^2&0&b&a\end{vmatrix}=a^4-3a^2b+b^2$$

14. **答案** $\dfrac{3}{10}$.

解析 第三个人取1个红球，3个红球中每一个都是等可能的，取红球的概率为$\dfrac{3}{10}$.

评注 本题用前2人取球各种情况的全概率公式，求出第3个人取红球的概率，计算太烦琐. 本题也可理解为取球过程是将10个球排成一行，第三个球为红的概率为$\dfrac{3}{10}$.

三、解答题

15. **解**

$$\lim_{x\to0}\frac{\int_0^x(e^{\sqrt{1+t}-1}-1)dt}{x\ln(1+x)}=\lim_{x\to0}\frac{\int_0^x(e^{\sqrt{1+t}-1}-1)dt}{x^2}=\lim_{x\to0}\frac{\left(\int_0^x(e^{\sqrt{1+t}-1}-1)dt\right)'}{(x^2)'}$$

$$=\lim_{x\to0}\frac{e^{\sqrt{1+x}-1}-1}{2x}=\lim_{x\to0}\frac{\sqrt{1+x}-1}{2x}$$

$$=\lim_{x\to0}\frac{(\sqrt{1+x}-1)'}{(2x)'}=\lim_{x\to0}\frac{\frac{1}{2\sqrt{1+x}}}{2}=\frac{1}{4}.$$

16. **解** $x=0$ 时解得 $y=0$. $2x-x^2y(x)+3e^{y(x)}=3$，等号两边对 x 求导得

$$2-2xy(x)-x^2y'(x)+3e^{y(x)}y'(x)=0 \quad ①$$

解得 $y'(0)=-\dfrac{2}{3}$.

在①式两边再对 x 求导：

$$-2y(x)-2xy'(x)-2xy'(x)-x^2y''(x)+3e^{y(x)}[y'(x)]^2+3e^{y(x)}y''(x)=0$$

解得 $y''(0)=-\dfrac{4}{9}$.

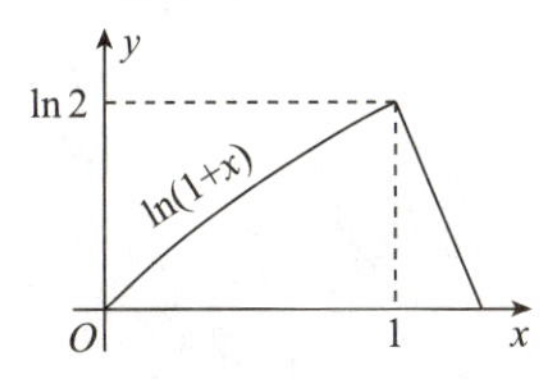

17. **解** 曲线 $y=\ln(1+x)$ 在 $(1,\ln 2)$ 处的法线方程为 $y=-2x+2+\ln 2$. 法线与 x 轴的交点为 $x=1+\dfrac{\ln 2}{2}$.

D 区域的面积为

$$\int_0^1 \ln(1+x)\mathrm{d}x + \int_1^{1+\frac{\ln 2}{2}}(-2x+2+\ln 2)\mathrm{d}x = 2\ln 2 + \frac{\ln^2 2}{4} - 1$$

18. **解** $\begin{cases} \dfrac{\partial f}{\partial x} = 3x^2+y^2-3y=0 \\ \dfrac{\partial f}{\partial y} = 2xy-3x=0 \end{cases}$，解得驻点 $(0,0)$，$(0,3)$，$\left(\dfrac{\sqrt{3}}{2},\dfrac{3}{2}\right)$，$\left(-\dfrac{\sqrt{3}}{2},\dfrac{3}{2}\right)$.

$$\frac{\partial^2 f}{\partial x^2} = 6x, \frac{\partial^2 f}{\partial x \partial y} = 2y-3, \frac{\partial^2 f}{\partial y^2} = 2x$$

在 $(0,0)$ 点，海塞矩阵 $\begin{pmatrix} 0 & -3 \\ -3 & 0 \end{pmatrix}$ 为不定矩阵，$(0,0)$ 点不是极值点；

在 $(0,3)$ 点，海塞矩阵 $\begin{pmatrix} 0 & 3 \\ 3 & 0 \end{pmatrix}$ 为不定矩阵，$(0,3)$ 点不是极值点；

在 $\left(\dfrac{\sqrt{3}}{2},\dfrac{3}{2}\right)$ 点，海塞矩阵 $\begin{bmatrix} 3\sqrt{3} & 0 \\ 0 & \sqrt{3} \end{bmatrix}$ 为正定矩阵，$\left(\dfrac{\sqrt{3}}{2},\dfrac{3}{2}\right)$ 点是极小值点，极小值为 $-\dfrac{3\sqrt{3}}{4}$；

在 $\left(-\dfrac{\sqrt{3}}{2},\dfrac{3}{2}\right)$ 点，海塞矩阵 $\begin{bmatrix} -3\sqrt{3} & 0 \\ 0 & -\sqrt{3} \end{bmatrix}$ 为负定矩阵，$\left(-\dfrac{\sqrt{3}}{2},\dfrac{3}{2}\right)$ 点是极大值点，极大值为 $\dfrac{3\sqrt{3}}{4}$.

19. **解** (1) 设 $x = \dfrac{t}{k}$，则由已知条件 $f(kx) = f(x)$ 知 $f(t) = f\left(\dfrac{t}{k}\right)$. 所以

$$f(t) = f\left(\frac{t}{k}\right) = f\left(\frac{t}{k^2}\right) = \cdots = f\left(\frac{t}{k^n}\right), n \text{ 为正整数}$$

又因为 $k > 1$，所以 $\lim\limits_{n\to+\infty}\dfrac{t}{k^n} = 0$. 而函数 $f(t)$ 在 $t=0$ 点连续，故

$$f(t) = \lim_{n\to+\infty} f\left(\frac{t}{k^n}\right) = f(0)$$

$f(t) = C$ 为常数函数.

因为 $f(0) = 4$，所以 $f(x) = 4$ 为常数函数.

(2) $\iint\limits_D (x+3\sqrt{y})\mathrm{d}x\mathrm{d}y = \iint\limits_D x\mathrm{d}x\mathrm{d}y + \iint\limits_D 3\sqrt{y}\mathrm{d}x\mathrm{d}y$.

因为积分区域 D 关于 y 轴对称，函数 $g(x) = x$ 关于变量 x 为奇函数，所以 $\iint\limits_D x\mathrm{d}x\mathrm{d}y = 0$，

$$\iint\limits_D (x+3\sqrt{y})\mathrm{d}x\mathrm{d}y = 3\iint\limits_D \sqrt{y}\mathrm{d}x\mathrm{d}y = 3\int_{-2}^{2}\mathrm{d}x\int_{x^2}^{4}\sqrt{y}\mathrm{d}y = 2\int_{-2}^{2}(8-|x|^3)\mathrm{d}x = 48.$$

20. **解** (1) 设 $\boldsymbol{\alpha} = \begin{bmatrix} 1 \\ 1 \\ 1 \end{bmatrix}$ 是矩阵 $\boldsymbol{A}$ 对应于特征值 λ 的特征向量，即

$$\boldsymbol{A\alpha} = \lambda\boldsymbol{\alpha}$$

$$\begin{bmatrix} 1 & 0 & b \\ 0 & 2 & a \\ 1 & 0 & 1 \end{bmatrix}\begin{bmatrix} 1 \\ 1 \\ 1 \end{bmatrix} = \lambda\begin{bmatrix} 1 \\ 1 \\ 1 \end{bmatrix}$$

有
$$\begin{cases}1+b=\lambda\\2+a=\lambda\\2=\lambda\end{cases}$$

所以 $a=0,b=1$.

(2) 由特征多项式

$$|\lambda E-A|=\begin{vmatrix}\lambda-1 & 0 & -1\\0 & \lambda-2 & 0\\-1 & 0 & \lambda-1\end{vmatrix}=\lambda(\lambda-2)^2$$

A 的特征值:2,2,0.

对 $\lambda=2$,由 $(2E-A)x=0$ 得特征向量

$$\alpha_1=(0,1,0)^T,\alpha_2=(1,0,1)^T$$

对 $\lambda=0$,由 $(0E-A)x=0$ 得特征向量

$$\alpha_3=(-1,0,1)^T$$

令 $P=(\alpha_1,\alpha_2,\alpha_3)=\begin{bmatrix}0 & 1 & -1\\1 & 0 & 0\\0 & 1 & 1\end{bmatrix}$,有 $P^{-1}AP=\Lambda=\begin{bmatrix}2 & & \\ & 2 & \\ & & 0\end{bmatrix}$.

21. **解** (1) 对(ⅰ)增广矩阵作初等行变换

$$\overline{A}=\left[\begin{array}{ccc|c}1 & 2 & 1 & 0\\2 & 3 & 1 & -1\\0 & 1 & 1 & 1\end{array}\right]\to\left[\begin{array}{ccc|c}1 & 0 & -1 & -2\\0 & 1 & 1 & 1\\0 & 0 & 0 & 0\end{array}\right]$$

所以(ⅰ)的通解:$(-2,1,0)^T+k(1,-1,1)^T$,k 是任意常数.

(2) 若(ⅰ)的解 $x_1=k-2,x_2=-k+1,x_3=k$ 是(ⅱ)的解.

$$a(k-2)+b(-k+1)+2k=2 \qquad (\forall k)$$

$$(a-b+2)k-2a+b=2 \qquad (\forall k)$$

于是
$$\begin{cases}2a-b+2=0\\a-b+2=0\end{cases}$$

所以 $a=0,b=2$.

方程组(ⅰ)与(ⅱ)不同解(因为 $r(A)=2$,而 $r(B)=1$).

22. **解** (1) $P\{Y=1\}=0.5$ 就有

X \ Y	1	2	3
1	0.2	0.1	a
2	b	c	0.1
	0.5		

,解得 $b=0.3$.

根据 $P\{X=1\mid Y=2\}=0.5$,即 $\dfrac{P\{X=1,Y=2\}}{P\{Y=2\}}=0.5$,也就有 $2P\{X=1,Y=2\}=P\{Y=2\}$.

而 $P\{Y=2\}=P\{X=1,Y=2\}+P\{X=2,Y=2\}$. 所以 $P\{X=1,Y=2\}=P\{X=2,Y=2\}=0.1$.

总之

X \ Y	1	2	3
1	0.2	0.1	a
2	0.3	0.1	0.1
	0.5	0.2	

，进一步有

X \ Y	1	2	3
1	0.2	0.1	0.2
2	0.3	0.1	0.1
	0.5	0.2	0.3

，$\begin{cases} a = 0.2, \\ b = 0.3, \\ c = 0.1, \end{cases}$

(2)$P\{X \geqslant Y\}$，

X \ Y	1	2	3
1	0.2	0.1	0.2
2	0.3	0.1	0.1

，$P\{X \geqslant Y\} = 0.2 + 0.3 + 0.1 = 0.6$.

(3)$Z = XY$，

Z	1	2	3	4	6
P	0.2	0.4	0.2	0.1	0.1

，

$P\{Z = 1\} = P\{X = 1, Y = 1\} = 0.2$，

$P\{Z = 2\} = P\{X = 1, Y = 2\} + P\{X = 2, Y = 1\} = 0.4$，

$P\{Z = 3\} = P\{X = 1, Y = 3\} = 0.2$，

$P\{Z = 4\} = P\{X = 2, Y = 2\} = 0.1$，

$P\{Z = 6\} = P\{X = 2, Y = 3\} = 0.1$.

23. **分析** X 与 Y 独立，均服从 $U[0,1]$. (X,Y) 的密度 $f(x,y) = \begin{cases} 1, & 0 \leqslant x, y \leqslant 1, \\ 0, & \text{其他}. \end{cases}$

求 $f_Z(z)$，先求 $F_Z(z) = P\{Z \leqslant z\}$.

解 (1)$F_Z(z) = P\{Z \leqslant z\} = P\{|X - Y| \leqslant z\} = \iint\limits_{|x-y| \leqslant z} f(x,y)\mathrm{d}x\mathrm{d}y$.

显然，$z < 0$ 时，$F_Z(z) = 0$；

$0 \leqslant z \leqslant 1$ 时，

$$\iint\limits_{|x-y| \leqslant z} f(x,y)\mathrm{d}x\mathrm{d}y = \iint\limits_{D} 1\mathrm{d}x\mathrm{d}y = S_D = 1 - (1-z)^2$$

故 $0 \leqslant z \leqslant 1$ 时，$S_D = 1 - (1-z)^2$，$F_Z(z) = 2z - z^2$；

$1 < z$ 时，$F_Z(z) = 1$.

总之，

$$F_Z(z) = \begin{cases} 0, & z < 0, \\ 2z - z^2, & 0 \leqslant z \leqslant 1, \\ 1, & 1 < z, \end{cases} f_Z(z) = \begin{cases} 2 - 2z, & 0 \leqslant z \leqslant 1, \\ 0, & \text{其他}. \end{cases}$$

(2)$DZ = E(Z^2) - (EZ)^2$，

$$EZ = \int_0^1 z f_Z(z)\mathrm{d}z = \int_0^1 (2z - 2z^2)\mathrm{d}z = \left(z^2 - \frac{2}{3}z^3\right)\Big|_0^1 = \frac{1}{3},$$

$$E(Z^2) = \int_0^1 z^2 f_Z(z)\mathrm{d}z = \int_0^1 (2z^2 - 2z^3)\mathrm{d}z = \left(\frac{2}{3}z^3 - \frac{1}{2}z^4\right)\Big|_0^1 = \frac{1}{6},$$

$$D(Z) = \frac{1}{6} - \left(\frac{1}{3}\right)^2 = \frac{1}{18}.$$

2021年全国硕士研究生招生考试

农学门类联考数学试题答案及解析

一、选择题

1. **答案** A.

解析 因为 $\lim\limits_{x\to0^+}\dfrac{\sqrt{x^2+\sqrt{x+\sqrt{x}}}}{x^{\frac{1}{8}}}=\lim\limits_{x\to0^+}\sqrt{\dfrac{x^2+\sqrt{x+\sqrt{x}}}{x^{\frac{1}{4}}}}=\lim\limits_{x\to0^+}\sqrt{x^{\frac{7}{4}}+\dfrac{\sqrt{x+\sqrt{x}}}{x^{\frac{1}{4}}}}$

$$=\lim_{x\to0^+}\sqrt{x^{\frac{7}{4}}+\sqrt{\frac{x+\sqrt{x}}{\sqrt{x}}}}=\lim_{x\to0^+}\sqrt{x^{\frac{7}{4}}+\sqrt{\sqrt{x}+1}}=1,$$

所以当 $x\to0^+$ 时，$\sqrt{x^2+\sqrt{x+\sqrt{x}}}$ 与 $x^{\frac{1}{8}}$ 是等价无穷小.

2. **答案** D.

解析 对于(A)选项，因为 $f(x)$ 连续，所以若 $f(0)\neq0$，$\lim\limits_{x\to0}\dfrac{f(x)}{x^2}=\infty$，矛盾，所以 $f(0)=0$ 是正确的. 不能选(A)选项.

对于(B)，(D)选项，若 $\lim\limits_{x\to0}\dfrac{f(x)}{x^2}=-2$，则当 $x\to0$ 时，$\dfrac{f(x)}{x^2}=-2+o(1)$，$f(x)=-x^2(2+o(1))$，所以 $f(0)$ 为 $f(x)$ 的极大值. 故选(D)选项.

对于(C)选项，因为 $f(0)=0$，$\lim\limits_{x\to0}\dfrac{f(x)}{x^2}=\lim\limits_{x\to0}\dfrac{\frac{f(x)-f(0)}{x}}{x}=-2$，所以 $\lim\limits_{x\to0}\dfrac{f(x)-f(0)}{x}=0$，$f'(0)=0$. 不能选(C)选项.

3. **答案** D.

解析 对于(A)选项，若 $f(x)=g(x)+1$，也满足 $f'(x)=g'(x)$，所以(A)选项不正确. 一般由 $f'(x)=g'(x)$ 可得：存在常数 C，使得 $f(x)=g(x)+C$.

对于(B)选项，$[\int f(x)\mathrm{d}x]'=f(x)$，$[\int g(x)\mathrm{d}x]'=g(x)$，与(A)选项相同，(B)选项也不正确.

对于(C)选项，与(A)选项相同，若 $f(x)=g(x)+1$，则 $f'(x)=g'(x)$，但是 $\int f(x)\mathrm{d}x=\int(g(x)+1)\mathrm{d}x\neq\int g(x)\mathrm{d}x$，所以(C)选项不正确.

对于(D)选项，因为 $f'(x)=g'(x)$，所以 $\int f'(x)\mathrm{d}x=\int g'(x)\mathrm{d}x$，故(D)选项正确.

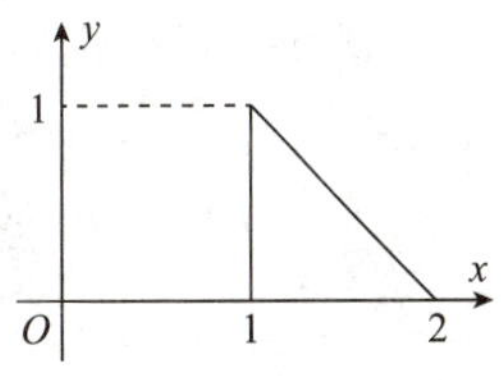

4. **答案** B.

解析 (如右图)当 $(x,y)\in D$ 时，$1\leqslant x+y\leqslant2<\mathrm{e}$，所以 $0\leqslant$

$\ln^2(x+y)<\ln(x+y)<1$,故

$$\iint_D \ln^2(x+y)\mathrm{d}x\mathrm{d}y < \iint_D \ln(x+y)\mathrm{d}x\mathrm{d}y < \iint_D \mathrm{d}x\mathrm{d}y = \frac{1}{2}$$

(B) 选项正确.

5. **答案** B.

解析 因 $\boldsymbol{\alpha}_1,\boldsymbol{\alpha}_2,\cdots,\boldsymbol{\alpha}_s$ 可由 $\boldsymbol{\beta}_1,\boldsymbol{\beta}_2,\cdots,\boldsymbol{\beta}_s$ 线性表出,有

$$r(\boldsymbol{\alpha}_1,\boldsymbol{\alpha}_2,\cdots,\boldsymbol{\alpha}_s) \leqslant r(\boldsymbol{\beta}_1,\boldsymbol{\beta}_2,\cdots,\boldsymbol{\beta}_s)$$

若 $\boldsymbol{\alpha}_1,\boldsymbol{\alpha}_2,\cdots,\boldsymbol{\alpha}_s$ 线性无关,则

$$r(\boldsymbol{\alpha}_1,\boldsymbol{\alpha}_2,\cdots,\boldsymbol{\alpha}_s) = s$$

于是
$$s \leqslant r(\boldsymbol{\beta}_1,\boldsymbol{\beta}_2,\cdots,\boldsymbol{\beta}_s) \leqslant s$$

即
$$r(\boldsymbol{\beta}_1,\boldsymbol{\beta}_2,\cdots,\boldsymbol{\beta}_s) = s$$

从而 $\boldsymbol{\beta}_1,\boldsymbol{\beta}_2,\cdots,\boldsymbol{\beta}_s$ 线性无关.

但 $\boldsymbol{\alpha}_1,\boldsymbol{\alpha}_2,\cdots,\boldsymbol{\alpha}_s$ 可由 $\boldsymbol{\beta}_1,\boldsymbol{\beta}_2,\cdots,\boldsymbol{\beta}_s$ 线性表出,且 $\boldsymbol{\beta}_1,\boldsymbol{\beta}_2,\cdots,\boldsymbol{\beta}_s$ 线性无关时,并不要求 $\boldsymbol{\alpha}_1,\boldsymbol{\alpha}_2,\cdots,\boldsymbol{\alpha}_s$ 一定线性无关. 例如

$$\boldsymbol{\alpha}_1=(1,0,0)^{\mathrm{T}},\boldsymbol{\alpha}_2=(2,0,0)^{\mathrm{T}} \text{ 和 } \boldsymbol{\beta}_1=(1,0,0)^{\mathrm{T}},\boldsymbol{\beta}_2=(0,1,0)^{\mathrm{T}}$$

6. **答案** A.

解析 由已知有:$\boldsymbol{A}\boldsymbol{\xi}=\lambda\boldsymbol{\xi}$,则 $\boldsymbol{A}^*\boldsymbol{A}\boldsymbol{\xi}=\boldsymbol{A}^*(\lambda\boldsymbol{\xi})$,即 $\lambda\boldsymbol{A}^*\boldsymbol{\xi}=|\boldsymbol{A}|\boldsymbol{\xi}$.

因 $\boldsymbol{A}$ 可逆,有 $|\boldsymbol{A}|\neq 0$,从而 $\lambda\neq 0$,故 $\boldsymbol{A}^*\boldsymbol{\xi}=\dfrac{|\boldsymbol{A}|}{\lambda}\boldsymbol{\xi}$.

7. **答案** C.

解析 $\boldsymbol{A}$ 经行变换得到行最简矩阵 $\boldsymbol{B}$.

$$\boldsymbol{P}_t\cdots\boldsymbol{P}_2\boldsymbol{P}_1\boldsymbol{A}=\boldsymbol{B},\boldsymbol{P}=\boldsymbol{P}_t\cdots\boldsymbol{P}_2\boldsymbol{P}_1,\boldsymbol{P}_t\cdots\boldsymbol{P}_2\boldsymbol{P}_1\boldsymbol{E}=\boldsymbol{P}$$

即 $(\boldsymbol{A},\boldsymbol{E})\to\cdots\to(\boldsymbol{B},\boldsymbol{P})$

$$\left[\begin{array}{cccc|ccc}1&1&1&1&1&0&0\\3&2&1&-2&0&1&0\\0&-1&-2&-5&0&0&1\end{array}\right]\to\left[\begin{array}{cccc|ccc}1&1&1&1&1&0&0\\0&-1&-2&-5&-3&1&0\\0&-1&-2&-5&0&0&1\end{array}\right]$$

$$\to\left[\begin{array}{cccc|ccc}1&0&-1&-4&1&0&1\\0&0&0&0&-3&1&-1\\0&-1&-2&-5&0&0&1\end{array}\right]\to\left[\begin{array}{cccc|ccc}1&0&-1&-4&1&0&1\\0&1&2&5&0&0&-1\\0&0&0&0&-3&1&-1\end{array}\right]$$

所以 $\boldsymbol{P}=\begin{bmatrix}1&0&1\\0&0&-1\\-3&1&-1\end{bmatrix}$ 或 $\boldsymbol{P}=\begin{bmatrix}1&0&1\\0&0&-1\\3&-1&1\end{bmatrix}$.

8. **答案** D.

解析 设任选 3 位男生身高分别为 X_1,X_2,X_3,至少有一位男生超 167 cm,即 $\max(X_1,X_2,X_3)>167$.

所求概率为
$$\begin{aligned}P\{\max(X_1,X_2,X_3)>167\}&=1-P\{\max(X_1,X_2,X_3)\leqslant 167\}\\&=1-P\{X_1\leqslant 167,X_2\leqslant 167,X_3\leqslant 167\}\\&=1-P\{X_1\leqslant 167\}P\{X_2\leqslant 167\}P\{X_3\leqslant 167\}.\end{aligned}$$

$X_i \sim N(172,5^2)(i=1,2,3)$，记 $X \sim N(172,25)$，则$\dfrac{X-172}{5} \sim N(0,1)$.

$$P\{\max(X_1,X_2,X_3)>167\} = 1-[P\{X\leqslant 167\}]^3 = 1-\left[P\left\{\frac{X-172}{5}\leqslant -1\right\}\right]^3$$
$$=1-[\Phi(-1)]^3 = 1-[1-\Phi(1)]^3$$

9. **答案** C.

解析 $S^2=\dfrac{1}{n-1}\sum_{i=1}^{n}(X_i-\overline{X})^2$，则 $E(S^2)=DX=1$.

$E\left[\sum_{i=1}^{n}(X_i-\overline{X})^2\right]=E[(n-1)S^2]=(n-1)\cdot 1, n-1=\dfrac{9n}{10}, 10n-10=9n, n=10$.

10. **答案** B.

解析 X,Y 独立，$X\sim f(x)=\dfrac{1}{2}e^{-|x|}$，$Y\sim B\left(1,\dfrac{1}{2}\right)$，

$EX=\int_{-\infty}^{+\infty}x\cdot\dfrac{1}{2}e^{-|x|}dx=0$（对称性），$E(X^2)=\int_{-\infty}^{+\infty}x^2\cdot\dfrac{1}{2}e^{-|x|}dx=\int_0^{+\infty}x^2e^{-x}dx=2$.

$EY=\dfrac{1}{2}$，$E(Y^2)=DY+(EY)^2=\dfrac{1}{4}+\left(\dfrac{1}{2}\right)^2=\dfrac{1}{2}$. X,Y 独立，X^2,Y^2 也独立.

$D(XY)=E(X^2Y^2)-[E(XY)]^2=E(X^2)E(Y^2)-[E(X)E(Y)]^2=2\cdot\dfrac{1}{2}-0^2=1$.

二、填空题

11. **答案** 2.

解析 $\lim\limits_{x\to\infty}\left(\dfrac{x+a}{x-1}\right)^{3x-2}=\lim\limits_{x\to\infty}\left(1+\dfrac{a+1}{x-1}\right)^{\frac{x-1}{a+1}\cdot\left(\frac{a+1}{x-1}\cdot(3x-2)\right)}$，

而$\lim\limits_{x\to\infty}\dfrac{a+1}{x-1}\cdot(3x-2)=3(a+1)$，所以$\lim\limits_{x\to\infty}\left(\dfrac{x+a}{x-1}\right)^{3x-2}=e^{3(a+1)}$，故 $3(a+1)=9, a=2$.

12. **答案** 0.

解析 $f'(x)=10x-2$，$\dfrac{f(1)-f(-1)}{2}=-2$，所以 $10\xi-2=-2$，$\xi=0$.

13. **答案** $4+4\ln 2$.

解析 令 $t=\sqrt{x}$，则

$$\int_1^9\frac{1+x}{x+\sqrt{x}}dx=\int_1^3\frac{1+t^2}{t^2+t}\cdot 2tdt=2\int_1^3\frac{1+t^2}{1+t}dt$$
$$=2\int_1^3\left(t-1+\frac{2}{1+t}\right)dt=(t^2-2t+4\ln(1+t))\Big|_1^3$$
$$=4+4\ln 2.$$

14. **答案** $\dfrac{3}{2}\ln 3dx+\dfrac{3}{2}dy$.

解析 当 $x=1,y=1$ 时，$z=0$.

记 $F(x,y,z)=2e^z-3^xy+1$，则

$\dfrac{\partial F}{\partial x}\Big|_{(1,1,0)}=-3^xy\ln 3\Big|_{(1,1,0)}=-3\ln 3$，

$$\left.\frac{\partial F}{\partial y}\right|_{(1,1,0)}=-3^x\Big|_{(1,1,0)}=-3,$$

$$\left.\frac{\partial F}{\partial z}\right|_{(1,1,0)}=2e^z\Big|_{(1,1,0)}=2,$$

所以$\left.\frac{\partial z}{\partial x}\right|_{(1,1)}=-\frac{\left.\frac{\partial F}{\partial x}\right|_{(1,1,0)}}{\left.\frac{\partial F}{\partial z}\right|_{(1,1,0)}}=\frac{3}{2}\ln 3$，$\left.\frac{\partial z}{\partial y}\right|_{(1,1)}=-\frac{\left.\frac{\partial F}{\partial y}\right|_{(1,1,0)}}{\left.\frac{\partial F}{\partial z}\right|_{(1,1,0)}}=\frac{3}{2}$，

$$dz\Big|_{(1,1)}=\frac{3}{2}\ln 3dx+\frac{3}{2}dy$$

评注 本题也可以化成二元函数 $z=\ln\frac{3^xy-1}{2}$，求其微分.

15. **答案** $\frac{2}{3}$.

解析 因 $\boldsymbol{\beta}_1=2\boldsymbol{\alpha}_1+\boldsymbol{\alpha}_2,\boldsymbol{\beta}_2=-\boldsymbol{\alpha}_1+\boldsymbol{\alpha}_2$，有

$$(\boldsymbol{\beta}_1,\boldsymbol{\beta}_2)=(2\boldsymbol{\alpha}_1+\boldsymbol{\alpha}_2,-\boldsymbol{\alpha}_1+\boldsymbol{\alpha}_2)=(\boldsymbol{\alpha}_1,\boldsymbol{\alpha}_2)\begin{bmatrix}2&-1\\1&1\end{bmatrix}$$

于是 $|\boldsymbol{\beta}_1,\boldsymbol{\beta}_2|=3|\boldsymbol{\alpha}_1,\boldsymbol{\alpha}_2|$，所以 $|\boldsymbol{\alpha}_1,\boldsymbol{\alpha}_2|=\frac{2}{3}$.

16. **答案** $\frac{2}{3}$.

解析 $P(B\mid A)=\frac{P(AB)}{P(A)}=\frac{1}{2}$，$P(AB)=\frac{1}{2}P(A)=\frac{1}{6}$.

又因 $P(B\overline{A})=P(B)-P(AB)=\frac{1}{12}$，$P(B)=\frac{1}{12}+P(AB)=\frac{1}{12}+\frac{1}{6}=\frac{1}{4}$.

总之 $P(A\mid B)=\frac{P(AB)}{P(B)}=\frac{\frac{1}{6}}{\frac{1}{4}}=\frac{2}{3}$.

三、解答题

17. **解**
$$\begin{aligned}f(x)&=4x-\int_1^2f(x)dx-(1+2x)\int_0^1f(t)dt\\&=4x-\int_1^2f(x)dx-\int_0^1f(t)dt-2x\int_0^1f(t)dt\\&=4x-\int_0^2f(x)dx-2x\int_0^1f(t)dt.\end{aligned}$$

记$\int_0^2f(x)dx=A$，$\int_0^1f(x)dx=\int_0^1f(t)dt=B$，则

$$f(x)=4x-A-2x\cdot B=(4-2B)x-A.$$

在$[0,2]$上对 $f(x)$ 积分

$$\int_0^2f(x)dx=(4-2B)\int_0^2xdx-A\int_0^2dx$$

$$A=(4-2B)\cdot\frac{x^2}{2}\Big|_0^2-A\cdot 2\rightarrow 3A+4B=8.$$

在$[0,1]$上对 $f(x)$ 积分

$$\int_0^1 f(x)\mathrm{d}x=(4-2B)\int_0^1 x\mathrm{d}x-A\int_0^1\mathrm{d}x$$

$$B=(4-2B)\cdot\frac{1}{2}x^2\Big|_0^1-A\to A+2B=2.$$

解得 $A=4,B=-1.$

$$f(x)=6x-4.$$

$$\int_{-\frac{\pi}{2}}^{\frac{\pi}{2}}f(x)\cos x\mathrm{d}x=\int_{-\frac{\pi}{2}}^{\frac{\pi}{2}}(6x-4)\cos x\mathrm{d}x=-8\int_0^{\frac{\pi}{2}}\cos x\mathrm{d}x$$
$$=-8.$$

18. **解** 由已知，$f(x+y,xy)=3xy\mathrm{e}^{xy(x+y)}+((x+y)^2-3xy)\mathrm{e}^{x+y}+5.$

记 $u=x+y,v=xy$，则 $f(u,v)=3v\mathrm{e}^{uv}+(u^2-3v)\mathrm{e}^u+5$. 所以

$$\frac{\partial f}{\partial v}=3\mathrm{e}^{uv}+3uv\mathrm{e}^{uv}-3\mathrm{e}^u,\frac{\partial^2 f}{\partial u\partial v}=3v\mathrm{e}^{uv}+3v\mathrm{e}^{uv}+3uv^2\mathrm{e}^{uv}-3\mathrm{e}^u$$

所以$\left.\frac{\partial^2 f}{\partial u\partial v}\right|_{(2,1)}=3v\mathrm{e}^{uv}+3v\mathrm{e}^{uv}+3uv^2\mathrm{e}^{uv}-3\mathrm{e}^u\Big|_{(2,1)}=9\mathrm{e}^2.$

19. **解** $\iint\limits_D(x+y+1)^2\mathrm{d}x\mathrm{d}y=\iint\limits_D(x^2+y^2+1+2xy+2x+2y)\mathrm{d}x\mathrm{d}y,$

而$\iint\limits_D xy\mathrm{d}x\mathrm{d}y=\iint\limits_D x\mathrm{d}x\mathrm{d}y=\iint\limits_D y\mathrm{d}x\mathrm{d}y=0$，所以$\iint\limits_D(x+y+1)^2\mathrm{d}x\mathrm{d}y=\iint\limits_D(x^2+y^2+1)\mathrm{d}x\mathrm{d}y.$

由极坐标变换可知$\iint\limits_D(x+y+1)^2\mathrm{d}x\mathrm{d}y=\int_0^{2\pi}\mathrm{d}\theta\int_0^1(r^2+1)r\mathrm{d}r=\frac{3\pi}{2}.$

20. **解** 记 $u=xt$，则$\int_0^1 f(tx)\mathrm{d}t=\frac{1}{x}\int_0^x f(u)\mathrm{d}u$，原等式可以改写为

$$\frac{1}{x}\int_0^x f(u)\mathrm{d}u=x^2+f(x)-\frac{1}{x}\int_0^x f(t)\mathrm{d}t$$

即$\int_0^x f(u)\mathrm{d}u=x^3+xf(x)-\int_0^x f(t)\mathrm{d}t$. 因为 $f(x)$ 为连续函数，所以等式两边求导得

$$f(x)=3x^2+f(x)+xf'(x)-f(x)$$

解微分方程得，$f(x)=-3x^2+Cx$. 由 $f(1)=-2$ 解得 $C=1,f(x)=-3x^2+x.$

21. **解** (1) 因 $\boldsymbol{A}\sim\boldsymbol{B}$，有$\sum a_{ii}=\sum b_{ii}$，$|\boldsymbol{A}|=|\boldsymbol{B}|$

$$\begin{cases}2+a=2\\2a-3=1-2b\end{cases}$$

所以 $a=0,b=2.$

(2) 由 $|\lambda\boldsymbol{E}-\boldsymbol{A}|=\begin{vmatrix}\lambda-2&-1\\-3&\lambda\end{vmatrix}=(\lambda-3)(\lambda+1)$ 知 $\boldsymbol{A},\boldsymbol{B}$ 的特征值均为：$3,-1.$

对$\lambda=3$，由$(3\boldsymbol{E}-\boldsymbol{A})\boldsymbol{x}=\boldsymbol{0}$ 得特征向量 $\boldsymbol{\alpha}_1=(1,1)^{\mathrm{T}}$，

$\lambda=-1$，由$(-\boldsymbol{E}-\boldsymbol{A})\boldsymbol{x}=\boldsymbol{0}$ 得特征向量 $\boldsymbol{\alpha}_2=(1,-3)^{\mathrm{T}}$；

对$\lambda=3$，由$(3\boldsymbol{E}-\boldsymbol{B})\boldsymbol{x}=\boldsymbol{0}$ 得特征向量 $\boldsymbol{\beta}_1=(1,1)^{\mathrm{T}}$，

$\lambda=-1$，由$(-\boldsymbol{E}-\boldsymbol{B})\boldsymbol{x}=\boldsymbol{0}$ 得特征向量 $\boldsymbol{\beta}_2=(1,-1)^{\mathrm{T}}$；

令 $\boldsymbol{P}_1=(\boldsymbol{\alpha}_1,\boldsymbol{\alpha}_2),\boldsymbol{P}_2=(\boldsymbol{\beta}_1,\boldsymbol{\beta}_2)$，则

$$\boldsymbol{P}_1^{-1}\boldsymbol{A}\boldsymbol{P}_1=\boldsymbol{P}_2^{-1}\boldsymbol{B}\boldsymbol{P}_2=\begin{bmatrix}3&\\&-1\end{bmatrix}$$

于是 $\boldsymbol{B}=\boldsymbol{P}_2(\boldsymbol{P}_1^{-1}\boldsymbol{A}\boldsymbol{P}_1)\boldsymbol{P}_2^{-1}=\boldsymbol{P}^{-1}\boldsymbol{A}\boldsymbol{P}$,

$$\boldsymbol{P}=\boldsymbol{P}_1\boldsymbol{P}_2^{-1}=\begin{bmatrix}1&1\\1&-3\end{bmatrix}\begin{bmatrix}1&1\\1&-1\end{bmatrix}^{-1}=\begin{bmatrix}1&0\\-1&2\end{bmatrix}$$

22. **分析** 记 S,T 分别表示 3 号和 4 号盒中球的个数,显然 $X+Y+S+T=2$. 由对称性可看出 X,Y 的协方差和相关系数与 X,S 或 X,T 都相等.

解 (1)(X,Y) 的联合分布、边缘分布

$P\{X=0\}=\dfrac{3\cdot3}{4\cdot4}=\dfrac{9}{16}$, $P\{X=1\}=\dfrac{2\cdot3}{4\cdot4}=\dfrac{6}{16}=\dfrac{3}{8}$, $P\{X=2\}=\dfrac{1\cdot1}{4\cdot4}=\dfrac{1}{16}$.

由对称性可知 Y 与 X 同分布.

$P\{X=0,Y=0\}=\dfrac{2\cdot2}{4\cdot4}=\dfrac{1}{4}$,

$P\{X=0,Y=1\}=\dfrac{2\cdot2}{4\cdot4}=\dfrac{1}{4}$,

$P\{X=0,Y=2\}=P\{Y=2\}=\dfrac{1}{16}$

$P\{X=1,Y=1\}=\dfrac{2}{4\cdot4}=\dfrac{1}{8}$,

$P\{X=1,Y=2\}=P\{X=2,Y=1\}=P\{X=2,Y=2\}=0$,

总之

X \ Y	0	1	2	
0	$\frac{1}{4}$	$\frac{1}{4}$	$\frac{1}{16}$	$\frac{9}{16}$
1	$\frac{1}{4}$	$\frac{1}{8}$	0	$\frac{3}{8}$
2	$\frac{1}{16}$	0	0	$\frac{1}{16}$
	$\frac{9}{16}$	$\frac{3}{8}$	$\frac{1}{16}$	

(2)X 与 Y 的相关系数

$\rho_{XY}=\dfrac{\mathrm{Cov}(X,Y)}{\sqrt{DX}\sqrt{DY}}$, $X+Y+S+T=2$, $D(X)=D(Y)=D(S)=D(T)$.

$$\begin{aligned}\mathrm{Cov}(X,Y)&=\mathrm{Cov}(X,2-X-S-T)=\mathrm{Cov}(X,2)-\mathrm{Cov}(X,X)-\mathrm{Cov}(X,S)-\mathrm{Cov}(X,T)\\&=0-DX-\mathrm{Cov}(X,Y)-\mathrm{Cov}(X,Y)=-D(X)-2\mathrm{Cov}(X,Y)\end{aligned}$$

所以,$3\mathrm{Cov}(X,Y)=-D(X)$,$\rho_{XY}=\dfrac{\mathrm{Cov}(X,Y)}{\sqrt{DX}\sqrt{DY}}=\dfrac{\frac{1}{3}(-DX)}{\sqrt{DX}\sqrt{DY}}=-\dfrac{1}{3}$.

评注 本题也可从分布律直接求 ρ_{XY}.

2022年全国硕士研究生招生考试

农学门类联考数学试题答案及解析

一、选择题

1. 答案 C.

解析 $\lim\limits_{x\to 0^+} f(x) = \lim\limits_{x\to 0^+}(1+e^{\frac{1}{x}})^{-1} = 0$,

$\lim\limits_{x\to 0^-} f(x) = \lim\limits_{x\to 0^-}(1+e^{\frac{1}{x}})^{-1} = 1$,

所以 $x=0$ 是 $f(x)$ 的跳跃间断点.

2. 答案 D.

解析 $F(x) = \int_0^x (x-t)f(t)\mathrm{d}t = x\int_0^x f(t)\mathrm{d}t - \int_0^x tf(t)\mathrm{d}t$,

因为 $f(t)$ 连续,所以 $F(x)$ 可导,且

$$F'(x) = \int_0^x f(t)\mathrm{d}t + xf(x) - xf(x) = \int_0^x f(t)\mathrm{d}t,$$

$$\mathrm{d}F(x) = \left(\int_0^x f(t)\mathrm{d}t\right)\mathrm{d}x.$$

3. 答案 A.

解析 要使得 $\mathrm{d}f(x,y) = (ax^2y^2+3y\sin x)\mathrm{d}x + (2x^3y+b\cos x+1)\mathrm{d}y$ 成立,则

$$\frac{\partial}{\partial x}(2x^3y+b\cos x+1) = \frac{\partial}{\partial y}(ax^2y^2+3y\sin x),$$

$$6x^2y - b\sin x = 2ax^2y + 3\sin x,$$

即 $a=3, b=-3$.

4. 答案 D.

解析 $$\iint\limits_D \sin\sqrt{x^2+y^2}\,\mathrm{d}x\mathrm{d}y = \int_0^{2\pi}\mathrm{d}\theta\int_\pi^{2\pi}\sin r\cdot r\mathrm{d}r$$

$$= 2\pi\int_\pi^{2\pi} r\sin r\mathrm{d}r = 2\pi(-r\cos r+\sin r)\Big|_\pi^{2\pi}$$

$$= -6\pi^2.$$

5. 答案 A.

解析 按第一行展开得

$$D = \begin{vmatrix} 0 & a & 0 & 0 & b \\ b & 0 & a & 0 & 0 \\ 0 & b & 0 & a & 0 \\ 0 & 0 & b & 0 & a \\ a & 0 & 0 & b & 0 \end{vmatrix} = a(-1)^{1+2}\begin{vmatrix} b & a & 0 & 0 \\ 0 & 0 & a & 0 \\ 0 & b & 0 & a \\ a & 0 & b & 0 \end{vmatrix} + b(-1)^{1+5}\begin{vmatrix} b & 0 & a & 0 \\ 0 & b & 0 & a \\ 0 & 0 & b & 0 \\ a & 0 & 0 & b \end{vmatrix}$$

进一步,第一个 4 阶行列式按第二行展开,第二个 4 阶行列式按第二列展开得

$$D=-a\cdot a(-1)^{2+3}\begin{vmatrix}b&a&0\\0&b&a\\a&0&0\end{vmatrix}+b\cdot b(-1)^{2+2}\begin{vmatrix}b&a&0\\0&b&0\\a&0&b\end{vmatrix}=a^5+b^5.$$

故正确选项为(A).

6. **答案** B.

解析 由于$(\boldsymbol{\alpha}_1-\boldsymbol{\alpha}_2)+(\boldsymbol{\alpha}_2-\boldsymbol{\alpha}_3)+(\boldsymbol{\alpha}_3-\boldsymbol{\alpha}_1)=\mathbf{0}$,所以向量组$\boldsymbol{\alpha}_1-\boldsymbol{\alpha}_2,\boldsymbol{\alpha}_2-\boldsymbol{\alpha}_3,\boldsymbol{\alpha}_3-\boldsymbol{\alpha}_1$线性相关,故其秩$r(\boldsymbol{\alpha}_1-\boldsymbol{\alpha}_2,\boldsymbol{\alpha}_2-\boldsymbol{\alpha}_3,\boldsymbol{\alpha}_3-\boldsymbol{\alpha}_1)\leqslant 2$. 由于向量组$\boldsymbol{\alpha}_1,\boldsymbol{\alpha}_2,\boldsymbol{\alpha}_3$的秩为 2,不妨设$\boldsymbol{\alpha}_1$,$\boldsymbol{\alpha}_2$是其极大线性无关组,则$\boldsymbol{\alpha}_1-\boldsymbol{\alpha}_2\neq\mathbf{0}$,故$r(\boldsymbol{\alpha}_1-\boldsymbol{\alpha}_2,\boldsymbol{\alpha}_2-\boldsymbol{\alpha}_3,\boldsymbol{\alpha}_3-\boldsymbol{\alpha}_1)\geqslant 1$,所以正确选项为(B). 事实上,

若$\boldsymbol{\alpha}_1=\begin{pmatrix}1\\0\\0\end{pmatrix},\boldsymbol{\alpha}_2=\begin{pmatrix}0\\1\\0\end{pmatrix},\boldsymbol{\alpha}_3=\begin{pmatrix}1\\0\\0\end{pmatrix}$,

则向量组$\boldsymbol{\alpha}_1-\boldsymbol{\alpha}_2=\begin{pmatrix}1\\-1\\0\end{pmatrix},\boldsymbol{\alpha}_2-\boldsymbol{\alpha}_3=\begin{pmatrix}-1\\1\\0\end{pmatrix},\boldsymbol{\alpha}_3-\boldsymbol{\alpha}_1=\begin{pmatrix}0\\0\\0\end{pmatrix}$的秩为 1.

若$\boldsymbol{\alpha}_1=\begin{pmatrix}1\\0\\0\end{pmatrix},\boldsymbol{\alpha}_2=\begin{pmatrix}0\\1\\0\end{pmatrix},\boldsymbol{\alpha}_3=\begin{pmatrix}0\\0\\0\end{pmatrix}$,

则向量组$\boldsymbol{\alpha}_1-\boldsymbol{\alpha}_2=\begin{pmatrix}1\\-1\\0\end{pmatrix},\boldsymbol{\alpha}_2-\boldsymbol{\alpha}_3=\begin{pmatrix}0\\1\\0\end{pmatrix},\boldsymbol{\alpha}_3-\boldsymbol{\alpha}_1=\begin{pmatrix}-1\\0\\0\end{pmatrix}$的秩为 2.

7. **答案** C.

解析 由于 4 元线性方程组有无穷多解,所以$r(\boldsymbol{A},\boldsymbol{b})=r(\boldsymbol{A})\leqslant 3$. 对方程组的增广矩阵做初等行变换

$$\begin{pmatrix}1&a&0&0&1\\0&1&-a&0&1\\0&0&1&-a&1\\a&0&0&1&a\end{pmatrix}\to\begin{pmatrix}1&a&0&0&1\\0&1&-a&0&1\\0&0&1&-a&1\\0&-a^2&0&1&0\end{pmatrix}$$

$$\to\begin{pmatrix}1&a&0&0&1\\0&1&-a&0&1\\0&0&1&-a&1\\0&0&-a^3&1&a^2\end{pmatrix}\to\begin{pmatrix}1&a&0&0&1\\0&1&-a&0&1\\0&0&1&-a&1\\0&0&0&1-a^4&a^2+a^3\end{pmatrix},$$

故$\begin{cases}1-a^4=0,\\a^2+a^3=0,\end{cases}$所以$a=-1$. 正确选项为(C).

8. **答案** B.

解析 $E(X^2-2X-1)=E[(X-1)^2-2]=E(X-1)^2-2=DX-2=2-2=0.$

9. **答案** C.

解析 如果总体$X\sim N(\mu,\sigma^2)$,样本$X_1,X_2,\cdots,X_n$,样本方差$S^2=\dfrac{1}{n-1}\sum\limits_{i=1}^{n}(X_i-\overline{X})^2$,

那么$\frac{n-1}{\sigma^2}S^2 \sim \chi^2(n-1)$，现 $X \sim N(0,1)$，$n=10$，所以 $9S^2 \sim \chi^2(9)$.

根据上侧 α 分位数定义 $P\{\chi^2 \geqslant \chi_\alpha^2(n)\}=\alpha$，$0<\alpha<1$，即 $P\{\chi^2<\chi_\alpha^2(n)\}=1-\alpha$.

$$
\begin{aligned}
(C):P\{\chi_{0.95}^2(9)<9S^2<\chi_{0.05}^2(9)\} &= P\{9S^2<\chi_{0.05}^2(9)\}-P\{9S^2 \leqslant \chi_{0.95}^2(9)\} \\
&= (1-0.05)-(1-0.95)=0.90.
\end{aligned}
$$

10. **答案**　B.

解析　$\mathrm{Cov}(X,Y)=E(XY)-EXEY$，现求$(X,Y)$的分布，$X$ 的取值为 0，1，Y 的取值为 1，2. 因$Y=0$ 表示没取 2 个黄球中任一个，故取不出 4 个球.

$P\{X=0\}=\frac{1}{5}$，没取红球，$P\{X=1\}=\frac{4}{5}$，

X \ Y	1	2	
0			$\frac{1}{5}$
1			$\frac{4}{5}$

，

$P\{X=0,Y=1\}=0$，不取红，取一黄，不够 4 球.

所以

X \ Y	1	2	
0	0	$\frac{1}{5}$	$\frac{1}{5}$
1			$\frac{4}{5}$

，

$P\{X=1,Y=1\}=\frac{2}{5}$，因为黄球有 2 个.

总之，

X \ Y	1	2	
0	0	$\frac{1}{5}$	$\frac{1}{5}$
1	$\frac{2}{5}$		$\frac{4}{5}$

. 最后得

X \ Y	1	2	
0	0	$\frac{1}{5}$	$\frac{1}{5}$
1	$\frac{2}{5}$	$\frac{2}{5}$	$\frac{4}{5}$
	$\frac{2}{5}$	$\frac{3}{5}$	

.

$EX=0\times\frac{1}{5}+1\times\frac{4}{5}=\frac{4}{5}$，$EY=1\times\frac{2}{5}+2\times\frac{3}{5}=\frac{8}{5}$，

$E(XY)=0\times\frac{1}{5}+1\times\frac{2}{5}+2\times\frac{2}{5}=\frac{6}{5}$，

$\mathrm{Cov}(X,Y)=\frac{6}{5}-\frac{4}{5}\times\frac{8}{5}=-\frac{2}{25}$.

二、填空题

11. **答案** $\frac{1}{2}$.

解析 $\lim\limits_{x\to0}\frac{x\sin x+\cos x-1}{\ln^2(1+x)}=\lim\limits_{x\to0}\frac{x\sin x+\cos x-1}{x^2}$

$$=\lim_{x\to0}\left(\frac{x\sin x}{x^2}+\frac{\cos x-1}{x^2}\right)=\frac{1}{2}.$$

12. **答案** -2.

解析 $f'(x)=(-4x^2-2x+2)e^{-x^2}$,

$f''(x)=(-8x-2)e^{-x^2}+(-4x^2-2x+2)\cdot(-2x)e^{-x^2}$,

$f''(0)=-2$.

13. **答案** $\frac{1}{\pi}$.

解析 令 $t=\frac{1}{x}$,则

$$\int_1^{+\infty}\frac{1}{x^3}\sin\frac{\pi}{x}dx=\int_1^0 t^3\sin\pi t\cdot\left(-\frac{1}{t^2}\right)dt=\int_0^1 t\sin\pi t dt$$

$$=-\frac{1}{\pi}\int_0^1 t d\cos\pi t=-\frac{1}{\pi}\left(t\cos\pi t\Big|_0^1-\int_0^1\cos\pi t dt\right)$$

$$=\frac{1}{\pi}.$$

14. **答案** $(1+x)e^{x-1}$.

解析 $y'=\frac{2+x}{1+x}y$ 的通解为

$$y=ce^{\int\frac{2+x}{1+x}dx}=c(1+x)e^x.$$

由初始条件可得:$2ce=2,c=\frac{1}{e}$,

故微分方程 $y'=\frac{(2+x)y}{1+x}$ 满足 $y\Big|_{x=1}=2$ 的解为

$$y=(1+x)e^{x-1}.$$

15. **答案** $\frac{1}{27}$.

解析 (方法一) 由于 $\boldsymbol{A}^2+\boldsymbol{A}+\boldsymbol{E}=\begin{pmatrix}1&1&0\\0&1&0\\0&0&1\end{pmatrix}^2+\begin{pmatrix}1&1&0\\0&1&0\\0&0&1\end{pmatrix}+\begin{pmatrix}1&0&0\\0&1&0\\0&0&1\end{pmatrix}=$

$\begin{pmatrix}3&3&0\\0&3&0\\0&0&3\end{pmatrix}$,故 $|\boldsymbol{A}^2+\boldsymbol{A}+\boldsymbol{E}|=27$,所以 $|(\boldsymbol{A}^2+\boldsymbol{A}+\boldsymbol{E})^{-1}|=\frac{1}{27}$.

(方法二) 矩阵 $\boldsymbol{A}$ 的特征值为1,1,1,矩阵 $\boldsymbol{A}^2+\boldsymbol{A}+\boldsymbol{E}$ 的特征值为3,3,3,故 $|\boldsymbol{A}^2+\boldsymbol{A}+\boldsymbol{E}|=27$,所以 $|(\boldsymbol{A}^2+\boldsymbol{A}+\boldsymbol{E})^{-1}|=\frac{1}{27}$.

16. **答案** $\frac{1}{5}$.

解析 设 $P(C)=x$.

$$\begin{aligned}\frac{7}{12}&=P(A\cup B\cup C)\\&=P(A)+P(B)+P(C)-P(AB)-P(BC)-P(AC)+P(ABC)\\&=\frac{1}{3}+\frac{1}{4}+x-\frac{1}{3}\times\frac{1}{4}-\frac{1}{4}\cdot x-\frac{1}{3}\cdot x+0\\&=\frac{7}{12}+x-\frac{1}{12}-\frac{7}{12}x.\end{aligned}$$

即 $\frac{5}{12}x=\frac{1}{12}$，得 $x=\frac{1}{5}$.

三、解答题

17. **解** (1) 因为函数 $f(x)$ 在 $[0,1]$ 上连续，在 $(0,1)$ 内可导，且 $\lim\limits_{x\to1^-}\frac{f(x)}{x-1}=2$，所以 $f(1)=0$.

$$f'_-(1)=\lim_{x\to1^-}\frac{f(x)-f(1)}{x-1}=\lim_{x\to1^-}\frac{f(x)}{x-1}=2.$$

(2) 记 $F(x)=xf(x)$，则 $F(x)$ 在 $[0,1]$ 上连续，在 $(0,1)$ 内可导，由中值定理知：$\exists\xi\in(0,1)$，使得 $F'(\xi)=0$，即 $f(\xi)+\xi f'(\xi)=0$.

18. **解** 解方程组 $\begin{cases}y=\sin\frac{\pi x}{2},\\y=x^3\end{cases}$ 得 $\begin{cases}x=0,\\y=0\end{cases}$ 或 $\begin{cases}x=1,\\y=1.\end{cases}$

故 D 的面积 $S=\int_0^1\left(\sin\frac{\pi x}{2}-x^3\right)\mathrm{d}x=\frac{2}{\pi}-\frac{1}{4}$.

Ω 的体积 $V=\pi\int_0^1\left[\left(\sin\frac{\pi x}{2}\right)^2-(x^3)^2\right]\mathrm{d}x=\frac{5\pi}{14}$.

19. **解** $\int_0^1\mathrm{d}x\int_{x^2}^1\frac{xy}{\sqrt{1+y^3}}\mathrm{d}y=\int_0^1\mathrm{d}y\int_0^{\sqrt{y}}\frac{xy}{\sqrt{1+y^3}}\mathrm{d}x=\frac{1}{2}\int_0^1\frac{y^2}{\sqrt{1+y^3}}\mathrm{d}y$

$$=\frac{1}{3}\sqrt{1+y^3}\Big|_0^1=\frac{\sqrt{2}-1}{3}.$$

20. **解** $\frac{\partial f}{\partial x}=\cos x[1-\ln(y-1)]$，

$\frac{\partial f}{\partial y}=1-\ln(y-1)-\frac{y+\sin x-2}{y-1}$.

解方程组 $\begin{cases}\frac{\partial f}{\partial x}=0,\\\frac{\partial f}{\partial y}=0\end{cases}$ 得 $\begin{cases}x=\frac{\pi}{2},\\y=2.\end{cases}$

$$\frac{\partial^2 f}{\partial x^2}\left(\frac{\pi}{2},2\right)=-1,\frac{\partial^2 f}{\partial x\partial y}\left(\frac{\pi}{2},2\right)=0,\frac{\partial^2 f}{\partial y^2}\left(\frac{\pi}{2},2\right)=-1,$$

而矩阵 $\begin{pmatrix}-1&0\\0&-1\end{pmatrix}$ 为负定矩阵，所以 $\left(\frac{\pi}{2},2\right)$ 为 $f(x,y)$ 的极大值点，极大值为 $f\left(\frac{\pi}{2},2\right)=1$.

21. **解** (1) 由题设知 $|\boldsymbol{E}-\boldsymbol{A}|=0$，即 $\begin{vmatrix}0&-a&1\\-a&0&0\\0&-1&1-a\end{vmatrix}=a-a^2(1-a)=a(1-a+a^2)=0$，所以 $a=0$.

(2) 当 $a=0$ 时，$\boldsymbol{A}=\begin{pmatrix}1&0&-1\\0&1&0\\0&1&0\end{pmatrix}$，$\boldsymbol{AA}^{\mathrm{T}}=\begin{pmatrix}1&0&-1\\0&1&0\\0&1&0\end{pmatrix}\begin{pmatrix}1&0&0\\0&1&1\\-1&0&0\end{pmatrix}=\begin{pmatrix}2&0&0\\0&1&1\\0&1&1\end{pmatrix}$.

由于 $|\lambda\boldsymbol{E}-\boldsymbol{AA}^{\mathrm{T}}|=\begin{vmatrix}\lambda-2&0&0\\0&\lambda-1&-1\\0&-1&\lambda-1\end{vmatrix}=\lambda(\lambda-2)^2$，所以 $\lambda_1=0,\lambda_2=\lambda_3=2$.

对于 $\lambda_1=0$，解方程组 $(0\boldsymbol{E}-\boldsymbol{AA}^{\mathrm{T}})\boldsymbol{x}=\boldsymbol{0}$，得基础解系 $\boldsymbol{\alpha}_1=\begin{pmatrix}0\\-1\\1\end{pmatrix}$；

对于 $\lambda_2=\lambda_3=2$，解方程组 $(2\boldsymbol{E}-\boldsymbol{AA}^{\mathrm{T}})\boldsymbol{x}=\boldsymbol{0}$，得基础解系 $\boldsymbol{\alpha}_2=\begin{pmatrix}1\\0\\0\end{pmatrix}$，$\boldsymbol{\alpha}_3=\begin{pmatrix}0\\1\\1\end{pmatrix}$.

令 $\boldsymbol{P}=\begin{pmatrix}0&1&0\\-1&0&1\\1&0&1\end{pmatrix}$，得 $\boldsymbol{P}^{-1}\boldsymbol{AA}^{\mathrm{T}}\boldsymbol{P}=\begin{pmatrix}0&0&0\\0&2&0\\0&0&2\end{pmatrix}$.

22. **解** (1) $F(x)=\int_{-\infty}^{x}f(x)\mathrm{d}x=\begin{cases}0, & x\leqslant 0,\\ \int_0^x\cos x\mathrm{d}x, & 0<x<\frac{\pi}{2},\\ 1, & \frac{\pi}{2}\leqslant x,\end{cases}$

$$F(x)=\begin{cases}0, & x\leqslant 0,\\ \sin x, & 0<x<\frac{\pi}{2},\\ 1, & \frac{\pi}{2}\leqslant x,\end{cases}$$

$D(X)=E(X^2)-(EX)^2$，$EX=\int_{-\infty}^{+\infty}xf(x)\mathrm{d}x=\int_0^{\frac{\pi}{2}}x\cos x\mathrm{d}x=\frac{\pi}{2}-1$.

$E(X^2)=\int_{-\infty}^{+\infty}x^2f(x)\mathrm{d}x=\int_0^{\frac{\pi}{2}}x^2\cos x\mathrm{d}x=\left(\frac{\pi}{2}\right)^2-2$.

$D(X)=E(X^2)-(EX)^2=\left(\frac{\pi}{2}\right)^2-2-\left(\frac{\pi}{2}-1\right)^2=\pi-3$.

(2) 设 Y 的概率分布为 $F_Y(y)=P\{Y\leqslant y\}$，概率密度为 $f_Y(y)=F'_Y(y)$，

$$F(x)=\begin{cases}0, & x\leqslant 0,\\ \sin x, & 0<x<\frac{\pi}{2},\\ 1, & \frac{\pi}{2}\leqslant x,\end{cases}\quad Y=F(X)=\begin{cases}0, & X\leqslant 0,\\ \sin X, & 0<X<\frac{\pi}{2},\\ 1, & \frac{\pi}{2}\leqslant X,\end{cases}$$

当 $y\leqslant 0$ 时，$F_Y(y)=P\{Y\leqslant y\}=P\{F(X)\leqslant y\}=P\{X\leqslant 0\}=F(0)=0$.

当 $0<y<1$ 时，$F_Y(y)=P\{Y\leqslant y\}=P\{F(X)\leqslant y\}=P\{\sin X\leqslant y\}=P\{X\leqslant\arcsin y\}$
$=F(\arcsin y)=\sin(\arcsin y)=y$.

当 $1\leqslant y$ 时，$F_Y(y)=P\{Y\leqslant y\}=P\{F(X)\leqslant y\}=1$.

总之，$F_Y(y)=\begin{cases}0, & y\leqslant 0,\\ y, & 0<y<1,\\ 1, & 1\leqslant y,\end{cases}$ $f_Y(y)=F'_Y(y)=\begin{cases}1, & 0<y<1,\\ 0, & \text{其他}.\end{cases}$

2023年全国硕士研究生招生考试

农学门类联考数学试题答案及解析

一、选择题

1. 答案 C.

解析 $f(x)=\cos^2\left(\cos^2\dfrac{x}{2}\right)$，则

$$f'(x)=-2\cos\left(\cos^2\frac{x}{2}\right)\cdot\sin\left(\cos^2\frac{x}{2}\right)\cdot\left(\cos^2\frac{x}{2}\right)'$$

$$=-2\cos\left(\cos^2\frac{x}{2}\right)\cdot\sin\left(\cos^2\frac{x}{2}\right)\cdot(-2)\cos\frac{x}{2}\cdot\sin\frac{x}{2}\cdot\left(\frac{x}{2}\right)'$$

$$=2\cos\left(\cos^2\frac{x}{2}\right)\cdot\sin\left(\cos^2\frac{x}{2}\right)\cdot\cos\frac{x}{2}\cdot\sin\frac{x}{2},$$

所以 $f'\left(\dfrac{\pi}{2}\right)=\sin\dfrac{1}{2}\cdot\sin\dfrac{1}{2}=\dfrac{1}{2}\sin 1$，(C) 是正确选项.

2. 答案 A.

解析 由洛必达法则，$\lim\limits_{x\to 0}\dfrac{x-\sin x}{x^3}=\lim\limits_{x\to 0}\dfrac{1-\cos x}{3x^2}=\dfrac{1}{6}$，而

$$\int_0^{+\infty}\mathrm{e}^{-\lambda x}\mathrm{d}x=-\frac{1}{\lambda}\mathrm{e}^{-\lambda x}\Big|_0^{+\infty}=\frac{1}{\lambda}.$$

要使得 $\lim\limits_{x\to 0}\dfrac{x-\sin x}{x^3}=\displaystyle\int_0^{+\infty}\mathrm{e}^{-\lambda x}\mathrm{d}x$，$\lambda=6$. (A) 是正确选项.

3. 答案 B.

解析 由题意，函数 $f(x)$ 在 $[-1,1]$ 上可导，且 $f(0)=0$，$|f'(x)|\leqslant 1$，由拉格朗日中值定理，$\forall x\in[-1,1]$，$\exists\theta\in(0,1)$，$f(x)=f(0)+f'(\theta x)x=f'(\theta x)x$，所以

$$|f(x)|\leqslant|f'(\theta x)|\cdot|x|\leqslant|x|\leqslant 1，且\ f^2(x)\leqslant|f(x)|,$$

所以 $\displaystyle\int_{-1}^{1}f^2(x)\mathrm{d}x\leqslant\int_{-1}^{1}|f(x)|\mathrm{d}x\leqslant\int_{-1}^{1}|x|\mathrm{d}x=1$，(B) 是正确选项.

4. 答案 D.

解析 $f(x,y)=\begin{cases}\dfrac{\sin(xy)}{x^2+y^2}, & (x,y)\neq(0,0),\\ 0, & (x,y)=(0,0),\end{cases}$ 沿 $y=kx$，$(x,y)\to(0,0)$ 时，

$$\lim_{\substack{(x,y)\to(0,0)\\ y=kx}}f(x,y)=\lim_{x\to 0}\frac{\sin(x\cdot kx)}{x^2+(kx)^2}=\frac{k}{1+k^2},$$

显然，不同的 k 值，极限值不同，所以当 $(x,y)\to(0,0)$ 时，函数 $f(x,y)$ 的极限不存在，当然，函数 $f(x,y)$ 在 $(0,0)$ 点不连续.

$$\lim_{\Delta x\to 0}\frac{f(0+\Delta x,0)-f(0,0)}{\Delta x}=\lim_{\Delta x\to 0}\frac{0}{\Delta x}=0,$$

所以 $\dfrac{\partial f}{\partial x}\Big|_{(0,0)}=\lim\limits_{\Delta x\to 0}\dfrac{f(0+\Delta x,0)-f(0,0)}{\Delta x}=0.$

同理$\left.\frac{\partial f}{\partial y}\right|_{(0,0)}=0$.所以函数 $f(x,y)$ 在(0,0) 点偏导数存在,(D) 是正确选项.

5. **答案** A.

解析 方程组 $\boldsymbol{Ax}=\boldsymbol{b}$ 有解 $\Leftrightarrow r(\boldsymbol{A})=r(\overline{\boldsymbol{A}})$.

因 $\boldsymbol{A}$ 为 $m\times n$ 矩阵,若 $r(\boldsymbol{A})=m$

$\Rightarrow\boldsymbol{A}$ 行向量线性无关

$\Rightarrow(\boldsymbol{A},\boldsymbol{b})$ 的行向量线性无关

$\Rightarrow r(\boldsymbol{A},\boldsymbol{b})=m$

所以 $r(\boldsymbol{A})=r(\boldsymbol{A},\boldsymbol{b})$ 即 $\boldsymbol{Ax}=\boldsymbol{b}$ 必有解.

但方程组 $\boldsymbol{Ax}=\boldsymbol{b}$ 有解不要求 $r(\boldsymbol{A})$ 必为 m,故(A) 是一个充分条件.

6. **答案** A.

解析 $\boldsymbol{A},\boldsymbol{B}$ 等价 $\Leftrightarrow r(\boldsymbol{A})=r(\boldsymbol{B})$.

现 $r(\boldsymbol{A})=1,r(\boldsymbol{B})=1$,故 $\boldsymbol{A},\boldsymbol{B}$ 必等价.排除(C)(D).

又$\begin{bmatrix}1&1&1\\1&1&1\\1&1&1\end{bmatrix}\begin{bmatrix}0&0&1\\0&0&2\\0&0&3\end{bmatrix}=\begin{bmatrix}0&0&6\\0&0&6\\0&0&6\end{bmatrix},\begin{bmatrix}0&0&1\\0&0&2\\0&0&3\end{bmatrix}\begin{bmatrix}1&1&1\\1&1&1\\1&1&1\end{bmatrix}=\begin{bmatrix}1&1&1\\2&2&2\\3&3&3\end{bmatrix}$,

所以选(A).

7. **答案** D.

解析 因 $\boldsymbol{A}\sim\boldsymbol{B}$,有 $\sum a_{ii}=\sum b_{ii}$,

$$2+(-3)+b=1+2+(-2),$$

所以 $b=2$,排除(B)(C).

又 $\boldsymbol{A}\sim\boldsymbol{B}$ 有 $|\boldsymbol{A}|=|\boldsymbol{B}|$,

$$|\boldsymbol{A}|=\begin{vmatrix}2&4&-4\\a&-3&2\\0&0&b\end{vmatrix}=b\begin{vmatrix}2&4\\a&-3\end{vmatrix}=2(-6-4a),$$

而 $|\boldsymbol{B}|=-4$,

所以 $a=-1$,故选(D).

本题考查矩阵相似的必要条件.

8. **答案** B.

解析 $P(B-A)=P(B)-P(AB)=P(B)-P(A)$,

即$\frac{1}{3}=P(B)-\frac{1}{6},P(B)=\frac{1}{3}+\frac{1}{6}=\frac{1}{2}$.

$$P(A\mid B)=\frac{P(AB)}{P(B)}=\frac{P(A)}{P(B)}=\frac{\frac{1}{6}}{\frac{1}{2}}=\frac{1}{3}.$$

9. **答案** C.

解析 $1=\int_{-\infty}^{+\infty}f(x)\mathrm{d}x=\int_{-1}^{1}a(1-x^2)\mathrm{d}x=a\left(2-\frac{2}{3}\right)=\frac{4}{3}a,a=\frac{3}{4}$.

$P\{|X|<\frac{1}{2}\}=P\{-\frac{1}{2}<X<\frac{1}{2}\}=\int_{-\frac{1}{2}}^{\frac{1}{2}}f(x)\mathrm{d}x=\frac{3}{4}\int_{-\frac{1}{2}}^{\frac{1}{2}}(1-x^2)\mathrm{d}x=\frac{11}{16}$.

10. **答案** B.

解析 $X_1-X_2\sim N(0,2),\left(\frac{X_1-X_2}{\sqrt{2}}\right)^2\sim\chi^2(1)$,

$X_3^2+X_4^2\sim\chi^2(2)$ 且 $\left(\dfrac{X_1-X_2}{\sqrt{2}}\right)^2$ 与 $X_3^2+X_4^2$ 独立.

因而 $\dfrac{\left(\dfrac{X_1-X_2}{\sqrt{2}}\right)^2}{\dfrac{X_3^2+X_4^2}{2}}=\dfrac{(X_1-X_2)^2}{X_3^2+X_4^2}\sim F(1,2)$.

评注 本题也可否定(A)(C)(D)来确定(B).

(A) $(X_1-X_2)^2$ 与 $X_1^2+X_2^2$ 不独立,

(C)(D)是两个独立,但不是标准正态 $N(0,1)$ 的平方和.

二、填空题

11. **答案** 0.

解析 因为可导函数 $f(x)$ 在 $x=1$ 处取得极值2,所以 $f(1)=2,f'(1)=0$,由泰勒公式,

$$f(x)=2+o(x-1),x\to 1.$$

所以 $\lim\limits_{x\to 1}\dfrac{f(x)-2+\ln^2 x}{x-1}=\lim\limits_{x\to 1}\dfrac{2+o(x-1)-2+\ln^2 x}{x-1}=\lim\limits_{x\to 1}\dfrac{\ln^2 x}{x-1}=0$.

12. **答案** $\dfrac{5}{14}\pi$.

解析 $\begin{cases}y=x^2\\x=y^3\end{cases}$,解得 $x=0,y=0$,或 $x=1,y=1$.

平面有界区域 $D=\{(x,y)\mid 0\leqslant x\leqslant 1,x^2\leqslant y\leqslant x^{\frac{1}{3}}\}$,$D$ 区域绕 y 轴旋转的旋转体体积为

$$V=\int_0^1 2\pi x(x^{\frac{1}{3}}-x^2)\mathrm{d}x=\frac{5}{14}\pi.$$

13. **答案** -1.

解析 当 $x\to+\infty$ 时,若曲线 $y=\dfrac{x-x^2}{3-3x+x^2}\cos\dfrac{2}{x}$ 以 $y=kx+b$ 为渐近线,则

$$k=\lim_{x\to+\infty}\frac{y}{x},b=\lim_{x\to+\infty}(y-kx).$$

$$\lim_{x\to+\infty}\frac{y}{x}=\lim_{x\to+\infty}\frac{x-x^2}{x(3-3x+x^2)}\cos\frac{2}{x}=0,$$

$$\lim_{x\to+\infty}(y-kx)=\lim_{x\to+\infty}\frac{x-x^2}{3-3x+x^2}\cos\frac{2}{x}=-1,$$

所以 $y=-1$ 为曲线 $y=\dfrac{x-x^2}{3-3x+x^2}\cos\dfrac{2}{x}$ 当 $x\to+\infty$ 时的渐近线.

同理,$y=-1$ 也为曲线 $y=\dfrac{x-x^2}{3-3x+x^2}\cos\dfrac{2}{x}$ 当 $x\to-\infty$ 时的渐近线.

14. **答案** $2\sqrt{3}\mathrm{d}x+\dfrac{4}{3}\mathrm{d}y$.

解析 $f(x,y)=\ln(\sec 3x+\tan 2y)$,

$$\frac{\partial f}{\partial x}=\frac{1}{\sec 3x+\tan 2y}\cdot 3\sec 3x\cdot\tan 3x,$$

$$\frac{\partial f}{\partial x}=\frac{1}{\sec 3x+\tan 2y}\cdot 2\sec^2 2y,$$

$$\mathrm{d}f\Big|_{(\frac{\pi}{9},\frac{\pi}{8})}=\frac{\partial f}{\partial x}\Big|_{(\frac{\pi}{9},\frac{\pi}{8})}\mathrm{d}x+\frac{\partial f}{\partial y}\Big|_{(\frac{\pi}{9},\frac{\pi}{8})}\mathrm{d}y=2\sqrt{3}\mathrm{d}x+\frac{4}{3}\mathrm{d}y.$$

15. **答案** -2.

解析 可以直接展开

$$
\begin{aligned}
D &= a_{11}A_{11}+a_{12}A_{12}+a_{13}A_{13}+a_{14}A_{14} \\
&= \begin{vmatrix} 2 & 0 & 0 \\ 0 & 3 & 0 \\ 0 & 0 & 4 \end{vmatrix} - \begin{vmatrix} 1 & 0 & 0 \\ 1 & 3 & 0 \\ 1 & 0 & 4 \end{vmatrix} + \begin{vmatrix} 1 & 2 & 0 \\ 1 & 0 & 0 \\ 1 & 0 & 4 \end{vmatrix} - \begin{vmatrix} 1 & 2 & 0 \\ 1 & 0 & 3 \\ 1 & 0 & 0 \end{vmatrix} \\
&= 24-12-8-6=-2.
\end{aligned}
$$

也可爪型处理

$$
\begin{aligned}
D &= 24\begin{vmatrix} 1 & 1 & 1 & 1 \\ \frac{1}{2} & 1 & 0 & 0 \\ \frac{1}{3} & 0 & 1 & 0 \\ \frac{1}{4} & 0 & 0 & 1 \end{vmatrix} = 24\begin{vmatrix} 1-\frac{1}{2}-\frac{1}{3}-\frac{1}{4} & 0 & 0 & 0 \\ \frac{1}{2} & 1 & 0 & 0 \\ \frac{1}{3} & 0 & 1 & 0 \\ \frac{1}{4} & 0 & 0 & 1 \end{vmatrix} \\
&= 24\left(1-\frac{1}{2}-\frac{1}{3}-\frac{1}{4}\right) = 24-12-8-6=-2.
\end{aligned}
$$

16. **答案** $\frac{1}{\mathrm{e}}$.

解析 设网站在时间间隔$(0,t]$(单位:min) 内收到的访问次数为 X_t 次，

$X_t=0,1,2,\cdots$,显然 $X_t\sim P(t)$. 即 $P\{X_t=k\}=\frac{t^k}{k!}\mathrm{e}^{-k},k=0,1,2,\cdots$

现考虑收到第一次访问等待时间大于 1 min,也就在时间间隔$(0,1]$(单位:min) 内没收到访问,$X_1=0$,其概率应为

$$P\{X_1=0\}=\frac{1^0}{0!}\mathrm{e}^{-1}=\mathrm{e}^{-1}.$$

三、解答题

17. **解** 当 $x\in(-\infty,0)$ 时，

$$F(x)=\int_0^x f(t)\mathrm{d}t=0;$$

当 $x\in[0,1]$ 时，

$$F(x)=\int_0^x f(t)\mathrm{d}t=\int_0^x\cos\left(\frac{\pi}{2}t\right)\mathrm{d}t=\frac{2}{\pi}\sin\left(\frac{\pi}{2}x\right);$$

当 $x\in(1,+\infty)$ 时，

$$
\begin{aligned}
F(x) &= \int_0^1 f(t)\mathrm{d}t+\int_1^x f(t)\mathrm{d}t=\int_0^1\cos\left(\frac{\pi}{2}t\right)\mathrm{d}t \\
&= \frac{2}{\pi}\sin\left(\frac{\pi}{2}t\right)\bigg|_0^1=\frac{2}{\pi}.
\end{aligned}
$$

故 $$F(x)=\begin{cases} 0, & x<0, \\ \frac{2}{\pi}\sin\left(\frac{\pi}{2}x\right), & 0\leqslant x\leqslant 1, \\ \frac{2}{\pi}, & x>1. \end{cases}$$

18. **解** (1) 令 $u=xt$,代入$\int_0^1 f(xt)\mathrm{d}t=\frac{1}{2}f(x)-3x^4$ 得

$$\int_0^x f(u)\mathrm{d}u=\frac{1}{2}xf(x)-3x^5.$$

两边对 x 求导，得

$$f(x)=\frac{1}{2}f(x)+\frac{1}{2}xf'(x)-15x^4,$$

整理得

$$f'(x)-\frac{1}{x}f(x)=30x^3.$$

解得 $f(x)=e^{\int\frac{1}{x}dx}\left(\int 30x^3e^{-\int\frac{1}{x}dx}dx+C\right)=10x^4+Cx.$

由 $f(1)=5$，得 $C=-5$，故 $f(x)=10x^4-5x,x\in(0,+\infty).$

又 $f(x)$ 在 $[0,+\infty)$ 上连续，所以 $f(x)=10x^4-5x,x\in[0,+\infty).$

(2) 由(1) 知 $f'(x)=40x^3-5.$

令 $f'(x)=0$，得 $x=\frac{1}{2}$. 当 $0<x<\frac{1}{2}$ 时，$f'(x)<0$；当 $x>\frac{1}{2}$ 时，$f'(x)>0.$

所以当 $x=\frac{1}{2}$ 时，函数取得极小值，极小值为 $f\left(\frac{1}{2}\right)=-\frac{15}{8}.$

因为 $f''(x)=120x^2>0$，故曲线 $y=f(x)$ 为凹的.

19. **解** $\frac{\partial f}{\partial x}=2x\int_0^{\frac{y}{x}}e^{-t^2}dt+x^2e^{-(\frac{y}{x})^2}\left(-\frac{y}{x^2}\right)=2x\int_0^{\frac{y}{x}}e^{-t^2}dt-ye^{-(\frac{y}{x})^2}.$

$$\frac{\partial^2 f}{\partial x\partial y}=2xe^{-(\frac{y}{x})^2}\frac{1}{x}-e^{-(\frac{y}{x})^2}-ye^{-(\frac{y}{x})^2}\left(-\frac{2y}{x^2}\right)=e^{-(\frac{y}{x})^2}+2\left(\frac{y}{x}\right)^2e^{-(\frac{y}{x})^2}.$$

从而 $\left.\frac{\partial^2 f}{\partial x\partial y}\right|_{(1,1)}=e^{-1}+2e^{-1}=3e^{-1}.$

20. **解** $D=\left\{(r,\theta)\mid 1\leqslant r\leqslant 2,0\leqslant\theta\leqslant\frac{\pi}{4}\right\}.$

$$\begin{aligned}\iint_D\left(1+\arctan\frac{y}{x}\right)dxdy&=\iint_D dxdy+\int_0^{\frac{\pi}{4}}\theta d\theta\int_1^2 rdr\\&=\frac{3\pi}{8}+\left.\frac{\theta^2}{2}\right|_0^{\frac{\pi}{4}}\cdot\left.\frac{r^2}{2}\right|_1^2\\&=\frac{3\pi}{8}+\frac{3\pi^2}{64}.\end{aligned}$$

21. **解** 对矩阵 $[\boldsymbol{\alpha}_1,\boldsymbol{\alpha}_2,\boldsymbol{\alpha}_3,\boldsymbol{\alpha}_4]$ 作初等行变换

$$[\boldsymbol{\alpha}_1,\boldsymbol{\alpha}_2,\boldsymbol{\alpha}_3,\boldsymbol{\alpha}_4]=\begin{bmatrix}1&-1&-2&3\\1&-3&-5&2\\1&1&a&4\\1&7&10&7\end{bmatrix}\to\begin{bmatrix}1&-1&-2&3\\0&-2&-3&-1\\0&2&a+2&1\\0&8&12&4\end{bmatrix}\to\begin{bmatrix}1&-1&-2&3\\0&2&3&1\\0&0&a-1&0\\0&0&0&0\end{bmatrix}.$$

如果 $a=1$，则 $r(\boldsymbol{\alpha}_1,\boldsymbol{\alpha}_2,\boldsymbol{\alpha}_3,\boldsymbol{\alpha}_4)=2.$

由 $[\boldsymbol{\alpha}_1,\boldsymbol{\alpha}_2,\boldsymbol{\alpha}_3,\boldsymbol{\alpha}_4]\to\begin{bmatrix}1&0&-\frac{1}{2}&\frac{7}{2}\\0&1&\frac{3}{2}&\frac{1}{2}\\0&0&0&0\\0&0&0&0\end{bmatrix}$，

极大无关组：$\boldsymbol{\alpha}_1,\boldsymbol{\alpha}_2$，且

$$\boldsymbol{\alpha}_3=-\frac{1}{2}\boldsymbol{\alpha}_1+\frac{3}{2}\boldsymbol{\alpha}_2,\boldsymbol{\alpha}_4=\frac{7}{2}\boldsymbol{\alpha}_1+\frac{1}{2}\boldsymbol{\alpha}_2.$$

如果 $a\neq 1$，则 $r(\boldsymbol{\alpha}_1,\boldsymbol{\alpha}_2,\boldsymbol{\alpha}_3,\boldsymbol{\alpha}_4)=3.$

$$由[\boldsymbol{\alpha}_1,\boldsymbol{\alpha}_2,\boldsymbol{\alpha}_3,\boldsymbol{\alpha}_4]\to\begin{bmatrix}1&0&0&\frac{7}{2}\\0&1&0&\frac{1}{2}\\0&0&1&0\\0&0&0&0\end{bmatrix},$$

极大无关组:$\boldsymbol{\alpha}_1,\boldsymbol{\alpha}_2,\boldsymbol{\alpha}_3$,且

$$\boldsymbol{\alpha}_4=\frac{7}{2}\boldsymbol{\alpha}_1+\frac{1}{2}\boldsymbol{\alpha}_2.$$

评注 极大无关组是不唯一的.

本题当 $a=1$ 时

$$[\boldsymbol{\alpha}_1,\boldsymbol{\alpha}_2,\boldsymbol{\alpha}_3,\boldsymbol{\alpha}_4]\to\begin{bmatrix}1&-1&-2&3\\0&2&3&1\\0&0&0&0\\0&0&0&0\end{bmatrix}\to\begin{bmatrix}1&-7&-11&0\\0&2&3&1\\0&0&0&0\\0&0&0&0\end{bmatrix},$$

可选 $\boldsymbol{\alpha}_1,\boldsymbol{\alpha}_4$ 为一个极大线性无关组,此时

$$\boldsymbol{\alpha}_2=-7\boldsymbol{\alpha}_1+2\boldsymbol{\alpha}_4,\boldsymbol{\alpha}_3=-11\boldsymbol{\alpha}_1+3\boldsymbol{\alpha}_4.$$

22. **解** (1) $f_X(x)=\int_{-\infty}^{+\infty}f(x,y)\mathrm{d}y=\int_{-1}^{1}\frac{1}{4}\mathrm{e}^{-|x|}\mathrm{d}y=\frac{1}{2}\mathrm{e}^{-|x|},-\infty<x<+\infty$,

$$f_Y(y)=\int_{-\infty}^{+\infty}f(x,y)\mathrm{d}x=\begin{cases}\frac{1}{2}, & -1<y<1,\\ 0, & 其他,\end{cases}$$

由于 $f(x,y)=f_X(x)f_Y(y)$,X 与 Y 相互独立.

(2) 设 $U=|X|$ 和 $V=|Y|$,则 U 的分布函数为 $F_U(u)=P\{U\leqslant u\}=P\{|X|\leqslant u\}$,

当 $u<0$ 时,$F_U(u)=0$,

当 $u\geqslant 0$ 时,$F_U(u)=P\{-u\leqslant X\leqslant u\}=\int_{-u}^{u}\frac{1}{2}\mathrm{e}^{-|x|}\mathrm{d}x=\int_0^u\mathrm{e}^{-x}\mathrm{d}x=1-\mathrm{e}^{-u}$.

$$f_U(u)=F_U'(u)=\begin{cases}\mathrm{e}^{-u}, & u>0,\\ 0, & u\leqslant 0.\end{cases}$$

$V=|Y|$,$Y\sim U(-1,1)$,所以 $V\sim U(0,1)$.

由于 X,Y 相互独立,U 与 V 相互独立,$Z=X+Y$.

$$f_Z(z)=\int_{-\infty}^{+\infty}f_U(z-v)f_V(v)\mathrm{d}v=\int_0^1 f_U(z-v)\mathrm{d}v,$$

当 $z\leqslant 0$ 时,$f_Z(z)=0$;

当 $0<z<1$ 时,$f_Z(z)=\int_0^z\mathrm{e}^{-(z-v)}\mathrm{d}v=1-\mathrm{e}^{-z}$;

当 $z\geqslant 1$ 时,$f_Z(z)=\int_0^1\mathrm{e}^{-(z-v)}\mathrm{d}v=(\mathrm{e}-1)\mathrm{e}^{-z}$.

$$总之 z 的概率密度为 f_Z(z)=\begin{cases}0, & z\leqslant 0,\\ 1-\mathrm{e}^{-z}, & 0<z<1,\\ (\mathrm{e}-1)\mathrm{e}^{-z}, & 1\leqslant z,\end{cases}$$

(3) 由(2)可知 $EU=1,EV=\frac{1}{2},DU=1,DV=\frac{1}{12}$.

$Z=|X|+|Y|=U+V$. 又因为,U 与 V 相互独立,所以

$EZ=EU+EV=1+\frac{1}{2}=\frac{3}{2}$,

$DZ=DU+DV=1+\frac{1}{12}=\frac{13}{12}$.